国家卫生健康委员会“十三五”规划教材
全国中医药高职高专教育教材

供中药学、中药制药技术、药学等专业用

# 分析化学

**第4版**

主　　编　陈哲洪　鲍　羽

副主编　接明军　宋丽丽　吴　剑　李志华

编　　委　(按姓氏笔画排序)

白亚蒙(南阳医学高等专科学校)
李　洁(遵义医药高等专科学校)
李志华(湖南中医药高等专科学校)
何文涛(河西学院医学院)
吴　剑(安徽中医药高等专科学校)
宋丽丽(山东中医药高等专科学校)
张　艳(黑龙江中医药大学佳木斯学院)
张文智(惠州卫生职业技术学院)
张晓丹(大庆医学高等专科学校)
陈　凯(四川中医药高等专科学校)
陈哲洪(遵义医药高等专科学校)
袁静静(湖北中医药高等专科学校)
接明军(山东省莱阳卫生学校)
曾明慧(益阳医学高等专科学校)
鲍　羽(湖北中医药高等专科学校)
廖晓琳(四川护理职业学院)
魏荷琳(乐山职业技术学院)

学术秘书　李　洁(遵义医药高等专科学校)

人民卫生出版社

**图书在版编目（CIP）数据**

分析化学 / 陈哲洪，鲍羽主编 .—4 版 .—北京：人民卫生出版社，2018

ISBN 978-7-117-26448-8

Ⅰ. ①分… Ⅱ. ①陈…②鲍… Ⅲ. ①分析化学 – 高等职业教育 – 教材 Ⅳ. ①O65

中国版本图书馆 CIP 数据核字（2018）第 116172 号



分 析 化 学

第 4 版

**主　　编：**陈哲洪　鲍　羽
**出版发行：**人民卫生出版社（中继线 010-59780011）
**地　　址：**北京市朝阳区潘家园南里 19 号
**邮　　编：**100021
**E - mail：**pmph @ pmph.com
**购书热线：**010-59787592　010-59787584　010-65264830
**印　　刷：**北京市艺辉印刷有限公司
**经　　销：**新华书店
**开　　本：**787 × 1092　1/16　　**印张：**23
**字　　数：**530 千字
**版　　次：**2005 年 6 月第 1 版　　2018 年 8 月第 4 版
2023 年 8 月第 4 版第 8 次印刷（总第18次印刷）
**标准书号：**ISBN 978-7-117-26448-8
**定　　价：**52.00 元

# 《分析化学》数字增值服务编委会

主　　编　陈哲洪　鲍　羽

副 主 编　接明军　宋丽丽　吴　剑　李志华

编　　委　（按姓氏笔画排序）

白亚蒙（南阳医学高等专科学校）
任贻军（湖北省荆州市中心医院）
李　洁（遵义医药高等专科学校）
李志华（湖南中医药高等专科学校）
何文涛（河西学院医学院）
吴　剑（安徽中医药高等专科学校）
宋丽丽（山东中医药高等专科学校）
张　叶（安徽中医药高等专科学校）
张　艳（黑龙江中医药大学佳木斯学院）
张文智（惠州卫生职业技术学院）
张晓丹（大庆医学高等专科学校）
陈　凯（四川中医药高等专科学校）
陈哲洪（遵义医药高等专科学校）
袁静静（湖北中医药高等专科学校）
接明军（山东省莱阳卫生学校）
曾明慧（益阳医学高等专科学校）
鲍　羽（湖北中医药高等专科学校）
廖晓琳（四川护理职业学院）
魏荷琳（乐山职业技术学院）

**学术秘书**　李　洁（遵义医药高等专科学校）

# 修订说明

为了更好地推进中医药职业教育教材建设，适应当前我国中医药职业教育教学改革发展的形势与中医药健康服务技术技能人才的要求，贯彻落实《国家中长期教育改革和发展规划纲要(2010—2020年)》《医药卫生中长期人才发展规划(2011—2020年)》《中医药发展战略规划纲要(2016—2030年)》精神，做好新一轮中医药职业教育教材建设工作，人民卫生出版社在教育部、国家卫生健康委员会、国家中医药管理局的领导下，组织和规划了第四轮全国中医药高职高专教育、国家卫生健康委员会"十三五"规划教材的编写和修订工作。

本轮教材修订之时，正值《中华人民共和国中医药法》正式实施之际，中医药职业教育迎来发展大好的际遇。为做好新一轮教材出版工作，我们成立了第四届中医药高职高专教育教材建设指导委员会和各专业教材评审委员会，以指导和组织教材的编写和评审工作；按照公开、公平、公正的原则，在全国1400余位专家和学者申报的基础上，经中医药高职高专教育教材建设指导委员会审定批准，聘任了教材主编、副主编和编委；启动了全国中医药高职高专教育第四轮规划第一批教材，中医学、中药学、针灸推拿、护理4个专业63门教材，确立了本轮教材的指导思想和编写要求。

第四轮全国中医药高职高专教育教材具有以下特色：

**1. 定位准确，目标明确** 教材的深度和广度符合各专业培养目标的要求和特定学制、特定对象、特定层次的培养目标，力求体现"专科特色、技能特点、时代特征"，既体现职业性，又体现其高等教育性，注意与本科教材、中专教材的区别，适应中医药职业人才培养要求和市场需求。

**2. 谨守大纲，注重三基** 人卫版中医药高职高专教材始终坚持"以教学计划为基本依据"的原则，强调各教材编写大纲一定要符合高职高专相关专业的培养目标与要求，以培养目标为导向、职业岗位能力需求为前提、综合职业能力培养为根本，同时注重基本理论、基本知识和基本技能的培养和全面素质的提高。

**3. 重点考点，突出体现** 教材紧扣中医药职业教育教学活动和知识结构，以解决目前各高职高专院校教材使用中的突出问题为出发点和落脚点，体现职业教育对人才的要求，突出教学重点和执业考点。

**4. 规划科学，详略得当** 全套教材严格界定职业教育教材与本科教材、毕业后教育教材的知识范畴，严格把握教材内容的深度、广度和侧重点，突出应用型、技能型教育内容。基础课教材内容服务于专业课教材，以"必须、够用"为度，强调基本技能的培养；专业课教材紧密围绕专业培养目标的需要进行选材。

**5. 体例设计，服务学生** 本套教材的结构设置、编写风格等坚持创新，体现以学生为中心的编写理念，以实现和满足学生的发展为需求。根据上一版教材体例设计在教学中的反馈意见，将“学习要点”“知识链接”“复习思考题”作为必设模块，“知识拓展”“病案分析(案例分析)”“课堂讨论”“操作要点”作为选设模块，以明确学生学习的目的性和主动性，增强教材的可读性，提高学生分析问题、解决问题的能力。

**6. 强调实用，避免脱节** 贯彻现代职业教育理念。体现“以就业为导向，以能力为本位，以发展技能为核心”的职业教育理念。突出技能培养，提倡“做中学、学中做”的“理实一体化”思想，突出应用型、技能型教育内容。避免理论与实际脱节、教育与实践脱节、人才培养与社会需求脱节的倾向。

**7. 针对岗位，学考结合** 本套教材编写按照职业教育培养目标，将国家职业技能的相关标准和要求融入教材中。充分考虑学生考取相关职业资格证书、岗位证书的需要，与职业岗位证书相关的教材，其内容和实训项目的选取涵盖相关的考试内容，做到学考结合，体现了职业教育的特点。

**8. 纸数融合，坚持创新** 新版教材最大的亮点就是建设纸质教材和数字增值服务融合的教材服务体系。书中设有自主学习二维码，通过扫码，学生可对本套教材的数字增值服务内容进行自主学习，实现与教学要求匹配、与岗位需求对接、与执业考试接轨，打造优质、生动、立体的学习内容。教材编写充分体现与时代融合、与现代科技融合、与现代医学融合的特色和理念，适度增加新进展、新技术、新方法，充分培养学生的探索精神、创新精神；同时，将移动互联、网络增值、慕课、翻转课堂等新的教学理念和教学技术、学习方式融入教材建设之中，开发多媒体教材、数字教材等新媒体形式教材。

人民卫生出版社医药卫生规划教材经过长时间的实践与积累，其中的优良传统在本轮修订中得到了很好的传承。在中医药高职高专教育教材建设指导委员会和各专业教材评审委员会指导下，经过调研会议、论证会议、主编人会议、各专业编写会议、审定稿会议，确保了教材的科学性、先进性和实用性。参编本套教材的800余位专家，来自全国40余所院校，从事高职高专教育工作多年，业务精纯，见解独到。谨此，向有关单位和个人表示衷心的感谢！希望各院校在教材使用中，在改革的进程中，及时提出宝贵意见或建议，以便不断修订和完善，为下一轮教材的修订工作奠定坚实的基础。

人民卫生出版社有限公司

2018年4月

# 全国中医药高职高专院校第四轮第一批规划教材书目

| 教材序号 | 教材名称 | 主编 | 适用专业 |
| --- | --- | --- | --- |
| 1 | 大学语文(第4版) | 孙　洁 | 中医学、针灸推拿、中医骨伤、护理等专业 |
| 2 | 中医诊断学(第4版) | 马维平 | 中医学、针灸推拿、中医骨伤、中医美容等专业 |
| 3 | 中医基础理论(第4版)* | 陈　刚　徐宜兵 | 中医学、针灸推拿、中医骨伤、护理等专业 |
| 4 | 生理学(第4版)* | 郭争鸣　唐晓伟 | 中医学、中医骨伤、针灸推拿、护理等专业 |
| 5 | 病理学(第4版) | 苑光军　张宏泉 | 中医学、护理、针灸推拿、康复治疗技术等专业 |
| 6 | 人体解剖学(第4版) | 陈晓杰　孟繁伟 | 中医学、针灸推拿、中医骨伤、护理等专业 |
| 7 | 免疫学与病原生物学(第4版) | 刘文辉　田维珍 | 中医学、针灸推拿、中医骨伤、护理等专业 |
| 8 | 诊断学基础(第4版) | 李广元　周艳丽 | 中医学、针灸推拿、中医骨伤、护理等专业 |
| 9 | 药理学(第4版) | 侯　晞 | 中医学、针灸推拿、中医骨伤、护理等专业 |
| 10 | 中医内科学(第4版)* | 陈建章 | 中医学、针灸推拿、中医骨伤、护理等专业 |
| 11 | 中医外科学(第4版)* | 尹跃兵 | 中医学、针灸推拿、中医骨伤、护理等专业 |
| 12 | 中医妇科学(第4版) | 盛　红 | 中医学、针灸推拿、中医骨伤、护理等专业 |
| 13 | 中医儿科学(第4版)* | 聂绍通 | 中医学、针灸推拿、中医骨伤、护理等专业 |
| 14 | 中医伤科学(第4版) | 方家选 | 中医学、针灸推拿、中医骨伤、护理、康复治疗技术专业 |
| 15 | 中药学(第4版) | 杨德全 | 中医学、中药学、针灸推拿、中医骨伤、康复治疗技术等专业 |
| 16 | 方剂学(第4版)* | 王义祁 | 中医学、针灸推拿、中医骨伤、康复治疗技术、护理等专业 |

续表

| 教材序号 | 教材名称 | 主编 | 适用专业 |
|---|---|---|---|
| 17 | 针灸学(第4版) | 汪安宁　易志龙 | 中医学、针灸推拿、中医骨伤、康复治疗技术等专业 |
| 18 | 推拿学(第4版) | 郭　翔 | 中医学、针灸推拿、中医骨伤、护理等专业 |
| 19 | 医学心理学(第4版) | 孙　萍　朱　玲 | 中医学、针灸推拿、中医骨伤、护理等专业 |
| 20 | 西医内科学(第4版)* | 许幼晖 | 中医学、针灸推拿、中医骨伤、护理等专业 |
| 21 | 西医外科学(第4版) | 朱云根　陈京来 | 中医学、针灸推拿、中医骨伤、护理等专业 |
| 22 | 西医妇产科学(第4版) | 冯　玲　黄会霞 | 中医学、针灸推拿、中医骨伤、护理等专业 |
| 23 | 西医儿科学(第4版) | 王龙梅 | 中医学、针灸推拿、中医骨伤、护理等专业 |
| 24 | 传染病学(第3版) | 陈艳成 | 中医学、针灸推拿、中医骨伤、护理等专业 |
| 25 | 预防医学(第2版) | 吴　娟　张立祥 | 中医学、针灸推拿、中医骨伤、护理等专业 |
| 1 | 中医学基础概要(第4版) | 范俊德　徐迎涛 | 中药学、中药制药技术、医学美容技术、康复治疗技术、中医养生保健等专业 |
| 2 | 中药药理与应用(第4版) | 冯彬彬 | 中药学、中药制药技术等专业 |
| 3 | 中药药剂学(第4版) | 胡志方　易生富 | 中药学、中药制药技术等专业 |
| 4 | 中药炮制技术(第4版) | 刘　波 | 中药学、中药制药技术等专业 |
| 5 | 中药鉴定技术(第4版) | 张钦德 | 中药学、中药制药技术、中药生产与加工、药学等专业 |
| 6 | 中药化学技术(第4版) | 吕华瑛　王　英 | 中药学、中药制药技术等专业 |
| 7 | 中药方剂学(第4版) | 马　波　黄敬文 | 中药学、中药制药技术等专业 |
| 8 | 有机化学(第4版)* | 王志江　陈东林 | 中药学、中药制药技术、药学等专业 |
| 9 | 药用植物栽培技术(第3版)* | 宋丽艳　汪荣斌 | 中药学、中药制药技术、中药生产与加工等专业 |
| 10 | 药用植物学(第4版)* | 郑小吉　金　虹 | 中药学、中药制药技术、中药生产与加工等专业 |
| 11 | 药事管理与法规(第3版) | 周铁文 | 中药学、中药制药技术、药学等专业 |
| 12 | 无机化学(第4版) | 冯务群 | 中药学、中药制药技术、药学等专业 |
| 13 | 人体解剖生理学(第4版) | 刘　斌 | 中药学、中药制药技术、药学等专业 |
| 14 | 分析化学(第4版) | 陈哲洪　鲍　羽 | 中药学、中药制药技术、药学等专业 |
| 15 | 中药储存与养护技术(第2版) | 沈　力 | 中药学、中药制药技术等专业 |

续表

| 教材序号 | 教材名称 | 主编 | 适用专业 |
|---|---|---|---|
| 1 | 中医护理(第3版)* | 王　文 | 护理专业 |
| 2 | 内科护理(第3版) | 刘　杰　吕云玲 | 护理专业 |
| 3 | 外科护理(第3版) | 江跃华 | 护理、助产类专业 |
| 4 | 妇产科护理(第3版) | 林　萍 | 护理、助产类专业 |
| 5 | 儿科护理(第3版) | 艾学云 | 护理、助产类专业 |
| 6 | 社区护理(第3版) | 张先庚 | 护理专业 |
| 7 | 急救护理(第3版) | 李延玲 | 护理专业 |
| 8 | 老年护理(第3版) | 唐凤平　郝　刚 | 护理专业 |
| 9 | 精神科护理(第3版) | 井霖源 | 护理、助产专业 |
| 10 | 健康评估(第3版) | 刘惠莲　滕艺萍 | 护理、助产专业 |
| 11 | 眼耳鼻咽喉口腔科护理(第3版) | 范　真 | 护理专业 |
| 12 | 基础护理技术(第3版) | 张少羽 | 护理、助产专业 |
| 13 | 护士人文修养(第3版) | 胡爱明 | 护理专业 |
| 14 | 护理药理学(第3版)* | 姜国贤 | 护理专业 |
| 15 | 护理学导论(第3版) | 陈香娟　曾晓英 | 护理、助产专业 |
| 16 | 传染病护理(第3版) | 王美芝 | 护理专业 |
| 17 | 康复护理(第2版) | 黄学英 | 护理专业 |
| 1 | 针灸治疗(第4版) | 刘宝林 | 针灸推拿专业 |
| 2 | 针法灸法(第4版)* | 刘　茜 | 针灸推拿专业 |
| 3 | 小儿推拿(第4版) | 刘世红 | 针灸推拿专业 |
| 4 | 推拿治疗(第4版) | 梅利民 | 针灸推拿专业 |
| 5 | 推拿手法(第4版) | 那继文 | 针灸推拿专业 |
| 6 | 经络与腧穴(第4版)* | 王德敬 | 针灸推拿专业 |

* 为“十二五”职业教育国家规划教材

# 第四届全国中医药高职高专教育教材建设指导委员会

**主任委员** 方家选 胡志方

**副主任委员** （按姓氏笔画排序）

王义祁 王之虹 刘 斌 李 丽 何文彬
张立祥 张先庚 陈 刚 陈林兴 周建军
秦晓明 郭争鸣

**委 员** （按姓氏笔画排序）

王秀兰 卞 瑶 孔令俭 刘 勇 李灿东
李治田 李景儒 李榆梅 吴 彬 张 科
张美林 张登山 张震云 陈文松 陈玉奇
陈景华 金玉忠 周忠民 顾 强 徐家正
唐家奇 曹世奎 龚晋文 董维春 董辉光
谭 工 潘年松

**秘 书** 滕艺萍 范 真 马光宇

# 第四届全国中医药高职高专中药学专业教材评审委员会

**主任委员** 胡志方

**副主任委员** 刘 斌 金 虹 张国豪

**委 员** 冯务群 李 端 宋丽艳
张钦德 侯 晞

# 前　言

为在"十三五"期间进一步贯彻落实《国务院关于加快发展现代职业教育的决定》和《教育部关于深化职业教育教学改革全面提高人才培养质量的若干意见》等系列配套文件精神，服务健康中国对高素质中药人才培养需求，经总结汲取前三版教材成功经验，在全国中医药高职高专教育教材建设指导委员会的组织规划下，完成了全国中医药高职高专第四轮规划教材《分析化学》的修订编写工作。

分析化学是中药学专业的一门重要专业基础课，是阐述分析化学基本理论和技能的一门学科，学习并掌握分析化学基本理论和技能，将为学好中药学专业和其他专业课程打下坚实的基础。新版《分析化学》教材的编写，以培养目标为导向、职业岗位能力需求为前提、综合职业能力培养为根本，在吸收各校多年来举办高职高专中药学专业先进教学经验的基础上，坚持遵循"三基"（基本知识、基本理论、基本技能）、"五性"（思想性、科学性、创新性、启发性、先进性）、"三特定"（特定对象、特定要求、特定时限）的原则，与执业药师考试及2015年版《中国药典》内容相结合，围绕中药学专业的岗位能力要求，对上版教材的内容进行了更新和完善，新版教材既体现了职业性，又体现了其高等教育性，注重素质培养，打造工匠精神，符合高职高专中药学专业的培养目标与要求，为专业课程的学习和学生后续发展奠定坚实的基础。

本教材主要作了如下修订：删除第3版教材中第二章"分析天平称量操作"和第十章"毛细管电泳法"，将电子天平的工作原理及操作练习编入相关实验内容，毛细管电泳法的内容并入修订后的第十六章"高效液相色谱法"；原教材"质量分析法"修订为"重量分析法"，原教材第四章"滴定分析方法"，按"酸碱滴定法、氧化还原滴定法、配位滴定法和沉淀滴定法"独立成章；将原教材第十三章"核磁共振波谱法"、第十四章"波谱法"合并为修订后的第十七章"核磁共振波谱法和质谱法简介"。修订后，全书共17章，本教材后附有实训指导，并安排了41个实训内容。为巩固所学的理论知识，便于学生自学的需要，在本教材后面还附有分析化学教学大纲。

教材理论知识内容由浅入深，做到宽而不深，少而精，浅而实，避免烦琐的理论推导和理论分析，体现了教材的科学性、先进性和系统性。教材同步建设以纸质教材内容为核心的多样化的数字融合教材，将分析化学教学中的一些重难点、部分实验操作及仪器使用方法做成视频或微课，学生通过手机扫描纸质教材中的二维码就能链接视频、动画、PPT 等多媒体资源，丰富了教材的表现形式。本教材主要适用于中药、药学及相关专业高职高专师生，以及从事分析检验岗位人员学习分析化学及实验技术的需要。

参加教材修订编写的有陈哲洪（第一章），廖晓玲（第二章），曾明慧（第三章），接明军（第四章），白亚蒙（第五章），魏荷琳（第六章），张晓丹（第七章），吴剑（第八章），李洁（第九章），何文涛（第十章），宋丽丽、何文涛（第十一章），陈凯（第十二章），袁静静（第十三章），张艳（第十四章），张文智（第十五章），李志华、李洁（第十六章），鲍羽（第十七章），各编者还承担相应各章实验及数字融合教材的编写。另外，安徽中医药高等专科学校的张叶、湖北省荆州市中心医院的任贻军参加了本版数字融合教材的修订工作。

在本教材的修订过程中，得到了各校领导和专家的大力支持，在此表示诚挚的谢意。

分析化学是一门发展较快的基础学科，作者学识水平有限，在教材修订中，缺点和错误仍可能存在，恳请专家、读者能提出批评改正意见，以便完善。

《分析化学》编委会

2018 年 4 月

# 目　录

第一章　绪论 …… 1
第一节　分析化学的任务和作用 …… 1
第二节　分析方法的分类 …… 2
一、根据分析任务分类 …… 2
二、根据测定原理分类 …… 2
三、根据试样用量分类 …… 3
四、根据被测组分的含量分类 …… 4
第三节　分析化学的发展趋势 …… 4
第四节　定量分析的一般步骤 …… 5
一、分析计划的确定 …… 5
二、取样 …… 5
三、试样的制备 …… 5
四、测定 …… 6
五、分析结果的表示 …… 7

第二章　误差与分析数据处理 …… 8
第一节　定量分析误差 …… 8
一、误差的分类 …… 8
二、误差的表示方法 …… 10
三、提高分析结果准确度的方法 …… 13
第二节　有效数字及其应用 …… 15
一、有效数字 …… 15
二、有效数字的记录、修约及运算规则 …… 16
三、有效数字在定量分析中的应用 …… 17
第三节　分析数据的处理与分析结果的表示方法 …… 17
一、可疑值的取舍 …… 17
二、一般分析结果的表示方法 …… 19

第三章 滴定分析法概论……20
第一节 滴定分析法概述……20
一、滴定分析法……20
二、滴定分析法的分类和滴定方式……21
第二节 基准物质与滴定液……22
一、基准物质……22
二、滴定液……23
第三节 滴定分析的计算……25
一、滴定分析计算的依据……25
二、滴定分析计算的基本公式……25
三、滴定分析计算实例……26

第四章 酸碱滴定法……30
第一节 酸碱指示剂……30
一、指示剂的变色原理与变色范围……30
二、影响指示剂变色范围的因素……33
三、混合指示剂……33
第二节 各类酸碱滴定与指示剂的选择……34
一、强碱滴定强酸或强酸滴定强碱……34
二、一元弱酸（弱碱）的滴定……37
三、多元酸（多元碱）的滴定……40
第三节 滴定液的配制与标定……42
一、0.1mol/L 盐酸滴定液的配制与标定……42
二、0.1mol/L 氢氧化钠滴定液的配制与标定……42
第四节 应用与示例……43
一、直接滴定法……43
二、间接滴定法……44
第五节 非水溶液酸碱滴定法……44
一、基本原理……45
二、非水溶液酸碱滴定的类型及应用……47

第五章 氧化还原滴定法……49
第一节 氧化还原滴定法的基本原理……49
一、氧化还原滴定法概述……49
二、氧化还原滴定法的基本原理……51
三、氧化还原滴定曲线与指示剂……54
第二节 碘量法……56
一、基本原理……56
二、指示剂……57
三、滴定液的配制与标定……58

四、应用与示例······59
第三节 高锰酸钾法······60
一、基本原理······60
二、滴定液的配制与标定······61
三、应用与示例······62
第四节 亚硝酸钠法······62
一、基本原理······62
二、指示终点的方法······63
三、滴定液的配制与标定······64
四、应用与示例······64

第六章 配位滴定法······66
第一节 配位滴定法概述······66
一、配位滴定法的概念及条件······66
二、乙二胺四乙酸的结构与性质······66
第二节 配位滴定法的基本原理······68
一、配位平衡······68
二、配位滴定法的基本原理······70
三、金属指示剂······74
第三节 滴定液的配制与标定······75
一、EDTA 滴定液的配制与标定······75
二、锌滴定液的配制与标定······75
第四节 应用与示例······75
一、滴定方式······76
二、水的硬度测定······76
三、明矾中铝的含量测定······77

第七章 沉淀滴定法······78
第一节 沉淀滴定法概述······78
一、沉淀滴定法概述······78
二、银量法的滴定曲线······78
第二节 银量法的分类······79
一、铬酸钾指示剂法······79
二、铁铵矾指示剂法······81
三、吸附指示剂法······82
第三节 滴定液的配制和标定······83
一、$AgNO_3$ 滴定液的配制与标定······83
二、$NH_4SCN$ 滴定液的配制与标定······84
第四节 应用与示例······84
一、无机卤化物和有机氢卤酸盐的测定······84

二、有机卤化物的测定……84

第八章 重量分析法……87
第一节 挥发法……88
一、直接法……88
二、间接法……88
第二节 萃取法……89
一、萃取法原理……89
二、萃取法操作……89
第三节 沉淀法……90
一、沉淀法概念……90
二、沉淀的形态和形成条件……90
三、沉淀法的操作……91
四、沉淀法的结果计算……93

第九章 电化学分析法……95
第一节 基础知识……95
一、电化学分析法的分类……95
二、化学电池的概念及类型……96
三、指示电极与参比电极……97
第二节 直接电位法……99
一、溶液 pH 值的测定……99
二、其他离子浓度的测定……103
第三节 电位滴定法……104
一、电位滴定法概述……104
二、确定滴定终点的方法……105
三、指示电极的选择……106
四、应用与实例……106
第四节 永停滴定法……106
一、基本原理……106
二、使用方法……107
三、应用与示例……108

第十章 紫外 - 可见分光光度法……109
第一节 基础知识……109
一、光谱分析法的基本概念……109
二、电磁辐射和电磁波谱……110
三、电子跃迁类型……112
四、紫外 - 可见吸收光谱的常用术语……113
五、吸收带与分子结构的关系……114

六、影响吸收带的因素……115
第二节 紫外 - 可见分光光度法的基本原理……116
一、光的吸收定律……116
二、偏离比尔定律的因素……118
第三节 显色反应及测定条件的选择……119
一、显色反应……119
二、测定条件的选择……119
第四节 紫外 - 可见分光光度计……121
一、紫外 - 可见分光光度计的主要部件……121
二、紫外 - 可见分光光度计的类型……123
三、紫外 - 可见分光光度计的光学性能……124
第五节 定性与定量分析方法……125
一、定性分析方法……125
二、定量分析方法……126
第六节 应用与示例……131
一、根据紫外 - 可见吸收光谱推断官能团……131
二、根据紫外 - 可见吸收光谱推断异构体……131

第十一章 红外分光光度法……134
第一节 基础知识……134
一、红外线及红外吸收光谱……135
二、红外光谱与紫外 - 可见光谱的区别……136
三、红外光谱的主要用途……136
第二节 基本原理……136
一、分子的振动和红外吸收……136
二、振动形式……138
三、振动自由度与峰数……139
四、红外吸收峰的类型……141
五、吸收峰的峰位及影响峰位的因素……143
六、吸收峰的强度及影响因素……145
七、红外吸收光谱中的几个重要区域……146
第三节 红外分光光度计与制样……147
一、红外分光光度计的主要部件……147
二、红外分光光度计的工作原理……147
三、试样的制备……148
第四节 红外光谱法的应用……149
一、定性分析与结构分析……149
二、定量分析……151

第十二章 荧光分析法……152
第一节 荧光分析法的基本原理……152
一、分子荧光……153
二、荧光的激发光谱和发射光谱……155
三、荧光与分子结构的关系……155
第二节 荧光分光光度计……157
一、荧光分光光度计……158
二、其他荧光分析技术简介……158
第三节 荧光定量分析方法……159
一、荧光强度与物质浓度的关系……159
二、定量分析方法……159
三、荧光分析法的应用……160

第十三章 原子吸收分光光度法……162
第一节 原子吸收分光光度法的基本原理……162
一、原子吸收光谱的形成……162
二、原子吸收线的轮廓和变宽……163
三、原子吸收值与原子浓度的关系……164
第二节 原子吸收分光光度计……164
一、光源……165
二、原子化器……165
三、单色器……167
四、检测系统……167
第三节 原子吸收分光光度法的定量分析及应用……167
一、测定条件的选择……167
二、干扰及其抑制……168
三、灵敏度和检出限……169
四、定量分析方法……170
五、原子吸收分光光度法的应用……171

第十四章 液相色谱法……172
第一节 概述……172
一、色谱法的产生与发展……172
二、色谱法的分类……173
三、色谱法的基本原理……174
第二节 柱色谱法……175
一、液 - 固吸附柱色谱法……175
二、液 - 液分配柱色谱法……178
三、离子交换柱色谱法……179
四、凝胶柱色谱法……181

五、柱色谱法的应用……182
第三节 薄层色谱法……182
一、基本原理……183
二、吸附剂的选择……183
三、展开剂的选择……184
四、操作方法……184
第四节 纸色谱法……188
一、纸色谱的原理……188
二、影响 $R_f$ 值的因素……188
三、操作方法……189

第十五章 气相色谱法……192
第一节 基础知识……192
一、气相色谱法的分类和特点……192
二、气相色谱仪的基本组成……193
三、气相色谱法的一般流程……194
第二节 气相色谱法的基本概念和基本理论……194
一、气相色谱法的基本概念……194
二、气相色谱法的基本理论……196
第三节 色谱柱……198
一、气 - 液色谱填充柱……199
二、气 - 固色谱填充柱……201
三、毛细管色谱柱……201
第四节 检测器……202
一、检测器的性能要求……202
二、常用的检测器……202
第五节 分离操作条件的选择……204
一、分离度……204
二、操作条件的选择……205
三、色谱系统适用性试验……205
第六节 定性与定量分析方法……206
一、定性分析方法……206
二、定量分析方法……207
第七节 应用与示例……209
一、无水乙醇中微量水分的测定……209
二、曼陀罗酊剂含醇量的测定……210

第十六章 高效液相色谱法……211
第一节 基础知识……211
一、高效液相色谱法与经典液相色谱法的比较……211

二、高效液相色谱法与气相色谱法的比较……212
三、高效液相色谱法的分类……212
四、对流动相的要求……214
五、洗脱方式……215
第二节 基本原理……215
一、速率理论……215
二、柱外展宽……216
第三节 高效液相色谱仪……216
一、高效液相色谱仪的基本结构……216
二、高压泵和梯度洗脱装置……216
三、进样器……217
四、色谱柱……217
五、检测器……218
六、高效液相色谱仪的操作规程……219
第四节 应用与示例……220
一、分离方法的选择……220
二、应用与示例……220
第五节 毛细管电泳法……222
一、电泳法基础知识……222
二、毛细管电泳操作方法……224
三、毛细管电泳仪的维护与保养……225

第十七章 核磁共振波谱法和质谱法简介……227
第一节 核磁共振波谱法简介……227
一、概述……227
二、基本原理……228
三、波谱图与分子结构……229
四、核磁共振波谱仪……230
五、核磁共振的应用……231
第二节 质谱法简介……231
一、概述……231
二、质谱仪及其工作原理……232
三、质谱图……232
四、离子类型……233
五、质谱法在有机化合物分析中的应用……234

实训指导……235
实训基本知识……235
实验一 分析天平称量操作……241
实验二 滴定分析仪器的基本操作及滴定练习……244

实验三　移液管和容量瓶的配套校准 ······251
实验四　0.1mol/L HCl 滴定液的配制和标定 ······253
实验五　0.1mol/L NaOH 滴定液的配制和标定 ······254
实验六　混合碱的含量测定 ······256
实验七　硼砂样品中 $Na_2B_4O_7 \cdot 10H_2O$ 的含量测定 ······258
实验八　食醋中总酸量的测定 ······259
实验九　苯甲酸含量测定 ······260
实验十　高氯酸滴定液的配制与标定 ······262
实验十一　枸橼酸钠的含量测定 ······264
实验十二　高锰酸钾滴定液的配制与标定 ······265
实验十三　$H_2O_2$ 含量的测定 ······267
实验十四　环境污水的 COD 测定 ······269
实验十五　硫代硫酸钠滴定液的配制与标定 ······271
实验十六　硫酸铜样品液含量的测定 ······273
实验十七　漂白粉有效氯含量的测定 ······275
实验十八　维生素 C 含量的测定 ······277
实验十九　EDTA 滴定液的配制与标定 ······279
实验二十　水的硬度测定 ······280
实验二十一　硝酸银滴定液的配制与标定 ······282
实验二十二　浓氯化钠注射液的含量测定(吸附指示剂法) ······284
实验二十三　溴化钾的含量测定(铁铵矾指示剂法) ······286
实验二十四　氯化钡中结晶水含量的测定 ······287
实验二十五　直接电位法测定溶液的 pH 值 ······289
实验二十六　永停滴定法测定磺胺嘧啶的含量 ······291
实验二十七　吸收曲线的绘制(可见分光光度法) ······293
实验二十八　高锰酸钾的比色测定(工作曲线法) ······296
实验二十九　邻二氮菲吸收光度法测定铁 ······297
实验三十　维生素 $B_{12}$ 注射液的含量测定(吸光系数法) ······299
实验三十一　双波长分光光度法测定复方磺胺甲噁唑片中磺胺甲噁唑的含量 ······301
实验三十二　阿司匹林红外吸收光谱的测绘 ······303
实验三十三　荧光光度法测定维生素 $B_2$ 的含量 ······305
实验三十四　维生素 C 中铁盐的检查 ······307
实验三十五　几种偶氮染料或几种金属离子的吸附柱色谱 ······309
实验三十六　薄层色谱检测琥珀氯霉素中游离氯霉素 ······311
实验三十七　几种氨基酸的纸色谱 ······313
实验三十八　无水乙醇中微量水分的测定(气相色谱法) ······315
实验三十九　复方乙酰水杨酸片(APC)片剂的含量测定(高效液相色谱法) ······317
实验四十　复方丹参片中丹参酮 $II_A$ 的含量测定(高效液相色谱法) ······319
实验四十一　毛细管电泳法操作 ······321

附录一　常用化合物式量表……324

附录二　弱酸和弱碱的解离常数……326

附录三　难溶化合物的溶度积（$K_{sp}$）……329

附录四　标准电极电位表（25℃）……331

附录五　氧化还原电对的条件电位表……339

附录六　常用溶剂的物理性质表……341

主要参考书目……344

# 第一章

# 绪　论

课件

01章PPT

扫一扫
知重点

**学习要点**

1. 分析方法的分类。
2. 分析化学的任务、作用。
3. 分析化学的发展趋势以及在医药卫生方面的应用。
4. 定量分析的一般步骤。

## 第一节　分析化学的任务和作用

分析化学是研究物质化学组成、含量、结构及形态等信息的分析方法、有关理论和技术的一门学科。它是化学领域的一个重要分支，其主要任务是采用各种方法与手段，运用各种仪器测试所获取的图像、数据等相关信息来鉴定物质的化学组成，测定试样中各组分的相对含量及物质的化学结构和形态。

分析化学作为一种检测手段，在科学领域中有着十分重要的作用。它不仅对于化学本身的发展起着重大作用，而且对国民经济、科学研究、医药卫生、学校教育等方面，在解决人类面临的“五大危机”（资源、能源、粮食、人口、环境）问题、当代科学领域的“四大理论”（天体、地球、生命、人类起源和演化）问题、环境中的“五大全球性”（温室效应、酸雨、臭氧层、水质污染、森林减少）问题等方面，都起着十分重要的作用。分析化学已经渗透到工业、农业、国防及科学技术等各个领域，成为工农业生产的“眼睛”、科学研究的“参谋”，是产品质量的可靠保证。因此，分析化学的发展是衡量一个国家科学技术水平发展的重要标志之一。

在医药卫生事业中，分析化学起着非常重要的作用。如药品的生产与检验、新药研究、中草药有效成分的分离和测定、药物代谢和药物动力学的研究、药物制剂的稳定性、药物构效关系研究、病因调查、临床检验、环境分析、三废处理等方面都要应用分析化学的理论、知识和技术。随着中医药科学事业的进一步发展，我国的药品质量和药品标准工作也在不断地提高，分析化学对提高药品质量，保证人们用药安全起着十分重要的作用。

分析化学是中药类专业一门重要的专业基础课，各门化学课和专业课，如中药化学、中药鉴定学、中药炮制学、中药药剂学、中药药理学等课程都要应用到分析化学的理论和有关方法来解决各学科中的某些问题。学生通过学习分析化学，不仅能掌握各种物质的分析方法及有关理论，而且还将学到科学研究的方法，提高学生观察判断问题和分析解决问题的能力，建立“量”的概念，培养和提高学生精密地进行科学实验的技能，对学生素质的全面发展起到很好的促进作用。

知识链接

**中药指纹图谱与分析化学**

中药及其制剂均为多组分复杂体系，因此评价其质量应采用与之相适应的、能提供丰富鉴别信息的检测方法，但现行的显微鉴别、理化鉴别和含量测定等方法都不足以解决这一问题。中药指纹图谱是指某些中药材或中药制剂经适当处理后，采用一定的分析手段，得到的能够标示其化学特征的色谱图或光谱图。中药指纹图谱是一种综合的、可量化的鉴定手段，它建立在中药化学成分系统研究的基础上，主要用于评价中药材以及中药制剂成品质量的真实性、优良性和稳定性。建立中药指纹图谱将能较为全面地反映中药及其制剂中所含化学成分的种类与数量，进而对药品质量进行整体描述和评价。

## 第二节 分析方法的分类

### 一、根据分析任务分类

根据分析任务不同，分析方法可分为定性分析、定量分析和结构分析。定性分析的任务是鉴定物质由哪些元素、离子、基团或化合物组成；定量分析的任务是测定试样中各组分的相对含量；而结构分析的任务是确定物质的分子结构或晶体结构。

在实际工作中，首先必须了解物质的组成(定性分析)，然后根据测定要求，选择适当的定量分析方法确定该组分的相对含量(定量分析)。对于新发现的化合物，还需要进行结构分析，确定物质的分子结构。在一般情况下，如果样品的组分是已知的，则不需要经过定性分析就可以直接进行定量分析。

### 二、根据测定原理分类

根据测定原理不同，分析方法可分为化学分析和仪器分析。

#### (一) 化学分析

化学分析是以物质的化学反应为基础的分析方法，其历史悠久，又称经典分析法，是分析化学的基础。在化学分析的反应中，被分析的物质称为试样(或样品)，与试样起反应的物质称为试剂。根据化学反应的现象和特征鉴定物质的化学组分，称为化学定性分析；根据化学反应中试样和试剂的用量，测定物质中各组分的相对含量，称为化学定量分析。化学定量分析根据采用的测定方法不同，又可分为重量分析和滴定分析(或容量分析)。

化学分析应用范围广，所用仪器简单，分析结果准确，其相对误差一般能控制在

0.2% 以内，但化学分析灵敏度低、分析速度慢，因此主要用于常量组分的分析。

### （二）仪器分析

仪器分析是以物质的物理或物理化学性质为基础的分析方法，又称物理和物理化学分析法。根据待测组分的某种物理性质（如相对密度、相变温度、折射率、旋光度及光谱特征等）与组分的关系，不经化学反应直接进行定性、定量或结构分析的方法，称为物理分析法。根据待测组分在化学变化中的某种物理性质与组分之间的关系，进行定性、定量或结构分析的方法，称为物理化学分析法。由于这类方法大都需要精密仪器，故称为仪器分析，仪器分析法具有灵敏度高、快速、准确、应用范围广的特点。仪器分析法根据分析原理不同又可分为色谱分析法、光学分析法、电化学分析法、质谱法等。

1. 色谱分析法　是依据被测组分在两相间（固定相和流动相）分配系数的不同而进行的一种分析方法。主要有液相色谱法（如柱色谱法、薄层色谱法、纸色谱法、高效液相色谱法）和气相色谱法等。

2. 光学分析法　是依据被测组分与光的相互作用而进行的一种分析方法。光学分析法又可分为光谱分析法和非光谱分析法。光谱分析法主要有吸收光谱分析法（包括紫外 - 可见分光光度法、红外光谱法、原子吸收分光光度法、核磁共振波谱法等）、发射光谱分析法（如荧光分光光度法、火焰分光光度法等）。非光谱分析法主要有旋光分析法、折光分析法等。

3. 电化学分析法　是依据被测组分在溶液中的电化学性质的变化来进行的分析方法。按电化学原理不同可分为电导分析、电位分析、电解分析与伏安法等。

4. 质谱法　是依据被测组分经离子化后质荷比不同而进行的一种分析方法。

仪器分析常常是在化学分析的基础上进行的。如样品的溶解，干扰组分的分离、掩蔽等，都要应用化学分析的基本操作。同时，仪器分析大都需要化学纯品作标准物质，而这些化学纯品，多数需用化学分析方法来确定。所以化学分析法与仪器分析法相辅相成，互相配合，前者是分析方法的基础，后者是分析方法发展的方向。

**课堂互动**

何谓仪器分析？有什么特点？

## 三、根据试样用量分类

根据试样用量的多少，分析方法又可分为常量分析、半微量分析、微量分析和超微量分析。按试样用量分类见表 1-1。

表 1-1　各种分析方法的试样用量

| 分析方法 | 试样的用量 | 试液的使用体积 |
| --- | --- | --- |
| 常量分析 | >0.1g | >10ml |
| 半微量分析 | 0.1~0.01g | 10~1ml |
| 微量分析 | 10~0.1mg | 1~0.01ml |
| 超微量分析 | <0.1mg | <0.01ml |

在无机定性分析中，常采用半微量分析方法；在化学定量分析中，一般采用常量分析方法；在进行微量和超微量分析时，一般只能采用仪器分析方法。

## 四、根据被测组分的含量分类

根据被测组分含量不同，分析方法可分为常量组分分析、微量组分分析和痕量组分分析。被测组分在试样中所占百分比含量见表 1-2。

表 1-2　各种分析方法的组分含量

| 分析方法 | 常量组分分析 | 微量组分分析 | 痕量组分分析 |
|---|---|---|---|
| 组分含量 | >1% | 0.01%~1% | <0.01% |

需要注意这种分类方法与试样用量多少分类方法不同，一种是根据试样的质量或体积的多少分类，另一种是根据试样中被测组分含量的高低分类，两者不能混淆。例如痕量组分的分析不一定是微量分析，因为测定试样中的痕量组分，有时取样会在千克以上。

除了上述主要分类方法外，分析方法还可按分析对象不同，分为无机分析和有机分析；按要求不同，分为例行分析和仲裁分析（例行分析是一般日常生产中的分析，即常规分析；仲裁分析是不同单位对分析结果有争执时，要求有关单位按指定的方法进行的准确分析，以判断原分析结果的准确性）。

课堂互动

分析方法的分类依据及类型有哪些？

# 第三节　分析化学的发展趋势

分析化学的发展同其他学科的发展一样，取决于实践的需要。它随着生产、科学技术的进步而不断发展。分析化学的发展大致经历了三次巨大变革，第一次是在 20 世纪初期，分析化学基础理论的发展使分析化学从一种技术变为一门科学；第二次变革是由于物理学、电子学、原子能科学技术的发展，改变了经典的以化学分析为主的局面，使得快速、灵敏的仪器分析获得蓬勃发展；目前，分析化学正处在第三次变革时期，随着生命科学、环境科学、新材料科学、宇宙科学的发展，以及生物学、信息科学、计算机技术的引入，使分析化学进入了一个崭新的境界。第三次变革时期的基本特点是：从采用的手段看，是在综合光、电、热、声和磁等现象的基础上，进一步采用计算机科学及生物学等学科的新成就，对物质进行纵深分析；从解决任务看，现代分析化学已发展成为获取形形色色物质尽可能全面的信息，不仅限于测定物质的组成及含量，还要对物质的形态、结构、微区、薄层及化学和生物活性等做出瞬时追踪的学科。例如，在药物分析中，人们不仅要分析药物的结构和含量，还要分析药物的晶形，因为同一药物可能有不同的晶形，可能在体内有不同的溶解度，从而产生不同的疗效。现代

药物分析不再仅仅是对药物静态的常规检验，而要深入到生物体内，在药物作用的过程中进行动态的监控。另外，随着色谱与质谱及各种光谱联用技术正日趋完善和发展，人们已经能对复杂体系中各组分进行同时定性、定量分析。今后，分析化学的发展趋势是力求提高分析方法的准确度，减小误差；提高方法的灵敏度，使微量杂质能够准确测定；提高分析速度和使用极少量样品或进行不损坏样品的分析方法；发展自动分析和遥控分析，发展基础理论和应用基础的研究，开拓新的分析方法等。

总之，现代分析化学已经突破了纯化学领域，它将化学与数学、物理学、计算机技术及生物学紧密结合起来，吸取当代科学技术的最新成就，利用物质一切可利用的性质，建立分析化学的新方法与新技术，现代分析化学已发展成为一门多学科性的综合性科学。

## 第四节　定量分析的一般步骤

定量分析的任务是测定试样中某一组分的含量，因此，它所讨论的问题都是围绕着如何保证和提高测定结果的准确度，许多工作环节都会影响到测定结果的准确度。定量分析的步骤一般包括：明确任务和制定分析计划、试样的采取、试样的制备、干扰物质的掩蔽和分离、测定方法的选择及分析结果的计算和评价等几个步骤。每个步骤必须遵循准确、可靠、经济、简便、快速的原则。

### 一、分析计划的确定

根据分析任务和要求，明确要解决的问题，制定相应的分析计划。分析计划还要考虑试样的来源及性质、测定的样品数、可能存在的影响因素等。分析计划应包括选用的分析方法，对准确度、精密度的要求，以及所需仪器设备、试剂和温度等实验条件。

### 二、取样

试样的采取简称为取样，就是从大量的分析对象中抽取一小部分作为分析材料的过程，所取得的分析材料称为试样或样品。在实际工作中，对某一组分进行定量分析时，每次分析所取该组分的试样量是很少的，一般只有 0.1~1g。如果所取试样不能代表全部分析对象的平均组成，无论在分析测定中做得如何准确，都是毫无意义的。因此，所采试样应具有高度的代表性，在进行分析之前，必须对试样有一个较全面的了解，明确分析目的，针对不同物料的特点，采取相应的取样方法，科学取样。

### 三、试样的制备

取样后得到的样品，必须经过进一步处理，使之数量缩减，并成为十分均匀的微小颗粒，才能配成溶液用于测定。

#### （一）样品的初步处理

样品的初步处理包括破碎、过筛和缩分等几步，含有吸湿水的还要经过干燥处理。

1. 破碎　对于不均匀且质地较硬的大块矿样，可用各种破碎机械粉碎；对于质地较软且少量的试样可手工操作,如用研钵研细。

2. 过筛 在试样的破碎过程中应经常过筛,先用筛孔目数较小的筛子,随试样颗粒的逐渐减小,筛孔目数逐渐加大,反复破碎过筛,直至全部通过为止,不能将难破碎的大颗粒随意丢弃。

3. 缩分 初次所采试样常常是很大量的,而最后用于分析的试样通常很少。原始试样经过破碎、过筛和缩减以制成分析试样的过程叫作"缩分",缩分常用"四分法",即将粉碎后混合均匀的试样倒在与之不反应的钢板、玻璃板或光面纸上,堆成圆锥形,略微压平,然后通过中心分成四等份,把任意相对的两份弃去,将剩余的部分再反复进行类似的操作,直至剩余所需量为止。

4. 吸湿水的处理 有些固体原料样品含有吸湿水,要使分析结果可靠,必须提前将样品置于100~105℃的干燥箱中烘干至恒重,对于受热易分解的样品可用减压干燥法。烘干至恒重的样品要放在盛有硅胶的干燥器中保存。

### (二) 样品的分解

经初步处理的样品要分解制成溶液才能用于分析测定。分解样品要完全,处理后的溶液中不得残留原样品的细屑或粉末,并且分解过程中被测组分不应挥发,不应引入干扰物质。根据样品的性质和特点,样品的分解分为溶解法、熔融法。

1. 溶解法 溶解法是采用适当的溶剂将试样溶解后制成溶液。由于试样的组成不同,溶解试样所用的溶剂也不同,常用的溶剂有水、酸、碱和有机溶剂四类。一般情况下选用水为溶剂,不溶于水的试样可根据其性质选用酸或碱作溶剂。常用作溶剂的酸有:盐酸、硝酸、硫酸、磷酸、高氯酸、氢氟酸以及它们的混合酸;常用作溶剂的碱有:氢氧化钾、氢氧化钠、氨水等。不溶于水的有机化合物试样,可采用有机溶剂溶解,常用的有机溶剂有:甲醇、乙醇、三氯甲烷。

2. 熔融法 熔融法是利用酸性或碱性熔剂与试样在高温下进行复分解反应,使待测组分转变为可溶于酸、碱或溶于水的化合物。按所用熔剂的酸碱性,可分为酸性熔剂熔融法和碱性熔剂熔融法。常用的酸性熔剂有 $K_2Cr_2O_7$、$K_2S_2O_7$ 等;碱性熔剂有 $Na_2CO_3$、$K_2CO_3$、$Na_2O_2$、NaOH 和 KOH 等。

熔融大都是在高温下进行的分解反应,为了使反应进行完全,通常大都加6~12倍的过量熔剂,这样可能引入较多杂质,熔融的高温也会使某些组分损失及熔器的破坏带来杂质等缺点,故此法只有在使用溶剂溶解失败时才采用。

### (三) 干扰物质的分离和掩蔽

在实际分析工作中,复杂的试样中常含有多种成分,在测定某组分时其他组分可能会产生干扰,所以在测定之前要对干扰组分进行掩蔽。常用的掩蔽方法有配位掩蔽法、氧化还原掩蔽法、沉淀掩蔽法等。当加掩蔽剂也不能完全消除干扰,就需要对干扰组分进行分离,才能进行准确的分析测定。常用的分离方法有沉淀法、挥发法、萃取法以及色谱法等,其中色谱法如纸色谱、薄层色谱和柱色谱等方法对复杂样品的分离效果较好。近年来仪器分析发展迅速,如气相色谱仪、高效液相色谱仪等,能使多组分样品很好分离,然后进行定量分析。

## 四、测定

根据试样的组成、被测组分的性质及含量、测定目的要求和干扰物质的情况等,

选择恰当的分析方法进行含量测定。测定方法的选择一般应遵循以下原则：

1. 测定方法应与被测组分含量相适应　常量组分的测定，一般应用滴定分析法和重量分析法，两种方法均可应用时，尽量使用简便、快速的滴定分析法。高纯物质的微量或痕量组分的测定，一般要考虑用灵敏度较高的仪器分析法。

2. 测定方法应与被测组分的性质相适应　全面掌握被测组分的性质是选择最佳测定方法的重要依据。如 $Mn^{2+}$ 在 pH>6 时可与 EDTA 定量配合，可用配位滴定法测定。被测组分为中药中的某种生物碱成分，应该考虑其碱性的强弱，若其 $K_b>10^{-6}$ 则结合其含量可考虑用酸碱滴定法，若 $10^{-6}>K_b>10^{-10}$，就可考虑用非水溶液滴定法。若分子中有共轭双键，就可以考虑用紫外 - 可见分光光度法。

3. 测定方法应考虑共存组分的影响　在选择分析方法时，必须考虑其他组分对测定的影响，尽量选择特效性较好的分析方法。如果没有适宜的方法，则应改变测定条件，加入掩蔽剂以消除干扰，或通过分离除去干扰组分之后，再进行测定。

4. 测定方法应与具体要求相适应　根据化学分析的具体要求选择最好的测定方法。如成品分析、生化检验、药品检验等常量组分的测定，准确度是主要的；微量或痕量组分的分析，灵敏度是主要的；生产过程中的质量控制分析和环境检测，快速是主要的。此外，还应考虑设备条件、财力、试剂纯度、资料等因素，设计、选择切实可行的分析方法。

另外，在测定前必须对所用仪器（或测量系统）进行校正。实际上，实验室使用的计量器具和仪器都必须定期请权威机构进行校验。所使用的具体分析方法必须经过认证，以确保分析结果符合要求。定量方法认证包括准确度、精密度、检出限、定量限和线性范围等。

## 五、分析结果的表示

根据分析实验测量数据，应用各种分析方法的计算公式，可计算出试样中待测组分的含量，称之为定量分析结果。

表示一个完整的定量分析结果，不仅仅是含量测定结果，还应是包括测定结果的平均值、测量次数、测定结果的准确度、精密度以及置信度等，因此应按测量步骤记录原始测量数据，原始测量记录必须做到真实、完整、清晰、不得任意涂改。根据实验数据，计算测定结果，运用统计学的方法对分析测定所提供的信息进行有效的处理，对测定结果作出科学合理的分析判断，按要求将分析结果形成书面报告。

（陈哲洪）

## 复习思考题

扫一扫
测一测

1. 分析化学是一门什么样的学科？其主要任务是什么？
2. 分析方法的分类依据及类型有哪些？
3. 在中药学教育中分析化学起着什么作用？
4. 分析化学的发展趋势如何？
5. 定量分析一般有哪些步骤？

课件

# 第二章

# 误差与分析数据处理

扫一扫知重点

**学习要点**

1. 误差产生的原因、分类及其表示方法。
2. 提高分析结果准确度的方法。
3. 有效数字的概念与应用。
4. 分析数据的处理与分析结果的表示方法。

定量分析的任务是准确测定试样中被测组分的含量，因此要求结果必须准确可靠。由于定量分析可能会受到所采用的分析方法、仪器和试剂、工作环境和分析工作者自身等因素的影响，即使由技术熟练并具有经验的分析工作人员操作，无论分析仪器如何精密，测量方法多么完善，测量值与待测组分的真实值也不能完全相同，它们之间的差值称为误差。即使同一分析工作者在条件相同的情况下进行数次重复测定，所测得的结果也不会完全一致，而且总与真实值有差别，这就说明客观上存在着难以避免的误差。

随着科技的进步和人类认识客观世界能力的提高，误差可以被控制的越来越小，但仍难以降至零。因此，在定量分析中，必须根据对分析结果准确度的要求，合理设计测定方法和步骤，对分析结果的可靠性、准确性进行合理评价，并给予正确表达。

本章主要讨论误差产生的原因、性质、减免方法，有效数字以及应用统计学原理来处理分析数据等内容。

## 第一节　定量分析误差

### 一、误差的分类

在定量分析工作中产生误差的原因很多，根据误差产生的原因和性质，可将误差分为系统误差和偶然误差。

#### （一）系统误差

系统误差也称可定误差，是定量分析误差的主要来源，对分析结果的准确度有较大的影响。系统误差是由分析过程中某些确定的、经常性的因素引起的，因此对分析

结果的影响比较固定。系统误差具有单向性、重现性和可测性的特点，其数值也呈现一定的规律。如果能正确的找出导致误差的原因并设法测出，系统误差便可以通过校正的方法进行减小甚至消除。根据系统误差产生的具体原因，可分为方法误差、试剂误差、仪器误差及操作误差四种。

1. 方法误差　由于分析方法本身不完善或有缺陷所造成的误差。例如，由于反应条件不完善而导致化学反应进行不完全；有反应副产物的产生；在进行重量分析时由于选择的方法不当，使沉淀溶解度增大或有共沉淀、后沉淀现象发生；在滴定分析中，滴定终点与化学计量点不完全相符；比色测定中，颜色深度与含量失去正比关系等，都会使测定的结果偏高或偏低而产生系统误差。

2. 试剂误差　由于所用试剂纯度不够或蒸馏水中含有微量杂质而引起的误差。例如，使用的试剂中含有微量的被测组分或干扰杂质等。

3. 仪器误差　由于所用仪器本身不够准确或未经校准所导致的误差。如天平两臂不等长；砝码腐蚀生锈；滴定分析器皿的刻度不够准确等，就会在使用过程中使测定结果产生系统误差。

4. 操作误差　主要指在正常操作情况下，由于操作者的主观原因，使实际操作和正确的操作规程稍有出入所造成的误差。例如，滴定管读数偏高或偏低，辨别指示剂终点的颜色习惯性偏深或偏浅，或对某种颜色的辨别不够敏锐等所造成的误差。

### （二）偶然误差

偶然误差又称为不可定误差。在相同条件下，消除了系统误差之后，对同一试样进行多次测定，每次测定的结果仍然会出现一些无规律的随机性改变，我们把这种无规律、随机性变化的误差叫做随机误差或者偶然误差。偶然误差是由某些难以控制或无法避免的偶然因素导致的。如测量时温度、湿度、电压、气压的微小变化，分析仪器的轻微波动以及分析人员操作的细小差异等，都可能引起测量数据的改变而带来误差。

偶然误差具有大小、正负都不固定的特点，有时大，有时小，有时正，有时负，是比较难以预测和控制的。但是，如果在相同的条件下对同一试样进行多次平行测定，并对测定数据进行统计和处理，则可以发现偶然误差呈正态分布：绝对值相同的正负误差出现的概率相等，小误差出现的概率大，大误差出现的概率小，特别大的误差出现的概率极小，这一规律称为偶然误差的正态分布规律，如图 2-1。在消除系统误差后，随着测定次数的增加，偶然误差的算术平均值将趋近于零。所以，可以通过增加平行测定次数的方法来减小偶然误差，学生实验中一般平行测定 3~4 次即可。

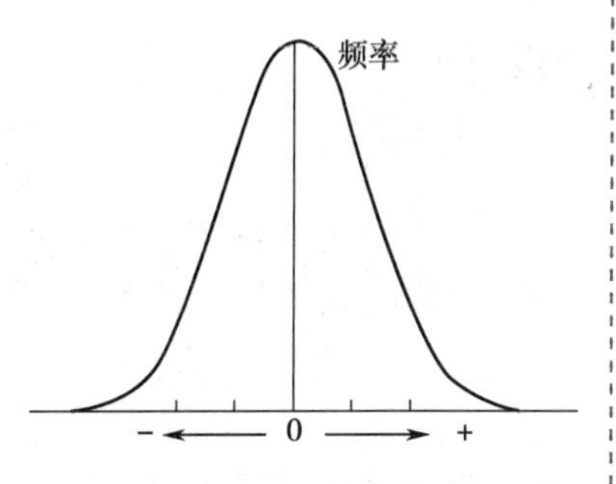


图 2-1　偶然误差的正态分布规律

此外，由于分析人员粗心大意或工作过失所产生的差错，例如，溶液溅失、读错刻度、加错砝码、加错试剂、记录和计算错误等，不属于误差范畴，这些数据应该被舍弃。因此，在分析过程中，要求分析人员加强工作责任心，严格遵守操作规程，做好原始记录并反复核对，才能避免这类错误的发生。

## 二、误差的表示方法

### （一）准确度与误差

准确度是指分析结果测量值与真实值接近的程度。准确度的高低通常用误差来衡量，误差越小，表示分析结果与真实值越接近，准确度越高，相反，误差越大，准确度越低。误差又可分为绝对误差和相对误差，其表示方法如下：

$$绝对误差(E)=测量值(x)-真实值(\mu) \tag{2-1}$$

$$相对误差(RE)=\frac{E}{\mu}\times100\% \tag{2-2}$$

例2-1　用万分之一分析天平称量某样品两份，其质量分别为1.1253g和0.1125g。假定两份样品的真实质量为1.1252g和0.1124g，分别计算两份样品称量的绝对误差和相对误差。

解：称量的绝对误差分别为：

$$E_1=1.1253-1.1252=0.0001(g)$$

$$E_2=0.1125-0.1124=0.0001(g)$$

称量的相对误差分别为：

$$RE_1=\frac{0.0001}{1.1252}\times100\%=0.0089\%$$

$$RE_2=\frac{0.0001}{0.1124}\times100\%=0.089\%$$

从上述案例中可以发现，两份样品称量的绝对误差相等，但相对误差是不相等的，第一份称量结果的相对误差比第二份称量结果的相对误差小10倍。由此可见，当称量质量较大时，相对误差小，准确度高，反之，称量质量较小时，相对误差大，准确度低。因此，用相对误差来表示测定结果的准确度更为确切，在分析工作中，分析结果的准确度常用相对误差表示。

绝对误差和相对误差都有正、负值之分。当测量值大于真实值时为正值，表示分析结果偏高；当测量值小于真实值时为负值，表示分析结果偏低。在实际工作中，客观存在的真实值是无法测得的，因此在分析过程中常常用“标准值”代替真实值以衡量分析方法的准确度。

知识链接

**标准值**

在分析试验中，测定结果的准确度常用标准值来衡量。标准值是指采用可靠的分析方法，在不同实验室，由不同分析人员对同一试样进行反复多次测定，然后将大量测定数据用数理统计方法处理而求得的测量值。

### （二）精密度与偏差

精密度是指在相同条件下，多次测量结果之间相互接近的程度。精密度的高低常用偏差衡量。偏差越小，各测定结果之间越接近，精密度越高；反之，偏差越大，精

密度越低。精密度反映了测定结果的重现性。

偏差又可分为绝对偏差、平均偏差、相对平均偏差、标准偏差和相对标准偏差。具体表示方法如下：

1. 绝对偏差($d$)　表示各个测量值($x_i$)与平均值($\bar{x}$)之差，有正、负值之分。

$$d=x_i-\bar{x} \tag{2-3}$$

2. 平均偏差($\bar{d}$)　表示各单个偏差绝对值的平均值。

$$\bar{d}=\frac{|x_1-\bar{x}|+|x_2-\bar{x}|+\cdots\cdots|x_n-\bar{x}|}{n} \tag{2-4}$$

$$\bar{d}=\frac{\sum_{i=1}^{n}|x_i-\bar{x}|}{n} \tag{2-5}$$

式中，$n$ 表示测量次数。应当注意，平均偏差 $\bar{d}$ 均为正值。

3. 相对平均偏差($R\bar{d}$)　表示平均偏差占平均值的百分率。

$$R\bar{d}=\frac{\bar{d}}{\bar{x}}\times100\% \tag{2-6}$$

在滴定分析中，分析结果的相对平均偏差一般应小于0.2%。使用平均偏差和相对平均偏差表示精密度比较简单、方便，但不能很好地反映一组数据的波动情况，即分散程度。因此对要求较高的分析结果常采用标准偏差、相对标准偏差来表示精密度。

4. 标准偏差($S$)　在一系列测定值中，小的偏差值总是占多数，因此在平均偏差和相对平均偏差的计算过程中，通常会忽略个别较大偏差对测定结果重现性的影响。采用标准偏差则可以突出较大偏差的影响，它比平均偏差更能说明测定值的分散程度。对少量测定值($n\leqslant20$)而言，其标准偏差的定义式如下：

$$S=\sqrt{\frac{\sum_{i=1}^{n}(x_i-\bar{x})^2}{n-1}} \tag{2-7}$$

例如，有两批数据，各次测量的绝对偏差分别为：

第一批：+0.3，-0.4，-0.2，+0.2，+0.1，-0.3，+0.2，+0.4，-0.3；

第二批：0.0，-0.7，+0.1，-0.1，+0.1，+0.1，-0.2，+0.9，-0.2；

两批数据平均偏差相同，都是0.24，但明显可以看出，第二批数据有两个较大的偏差，较第一批分散程度高，精密度较差，此时只有用标准偏差才能分辨出这两批数据精密度，它们的标准偏差分别为：$S_1=0.28$；$S_2=0.40$；可见，第一批数据精密度高于第二批。

5. 相对标准偏差($RSD$)　表示标准偏差占测量平均值的百分率。

$$RSD=\frac{S}{\bar{x}}\times100\% \tag{2-8}$$

例2-2　测定某溶液的浓度时，平行测定四次，测定结果分别为0.1051mol/L、0.1055mol/L、0.1049mol/L和0.1053mol/L，计算测定结果的平均值、平均偏差、相对平均偏差、标准偏差及相对标准偏差。

解：$\bar{x}=\frac{0.1051+0.1055+0.1049+0.1053}{4}=0.1052$

$d_1=0.1051-0.1052=-0.0001$

$d_2 = 0.1055 - 0.1052 = 0.0003$

$d_3 = 0.1049 - 0.1052 = -0.0003$

$d_4 = 0.1053 - 0.1052 = 0.0001$

$\bar{d} = (|-0.0001| + |0.0003| + |-0.0003| + |0.0001|) \div 4 = 0.0002$

$R\bar{d} = 0.0002 \div 0.1052 \times 100\% = 0.19\%$

$$S = \sqrt{\frac{(-0.0001)^2 + (0.0003)^2 + (-0.0003)^2 + (0.0001)^2}{4-1}} = 0.0003$$

$RSD = (0.0003 \div 0.1052) \times 100\% = 0.29\%$

### （三）准确度与精密度的关系

准确度与精密度具有不同的概念，当与真实值进行比较时，它们可以从不同侧面反映分析结果的可靠性。准确度表示分析结果的准确性，而精密度表示分析结果的重现性。系统误差影响分析结果的准确度；偶然误差影响分析结果的精密度。测定结果的好坏应同时从精密度和准确度两个方面进行衡量。

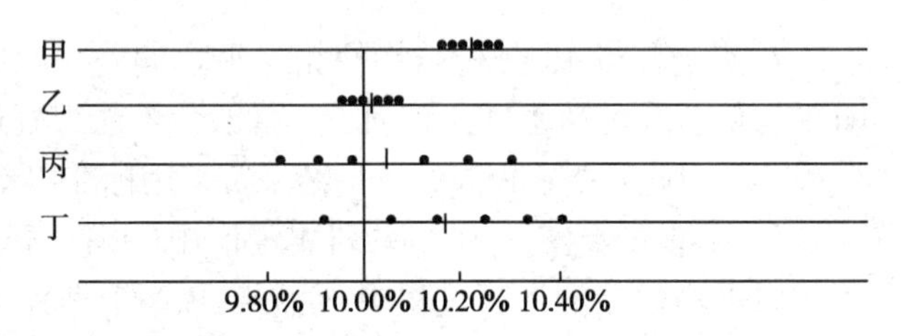


图 2-2　定量分析中的准确度与精密度

图 2-2 表示甲、乙、丙、丁 4 位同学同时测定同一试样中某组分含量所得的结果，每人各分析 6 次，试样的真实含量为 10.00%。由图 2-2 可以看出，甲同学的测定值之间相差很小，说明甲同学测定结果的精密度高，偶然误差很小，但平均值与真实值之间相差较大，因此其准确度不高，由于在分析过程中存在着较大的系统误差，测量结果不可信；乙同学测得的精密度和准确度都高，说明系统误差和偶然误差都很小，测量结果准确可靠；丙同学测量的结果精密度很低，说明偶然误差大，尽管其平均值较接近真实值，但几个测定的结果彼此之间相差很大，这是由于大的正负误差相互抵消的结果，纯属偶然，测量结果不可信；丁同学测定的准确度、精密度都不高，说明系统误差、偶然误差都较大，测量结果更不可信。

由此可见，精密度高不等于准确度高，因为可能会存在较大的系统误差，但准确度高一定要求精密度高，若精密度低，说明存在较大的偶然误差，测定结果不可靠。即精密度高是准确度高的必要条件之一，只有精密度与准确度都高的测量值才可信。

**课堂互动**

下面是三位同学练习射击后的射击靶图，请用准确度和精密度的概念来评价三位同学的成绩。

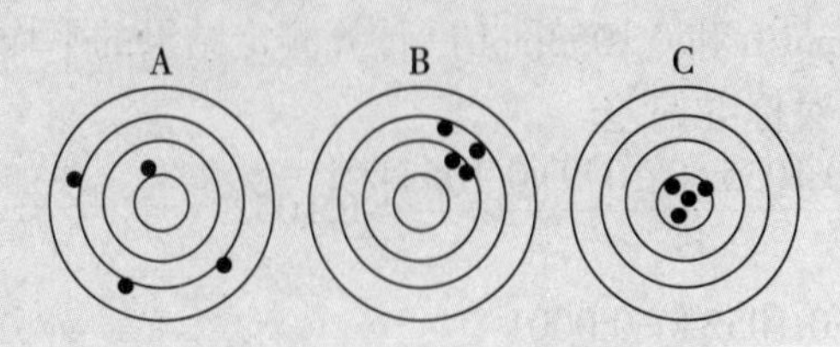

## 三、提高分析结果准确度的方法

在分析过程中，要想提高分析结果的准确度，就必须尽可能地减小分析过程中的系统误差和偶然误差。下面介绍几种减免误差的主要方法。

### （一）选择合理的分析方法

不同分析方法具有的灵敏度和准确度不同。化学分析法虽然灵敏度不高，但用于常量组分的分析能获得比较理想的分析结果，其相对误差一般不超过0.2%。但化学分析法无法准确测定微量、超微量或痕量组分。仪器分析法具有灵敏度高、绝对误差小的特点，能满足微量、超微量或痕量组分测定准确度的要求，但由于其相对误差较大，不适合用于常量组分的测定。因此在测定常量组分时，一般应选用化学分析法，测定微量、超微量或痕量组分时，应选用仪器分析法。另外，在选择分析方法时，还应考虑共存组分的干扰等因素。因此，应根据分析对象、试样情况以及对分析结果的要求来选择合理的分析方法。

### （二）减小测量误差

为了保证分析结果的准确度，在选定适当的分析方法后，还应尽量减少各步测量误差。一般要求测量误差应≤±0.1%。

在称量固体试样时，为了使称量的相对误差减小，应称取适当量的试样。一般分析天平称量的绝对误差为 ±0.0001g，用减重称量法称量一份试样需要称量两次，可能引起的最大误差是 ±0.0002g。若用此分析天平称0.02g试样，称量误差为 ±1%；若用此分析天平称取试样为0.2g，则称量误差降至 ±0.1%。由此可见，增加称量试样的量可以减小称量误差，但试样量也不宜过大，以免造成浪费。在滴定分析中，滴定管每次读数有 ±0.01ml的绝对误差，一次滴定需读数两次，因此产生的最大误差为±0.02ml，为了使滴定时读数的相对误差小于0.1%，消耗滴定液的体积就要求在20ml以上。

例2-3　使用万分之一的分析天平称量时，为了使称量的相对误差在0.1%以下，试样称取量应为多少克才能达到上述要求？

解：

$$RE=\frac{E}{m}\times100\%$$

$$m=\frac{0.0002}{0.1\%}\times100\%=0.2(\mathrm{g})$$

答：称取样品的质量不能少于0.2g。

例2-4　测定某试样时，滴定液消耗的体积为20.00ml，若滴定管读数误差为±0.02ml，滴定管的相对误差为多少？

解：

$$RE=\frac{E}{V}\times100\%$$

$$RE=\frac{0.02}{20.00}\times100\%=0.1\%$$

因此在常量滴定分析中，一般要求消耗滴定液的体积为20~25ml。

**课堂互动**

请解释在滴定分析中，为什么一般要求消耗滴定液的体积在20~25ml为宜？

### （三）减小偶然误差

在消除系统误差的前提下，平行测定次数越多，所得结果的平均值越接近于真实值。因此，分析过程中常采用适当增加平行测定次数的方法来减少偶然误差，从而提高分析结果的准确度。通常在实际分析工作中，一般对同一试样平行测定3~5次。若分析结果的准确度要求较高，需适当增加平行测定的次数，通常会在10次左右。但增加测定的次数过多，比较费时费事，效果却不太显著，所以在实际分析工作中其所得结果的精密度符合要求即可。

### （四）减小测量中的系统误差

1. 对照试验　用已知溶液代替试样溶液，在同样的条件下进行测定，这种分析试验称为对照试验。对照试验是检查系统误差的有效方法，可用以检查试剂是否失效、反应条件是否适当、测量方法是否可靠。常用的有标准试样对照法和标准方法对照法。

标准试样对照法是用准确含量已知的标准品代替待测试样，在完全相同的条件下进行测定分析，对比标准品和待测试样的测量结果得出分析误差，用此误差值对试样测定结果进行校正。

标准方法对照法是用可靠或法定的标准分析方法与被检验的方法，对同一试样进行分析对照，测定结果越接近，说明被检验的方法越可靠。

2. 空白试验　在不加入试样的情况下，按照与测定试样同样的方法、条件、步骤进行的分析实验，称为空白试验，所测得的结果称为空白值。数据处理时，从试样的分析结果中减掉空白值，便可以消除由于试剂、纯化水、实验器皿和环境带入的杂质所引起的系统误差，使测量值更接近于真实值。

3. 校准仪器　系统误差中的仪器误差可以通过校准仪器来进行减小或消除。例如在分析实验中，砝码、滴定管、移液管、容量瓶等，必须进行校准，并在计算结果时采用其校正值。一般情况下，在一系列操作过程中使用同一仪器便可以抵消部分仪器误差。

4. 回收试验　如果无标准试样做对照试验，或对试样的组成不太清楚的情况下，可采用回收试验。所谓回收试验，是向待测试样（$A$）中准确加入一定量的待测组分纯品（$B$），然后用与被测试样相同的方法测定得总量（$C$）。总量测定值应在线性范围内，计算回收率。

$$回收率\% = \frac{C-A}{B} \times 100\% \tag{2-9}$$

$A$：样品所含被测成分量；$B$：加入对照品量；$C$：实测值

回收率越接近100%，系统误差越小，方法准确度越高。回收试验常在微量组分中应用。

## 第二节　有效数字及其应用

在分析工作中，不仅要准确测定每一组数据，而且还要正确地进行记录和计算，才能得到准确、可靠的分析结果。由于测定值不仅表示试样中被测组分的含量，还反映了测定的准确程度。因此了解有效数字的意义，掌握正确的使用方法，避免记录和计算的随意性，是非常重要的。

### 一、有效数字

有效数字是指在分析工作中能实际测量到的具有实际意义的数字，其位数应包括所有的准确数字和最后一位可疑数字（欠准数字）。在记录、处理测量数据和计算分析结果时，具体应该保留几位有效数字，必须要根据所用的测量仪器、分析方法的准确程度来确定。总之，有效数字不仅要能表示数值的大小，还必须反映测量的精确程度。

**课堂互动**

6.47、6.470、6.4700 作为试验中的数字和数学上的数字意义有何不同？

例如，用万分之一的分析天平称量某试样的质量为 1.5728g，是五位有效数字。在这一数值中，1.572 是准确的，最后一位“8”存在误差，是可疑数字。根据所使用的分析天平的准确程度，该试样的实际质量应该为 1.5728g ± 0.0001g。又如，记录滴定管读数，甲乙丙三位同学分别读为 20.42ml、20.43ml 和 20.44ml，显然这三个数据的前三位是准确的，而第四位是可疑数字，它可能有 ± 0.01ml 的误差，但它们都是有效数字，因此有效数字为四位。

在确定有效数字的位数时，数字中的 1~9 均为有效数字，但数字 0 有双重意义。位于数字中间或小数中非 0 数字后面，数字 0 就是有效数字，若位于第一个数字（1~9）之前，就不是有效数字。例如在数据 0.04060g 中，4 后面的两个 0 都是有效数字，而 4 前面的两个 0 只起定位作用，不是有效数字，因此该数据有效数字位数为四位。

如：

| | |
|---|---|
| 1.0007g、2.4937 | 五位有效数字 |
| 0.3008g、$6.305 \times 10^{-13}$ | 四位有效数字 |
| 0.000670g、$1.26 \times 10^{9}$ | 三位有效数字 |
| 0.0069g、0.80% | 两位有效数字 |
| 0.3g、0.03% | 一位有效数字 |

分析化学中还经常遇到 pH、pK 等对数值，它们的有效数字的位数取决于小数部分数字（尾数）的位数，因为其整数部分的数字（首数）只代表原数字的幂次。例如，pH=12.68，即[$H^+$]=$2.1 \times 10^{-13}$mol/L，其有效数字只有两位，而不是四位。

在进行单位变换时，必须保持有效数字的位数不变。例如，11.40ml 应写成

0.01140L；0.2700g 应写成 270.0mg。还应该注意的是，首位为 8 或 9 的数字，其有效数字的位数在运算过程中需多计一位。例如，9.89 实际上只有三位有效数字，但它已接近 10.00，故在运算过程中可以认为它的有效数字是四位。

## 二、有效数字的记录、修约及运算规则

在处理分析数据过程中，各个测量数据的有效数字位数可能是不同的，对于这些数据，必须按一定规则进行记录、修约及运算，这样，一方面可以节省时间，另一方面又可避免得出不合理的结论。

1. 记录规则　在记录测量数据的有效数字时，要根据所用仪器精度的要求，记录的测量值只保留一位可疑数字。

2. 修约规则　在处理数据的过程中，由于所用仪器精度不同，各测量值的有效数字的位数可能不完全一致，在运算时要按一定的规则舍去多余的尾数，以避免误差累计，得出合理的结果。因此，若测量值的有效数字位数较多，应将多余的数字舍弃，该过程称为数字的修约。其规则如下：

(1) 四舍六入五留双：当被修约的数字小于或等于 4 时，则将该数字舍去；当被修约的数字大于或等于 6 时，则进位；当被修约的数字等于 5，且 5 后面无数字或数字为 0 时，若 5 前面为偶数(包括 0)则舍去，为奇数则进位；当被修约的数字等于 5，且 5 后面还有不为 0 的任何数时，一律进位。

例如，将下列测量值修约为四位数：

| | |
|---|---|
| 12.1428 | 12.14 |
| 25.3762 | 25.38 |
| 19.045 | 19.04 |
| 6.37250 | 6.372 |
| 3.68451 | 3.685 |

(2) 禁止分次修约：只允许对原测量值一次修约到位，不能分次修约。如将 7.3492 修约为两位有效数字，不能先修约为 7.35，再修约成 7.4，而应一次修约为 7.3。

3. 运算规则

(1) 加减法：几个数据相加或相减时，有效数字的保留位数应以小数点后位数最少的数据为准，使计算结果的误差与各数据中绝对误差最大的数据相当。

例如，0.0121+21.35+1.05982，它们的和应以 21.35 为依据，保留到小数点后第二位。计算时，可先修约成 0.01+21.35+1.06 再计算其和。

$$0.01+21.35+1.06=22.42$$

(2) 乘除法：几个数相乘除时，有效数字位数的保留应以有效数字位数最少的数据为准，使计算结果的误差与各数据中相对误差最大的数据相当。

例如，$0.0151\times22.35\times1.05792$，其积的有效数字位数的保留以 0.0151 三位有效数字为依据，确定其他数据的位数，修约后进行计算。

$$0.0151\times22.4\times1.06=0.359$$

另外，在对数运算中，所取对数的位数和真数的有效数字位数相等。如$[H^+]=1.0\times10^{-3}$mol/L 的溶液，则 pH=3.00，其有效数字是两位而不是三位。在表示准确度和精密度时，一般取一位有效数字即可，最多取两位有效数字。如 *RSD*=0.04%。

## 三、有效数字在定量分析中的应用

1. 用于正确记录测量数据　有效数字是指实际能测量到的数字。记录测量数据时，到底应保留几位数字，应根据测量方法和测量仪器的精度来确定，记录数据保留一位可疑数字。例如用万分之一的分析天平进行称量时，称量结果必须记录到以克为单位小数点后的第四位。例如，1.2500g 不能写成 1.25g，也不能写成 1.25000g；记录滴定管上的数据时，必须记录到以毫升为单位小数点后的第二位，如消耗滴定液的体积恰为 18ml 时，也要记录为 18.00ml。

2. 用于正确称取试剂的用量和选择适当的测量仪器　不同的分析任务对准确度的要求不同，为了使各测量步骤准确度与分析方法的准确度保持一致，必须选择适宜的仪器和称取正确的试剂用量。例如，用万分之一的分析天平称取试样时，为了使相对误差小于 0.1%，称取样品质量的最小值为 0.2g；用滴定分析法测定常量组分时，消耗滴定液体积的最小值为 20ml。

3. 用于正确表示分析结果　在分析结果的报告中，要注意最后结果中有效数字位数的保留问题，如果保留的有效数字位数过多则会夸大准确度，相反则会降低准确度。例如甲、乙两人用同样方法同时测定样品中某组分的含量，称取样品 0.2000g，测定结果：甲的报告含量为 18.500%，乙的报告含量为 18.50%，试问哪个报告结果正确？

甲分析结果的准确度：$\pm(0.001/18.500)\times 100\%=\pm 0.005\%$

乙分析结果的准确度：$\pm(0.01/18.50)\times 100\%=\pm 0.05\%$

称样的准确度：$\pm(0.0001/0.2000)\times 100\%=\pm 0.05\%$

乙报告的准确度和称样的准确度是一致的，而甲报告的准确度与称样的准确度不一致，没有意义，因此应该采用乙的结果。一般进行定量分析时，结果只要求准确到四位有效数字即可。

# 第三节　分析数据的处理与分析结果的表示方法

在进行定量分析时，若得到一组分析数据，必须先将分析数据进行处理。数据处理的任务就是通过对少量或有限次实验测量数据的合理分析，对分析结果进行正确、科学地评价，并以一定的方式将分析结果表示出来。

## 一、可疑值的取舍

在分析工作中，常常会遇到在一组平行测定的数据中有个别数据相差较大，这种数据称为可疑值或逸出值。可疑数据对测定的精密度和准确度都有很大的影响。例如，分析某一试样的含钙量时，平行测定四次，其结果分别为：25.36%、25.40%、25.12% 和 25.38%，显然第三个测量值具有较大偏离，是可疑值。该数据可能是偶然误差波动性的极度表现，也可能是实验过程中的过失造成，因此不能凭个人主观愿望任意取舍，而应该按照一定的统计学方法进行处理，再决定其取舍。统计学处理可疑值的方法有多种，目前常用的统计方法是 Q- 检验法和 G- 检验法。

### （一）Q- 检验法

当测定次数较少，即 n=3~10 次时，用 Q- 检验法来决定可疑值的取舍是比较合理的，其检验步骤如下：

1. 将所有测定数据按递增的顺序进行排列，可疑值将在序列的起始端或末端出现。

2. 计算出测定值的极差（即最大值与最小值之差）。

3. 计算出可疑值与其邻近值之差的绝对值。

4. 用可疑值与其邻近值之差的绝对值除以极差即可得到舍弃商 Q。即

$$Q_{计}=\frac{|x_{可疑}-x_{邻近}|}{|x_{最大}-x_{最小}|} \tag{2-10}$$

5. 查 Q 值表 2-1，若 $Q_{计} \geq Q_{表}$，可将可疑值舍去，否则应保留。

表 2-1 不同置信度下的 Q 值表

| n | 3 | 4 | 5 | 6 | 7 | 8 | 9 | 10 |
|---|---|---|---|---|---|---|---|---|
| Q(90%) | 0.94 | 0.76 | 0.64 | 0.56 | 0.51 | 0.47 | 0.44 | 0.41 |
| Q(95%) | 0.97 | 0.84 | 0.73 | 0.64 | 0.59 | 0.54 | 0.51 | 0.49 |
| Q(99%) | 0.99 | 0.93 | 0.82 | 0.74 | 0.68 | 0.63 | 0.60 | 0.57 |

例 2-5 标定某一标准溶液时，测得以下 4 个数据：0.2012mol/L、0.2014mol/L、0.2019mol/L、0.2016mol/L。试用 Q- 检验法判断测量值 0.2019mol/L 是否应该舍弃（置信度为 95%）？

解：$Q_{计}=\frac{|0.2019-0.2016|}{|0.2019-0.2012|}=0.43$

查表 2-1 得：n=4 时，$Q_{表}$=0.84。因为 $Q_{计}<Q_{表}$，所以测量值 0.2019mol/L 不能舍弃。

（二）G- 检验法

G- 检验法的适用范围广，是目前应用较多的检验方法，其检验步骤如下：

1. 将所有测定数据按照由小到大的顺序进行排列。

2. 计算出包括可疑值在内的平均值及标准偏差。

3. 按下列公式计算。

$$G_{计}=\frac{|x_{可疑}-\bar{x}|}{S} \tag{2-11}$$

查 G 值表 2-2，如果 $G_{计} \geq G_{表}$，将可疑值舍去，否则保留。

表 2-2 95% 置信度的 G 临界值表

| n | 3 | 4 | 5 | 6 | 7 | 8 | 9 | 10 |
|---|---|---|---|---|---|---|---|---|
| G | 1.15 | 1.48 | 1.71 | 1.89 | 2.02 | 2.13 | 2.21 | 2.29 |

例 2-6 用 G- 检验法判断例 2-5 中的数据 0.2019 是否应舍弃？

解：$\bar{x}=\frac{0.2014+0.2012+0.2019+0.2016}{4}=0.2015$

$$S=\sqrt{\frac{(-0.0001)^2+(-0.0003)^2+(0.0004)^2+(0.0001)^2}{4-1}}=0.0003$$

$$G_{计}=\frac{|0.2019-0.2015|}{0.0003}=1.33$$

查表 2-2 得 n=4 时，G 表为 1.48，因为 $G_{计}$<G 表，故数据 0.1019 不应舍弃。此法与 Q- 检验法判断一致。

## 二、一般分析结果的表示方法

由于偶然误差难以避免，在系统误差可忽略的情况下，进行定量分析实验时，一般对每个试样平行测定 3~5 次，得到一组测定值。首先观察这组数据中是否存在可疑值，判断可疑值是否应该舍弃，然后计算测定结果的平均值 $\bar{x}$，再计算出相对平均偏差 $R\bar{d}$，如果 $R\bar{d}\leqslant 0.2\%$，可认为符合要求，取其平均值作为最后的分析结果。否则，此次实验不符合要求，需要重做。

例如，测定某一溶液的浓度，测定结果分别为：0.3041mol/L、0.3039mol/L、0.3043mol/L。经计算 $\bar{x}$ 为 0.3041mol/L，$\bar{d}$ 为 0.0001，$R\bar{d}$ 为 0.03%，显然 $R\bar{d}$ 小于 0.2%，符合要求。可用 0.3041mol/L 报告分析结果。

如果是准确度要求较高的分析，如制定分析标准、涉及重大问题的试样分析、科研工作等所需要的精确数据，就不能这样简单的处理，需要多次对试样进行平行测定，将所取得的多个数据用数理统计的方法进行处理。

（廖晓琳）

## 复习思考题

1. 指出误差与偏差、准确度与精密度的区别与联系。在什么情况下可用偏差来衡量测量结果的准确程度？

2. 判断下列各种误差是系统误差还是偶然误差？如果是系统误差，请区别方法误差、仪器和试剂误差或操作误差，并给出它们的减免方法。

(1) 砝码受腐蚀；(2) 天平的两臂不等长；(3) 容量瓶与移液管未经校准；(4) 在重量分析中，试样的非被测组分被共沉淀；(5) 称量过程中天平受震动；(6) 试剂含被测组分。

3. 系统误差和偶然误差各有哪些性质和规律？

4. 将下列数据修约成四位有效数字

(1) 45.245　(2) 0.4763950　(3) 75.0651　(4) 29.275

(5) $5.8751\times10^{-3}$　(6) 678.459　(7) 543.79　(8) 6.73550

5. 根据有效数字运算规则，计算下列结果：

(1) $2.165\times0.732+7.5\times10^{-4}-0.0173\times0.00600$

(2) $0.0254\times4.125\times40.18\div126.7$

(3) 327.65+7.2+0.1783

6. 测定碳的相对原子质量所得数据：12.0080、12.0095、12.0099、12.0101、12.0102、12.0106、12.0111、12.0113、12.0118 及 12.0120。求算：(1) 平均值；(2) 平均偏差；(3) 相对平均偏差；(4) 标准偏差；(5) 相对标准偏差。

课件

03章PPT

# 第三章

## 滴定分析法概论

扫一扫知重点

学习要点

1. 滴定分析法对化学反应的基本要求；滴定、基准物质、滴定液等基本概念；滴定液浓度的表示方法。
2. 标准溶液的配制方法；滴定分析的实践操作。
3. 滴定分析的有关计算依据和计算公式的应用。

## 第一节 滴定分析法概述

滴定分析法是化学定量分析中最重要的分析方法之一，因仪器简单、操作方便、分析结果准确度高，故应用非常广泛。

知识链接

**滴定分析法发展简史**

19世纪末，酸碱指示剂的发现和对指示剂的研究使得酸碱滴定法的应用广泛。1946年，瑞士苏黎世工业大学化学家施瓦岑巴赫提出以铬黑T作为指示剂用EDTA测定水的硬度，奠定了配位滴定法的基础。1856年莫尔提出以铬酸钾为指示剂的银量法（莫尔法），沉淀滴定法的另一个关键进展是1923年K·法扬斯采用的吸附指示剂，普林斯顿的N·H·富尔曼和密执安的H·威拉德发明的硫酸铈法使得氧化-还原滴定法也有新的进展。至今为止，对常量组分的测定仍沿用四大滴定分析法，因为对含量较高的组分能取得较高的测定准确度仍是这些方法的优点。

### 一、滴定分析法

#### （一）滴定分析法的基本概念

滴定分析法又称容量分析法，是将一种已知准确浓度的试剂溶液（即滴定液，也称标准溶液），从滴定管滴加到被测物质溶液中，直到所加的滴定液与被测物质按化学计量关系定量反应完全，然后根据所用滴定液的浓度和体积求得被测组分含量的分

析方法。

将滴定液从滴定管中滴加到被测物质溶液中的操作过程叫做滴定，如图 3-1 所示。

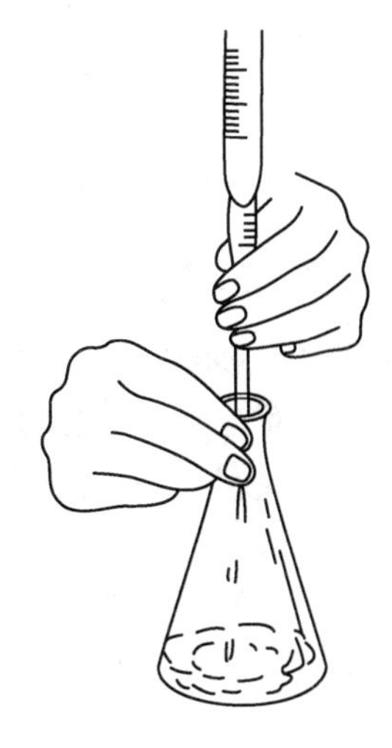
图 3-1　滴定操作

当滴定液与被测物质按化学计量关系定量反应完全时，反应达到化学计量点，简称计量点。但是许多滴定反应在到达计量点时没有任何现象，因此在实际的操作中常要借助指示剂的颜色变化作为滴定反应到达计量点而停止滴定。指示剂颜色发生改变的转变点称为滴定终点。由于指示剂并不完全在计量点时变色，所以滴定终点和计量点之间存在误差，该误差称为滴定误差，又称终点误差，是系统误差的主要来源之一。为了减小终点误差，首先应选择合适的指示剂，同时指示剂的用量也不能太多，使指示剂尽量在接近计量点时变色；其次还要控制好滴定速率，一般是先快后慢，近终点时应一滴一滴甚至要半滴半滴地进行滴定。

滴定分析法由于操作简便、测定快速、应用范围广，分析结果准确度高，一般情况下相对误差在 0.2% 以下，因此常用于常量组分的分析。

### （二）滴定分析法对滴定反应的要求

并不是所有的化学反应都能用于滴定分析，只有具备下列条件的化学反应才能应用：

(1) 待测物质中不能有干扰滴定反应的杂质。

(2) 反应必须迅速完成。

(3) 反应必须定量完成。

(4) 有适当简便的方法确定化学计量点。

## 二、滴定分析法的分类和滴定方式

滴定分析法具有多种分析方法和滴定方式。

### （一）滴定分析法的分类

根据化学反应的类型不同，滴定分析法可分为酸碱滴定法、氧化还原滴定法、配位滴定法、沉淀滴定法四类。

1. 酸碱滴定法　以质子传递反应为基础的一种滴定分析方法。

反应实质：　$H_3O^+ + OH^- \rightleftharpoons 2H_2O$

（质子传递）　$H_3O^+ + A^- \rightleftharpoons HA + H_2O$

2. 配位滴定法　以配位反应为基础的一种滴定分析方法。

$$Mg^{2+} + Y^{4-} \rightleftharpoons MgY^{2-}$$

Y 代表 EDTA 配位剂。

3. 氧化还原滴定法　以氧化还原反应为基础的一种滴定分析方法。

$$Cr_2O_7^{2-} + 6Fe^{2+} + 14H^+ \rightleftharpoons 2Cr^{3+} + 6Fe^{3+} + 7H_2O$$

$$I_2 + 2S_2O_3^{2-} \rightleftharpoons 2I^- + S_4O_6^{2-}$$

4. 沉淀滴定法　以沉淀反应为基础的一种滴定分析方法。

$$Ag^+ + Cl^- \rightleftharpoons AgCl\downarrow（白色）$$

（二）滴定分析法的滴定方式

1. 直接滴定法　符合滴定分析要求的化学反应，可用滴定液直接滴定待测物质，此方式称为直接滴定法。

例如，NaOH 标准溶液可直接滴定 HCl。

$$NaOH+HCl \rightleftharpoons NaCl+H_2O$$

2. 返滴定法　用于反应较慢或反应物难溶于水，加入滴定液不能立即定量完成或没有适当指示剂的化学反应。此时可先在待测物质溶液中加入准确过量的滴定液，加快反应速率，待反应定量完成后再用另一种滴定液滴定上述剩余的滴定液，这种滴定方法称为返滴定法（也称回滴法或剩余量滴定法）。

例如固体碳酸钙的测定，可先加入准确、过量的盐酸滴定液，待反应完全后，再用氢氧化钠滴定液滴定剩余的盐酸滴定液。反应如下：

$$CaCO_3+2HCl(\text{准确、过量}) \rightleftharpoons CaCl_2+CO_2\uparrow+H_2O$$

$$HCl(\text{剩余})+NaOH \rightleftharpoons NaCl+H_2O$$

3. 置换滴定法　当待测组分不能与滴定液直接反应或不按确定的反应式进行（伴有副反应）时，可以不直接滴定待测物质，而先用适当试剂与待测物质反应，使之定量置换出一种能被直接滴定的物质，然后再用适当的滴定液滴定此生成物，这种滴定方式称为置换滴定法。

例如，$Na_2S_2O_3$ 与 $K_2Cr_2O_7$ 之间发生反应时反应无确定的计量关系，因此，不能用直接滴定法滴定，可改用置换滴定法。利用 $K_2Cr_2O_7$ 在酸性条件下氧化 KI 定量置换出 $I_2$，再用 $Na_2S_2O_3$ 滴定液滴定置换出的 $I_2$，即可根据消耗的 $Na_2S_2O_3$ 的量，确定置换出的 $I_2$ 的量，从而计算 $K_2Cr_2O_7$ 的量。其反应如下：

$$Cr_2O_7^{2-}+6I^-+14H^+ \rightleftharpoons 2Cr^{3+}+3I_2+7H_2O$$

$$I_2+2S_2O_3^{2-} \rightleftharpoons 2I^-+S_4O_6^{2-}$$

4. 间接滴定法　当被测物质不能与滴定液直接反应时，可将试样通过一定的化学反应后制得新的产物，再用适当的滴定液滴定，这种滴定方式称为间接滴定法。

例如，溶液中 $Ca^{2+}$ 几乎不发生氧化还原反应，但利用它与 $C_2O_4^{2-}$ 作用形成 $CaC_2O_4$ 沉淀，过滤洗净后，加入 $H_2SO_4$ 使其溶解，用 $KMnO_4$ 标准滴定溶液滴定 $C_2O_4^{2-}$，就可以间接测定 $Ca^{2+}$ 的含量。

滴定方式

$$Ca^{2+}+C_2O_4^{2-} \rightleftharpoons CaC_2O_4\downarrow$$

$$CaC_2O_4+2H^+ \rightleftharpoons H_2C_2O_4+Ca^{2+}$$

$$2MnO_4^-+5H_2C_2O_4+6H^+ \rightleftharpoons 2Mn^{2+}+10CO_2\uparrow+8H_2O$$

## 第二节　基准物质与滴定液

在滴定分析中必须要使用滴定液，否则无法计算分析结果。因此，掌握滴定液浓度的表示方法以及配制与标定浓度都是滴定分析法中的基本要求，而滴定液的配制与浓度的标定则需要选用基准物质。

### 一、基准物质

可用来直接配制和标定滴定液的物质称为基准物质，或称基准试剂。基准物质

必须具备下列条件：

(1) 纯度高，一般要求纯度在 99.9% 以上。

(2) 在空气中稳定。

(3) 具有较大的摩尔质量。

(4) 物质的化学组成应与化学式相符。如果含有结晶水，其结晶水的含量也应与化学式相符合。

表 3-1 列出了一些常用的基准物质及其干燥温度和应用范围。

表 3-1　常用基准物质的干燥温度和应用范围

| 基准物质 | | 干燥后的组成 | 干燥温度(℃) | 标定对象 |
|---|---|---|---|---|
| 名称 | 化学式 | | | |
| 无水碳酸钠 | $Na_2CO_3$ | $Na_2CO_3$ | 270~300 | 酸 |
| 草酸钠 | $Na_2C_2O_4$ | $Na_2C_2O_4$ | 130 | $KMnO_4$ |
| 硼砂 | $Na_2B_4O_7 \cdot 10H_2O$ | $Na_2B_4O_7 \cdot 10H_2O$ | 放入装有 NaCl 和蔗糖饱和溶液干燥器中 | 酸 |
| 邻苯二甲酸氢钾 | $KHC_8H_4O_4$ | $KHC_8H_4O_4$ | 105~110 | 碱或 $HClO_4$ |
| 金属锌 | Zn | Zn | 室温干燥器中保存 | EDTA |
| 氧化锌 | ZnO | ZnO | 800 | EDTA |
| 重铬酸钾 | $K_2CrO_7$ | $K_2CrO_7$ | 140~150 | 还原剂 |
| 三氧化二砷 | $As_2O_3$ | $As_2O_3$ | 室温干燥器中保存 | 还原剂 |

## 二、滴定液

### (一) 滴定液浓度的表示方法

1. 物质的量浓度：是指单位体积溶液中所含溶质 B 的物质的量，用符号 $c_B$ 表示，即

$$c_B = \frac{n_B}{V} \tag{3-1}$$

物质的量 ($n_B$) 为质量 ($m_B$) 除以摩尔质量 ($M_B$)，即

$$n_B = \frac{m_B}{M_B} \tag{3-2}$$

例 3-1　53.00g$Na_2CO_3$ 配成 500.0ml 溶液，计算该 $Na_2CO_3$ 溶液的浓度。

解：$c_{Na_2CO_3} = \frac{n_{Na_2CO_3}}{V_{Na_2CO_3}} = \frac{m_{Na_2CO_3} \times 1000}{V_{Na_2CO_3} \times M_{Na_2CO_3}} = \frac{53.00 \times 1000}{500.0 \times 106.0} = 1.000(\text{mol/L})$

2. 滴定度：是指每毫升滴定液中所含溶质的质量 (g/ml)，用 $T_B$ 表示。如 $T_{HCl}$=0.003600g/ml 时，表示 1ml 盐酸溶液中含有 0.003600g 盐酸。

在实际应用中，常采用一种以被测物质为标准的滴定度。即 1ml 滴定液相当于被测物质的克数，用 $T_{T/A}$ 表示。$T$ 为滴定液的溶质，A 为被测物质。如 $T_{HCl/NaOH}$= 0.004000g/ml，表示每消耗 1ml HCl 滴定液相当于试样中含有 0.004000g NaOH，即 1ml HCl 恰好与 0.004000g NaOH 完全反应。若已知滴定度，再乘以滴定中所消耗的滴定

液体积，即可算出待测物质的质量。公式表示为：

$$m_A = T_{T/A} \times V_T \tag{3-3}$$

例 3-2　如用 $T_{NaOH/HCl}$=0.003600g/mlNaOH 滴定液滴定盐酸溶液，终点时消耗 NaOH 滴定液 10.00ml，计算试液中盐酸的质量。

解：$m_{HCl}=T_{NaOH/HCl} \times V_{NaOH}=0.003600 \times 10.00=0.03600g$

例 3-3　已知一盐酸滴定液的滴定度为 $T_{HCl}$=0.004374g/ml，则该溶液相当于对 NaOH 的滴定度为多少？

解：

$$T_{HCl/NaOH} = \frac{T_{HCl} \times M_{NaOH}}{M_{HCl}} = \frac{0.004374 \times 40.00}{36.46} = 0.004799g/ml$$

（二）滴定液的配制与标定

1. 滴定液的配制

(1) 直接配制法：准确称取一定质量的基准物质，用纯化水溶解后转移到一定容积的容量瓶中，稀释至刻度，摇匀。根据基准物质的质量和容量瓶的体积可计算出溶液的准确浓度。

(2) 间接配制法：凡不符合基准物质条件的试剂，可先配制成近似所需浓度的溶液，再用基准物质溶液或能与其发生定量反应的滴定液进行滴定，求其准确浓度，这种通过滴定来确定准确浓度的操作称为标定。由于大多数试剂都不符合基准物质的条件，所以实验中常用间接配制法配制滴定液。

2. 滴定液的标定　利用基准物质或已知准确浓度的溶液来确定另一种滴定液浓度的过程称为标定。常用的标定方法有下面两种：

(1) 用基准物质进行标定

1) 多次称量法：精密称取基准物质 3~4 份，分别溶于适量的纯化水中，然后用待标定的滴定液滴定，根据基准物质的质量和滴定液所消耗的体积，即可算出滴定液的准确浓度。

2) 移液管法：精密称取一份基准物质，溶解后定量转移到容量瓶中，稀释至一定体积后摇匀。用移液管准确移取出 3~4 份该溶液，用待标定的滴定液滴定，即可算出滴定液的准确浓度。

(2) 用滴定液比较法标定：准确吸取一定体积的某滴定液，用待标定溶液滴定，或准确吸取一定体积的待标定溶液，用某滴定液滴定，根据两种溶液消耗的体积和某滴定液的浓度，可计算出待标定溶液的准确浓度。这种用滴定液来测定待标定溶液准确浓度的操作称为比较法标定。

标定时一般都必须平行标定 3~4 次，并且要将相对平均偏差控制在 0.2% 以下。对于一些不稳定的溶液还必须定期进行标定。标定完毕，须盖紧瓶盖贴上注明滴定液名称、准确浓度和标定日期的标签备用。

课堂互动

用基准物质法和比较法标定，哪一种方法准确度更高，为什么？

## 第三节　滴定分析的计算

滴定分析经常要涉及如滴定液的配制和浓度的标定计算、滴定液和待测物质间关系的计算等，现分别讨论如下。

### 一、滴定分析计算的依据

对任一滴定反应：　$tT + aA \rightleftharpoons P$

（滴定液 T）（待测液 A）　（生成物）

当达到化学计量点时，$t$ mol T 和 $a$ mol A 恰好完全反应，即

$$n_T : n_A = t : a$$

$$n_T = \frac{t}{a} \times n_A \quad 或 \quad n_A = \frac{a}{t} \times n_T \tag{3-4}$$

式中$\frac{t}{a}$或$\frac{a}{t}$为反应方程式中两物质计量数之比，称为摩尔比。$n_T$:$n_A$分别表示 A、T 的物质的量。

### 二、滴定分析计算的基本公式

1. 物质的量浓度、体积与物质的量的关系　若待测物质是溶液，其浓度为 $c_A$，滴定液的浓度为 $c_T$，到达化学计量点时，两种溶液消耗的体积分别为 $V_A$ 和 $V_T$。

$$c_A \times V_A = \frac{a}{t} \times c_T \times V_T \tag{3-5}$$

2. 物质的质量与物质的量的关系　若被测物质是固体，配制成溶液被滴定至化学计量点时，消耗滴定液的体积为 $V_T$，则

$$\frac{m_A}{M_A} = \frac{a}{t} \times c_T \times V_T$$

式中 $M_A$ 的单位为 g/mol 时，$m_A$ 的单位是 g，$V$ 的单位用 L，但在定量分析中体积常以 ml 作单位，则上式可表达为

$$\frac{m_A}{M_A} = \frac{a}{t} \times c_T \times V_T \times 10^{-3}$$

$$m_A = \frac{a}{t} \times c_T \times V_T \times M_A \times 10^{-3} \tag{3-6}$$

3. 物质的量浓度与滴定度之间的换算　滴定度 $T_B$ 是指 1ml 滴定液所含溶质的质量，因此，$T_B \times 10^3$ 为 1L 滴定液所含溶质的质量，则物质量的浓度 $c_B$(mol/L)为

$$c_B = \frac{T_B \times 10^3}{M_B} \tag{3-7}$$

滴定度 $T_{T/A}$ 是指 1ml 滴定液相当于待测物质的质量，根据

$$m_A = \frac{a}{t} \times c_T \times V_T \times M_A \times 10^{-3} \quad 和 \quad m_A = T_{T/A} \times V_T,$$

当 $V_T$=1ml 时，$T_{T/A}=m_A$，

则
$$T_{T/A} = \frac{a}{t} \times c_T \times M_A \times 10^{-3} \tag{3-8}$$

4. 待测物质百分含量的计算　设 $m_s$ 为样品的质量，$m_A$ 为样品中被测组分 A 的质量，则被测组分在试样中的百分含量 A% 为

$$A\% = \frac{m_A}{m_s} \times 100\%$$

$$A\% = \frac{T_{T/A} \times V_T}{m_s} \times 100\% \tag{3-9}$$

根据 $m_A = \frac{a}{t} \times c_T \times V_T \times M_A \times 10^{-3}$，则

$$A\% = \frac{\frac{a}{t} \times c_T \times V_T \times M_A \times 10^{-3}}{m_s} \times 100\% \tag{3-10}$$

上述公式是计算药物含量最常用的计算公式。

**课堂互动**

精确称取 0.4042g 基准物质邻苯二甲酸氢钾，以酚酞作指示剂标定 NaOH 溶液，终点时消耗 NaOH 溶液的体积是 19.86ml，计算 NaOH 溶液的浓度。

## 三、滴定分析计算实例

例 3-4　准确称取 120℃干燥至恒重的基准重铬酸钾 2.4520g，加适量水溶解后，定量转移至 500ml 容量瓶中，并加水稀释至刻线，摇匀。试求该重铬酸钾滴定液的物质的量浓度。

解：根据式(3-5)即得：

$$c_{K_2Cr_2O_7} = \left(\frac{m}{MV}\right)_{K_2Cr_2O_7} = \frac{2.4520}{294.18 \times 500.0 \times 10^{-3}} = 0.01667(\text{mol/L})$$

答：该重铬酸钾滴定液的物质的量浓度为 0.01667mol/L。

例 3-5　欲标定某盐酸溶液，准确称取无水碳酸钠 1.3078g，溶解后稀释至 250ml。移取 25.00ml 上述碳酸钠溶液，以欲标定盐酸溶液滴定至终点时，消耗盐酸溶液的体积为 24.28ml，计算该盐酸溶液的准确浓度？

解：
$$2HCl + Na_2CO_3 = 2NaCl + H_2O + CO_2\uparrow$$
$$n_{HCl} = 2n_{Na_2CO_3}$$

$$c_{HCl}V_{HCl}=2\times\frac{m_{Na_2CO_3}}{M_{Na_2CO_3}}$$

$$c_{HCl}=\frac{2\times1.3078\times\frac{25.00\times10^{-3}}{250.00\times10^{-3}}}{105.99\times24.28\times10^{-3}}$$

$$=0.1016mol/L$$

答：该盐酸溶液的准确浓度为0.1016mol/L。

例3-6 有一KOH溶液，22.59ml能中和纯草酸（$H_2C_2O_4\cdot2H_2O$）0.3000g。求该KOH溶液的浓度。

解：此滴定的反应式为：$H_2C_2O_4+2KOH═══K_2C_2O_4+2H_2O$

$$n_{KOH}=2n_{H_2C_2O_4\cdot2H_2O}$$

$$c_{KOH}V_{KOH}=2\times\frac{m_{H_2C_2O_4\cdot2H_2O}}{M_{H_2C_2O_4\cdot2H_2O}}$$

$$c_{KOH}=\frac{2\times0.3000}{126.1\times22.59\times10^{-3}}$$

$$=0.2106mol/L$$

答：KOH溶液的浓度为0.2106mol/L。

例3-7 有一$KMnO_4$标准溶液，已知其浓度为0.02010mol/L，求其$T_{Fe/KMnO_4}$和$T_{Fe_2O_3/KMnO_4}$。如果称取试样0.2718g，溶解后将溶液中的$Fe^{3+}$还原成$Fe^{2+}$，然后用$KMnO_4$标准溶液滴定，用去26.30ml，求试样中Fe、$Fe_2O_3$的质量分数。

解：

$$5Fe^{2+}+MnO_4^-+8H^+═══5Fe^{3+}+Mn^{2+}+4H_2O$$

$$KMnO_4\sim5Fe^{2+}\sim5Fe\sim5/2\ Fe_2O_3$$

$$T_{Fe/KMnO_4}=\frac{5\times c_{KMnO_4}\times M_{Fe}}{1000}$$

$$=\frac{5\times0.02010\times55.85}{1000}=5.613\times10^{-3}g/ml$$

$$T_{Fe_2O_3/KMnO_4}=\frac{\frac{5}{2}\times c_{KMnO_4}\times M_{Fe_2O_3}}{1000}$$

$$=\frac{\frac{5}{2}\times0.02010\times159.7}{1000}=8.025\times10^{-3}g/ml$$

$$\omega_{Fe}=\frac{T_{Fe/KMnO_4}\cdot V_{KMnO_4}}{m_s}$$

$$=\frac{5.613\times10^{-3}\times26.30}{0.2718}=0.5431$$

$$\omega_{Fe_2O_3/KMnO_4}=\frac{T_{Fe_2O_3/KMnO_4}\cdot V_{KMnO_4}}{m_s}$$

$$=\frac{8.025\times10^{-3}\times26.30}{0.2718}=0.7765$$

答：$T_{Fe/KMnO_4}$ 和 $T_{Fe_2O_3/KMnO_4}$ 分别为 $5.613\times10^{-3}$ g/ml 和 $8.025\times10^{-3}$g/ml。试样中 Fe、$Fe_2O_3$ 的质量分数分别为 0.5431 和 0.7765。

例 3-8　测定工业纯碱中 $Na_2CO_3$ 的含量时，称取 0.2457g 试样，用 0.2071mol/L 的标准 HCl 溶液滴定，以甲基橙指示终点，用去 HCl 标准溶液 21.45ml。求纯碱中 $Na_2CO_3$ 的百分含量。

解：滴定反应式为：

$$2HCl+Na_2CO_3 = 2NaCl+H_2CO_3$$

$$n_{HCl}=2n_{Na_2CO_3}$$

$$c_{HCl}V_{HCl}=2\times\frac{m_{Na_2CO_3}}{M_{Na_2CO_3}}$$

$$Na_2CO_3\%=\frac{\frac{1}{2}c_{HCl}\cdot V_{HCl}\cdot M_{Na_2CO_3}}{m_s}\times100\%$$

$$=\frac{0.2071\times21.45\times10^{-3}\times106.0\times\frac{1}{2}}{0.2457}\times100\%=95.82\%$$

答：纯碱中 $Na_2CO_3$ 的百分含量为 95.82%。

例 3-9　在 1.000g$CaCO_3$ 试样中加入 0.5100mol/L HCl 溶液 50.00ml，待完全反应后再用 0.4900mol/L NaOH 标准溶液返滴定过量的 HC1 溶液，用去了 NaOH 溶液 25.00ml。求 $CaCO_3$ 的纯度。

解：滴定反应式为：

$$2HCl+CaCO_3 = CaCl_2+H_2O+CO_2$$

$$HCl+NaOH = NaCl+H_2O$$

$$n_{HCl}=2n_{CaCO_3}$$

$$c_{HCl}V_{HCl}=2\times\frac{m_{CaCO_3}}{M_{CaCO_3}}$$

$$CaCO_3\%=\frac{\frac{1}{2}c_{HCl}\cdot V_{HCl}\cdot M_{CaCO_3}}{m_s}\times100\%$$

$$=\frac{(0.5100\times50.00-0.4900\times25)\times10^{-3}\times100.09\times\frac{1}{2}}{1.000}\times100\%$$

$$=66.31\%$$

答：$CaCO_3$ 的纯度为 66.31%。

（曾明慧）

## 复习思考题

1. 什么叫滴定分析？有何特点？
2. 化学计量点与滴定终点有何区别？

3. 30.0ml 0.15mol/L 的 HCl 溶液和 20.0ml 0.150mol/L 的 $Ba(OH)_2$ 溶液相混合，所得溶液是酸性、中性还是碱性?

4. 称取纯金属锌 0.3250g，溶于 HCl 后，稀释到 250ml 的容量瓶中，计算 $Zn^{2+}$ 溶液的物质的量浓度。

5. 为标定 HCl 溶液的浓度，称取基准物质 $Na_2CO_3$ 0.1520g，用去 HCl 溶液 25.00ml，求 HCl 溶液的浓度？（$Na_2CO_3$ 相对分子质量为 106.0）

6. 分析不纯的 $CaCO_3$（其中不含分析干扰物）时，称取试样 0.3000g，加入 0.2500mol/L HCl 标准溶液 25.00ml。煮沸除去 $CO_2$，用 0.2012mol/L NaOH 溶液返滴定过量的酸，消耗了 5.84ml。计算试样中 $CaCO_3$ 的百分含量。

7. 称取维生素 C 原料试样 0.2027g，按《中国药典》方法，用 0.05060mol/L 的 $I_2$ 滴定液滴定至终点，用去 20.89ml，计算维生素 C 的含量。每 1ml 0.05mol/L 的 $I_2$ 滴定液相当于 0.008806g 维生素 C。

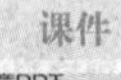

# 第四章

# 酸碱滴定法

扫一扫
知重点

**学习要点**

1. 酸碱指示剂的定义、变色原理、变色范围。
2. 各类酸碱滴定的滴定突跃、滴定突跃范围及影响因素和酸碱指示剂的选择原则。
3. 化学计量点、滴定终点的概念。
4. 一元弱酸(弱碱)和多元酸(碱)的滴定条件。
5. 盐酸标准溶液和氢氧化钠标准溶液的配制和标定。

酸碱滴定法是以质子转移反应为基础的滴定分析方法,在水溶液和非水溶液中均可进行。一般酸、碱以及能与酸、碱直接或间接发生质子转移反应的物质都可以用酸碱滴定法滴定,酸碱滴定法是滴定分析法中重要的分析方法之一,也是化学分析法中最常用的分析方法。

通常酸碱反应在化学计量点时无明显的外观变化,需要用化学方法或仪器方法来指示终点的到达。其中借助于指示剂的颜色改变以确定化学计量点到达的方法简便,在实践中应用最广泛。

## 第一节　酸碱指示剂

### 一、指示剂的变色原理与变色范围

#### (一) 酸碱指示剂的变色原理

酸碱指示剂是指在不同 pH 溶液中能显示不同颜色的化合物。常用的酸碱指示剂大多是一些有机弱酸或弱碱,其共轭碱酸对具有不同的结构,并且呈现不同的颜色。当溶液的 pH 改变时,指示剂就会失去或得到质子,其结构随之发生转变,引起颜色的变化。

例如,甲基橙是一种双色指示剂,是有机弱碱。在溶液中的平衡及相应的颜色变化如下:

$$(CH_3)_2N-C_6H_4-N{=}N-C_6H_4-SO_3^- \underset{OH^-}{\overset{H^+}{\rightleftharpoons}} (CH_3)_2\overset{+}{N}{=}C_6H_4{=}N-\underset{H}{N}-C_6H_4-SO_3^-$$

黄色(碱式色)　　　　　　　　　　红色(酸式色)

在酸性溶液中,甲基橙主要以醌式偶极离子存在,溶液呈红色;降低溶液的酸度,平衡向左移动至一定程度后,甲基橙主要以偶氮结构存在,溶液呈黄色。因此,酸碱指示剂的变色与溶液的 pH 有着密切的关系。

### (二) 指示剂的变色范围

现以弱酸型指示剂(HIn)为例来说明指示剂的变色与溶液 pH 之间的数量关系。

HIn 在溶液中存在下列平衡:

$$HIn \rightleftharpoons H^+ + In^-$$

达到平衡时,根据化学平衡定律,其解离常数表达式为:

$$K_{HIn}=\frac{[H^+][In^-]}{[HIn]}$$

即:

$$[H^+]=K_{HIn}\cdot\frac{[HIn]}{[In^-]}$$

两边取负对数得:

$$pH=pK_{HIn}+\lg\frac{[In^-]}{[HIn]} \tag{4-1}$$

式中 $K_{HIn}$ 为指示剂的解离平衡常数,又称为指示剂常数。

指示剂呈现的颜色取决于溶液中 $\frac{[In^-]}{[HIn]}$ 的比值,而 $\frac{[In^-]}{[HIn]}$ 比值的大小是由 $K_{HIn}$ 与溶液的 pH 决定,而 $K_{HIn}$ 在一定的温度下是一常数,所以,指示剂的颜色只随溶液 pH 的变化而变化。

由于肉眼观察颜色的局限性,经长期实验证明,一般当两种颜色的浓度相差 10 倍以上是,肉眼才能看出浓度较大的物质颜色。即:

当 $\frac{[In^-]}{[HIn]}\leqslant\frac{1}{10}$ 时,$pH\leqslant pK_{HIn}-1$,肉眼只能看到该指示剂的酸式色,即 HIn 的颜色,而看不到其碱式色,即 $In^-$ 的颜色。

当 $\frac{[In^-]}{[HIn]}\geqslant 10$ 时,$pH\geqslant pK_{HIn}+1$,肉眼只能看到该指示剂 $In^-$ 的颜色,而看不到 HIn 的颜色。

因此,当溶液的 pH 由 $pK_{HIn}-1$ 变化到 $pK_{HIn}+1$ 或由 $pK_{HIn}+1$ 变化到 $pK_{HIn}-1$ 时,肉眼才能看到明显地观察出指示剂颜色的变化。故指示剂的理论变色范围为:

$$pH=pK_{HIn}\pm1 \tag{4-2}$$

当溶液中[HIn]=[$In^-$]时,$\frac{[In^-]}{[HIn]}=1$,$pH=pK_{HIn}$,观察到的是指示剂两种结构的中间色,此时指示剂的变色最敏锐,称为指示剂的理论变色点。

根据理论推算,指示剂的变色范围应该是两个 pH 单位,但实际测得的各种指示剂的变色范围并不都是两个 pH 单位,主要是人的眼睛对各种颜色的敏感程度以及指示剂的颜色之间互相掩盖所致。

例如，甲基橙的 $pK_{HIn}$=3.4，理论变色范围应为 2.4~4.4，但实测值为 3.1~4.4。这是因为人眼对红色比黄色更为敏感的缘故。所以，在实际应用中使用的数据均是由实验测得的。

常用酸碱指示剂的变色范围见表 4-1。

表 4-1　几种常用的酸碱指示剂

| 指示剂 | 变色范围 | 颜色 | | $pK_{HIn}$ | 浓度 | 用量 |
|---|---|---|---|---|---|---|
| | pH | 酸式色 | 碱式色 | | | （滴 /50ml） |
| 百里酚蓝 | 1.2~2.8 | 红 | 黄 | 1.65 | 0.1% 的 20% 乙醇溶液 | 1~2 |
| 甲基黄 | 2.9~4.0 | 红 | 黄 | 3.25 | 0.1% 的 90% 乙醇溶液 | 1~2 |
| 甲基橙 | 3.1~4.4 | 红 | 黄 | 3.45 | 0.05% 的水溶液 | 1~2 |
| 溴酚蓝 | 3.0~4.6 | 黄 | 紫 | 4.1 | 0.1% 的 20% 乙醇溶液或其钠盐的水溶液 | 1~2 |
| 溴甲酚绿 | 3.8~5.4 | 黄 | 蓝 | 4.9 | 0.1% 的乙醇溶液 | 1~2 |
| 甲基红 | 4.4~6.2 | 红 | 黄 | 5.1 | 0.1% 的 60% 乙醇溶液或其钠盐的水溶液 | 1~2 |
| 溴百里酚蓝 | 6.2~7.6 | 黄 | 蓝 | 7.3 | 0.1% 的 20% 乙醇溶液或其钠盐的水溶液 | 1~2 |
| 中性红 | 6.8~8.0 | 红 | 黄橙 | 7.4 | 0.1% 的 60% 乙醇溶液 | 1~2 |
| 酚红 | 6.7~8.4 | 黄 | 红 | 8.0 | 0.1% 的 60% 乙醇溶液或其钠盐的水溶液 | 1~2 |
| 百里酚蓝 | 8.0~9.6 | 黄 | 蓝 | 8.9 | 0.1% 的 20% 乙醇溶液 | 1~2 |
| 酚酞 | 8.0~10.0 | 无 | 红 | 9.1 | 0.5% 的 90% 乙醇溶液 | 1~3 |
| 百里酚酞 | 9.4~10.6 | 无 | 蓝 | 10.0 | 0.1% 的 90% 乙醇溶液 | 1~2 |

知识链接

### 酸碱滴定法与指示剂

早在 1729 年，法国化学家日夫鲁瓦就第一次采用酸碱滴定法测定醋酸的浓度，他以碳酸钾为基准物质，把待要确定浓度的醋酸逐滴加到碳酸钾中，根据停止发生气泡来判断滴定终点。但是当其他滴定法迅猛发展的时候，酸碱滴定却进展不大，其主要原因是指示剂的限制。酸碱滴定靠气泡的停止或选用自然指示剂，在准确度和适用性上一直是个缺点，在设计新方法上仍没有很大进展。直至 19 世纪 50 年代后，由于有机合成的迅速发展，特别是人工合成染料的兴起，制造出了一系列具有与天然植物色素指示剂性质相似但更为理想、更为适用的染料类指示剂。

1877 年，第一个人工合成的变色指示剂诞生。它是勒克(E.Luck)合成的酚酞。此后几年中，许多人工合成有机化合物被推荐出来作为酸碱指示剂，到 1893 年已达 14 种，一些合成指示剂颜色的转变较之植物色素要更加敏锐。到了 20 世纪初，已经有更大量的合成指示剂供分析化学工作者选用，这就为酸碱滴定分析提供了一个更广阔的空间。

## 二、影响指示剂变色范围的因素

为了使滴定终点更接近于化学计量点，要求在化学计量点时，溶液 pH 稍有改变，指示剂就发生颜色变化，因此指示剂的变色范围应越窄越好。

影响指示剂变色的因素主要有：

1. 指示剂的本性　不同的酸碱指示剂，其 $K_{HIn}$ 值不同，变色范围也不同。

2. 温度　当温度改变时，$K_{HIn}$ 和 $K_w$ 都有改变，因此，指示剂的变色范围也随之发生改变。

3. 溶剂　因指示剂在不同的溶剂中解离度不同，则解离常数亦不同，故变色范围不同。

4. 指示剂的用量　因指示剂本身也要消耗滴定液，当指示剂浓度大时，终点的颜色变化不敏锐而使变色范围变宽。例如，在 50~100ml 溶液中，加入 0.1% 酚酞指示剂 2~3 滴，在 pH=9.0 时出现红色；在同样条件下，加入 10~15 滴，则在 pH=8.0 时即出现红色。因此，滴定时用单色指示剂，需要严格控制指示剂的用量。

5. 电解质　电解质的存在一是改变了溶液的离子强度，使指示剂的表观解离常数改变；二是电解质具有吸收不同波长光波的性质，也会改变指示剂的颜色和色调及变色的灵敏度，所以在滴定溶液中不宜有大量的电解质存在。

6. 滴定程序　由于深色较浅色明显，当溶液由浅色变为深色时肉眼容易辨认出来，所以选指示剂除应注意其变色范围，还应选颜色由浅色变成深色的指示剂。例如，用氢氧化钠滴定盐酸时宜选用酚酞作指示剂，而盐酸滴定氢氧化钠时宜选用甲基橙作指示剂。

## 三、混合指示剂

在某些酸碱滴定中，pH 突跃范围很窄，使用一般指示剂难以准确判断终点，可采用混合指示剂。

混合指示剂具有变色范围窄，变色敏锐的特点。

混合指示剂通常可分为两类，一类是在某种指示剂中加入一种惰性染料，该染料不是酸碱指示剂，颜色不随 pH 变化，但因颜色互补变色更敏锐。如甲基橙和靛蓝组成的混合指示剂，靛蓝只做甲基橙的蓝色背景。

另一类是由 $pK_{HIn}$ 接近的两种或两种以上的指示剂按一定比例混合而成，根据颜色互补的原理使变色范围变窄，颜色变化更敏锐。表 4-2 列出了常用的酸碱混合指示剂。

表 4-2　常用的混合指示剂

| 序号 | 混合指示剂 | 变色点 pH | 变色情况 | | 备注 |
|---|---|---|---|---|---|
| | | | 酸式色 | 碱式色 | |
| 1 | 一份 0.1% 甲基黄乙醇溶液<br>一份 0.1% 次甲基蓝乙醇溶液 | 3.25 | 蓝紫 | 绿 | pH3.4 绿色<br>pH3.2 蓝紫色 |
| 2 | 一份 0.1% 甲基橙水溶液<br>一份 0.25% 靛蓝二磺酸水溶液 | 4.1 | 紫 | 黄绿 | |

续表

| 序号 | 混合指示剂 | 变色点 pH | 变色情况 | | 备注 |
|---|---|---|---|---|---|
| | | | 酸式色 | 碱式色 | |
| 3 | 三份 0.1% 溴甲酚绿乙醇溶液<br>一份 0.2% 甲基红乙醇溶液 | 5.1 | 酒红 | 绿 | |
| 4 | 一份 0.1% 溴甲酚绿钠盐水溶液<br>一份 0.1% 氯酚红钠盐水溶液 | 6.1 | 黄绿 | 蓝紫 | pH5.4 蓝绿色，pH5.8 蓝色，pH6.0 蓝带紫，pH6.2 蓝紫 |
| 5 | 一份 0.1% 中性红乙醇溶液<br>一份 0.1% 次甲基蓝乙醇溶液 | 7.0 | 蓝紫 | 绿 | pH7.0 紫蓝 |
| 6 | 一份 0.1% 甲酚红钠盐水溶液<br>三份 0.1% 百里酚蓝钠盐水溶液 | 8.3 | 黄 | 紫 | pH8.2 玫瑰色<br>pH8.4 清晰的紫色 |
| 7 | 一份 0.1% 百里酚蓝 50% 乙醇溶液<br>三份 0.1% 酚酞 50% 乙醇溶液 | 9.0 | 黄 | 紫 | 从黄到绿再到紫 |
| 8 | 一份 0.1% 百里酚酞乙醇溶液<br>一份 0.1% 酚酞乙醇溶液 | 9.9 | 无 | 紫 | pH9.6 玫瑰红<br>pH10.0 紫色 |
| 9 | 二份 0.1% 百里酚酞乙醇溶液<br>一份 0.1% 茜素黄乙醇溶液 | 10.2 | 黄 | 紫 | |

## 第二节　各类酸碱滴定与指示剂的选择

酸碱滴定的终点通常是用指示剂颜色变化来确定的，而指示剂的颜色变化与溶液的 pH 有关。因此必须了解滴定反应过程中溶液酸度的变化规律，尤其是在计量点前后 ±0.1% 的相对误差范围内溶液的 pH 变化情况。因为在此 pH 范围内发生颜色变化的指示剂，才符合滴定分析误差的要求。为了表示在滴定过程中溶液的 pH 变化规律，常用试验或计算方法记录滴定过程中溶液的 pH 随标准溶液加入量变化的曲线即滴定曲线来表示。

滴定曲线是在酸碱滴定过程中，以加入滴定液的体积为横坐标，以溶液的 pH 为纵坐标，绘制而成的曲线。

滴定曲线在滴定分析中不仅可从理论上解释滴定过程中 pH 的变化规律，而且还对指示剂的选择具有重要的指导意义。下面介绍几种基本类型的酸碱滴定曲线及指示剂的选择方法。

### 一、强碱滴定强酸或强酸滴定强碱

强碱与强酸在稀溶液中是全部解离的，因此，它们的滴定反应完全，滴定结果准确。强酸与强碱相互滴定的基本反应为：

$$H_3O^+ + OH^- \rightleftharpoons 2H_2O$$

可简化为：

$$H^+ + OH^- \rightleftharpoons H_2O$$

#### （一）滴定曲线

现以浓度为 0.1000mol/LNaOH 溶液滴定 20ml 浓度为 0.1000mol/L 的 HCl 溶液为

例来加以说明。

设滴定时加入 NaOH 滴定液的体积为 $V_T$ml，HCl 的体积为 $V_A$=20.00ml。整个滴定过程可分为四个阶段。

1. 滴定开始前（$V_T$=0.00ml）　$pH=-lg[H^+]=1.00$

2. 滴定开始至化学计量点前（$V_A>V_T$）　溶液的 pH 由剩余 HCl 的量和溶液的体积决定，即：

$$[H^+]=\frac{V_A-V_T}{V_A+V_T}\times c_A \tag{4-3}$$

例如，当滴入 19.98mlNaOH 溶液（化学计量点前 0.1%）时，

$$[H^+]=\frac{20.00-19.98}{20.00+19.98}\times 0.1000=5.00\times 10^{-5}(mol/L)$$

$$pH=4.30$$

3. 化学计量点时（$V_A=V_T$）　NaOH 和 HCl 正好完全反应，溶液呈中性，

$$[H^+]=1.00\times 10^{-7}mol/L \quad pH=7.00$$

4. 化学计量点后（$V_T>V_A$）　溶液的 pH 由过量的 NaOH 的量和溶液的总体积决定，即：

$$[OH^-]=\frac{V_T-V_A}{V_T+V_A}\times c_T \tag{4-4}$$

例如，当滴入 20.02mlNaOH 溶液（化学计量点后 0.1%）时，

$$[OH^-]=\frac{20.02-20.00}{20.02+20.00}\times 0.1000=5.00\times 10^{-5}(mol/L)$$

$$pOH=4.30 \quad pH=14.00-pOH=9.70$$

通过上述方法计算出滴定过程中各点的 pH 值，其数据列于表 4-3。若以 NaOH 溶液的加入量为横坐标，以溶液的 pH 为纵坐标作图，即为强碱滴定强酸的滴定曲线，亦称 pH-$V$ 曲线，如图 4-1 所示。常量分析一般允许误差为 ±0.1%。因此，计算化学计量点前后 0.1% 范围内的 pH 突跃的大小是非常重要的，它是用指示剂法和其他方法确定终点的依据。

表 4-3　0.1000mol/L NaOH 溶液滴定 20.00ml 0.1000mol/L HCl 溶液的 pH 值变化

| 加入 NaOH | | 剩余的 HCl | | $[H^+]$ | pH | |
|---|---|---|---|---|---|---|
| % | 毫升（ml） | % | 毫升（ml） | | | |
| 0 | 0 | 100 | 20.00 | $1.00\times 10^{-1}$ | 1.00 | |
| 90.0 | 18.00 | 10 | 2.00 | $5.00\times 10^{-3}$ | 2.30 | |
| 99.0 | 19.80 | 1 | 0.20 | $5.00\times 10^{-4}$ | 3.30 | |
| 99.9 | 19.98 | 0.1 | 0.02 | $5.00\times 10^{-5}$ | 4.30 | 突跃范围 |
| 100.00 | 20.00 | 0 | 0 | $1\times 10^{-7}$ | 7.00 | 突跃范围 |
| | | 过量的 NaOH | | $[OH^-]$ | | 突跃范围 |
| 100.1 | 20.02 | 0.1 | 0.02 | $5.00\times 10^{-5}$ | 9.70 | 突跃范围 |
| 101 | 20.20 | 1.0 | 0.20 | $5.00\times 10^{-4}$ | 10.70 | |

### (二)滴定曲线的特点

从表 4-3 的数据和图 4-1 可以看出如下特点:

1. 从滴定开始到加入 NaOH 溶液 19.98ml,溶液的 pH 值仅改变了 3.30 个 pH 单位,即 pH 变化缓慢,曲线比较平坦。

2. 但从 19.98ml 增加到 20.02ml,即在计量点前后 ±0.1% 范围内,仅加入 NaOH 0.04ml(1 滴)时,溶液的 pH 值就由 4.30 急剧变化至 9.70,改变了 5.40 个 pH 单位,溶液由酸性突变到碱性,溶液的 pH 发生了急剧变化。这种在化学计量点前后 ±0.1% 相对误差范围内溶液 pH 的突变称为滴定突跃。滴定突跃所在的 pH 范围称为滴定突跃范围。

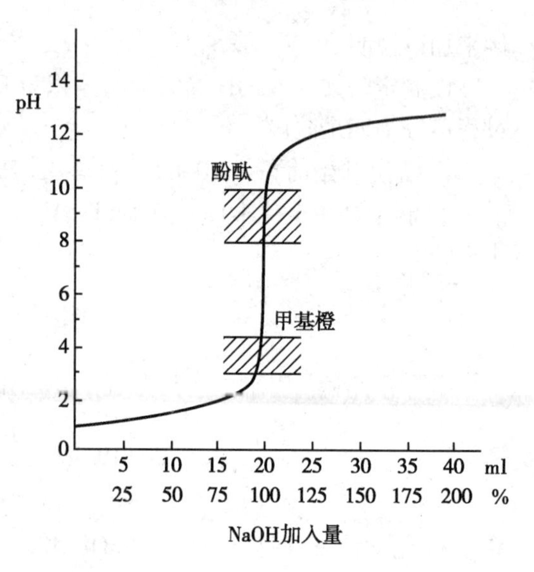


图 4-1　0.1000mol/L NaOH 溶液滴定 20.00ml 0.1000mol/L HCl 溶液的滴定曲线

3. 化学计量点时溶液呈中性,pH=7。

4. 滴定突跃后继续滴加 NaOH 溶液,溶液的 pH 变化又很缓慢,曲线比较平坦。

### (三)指示剂的选择

在酸碱滴定中,滴定突跃范围是选择指示剂的依据。指示剂的变色范围应全部或部分处在滴定突跃范围内。例如,以上滴定可选甲基橙、甲基红、溴百里酚蓝、酚酞等作指示剂。

如果用 0.1000mol/L HCl 溶液滴定 0.1000mol/L NaOH 溶液时,滴定曲线恰好与图 4-1 对称,但 pH 变化方向相反,滴定突跃范围为 9.70~4.30,也可选酚酞、甲基红、甲基橙等作指示剂,但终点颜色变化不同。

**课堂互动**

在酸碱滴定中,指示剂的选择原则是什么?

### (四)滴定突跃与酸碱浓度的关系

图 4-2 是三种不同浓度的 NaOH 溶液滴定相同浓度的 HCl 溶液的滴定曲线,由图可见,滴定突跃的大小与溶液的浓度有关,浓度越大,滴定突跃范围越大,可供选用的指示剂越多;浓度越小,滴定突跃范围越小,可供选用的指示剂越少。

例如 NaOH 溶液(0.01mol/L)滴定 HCl 溶液(0.01mol/L),滴定突跃范围的 pH 为 5.30~8.70,可选甲基红、酚酞作指示剂,但却不能选甲基橙作指示剂,否则会超过滴定分析的误差。需要强调的是,标准溶液(滴定液)的浓度也不能太稀,否则滴定突跃范围太窄;滴定液的浓度也不能太大,会造成不必要的浪费。一般标准溶液浓度控制在 0.1~0.5mol/L 较适宜。

## 二、一元弱酸(弱碱)的滴定

### (一) 强酸滴定一元弱碱(BOH)

强酸滴定弱碱 BOH 的反应是:

$$BOH+H_3O^+ \rightleftharpoons 2H_2O+B^+$$

可简化为:

$$BOH+H^+ \rightleftharpoons H_2O+B^+$$

现以 0.1000mol/L HCl 溶液滴定 0.1000mol/L $NH_3 \cdot H_2O$ 溶液(20.00ml)为例加以说明,其滴定反应为:

$$H^+ + NH_3 \cdot H_2O \rightleftharpoons H_2O+NH_4^+$$

其滴定过程分为四个阶段。

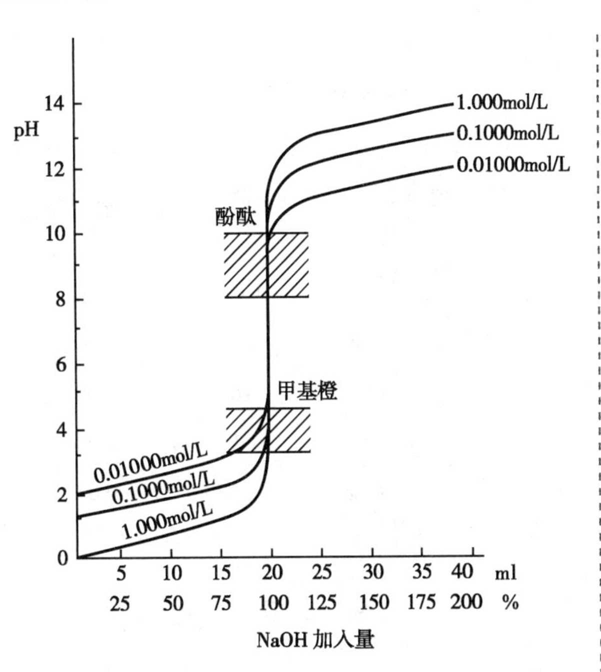


图 4-2　不同浓度的 NaOH 溶液滴定 20.00ml 不同浓度的 HCl 溶液的滴定曲线

1. 滴定开始前($V_{HCl}$=0.00ml)　溶液的碱度由 $NH_3 \cdot H_2O$ 决定。由于 $c_bK_b>20K_w$,$\frac{c_b}{K_b}>500$,故按最简式计算:

$$[OH^-]=\sqrt{K_bc_b}=\sqrt{1.76\times10^{-5}\times0.1000}=1.36\times10^{-3}(mol/L)$$

$$pOH=2.88 \quad pH=14-2.88=11.12$$

2. 滴定开始至化学计量点前($V_b>V_a$)　由于存在 $NH_3 \cdot H_2O$-$NH_4Cl$ 缓冲液体系,所以

$$pOH=pK_b+\lg\frac{[NH_4^+]}{[NH_3 \cdot H_2O]} \qquad (4\text{-}5)$$

当 $c_a=c_b$ 时,$pOH=pK_b+\lg\frac{V_a}{V_b-V_a}$

例如,当滴入 19.98ml HCl 滴定液(化学计量点前 0.1%)时:

$$pOH=4.75+\lg\frac{19.98}{20.00-19.98}=7.66 \quad pH=14-7.66=6.34$$

3. 化学计量时($V_a$=$V_b$)　此时为 $NH_4Cl$ 溶液,其酸度由 $NH_4^+$ 决定。由于 $c_aK_a>20K_w$,$\frac{c_a}{K_a}>500$,故按最简式计算:

$$[H^+]=\sqrt{K_ac_b}=\sqrt{\frac{K_Wc_b}{K_b}}=\sqrt{\frac{1.00\times10^{-14}}{1.76\times10^{-5}}\times5.00\times10^{-2}}=5.33\times10^{-6}(mol/L)$$

$$pH=5.28$$

4. 化学计量点后($V_a>V_b$)　溶液的 pH 由过量的 HCl 的量和溶液体积来决定。例如,滴入 HCl 20.02ml(化学计量点后 0.1%)时:

$$[H^+]=\frac{20.02-20.00}{20.02+20.00}\times0.1000=5.00\times10^{-5}(mol/L)$$

$$pH=4.30$$

计算结果见表4-4,滴定曲线见图4-3(虚线部分为强酸滴定强碱的前半部分)。

表4-4　0.1000mol/L HCl溶液滴定20.00ml 0.1000mol/L $NH_3·H_2O$溶液pH值的变化

| 加入的HCl | | 剩余的$NH_3·H_2O$ | | 计算式 | pH | |
|---|---|---|---|---|---|---|
| % | ml | % | ml | | | |
| 0 | 0 | 100 | 20.00 | $[OH^-]=\sqrt{c_bK_b}$ | 11.12 | |
| 50 | 10.00 | 50 | 10.00 | $[OH^-]=K_b\frac{[NH_3·H_2O]}{[NH_4^+]}$ | 9.24 | |
| 90 | 18.00 | 10 | 2.00 | | 8.29 | |
| 99 | 19.80 | 1 | 0.20 | | 7.25 | |
| 99.9 | 19.98 | 0.1 | 0.02 | | 6.34 | 突跃范围 |
| 100 | 20.00 | 0 | 0 | $[H^+]=\sqrt{\frac{K_Wc}{K_b}}$ | 5.28<br>(计量点) | |
| | | 过量的HCl | | | | |
| 100.1 | 20.02 | 0.1 | 0.02 | $[H^+]=10^{-4.3}$ | 4.30 | |
| 101 | 20.20 | 1 | 0.20 | $[H^+]=10^{-3.3}$ | 3.30 | |

强酸滴定弱碱,突跃范围的大小决定于弱碱的强度及其浓度。弱碱的$K_b$值越小,其共轭酸的酸性越强,化学计量点时pH越低,突跃范围越小。由表4-4和图4-3可知,在化学计量点时,$NH_4^+$显酸性,pH不是7,而是偏酸性区(pH=5.28),滴定突跃范围也在酸性区(pH6.34~4.30)。因此,只能选用在酸性区变色的指示剂指示终点,如甲基橙、甲基红等。

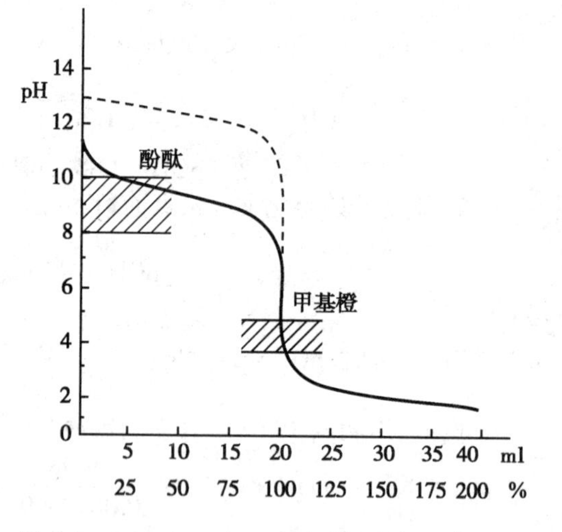


图4-3　0.1000mol/L HCl溶液滴定0.1000mol/L $NH_3·H_2O$溶液的滴定曲线

## (二)强碱滴定一元弱酸(HA)

强碱滴定一元弱酸HA,其滴定反应是:

$$HA+OH^- \rightleftharpoons H_2O+A^-$$

例如,0.1000mol/L NaOH溶液滴定20.00ml 0.1000mol/L HAc溶液的pH值计算结果见表4-5,滴定曲线见图4-4,虚线部分为强碱滴定强酸的前半部分。

由表4-5和图4-4可知,滴定突跃范围在7.75~9.70,小于NaOH溶液滴定HCl溶液的滴定突跃范围。在化学计量点时,由于$Ac^-$呈碱性,pH也不在7,而在偏碱性区(pH=8.73),滴定突跃范围也在碱性区。因此,只能选用在碱性区变色的指示剂指示终点,如酚酞、百里酚酞等。

## (三)一元弱酸(弱碱)滴定的特点

一元弱酸(弱碱)滴定与强酸(强碱)滴定比较,有如下特点。

表 4-5　0.1000mol/L NaOH 溶液滴定 20.00ml 0.1000mol/L HAc 溶液的 pH 值变化

| 加入的 NaOH | | 剩余的 HAc | | 计算式 | pH | |
|---|---|---|---|---|---|---|
| % | ml | % | ml | | | |
| 0 | 0 | 100 | 20.00 | $[H^+]=\sqrt{K_a c_a}$ | 2.88 | |
| 50 | 10.00 | 50 | 10.00 | | 4.75 | |
| 90 | 18.00 | 10 | 2.00 | $[H^+]=K_a\frac{[HAc]}{[Ac^-]}$ | 5.71 | |
| 99 | 19.80 | 1 | 0.20 | | 6.75 | |
| 99.9 | 19.98 | 0.1 | 0.02 | | 7.75 | 突跃范围 |
| 100 | 20.00 | 0 | 0 | $[OH^-]=\sqrt{\frac{K_W c}{K_a}}$ | 8.73（计量点） | 突跃范围 |
| | | 过量的 NaOH | | | | |
| 100.1 | 20.02 | 0.1 | 0.02 | $[OH^-]=10^{-4.3}$　$[H^+]=10^{-9.7}$ | 9.70 | 突跃范围 |
| 101 | 20.20 | 1.0 | 0.20 | $[OH^-]=10^{-3.3}$　$[H^+]=10^{-10.7}$ | 10.70 | |

1. 滴定曲线的起点不同　强碱滴定弱酸滴定曲线的起点较高；强酸滴定弱碱滴定曲线的起点较低。

2. 滴定曲线的形状不同　开始时溶液 pH 变化较快，其后变化稍慢，接近化学计量点时又渐加快。如 NaOH 滴定 HAc，滴定一开始 pH 迅速升高是由于生成的 $Ac^-$ 较少，溶液的缓冲容量小，pH 增加就快。随着滴定的继续进行，HAc 浓度相应减小，$Ac^-$ 的浓度相应增大，此时缓冲容量也加大，使溶液 pH 值增加的速度减慢。在接近化学计量点时 HAc 浓度已经很低，缓冲容量减弱，碱性增加，pH 值又增加较快了。

3. 突跃范围小　如图 4-5 所示，是 0.1000mol/L NaOH 溶液滴定不同强度的 0.1000mol/L 一元酸的滴定曲线。

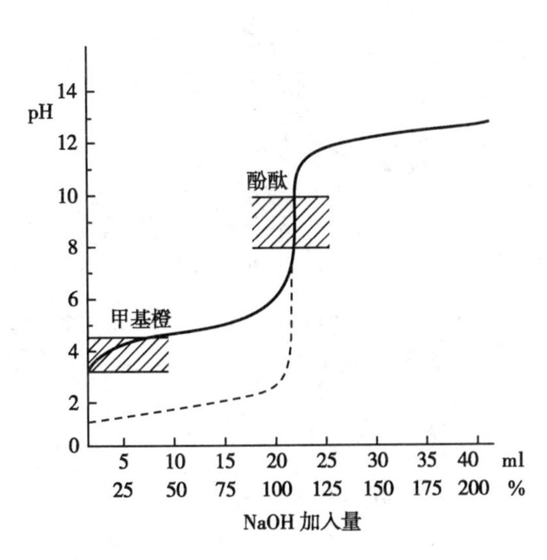


图 4-4　0.1000mol/L NaOH 溶液滴定 20.00ml 0.1000mol/L HAc 溶液的滴定曲线

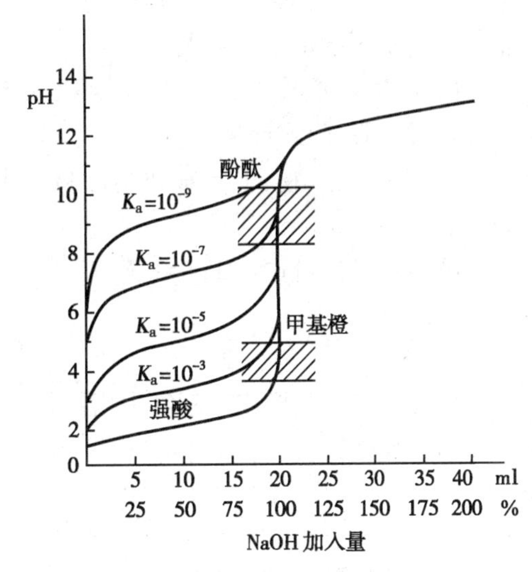


图4-5　0.1000mol/L NaOH溶液滴定0.1000mol/L不同的酸的滴定曲线

### （四）影响一元弱酸（弱碱）滴定突跃范围的因素

1. 弱酸、弱碱的强度　一般来说当 $K_a \geqslant 10^{-7}$ 或 $K_b \geqslant 10^{-7}$ 时，才能有明显的滴定突跃。

2. 浓度　用强酸、强碱直接滴定弱碱、弱酸时，应满足 $c_aK_a \geqslant 10^{-8}$ 或 $c_bK_b \geqslant 10^{-8}$。总之，弱酸、弱碱的解离常数（$K_a$、$K_b$）越大，浓度（$c_a$、$c_b$）越大，则滴定突跃范围越大。

弱酸和弱碱不能相互滴定，因无明显的滴定突跃，无法用一般的指示剂指示终点，故在酸碱滴定中，一般以强碱和强酸作标准溶液。

## 三、多元酸（多元碱）的滴定

### （一）多元酸的滴定

常见的多元酸除 $H_2SO_4$ 外多数是弱酸，它们在水溶液中是分步解离的。在滴定多元酸时，首先要判断多元酸中多个质子能否与碱定量反应，能否被分步滴定，其次是选择何种指示剂。

例如，$H_3PO_4$ 在水溶液中分三步电离：

$$H_3PO_4 \rightleftharpoons H^+ + H_2PO_4^- \quad K_{a_1}=7.5\times10^{-3} \quad pK_{a_1}=2.12$$

$$H_2PO_4^- \rightleftharpoons H^+ + HPO_4^{2-} \quad K_{a_2}=6.23\times10^{-8} \quad pK_{a_2}=7.21$$

$$HPO_4^{2-} \rightleftharpoons H^+ + PO_4^{3-} \quad K_{a_3}=2.2\times10^{-13} \quad pK_{a_3}=12.66$$

因 $K_{a_3}$ 太小，不能与碱定量反应，不能被滴定。因此，用 NaOH 滴定 $H_3PO_4$ 时，只有两个滴定突跃，其滴定反应可写成：

$$H_3PO_4 + NaOH \rightleftharpoons NaH_2PO_4 + H_2O$$

$$NaH_2PO_4 + NaOH \rightleftharpoons Na_2HPO_4 + H_2O$$

用 pH 计记录滴定过程中 pH 的变化，得 NaOH 滴定 $H_3PO_4$ 的滴定曲线。如图 4-6 所示。

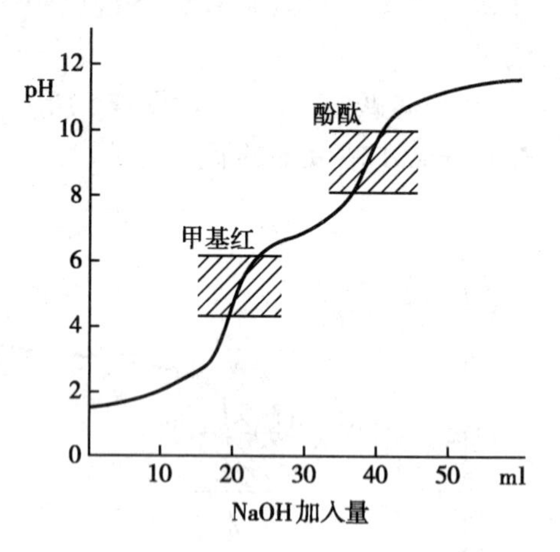


图 4-6　NaOH 溶液滴定 $H_3PO_4$ 溶液的滴定曲线

多元酸的滴定曲线计算比较复杂，在实际工作中，为了选择指示剂，一般只需计算化学计量点时的 pH 值，然后，选择在此 pH 附近变色的指示剂指示滴定终点。

由于对多元酸滴定的准确度要求不太高，因此常用最简式计算。

以 NaOH 溶液滴定 $H_3PO_4$ 为例，计算如下。

第一化学计量点：$[H^+]=\sqrt{K_{a_1}K_{a_2}}$

$$pH=\frac{1}{2}(pK_{a_1}+pK_{a_2})=\frac{1}{2}(2.12+7.21)=4.66$$

故可选择甲基橙或甲基红为指示剂。

第二化学计量点：$[H^+]=\sqrt{K_{a_2}K_{a_3}}$

$$pH=\frac{1}{2}(pK_{a_2}+pK_{a_3})=\frac{1}{2}(7.21+12.66)=9.94$$

故可选择酚酞作指示剂。

若用溴甲酚绿和甲基橙混合指示剂（变色 pH=4.3）、酚酞和百里酚酞混合指示剂

（变色 pH=9.9），则终点变色较单一指示剂更好。

根据以上讨论可知，$H_3PO_4$ 虽为三元酸，但用NaOH滴定时，并没有出现三个突跃。判断多元酸中各级 $H^+$ 能否被准确滴定和分步滴定，通常可根据以下两个原则：

(1) 如果 $cK_{a_i} \geqslant 10^{-8}$，则该计量点附近有一明显突跃，该步解离的 $H^+$ 能被准确滴定。

(2) 当 $\dfrac{K_{a_i}}{K_{a_{i+1}}} \geqslant 10^4$ 时，相邻两个计量点附近形成的突跃能彼此分开，可分步滴定这两步解离的 $H^+$。

### （二）多元碱的滴定

多元碱的滴定的方法与多元酸的滴定类似，也可分步滴定。所以，多元酸分步滴定的结论同样适用于多元碱的滴定，只需将 $cK_a$ 换成 $cK_b$ 即可。

现以 0.1000mol/L HCl 溶液滴定 0.1000mol/L $Na_2CO_3$ 溶液为例加以说明。

$Na_2CO_3$ 为二元碱，在水溶液中分步水解，反应式如下：

$$CO_3^{2-}+H_2O \rightleftharpoons HCO_3^-+OH^- \quad K_{b_1}=1.78\times10^{-4} \quad pK_{b_1}=3.75$$

$$HCO_3^-+H_2O \rightleftharpoons H_2CO_3+OH^- \quad K_{b_2}=2.33\times10^{-8} \quad pK_{b_2}=7.62$$

显然 $CO_3^{2-}$ 是可用强酸直接滴定的碱。HCl 滴定 $Na_2CO_3$，首先生成 $HCO_3^-$，再进一步滴定成 $H_2CO_3$，其滴定反应为：

$$Na_2CO_3+HCl \rightleftharpoons NaHCO_3+NaCl$$

$$NaHCO_3+HCl \rightleftharpoons H_2CO_3+NaCl$$

滴定曲线如图 4-7。

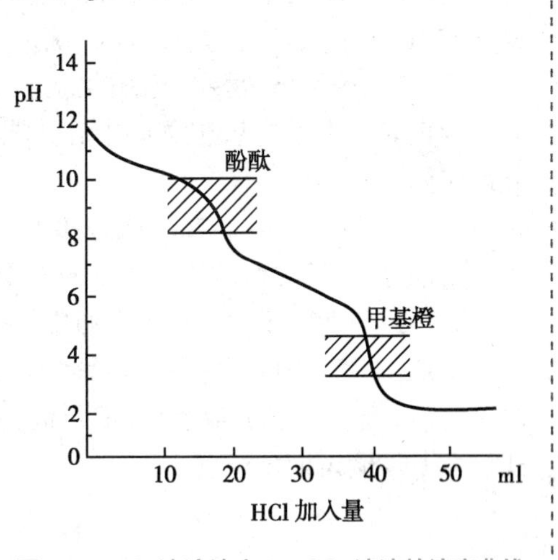


图 4-7　HCl 溶液滴定 $Na_2CO_3$ 溶液的滴定曲线

由于 $cK_{b_1} \geqslant 10^{-8}$，$\dfrac{K_{b_1}}{K_{b_2}} \approx 10^4$，在第一化学计量点时出现第一个 pH 滴定突跃。

在第一化学计量点时，$[OH^-]$可按最简式计算：

$$[OH^-]=\sqrt{K_{b_1}K_{b_2}}$$

$$pOH=\frac{1}{2}(pK_{b_1}+pK_{b_2})$$

$$=\frac{1}{2}(3.75+7.62)=5.69$$

$$pH=14-5.69=8.31$$

故可选酚酞作指示剂。

虽然其 $K_{b_2} \geqslant 10^{-8}$，但碱性较弱，且 $cK_{b_2}$ 较小，因此，第二化学计量点的 pH 滴定突跃范围也较小。为了提高测定的准确度，通常在近终点时将溶液煮沸或用力振摇，以除去 $CO_2$，冷却后再滴定至终点。在第二化学计量点时，溶液为 $CO_2$ 的饱和溶液，已知在常压下其浓度约为 0.04mol/L，同样按最简式计算：

$$[H^+]=\sqrt{K_{a_1}c}=\sqrt{4.3\times10^{-7}\times4\times10^{-2}}=1.32\times10^{-4}(\text{mol/L})$$

$$pH=3.89$$

故可选择甲基橙作指示剂。

课堂互动

用 NaOH 滴定 $H_2SO_3$ 能产生几个滴定突跃？可选哪种指示剂？

# 第三节　滴定液的配制与标定

酸碱滴定中最常用的滴定液是 HCl 溶液和 NaOH 溶液。其浓度一般在 0.01~1mol/L 之间，最常用的浓度是 0.1mol/L。因 HCl 具有挥发性，NaOH 易吸收空气中的 $CO_2$ 和 $H_2O$，通常采用间接法配制，然后再用基准物质进行标定。

## 一、0.1mol/L 盐酸滴定液的配制与标定

### （一）0.1mol/L 盐酸滴定液配制

已知市售浓 HCl 的密度 1.19，质量分数为 0.37，物质的量浓度约为 12mol/L，所以配制浓度为 0.1mol/LHCl 标准溶液 1000ml 应取浓 HCl 的体积是：

$$V=0.1\times\frac{1000}{12}=8.3\text{ml}$$

因 HCl 易挥发，配制时取量可比计算值稍多些。

用洁净的量筒量取浓盐酸 9ml，置于盛有少量纯化水的 1000ml 量杯中，加纯化水稀释成 1000ml，混合均匀，转入试剂瓶中，密塞，待标定。

### （二）0.1mol/L 盐酸滴定液的标定

标定 HCl 常用的基准物质是无水碳酸钠或硼砂。若用无水碳酸钠标定 HCl 溶液，其反应如下：

$$Na_2CO_3+2HCl \xlongequal{} 2NaCl+CO_2\uparrow+H_2O$$

用减重法精密称取在 270~300℃干燥至恒重的基准无水 $Na_2CO_3$ 三份，每份约 0.12~0.15g，分别置于 250ml 锥形瓶中，加纯化水 50ml 溶解后，加甲基红 - 溴甲酚绿混合指示剂 10 滴，用待标定的 HCl 滴定液滴定至溶液由绿变紫红色，煮沸约 2 分钟，冷却至室温，继续滴定至暗紫色，记录消耗的 HCl 滴定液的体积。平行测定 3 次，按下式计算 HCl 滴定液的浓度：

$$c_{HCl}=2\times\frac{m_{Na_2CO_3}}{V_{HCl}M_{Na_2CO_3}}\times10^3$$

课堂互动

若采用未烘干的碳酸钠来标定盐酸，所得浓度是偏高、偏低还是准确？

## 二、0.1mol/L 氢氧化钠滴定液的配制与标定

### （一）0.1mol/L 氢氧化钠滴定液的配制

称取氢氧化钠适量，加纯化水配成饱和溶液（20mol/L），冷却后，置聚乙烯塑料瓶

中，静置数日。

若配制 0.1mol/LNaOH 1000ml，应取饱和 NaOH 溶液的体积是：

$$V=0.1\times\frac{1000}{20}=5.0(\text{ml})$$

实际配制时取量可比计算值稍多些。

取饱和氢氧化钠溶液上清液 5.6ml，加新沸过的冷纯化水稀释成 1000ml，混和均匀，转入试剂瓶中，密塞，待标定。

### （二）0.1mol/L 氢氧化钠滴定液的标定

标定 NaOH 标准溶液常用的基准物质为邻苯二甲酸氢钾。标定反应如下：

$$C_6H_4(COOH)(COOK) + NaOH = C_6H_4(COONa)(COOK) + H_2O$$

用减重法精密称取在 105℃干燥至恒重的基准邻苯二甲酸氢钾三份，每份约 0.5g，分别置于 250ml 锥形瓶中，加新沸过的冷纯化水 50ml，使其溶解，加酚酞指示液 2 滴，用 NaOH 滴定液滴定至溶液由无色显粉红色。平行测定 3 次，按下式计算氢氧化钠滴定液的浓度：

$$c_{NaOH}=\frac{m_{C_8H_5O_4K}}{V_{NaOH}M_{C_8H_5O_4K}}\times10^3$$

## 第四节　应用与示例

酸碱滴定法应用非常广泛，许多药品如阿司匹林、药用硼砂、药用氢氧化钠及铵盐等含量都可用酸碱滴定法测定。按滴定方式不同可分为直接滴定法和间接滴定法。

### 一、直接滴定法

凡能溶于水的强酸、$c_aK_a\geq10^{-8}$ 的弱酸及多元酸、混合酸都可以用碱标准溶液直接滴定；同样，强碱、$c_bK_b\geq10^{-8}$ 的弱碱及多元碱、混合碱都可以用酸标准溶液直接滴定。

如阿司匹林（乙酰水杨酸）含量的测定：

阿司匹林是常用的解热镇痛药，分子结构中含有羧基，在溶液中可解离出 $H^+$（$K_a=3.24\times10^{-4}$），故可用酚酞为指示剂，用碱标准溶液直接滴定，其滴定反应为：

$$C_6H_4(COOH)(OCOCH_3) + NaOH \rightleftharpoons C_6H_4(COONa)(OCOCH_3) + H_2O$$

精密称取样品约 0.4g，加 20ml 中性乙醇（对酚酞指示剂显中性），溶解后，加酚酞指示液 3 滴，在不超过 10℃的温度下，用 0.1000mol/L 氢氧化钠滴定液滴定至溶液显粉红色。每 1ml 0.1000mol/L 氢氧化钠滴定液相当于 18.02mg 乙酰水杨酸（$C_9H_8O_4$）。乙酰水杨酸的百分含量可按下式计算：

$$C_9H_8O_4\% = \frac{c_{NaOH}V_{NaON}M_{C_9H_8O_4}\times 10^{-3}}{m_s}\times 100\%$$

或
$$C_9H_8O_4\% = \frac{T_{NaOH}V_{NaOH}}{m_s}\times 100\%$$

注意：为了防止乙酰水杨酸分子中的酯结构水解而使测定结果偏高，滴定应在中性乙醇溶液中进行，并注意滴定时应保持温度在10℃以下，并在振摇下快速滴定。

## 二、间接滴定法

某些物质虽具有酸碱性，但因难溶于水，不能用强碱或强酸直接滴定，而需用回滴定法来间接滴定，如苦参碱、ZnO等的测定；有些物质酸碱性很弱，不能直接滴定，但可通过其他反应增强其酸碱性后予以滴定，如$H_3BO_3$的含量测定、含氮化合物中氮的测定等。

硼酸($H_3BO_3$)含量的测定：

$H_3BO_3$是一很弱的酸，不能用NaOH标准溶液直接滴定，但$H_3BO_3$能与多元醇作用生成配合酸，其酸性较强，故可用NaOH标准溶液滴定。如硼酸与丙三醇反应式：

$$\begin{array}{c} \mathrm{H_2C-OH} \\ | \\ \mathrm{H-C-OH} \\ | \\ \mathrm{H_2C-OH} \end{array} + \mathrm{H_3BO_3} \rightleftharpoons \left[\begin{array}{ccc} \mathrm{H_2C-O} & & \mathrm{O-CH_2} \\ | & \mathrm{B} & | \\ \mathrm{H-C-O} & & \mathrm{O-C-H} \\ | & & | \\ \mathrm{H_2C-OH} & & \mathrm{HO-CH_2} \end{array}\right]\mathrm{H^+ + 3H_2O}$$

生成的配合酸与NaOH的滴定反应如下式：

$$\left[\begin{array}{ccc} \mathrm{H_2C-O} & & \mathrm{O-CH_2} \\ | & \mathrm{B} & | \\ \mathrm{H-C-O} & & \mathrm{O-C-H} \\ | & & | \\ \mathrm{H_2C-OH} & & \mathrm{HO-CH_2} \end{array}\right]\mathrm{H^+} + \mathrm{NaOH} \rightleftharpoons \left[\begin{array}{ccc} \mathrm{H_2C-O} & & \mathrm{O-CH_2} \\ | & \mathrm{B} & | \\ \mathrm{H-C-O} & & \mathrm{O-C-H} \\ | & & | \\ \mathrm{H_2C-OH} & & \mathrm{HO-CH_2} \end{array}\right]\mathrm{Na^+ + H_2O}$$

精密称取预先置硫酸干燥器中干燥的$H_3BO_3$约0.2g，加入水与丙三醇的混合液(混合比例为1∶2，对酚酞指示液显中性)30ml，微热使之溶解，迅速放冷至室温，加酚酞指示剂3滴，用NaOH滴定液(0.1000mol/L)滴定至溶液显粉红色。

$H_3BO_3$的百分含量按下式计算：

$$H_3BO_3\% = \frac{c_{NaOH}V_{NaOH}M_{H_3BO_3}\times 10^{-3}}{m_s}\times 100\%$$

**课堂互动**

设计测定固体碳酸钙含量的方案，并说出实训步骤和计算公式。

# 第五节　非水溶液酸碱滴定法

在非水溶剂中进行的酸碱滴定分析方法称为非水酸碱滴定法。非水溶剂(SH)指的是有机溶剂或不含水的无机溶剂。以非水溶剂作为滴定介质，不仅能增大有机

化合物的溶解度，而且能改变物质的酸碱度及其强度，使许多在水中因解离常数太小（$K<10^{-7}$）以及在水中溶解度小的物质能在非水溶剂中顺利滴定，扩大了酸碱滴定分析的应用范围。

## 一、基本原理

### （一）溶剂的类型

根据酸碱质子理论，可将非水溶剂分为质子溶剂、非质子溶剂和混合溶剂三大类。

1. 质子溶剂　能给出质子或能接受质子的溶剂称为质子溶剂，包括三种类型。

（1）酸性溶剂：给出质子能力较强的溶剂，如甲酸、冰醋酸、乙酸酐等。可作滴定弱碱性物质的溶剂。

（2）碱性溶剂：接受质子能力较强的溶剂，如乙二胺、丁胺、乙醇胺等。可作滴定弱酸性物质的溶剂。

（3）两性溶剂：既易给出质子又易接受质子的溶剂，如甲醇、乙醇、乙二醇等。可作滴定不太弱的酸或碱的溶剂。

2. 非质子溶剂　指其分子本身无转移性质子的一类溶剂，如酮类、吡啶类、苯、四氯化碳等。

### （二）溶剂的性质

1. 溶剂的解离性　具有解离性的溶剂（SH）中，存在溶剂自身质子转移反应（质子自递反应）式：

$$2SH \rightleftharpoons SH_2^+ + S^-$$

质子自递反应的平衡常数为：

$$K=\frac{[SH_2^+][S^-]}{[SH]^2}=\frac{K_a^{SH}K_b^{SH}}{K_w}$$

由于溶剂自身解离很微小，[SH]可看作一定值，$K_w$ 在一定温度下也是定值，因此定义为：

$$K_s=[SH_2^+][S^-]=K_a^{SH}K_b^{SH} \tag{4-6}$$

$K_s$ 称为溶剂的自身解离常数或称为溶剂的离子积。

$K_s$ 值的大小对滴定突跃的范围有很大影响，酸碱反应在自身解离常数小的溶剂中比在自身解离常数大的溶剂中进行得更完全。

在 25℃时，几种常见非水溶剂的自身解离常数见表 4-6。

2. 溶剂的酸碱性　若将溶质酸 HA 溶于质子溶剂 SH 中，溶质酸 HA 在溶剂 SH 中的表观酸强度决定于 HA 的固有酸度和溶剂 SH 的碱度，即决定于酸给出质子的能力和溶剂接受质子的能力。同样，溶质碱 B 在溶剂 SH 中的表观碱强度决定于碱 B 接受质子的能力和溶剂给出质子的能力。因此，弱酸溶于碱性溶剂中，可以增强其酸性；同理弱碱溶于酸性溶剂中，可以增强其碱性。

3. 溶剂的极性　溶剂的极性与其介电常数 $\varepsilon$ 有关。$\varepsilon$ 值大的溶剂其极性强，$\varepsilon$ 值小的溶剂其极性弱。溶质在 $\varepsilon$ 值较大的溶剂中较易解离，可增强溶质酸强度。常用溶剂的介电常数见表 4-7。

4. 均化效应和区分效应　$HClO_4$、$H_2SO_4$、HCl、$HNO_3$ 等在水中都是强酸，它们在水中几乎是全部解离，都均化到 $H_3O^+$ 的强度水平，结果使它们的酸强度在水中都相等。

表 4-6　常用非水溶剂的自身解离平衡及其常数(25℃)

| 溶剂 | 解离平衡 | p*K*s 值 |
|---|---|---|
| 甲醇 | $2CH_3OH \rightleftharpoons CH_3OH_2^+ + CH_3O^-$ | 16.7 |
| 乙醇 | $2C_2H_5OH \rightleftharpoons C_2H_5OH_2^+ + C_2H_5O^-$ | 19.1 |
| 甲酸 | $2HCOOH \rightleftharpoons HCOOH_2^+ + HCOO^-$ | 6.22 |
| 冰醋酸 | $2HAc \rightleftharpoons H_2Ac^+ + Ac^-$ | 14.45 |
| 醋酐 | $2(CH_3CO)_2O \rightleftharpoons (CH_3CO)_3O^+ + CH_3COO^-$ | 14.5 |
| 乙二胺 | $2NH_2CH_2CH_2NH_2 \rightleftharpoons NH_2CH_2CH_2NH_3^+ + NH_2CH_2CH_2NH^-$ | 15.3 |
| 二甲基甲酰胺 | $2(CH_3)_2NCOH \rightleftharpoons (CH_3)_2NCOH_2^+ + (CH_3)_2NCO^-$ | 21.0 |
| 乙腈 | $2CH_2=C=NH \rightleftharpoons CH_2=C=NH_2^+ + CH_2=C=N^-$ | 26.52 |

表 4-7　常用溶剂的介电常数

| 常用溶剂 | 介电常数 | 常用溶剂 | 介电常数 |
|---|---|---|---|
| 石油醚 | 1.8 | 正己烷 | 1.58 |
| 正戊醇 | 13.9 | 环己酮 | 8.3 |
| 异戊醇 | 14.7 | 丙酮 | 20.7 |
| 正丁醇 | 17.8 | 甲酸 | 58.5 |
| 仲丁醇 | 16.56 | 醋酸 | 6.15 |
| 叔丁醇 | 12.47 | 醋酐 | 20.7 |
| 甲乙酮 | 18.5 | 醋酸乙酯 | 6.02 |
| 正丙醇 | 20.3 | 醋酸戊酯 | 4.75 |
| 异丙醇 | 19.92 | 甲酰胺 | 101 |
| 甲醇 | 33.6 | N,N-二甲基甲酰胺 | 37.6 |
| 乙醇 | 24.3 | 苯胺 | 6.89 |
| 乙二醇 | 37.7 | 吡啶 | 12.3 |
| 甘油 | 42.5 | 氯仿 | 4.81 |
| 苯酚 | 9.78 | 四氯化碳 | 2.24 |
| 乙醚 | 4.34 | 二硫化碳 | 2.64 |
| 乙腈 | 37.5 | 四氢呋喃 | 7.58 |
| 苯 | 2.29 | 二氧六环 | 2.21 |
| 甲苯 | 2.37 | 1,1-二氯乙烷 | 10 |
| 间二甲苯 | 2.38 | 1,2-二氯乙烷 | 10.4 |
| 环己烷 | 2.02 | 水 | 80.4 |

这种效应称为均化效应。具有均化效应的溶剂称均化性溶剂。

在醋酸溶液中，$HClO_4$ 和 HCl 的酸碱平衡反应为：

$$HClO_4 + HAc \rightleftharpoons H_2Ac^+ + ClO_4^- \quad K=1.3\times10^{-5}$$

$$HCl + HAc \rightleftharpoons H_2Ac^+ + Cl^- \quad K=2.8\times10^{-9}$$

由于醋酸的碱性比 $H_2O$ 弱，使 $HClO_4$ 和 HCl 不能被均化到相同的强度，$K$ 值显示 $HClO_4$ 是比 HCl 更强的酸，这种能区分酸、碱强弱的效应称为区分效应。具有区分效

应的溶剂称为区分性溶剂，可见，醋酸是 $HClO_4$ 和 HCl 的区分性溶剂。

### （三）非水溶剂的选择

1. 选择的溶剂应能使试样溶解，最好能在适量滴定剂存在下也能溶解，以便于进行回滴定。单一溶剂不能溶解试样和滴定产物时，可采用混合溶剂。

2. 选择的溶剂应能增强试样的酸性或碱性，且不引起副反应。

3. 选择比自身解离常数（$K_s$）小的弱极性溶剂，有利于滴定反应进行完全，增大滴定的突跃范围。

4. 选择的溶剂应有一定的纯度、无毒、黏度小、挥发性低、价廉、安全、易于精制和回收等。

## 二、非水溶液酸碱滴定的类型及应用

### （一）酸的滴定

当试样的 $c_aK_a<10^{-8}$ 时，不能在水溶液中用碱标准溶液直接滴定，但它们可在碱性比水强的非水溶液中进行滴定。

1. 溶剂　滴定不太弱的羧酸时，可用醇类作溶剂；滴定弱酸和极弱酸时，则用碱性溶剂；滴定混合酸的各组分时，则用区分性溶剂。

2. 碱标准溶液的配制与标定　非水滴定中，常用的碱标准溶液为甲醇钠的苯 - 甲醇溶液、氢氧化四丁基铵的甲苯 - 甲醇溶液等。

（1）甲醇钠滴定液（0.1mol/L）的配制：取无水甲醇（含水量 0.2% 以下）150ml，置于冰水冷却的容器中，分次加入新切的金属钠 2.5g，等完全溶解后，加苯（含水量 0.02% 以下）配成 1000ml，摇匀。其反应式为：$2CH_3OH+Na \longrightarrow 2CH_3ONa+H_2\uparrow$

（2）甲醇钠滴定液（0.1mol/L）的标定：常用的基准物质为苯甲酸，用麝香草酚蓝作指示剂，按下式计算甲醇钠滴定液的浓度：

$$c_{CH_3ONa}=\frac{m_{C_7H_6O_2}\times 10^3}{(V-V_{空白})_{CH_3ONa}M_{C_7H_6O_2}}$$

3. 指示剂　在非水介质中用碱标准溶液滴定酸时常用的指示剂有百里酚蓝、偶氮紫、溴酚蓝等。

4. 应用与示例　在非水溶液中，酸的滴定主要是利用碱性溶剂增强弱酸的酸性后，再用碱标准溶液进行滴定。适用于含有酸性基团的有机化合物的测定（如羧酸类、酚类、磺酰胺类等）。

### （二）碱的滴定

当碱试样的 $c_bK_b<10^{-8}$ 时，不能在水溶液直接用酸标准溶液滴定，可在非水溶液中进行滴定。

1. 溶剂　通常滴定弱碱应选择酸性溶剂，增强弱碱的碱度，使滴定突跃更明显。

冰醋酸是最常用的酸性溶剂。市售冰醋酸含有少量的水分，为避免水分的存在对滴定的影响，一般需加入一定量的醋酐，使其与水反应转变成醋酸，反应式如下：

$$(CH_3CO)_2O+H_2O \longrightarrow 2CH_3COOH$$

醋酐的用量下式计算：

$$V_{醋酐}=\frac{M_{醋酐}d_{醋酸}V_{醋酸}水\%}{M_{水}\,d_{醋酐}醋酐\%}$$

2. 酸标准溶液的配制与标定　在非水溶液碱的滴定中，常用的酸标准溶液为高氯酸的冰醋酸溶液。

(1) 配制：取无水冰醋酸(按含水量计算，每1g水加醋酐5.22ml)750ml，加入高氯酸(70~72%)8.5ml，摇匀，在室温下缓缓滴加醋酐23ml，边加边摇，加完后再振摇均匀，放冷，加无水冰醋酸适量使溶液至1000ml，摇匀，放置24小时。

(2) 标定：标定高氯酸标准溶液的浓度常用邻苯二甲酸氢钾作为基准物质，用结晶紫作指示液，按下式计算高氯酸滴定液的浓度：

$$c_{HClO_4}=\frac{m_{C_8H_5O_4K}\times 10^3}{(V-V_{空白})_{HClO_4}M_{C_8H_5O_4K}}$$

本滴定液应置棕色玻璃瓶中，密闭保存。

3. 指示剂　在非水溶剂中，用酸标准溶液滴定碱时常用的指示剂有结晶紫、α-萘酚苯甲醇、喹哪啶红。

4. 应用与示例　在非水溶液中，碱的滴定主要是利用酸性溶剂增强弱碱的碱性，用酸标准酸溶液进行滴定。具有碱性基团的化合物如有机弱碱、有机酸的碱金属盐、有机碱的氢卤酸盐及有机碱的有机酸盐等大都可在合适的非水溶液中用高氯酸标准溶液进行滴定。

(接明军)

## 复习思考题

1. 什么是滴定突跃？其影响因素有哪些？

2. 酸碱滴定中选择指示剂的原则是什么？

3. 配制高氯酸滴定液时，怎样除去冰醋酸中的水分？用量如何计算？

4. 在分析天平上准确称取一含有苯甲酸的药品0.2800g，加入中性稀乙醇溶解后，加酚酞指示剂2滴，用0.1000mol/L NaOH标准溶液滴定至粉红色时，消耗NaOH 22.50ml，求该药品中苯甲酸的含量。(设该药品中仅苯甲酸参与反应)

5. 现称取邻苯二甲酸氢钾0.4795g，经完全溶解后，加入酚酞作指示剂，用NaOH标准溶液进行滴定，用去该标准溶液20.40ml，试计算NaOH溶液的浓度。

6. 某一含有$Na_2CO_3$、$NaHCO_3$及中性杂质的试样0.8050g，加入蒸馏水溶解，用0.2050mol/L HCl溶液滴定至酚酞终点，用去21.50ml，继续滴定至甲基橙终点，又用去HCl溶液26.72ml，试求$Na_2CO_3$和$NaHCO_3$的质量分数。

7. 称取基准物质$Na_2CO_3$ 0.1520g标定盐酸溶液，以甲基橙作指示剂，终点时用去盐酸溶液25.20ml，求此盐酸溶液的浓度？

8. 精密量取食醋5.00ml，加水稀释后以酚酞为指示剂，用浓度为0.1080mol/L的氢氧化钠标准溶液滴定至淡红色，计消耗体积为24.60ml，求食醋中醋酸的含量？

9. 精密移取0.1021mol/L的氢氧化钠溶液20.00ml于锥形瓶中，加甲基橙指示剂，用盐酸标准溶液滴定，用去23.33ml时溶液由黄色变橙色，求盐酸标准溶液的浓度？

# 第五章

# 氧化还原滴定法

学习要点

扫一扫
知重点

1. 氧化还原滴定法的概念、分类及加快氧化还原反应速率的方法。

2. 条件电位及其影响因素；氧化还原反应条件平衡常数的含义及氧化还原反应进行完全的依据。

3. 碘量法、高锰酸钾法和亚硝酸钠法的基本原理及应用。

## 第一节　氧化还原滴定法的基本原理

### 一、氧化还原滴定法概述

#### （一）氧化还原滴定法的基本概念

氧化还原滴定法是以氧化还原反应为基础的滴定分析方法。它的应用非常广泛，不仅能直接测定具有氧化性或还原性的物质，也能间接地测定一些能与氧化剂或还原剂发生定量反应的物质。

氧化还原反应是基于氧化剂和还原剂之间电子转移或偏移的反应，其特点是反应机制比较复杂，反应往往分步进行；大多数反应速率较慢，且常伴有副反应发生；介质对反应过程有较大的影响。因此，在氧化还原滴定中，必须严格控制反应条件，才能保证反应定量、快速进行完全。

#### （二）氧化还原滴定法的分类

并非所有的氧化还原反应都能应用于滴定分析，能用于滴定分析的氧化还原反应必须具备下列条件：

1. 反应必须按化学反应式的计量关系定量完成，无副反应发生。
2. 反应速率必须足够快。
3. 必须有适当的方法确定化学计量点。

习惯上根据配制滴定液所用氧化剂名称的不同，氧化还原滴定法可分为高锰酸钾法、碘量法、亚硝酸钠法、重铬酸钾法、铈量法、溴酸钾法等，如表 5-1 所示。

表 5-1　氧化还原滴定法分类

| 名称 | 滴定剂 | 半电池反应式 |
| --- | --- | --- |
| 直接碘量法 | $I_2$ | $I_3^- + 2e^- \rightleftharpoons 3I^-$ |
| 间接碘量法 | $Na_2S_2O_3$ | $S_4O_6^{2-} + 2e^- \rightleftharpoons 2S_2O_3^{2-}$ |
| 高锰酸钾法 | $KMnO_4$ | $MnO_4^- + 8H^+ + 5e^- \rightleftharpoons Mn^{2+} + 4H_2O$ |
| 亚硝酸钠法 | $NaNO_2$ | 重氮化反应 / 亚硝基化反应 |
| 重铬酸钾法 | $K_2Cr_2O_7$ | $Cr_2O_7^{2-} + 14H^+ + 6e^- \rightleftharpoons 2Cr^{3+} + 7H_2O$ |
| 铈量法 | $Ce(SO_4)_2$ | $Ce^{4+} + e^- \rightleftharpoons Ce^{3+}$ |
| 溴酸钾法 | $KBrO_3+KBr$ | $BrO_3^- + 6H^+ + 6e^- \rightleftharpoons Br^- + 3H_2O$ |

本章主要介绍碘量法、亚硝酸钠法和高锰酸钾法。

### （三）加快氧化还原反应速率的方法

1. 增大反应物浓度　根据质量作用定律，反应速率与反应物浓度幂次方的乘积成正比，所以，反应物浓度越大反应速率越快。增大反应物浓度不仅可以加快反应速率，而且可以使反应进行得更完全。

例如，在酸性溶液中，可通过增大 $I^-$ 或 $H^+$ 的浓度来加快下列反应速率。

$$Cr_2O_7^{2-} + 6I^- + 14H^+ \rightleftharpoons 2Cr^{3+} + 3I_2 + 7H_2O$$

2. 升高溶液温度　对于大多数反应，升高温度不仅增加了反应分子之间的碰撞概率，而且也增加了反应物中活化分子或离子的比率，从而加快反应速率。实验表明，温度每升高 10℃，反应速率可增大为原来的 2~4 倍。

例如，在酸性溶液中，$MnO_4^-$ 和 $C_2O_4^{2-}$ 的反应：

$$2MnO_4^- + 5C_2O_4^{2-} + 16H^+ \rightleftharpoons 2Mn^{2+} + 10CO_2\uparrow + 8H_2O$$

在室温时此反应速率较慢，若将溶液温度升高至 65~75℃，反应速率显著加快，即可用于滴定分析。需要注意的是，不是任何反应都可以用加热的方法来加快反应速率的，若在室温下本身性质就不稳定的物质，不宜通过加热来加快反应速率。因此，在分析工作中，要根据具体的情况确定适宜的温度条件。

**课堂互动**

请您思考一下用 $KMnO_4$ 滴定过氧化氢时能否采用加热的方法加快反应速率，为什么？

3. 加催化剂　催化剂可大大加快反应速率，缩短反应达到平衡的时间。如 $MnO_4^-$ 和 $C_2O_4^{2-}$ 的反应，$Mn^{2+}$ 可作此反应的催化剂。但在实际操作中一般不需要另加 $Mn^{2+}$，可利用反应中生成的 $Mn^{2+}$ 作催化剂。这种催化现象是由反应过程中产生的物质所引起的，称为自动催化现象。

知识链接

**自动催化反应特点**

自动催化反应有一个特点，即开始反应时反应速率较慢，随着反应的进行，反应生成物(催化剂)的浓度逐渐增大，反应速率也越来越快，随后，由于反应物浓度越来越低，反应速率又逐渐降低。

另外，在氧化还原反应中，常伴有副反应发生，若没有有效的抑制方法，则此反应就不能用于滴定分析。

例如，在酸性条件下，用 $MnO_4^-$ 滴定 $Fe^{2+}$ 的反应：

$$MnO_4^-+5Fe^{2+}+8H^+ \rightleftharpoons Mn^{2+}+5Fe^{3+}+4H_2O$$

若用盐酸作介质，则发生如下副反应：

$$2MnO_4^-+10Cl^-+16H^+ \rightleftharpoons 2Mn^{2+}+5Cl_2\uparrow+8H_2O$$

此副反应要消耗 $MnO_4^-$，由于 $Cl_2$ 的挥发逸失使消耗 $MnO_4^-$ 无法计算，为了防止这一副反应发生，应用硫酸作酸性介质。

## 二、氧化还原滴定法的基本原理

### (一) 条件电位

1. 条件电位　氧化剂和还原剂的氧化还原能力的强弱，可用有关电对的电极电位高低来衡量。电对的电位越高，其氧化态的氧化能力越强；电对的电位越低，其还原态的还原能力越强。氧化还原反应自发进行的方向，总是高电位电对中的氧化态物质氧化低电位电对中的还原态物质，生成相应的还原态和氧化态物质。由此可见，电对的电极电位是讨论物质的氧化还原性质的重要参数。

对一个可逆的氧化还原电对的半反应可表示如下：

$$Ox+ne^- \rightleftharpoons Red$$

其电对的电位满足能斯特方程式：

$$\varphi=\varphi^{\ominus}+\frac{0.0592}{n}\lg\frac{\alpha_{Ox}}{\alpha_{Red}} \tag{5-1}$$

实际工作中通常知道的是反应物的浓度而不是活度，用浓度代替活度，往往会引起较大的误差。此外酸度以及沉淀、配合物的形成等副反应，都将引起氧化型和还原型活度的变化，从而使电对的电极电位发生改变。因此，若要以浓度代替活度，必须引入相应的活度系数和副反应系数。活度与活度系数及副反应系数的关系为：

$$\alpha_{Ox}=\gamma_{Ox}\frac{c_{Ox}}{\beta_{Ox}},\quad \alpha_{Red}=\gamma_{Red}\frac{c_{Red}}{\beta_{Red}}$$

其中：$c$ 为分析浓度；$\gamma$ 为活度系数；$\beta$ 为副反应系数。

将上述关系式代入式(5-1)得：

$$\varphi=\varphi^{\ominus}+\frac{0.0592}{n}\lg\frac{\gamma_{Ox}c_{Ox}\beta_{Red}}{\gamma_{Red}c_{Red}\beta_{Ox}}=\left[\varphi^{\ominus}+\frac{0.0592}{n}\lg\frac{\gamma_{Ox}\beta_{Red}}{\gamma_{Red}\beta_{Ox}}\right]+\frac{0.0592}{n}\lg\frac{c_{Ox}}{c_{Red}} \tag{5-2}$$

令：

$$\varphi'=\varphi^{\ominus}+\frac{0.0592}{n}\lg\frac{\gamma_{Ox}\beta_{Red}}{\gamma_{Red}\beta_{Ox}}$$

则：

$$\varphi=\varphi'+\frac{0.0592}{n}\lg\frac{c_{Ox}}{c_{Red}} \qquad (5\text{-}3)$$

式(5-3)中$\varphi'$称为条件电位。它表示在一定条件下，氧化型和还原型的分析浓度均为1mol/L或它们的浓度比为1时的实际电极电位。它只有在实验条件不变的情况下才是一个常数，当条件（如介质的种类和浓度）发生改变时也随之发生改变。例如，$Fe^{3+}/Fe^{2+}$电对的标准电极电位为0.77V，在0.5mol/L盐酸溶液中的条件电位为0.71V；在5mol/L盐酸溶液中的条件电位为0.64V；在2mol/L磷酸溶液中的条件电位为0.46V。

本书附录列出了部分氧化还原电对的条件电位供实际工作中采用。用条件电位处理氧化还原电对的电位问题比用标准电位具有实际意义，并且计算也比较简单，因此，在处理有关氧化还原反应的电位计算时，应尽量采用条件电位，若没有相同条件下的条件电位，可采用该电对在相同介质、相近浓度下的条件电位数据，否则应用实验方法测定。

2. 影响条件电位的因素　凡是影响电对物质的活度系数和副反应系数的各种因素都会影响条件电位，这些因素主要包括：盐效应、生成沉淀或配合物、酸效应等几个方面。

(1) 盐效应：电解质浓度的变化可以改变溶液中的离子强度，从而改变氧化态和还原态的活度系数。溶液中电解质浓度对条件电位的影响作用称为盐效应。在通常的氧化还原滴定体系中，电解质浓度较大，盐效应较为显著。但是，氧化还原体系中的反应电对常参与各种副反应，而副反应对条件电位的影响远大于盐效应的影响，所以估算条件电位时通常可将盐效应的影响忽略。

(2) 生成沉淀：在溶液体系中，若加入一种能与电对的氧化态或还原态生成沉淀的物质时，将会改变电对的条件电位。若氧化态生成沉淀，条件电位将降低；若还原态生成沉淀，条件电位将增高。例如，用间接碘量法测定$Cu^{2+}$的含量，有关反应的电对为：

$$Cu^{2+}+e \rightleftharpoons Cu^{+} \quad \varphi^{\ominus}_{Cu^{2+}/Cu^{+}}=0.16V$$

$$I_2+2e \rightleftharpoons 2I^{-} \quad \varphi^{\ominus}_{I_2/I^{-}}=0.5345V$$

如果单纯从电对的标准电位来判断，$Cu^{2+}$不能自发地与$I^-$进行反应。但实际上，反应按下式进行得很完全。

$$2Cu^{2+}+4I^{-} \rightleftharpoons 2CuI\downarrow+I_2$$

主要原因是由于CuI沉淀的生成，导致$Cu^{2+}/Cu^{2+}$电对条件电位升高的结果。

(3) 生成配合物：若电对中的金属离子氧化态或还原态与溶液中的配位剂发生配位反应，从而改变电对的条件电位。若生成的氧化态配合物比还原态配合物稳定性高，条件电位降低；反之，条件电位升高。例如：$Fe^{3+}/Fe^{2+}$电对在不同介质中的条件电位如表5-2所示。

表 5-2　不同介质中 $Fe^{3+}/Fe^{2+}$ 电对的条件电位 $\varphi^{\ominus}_{Fe^{3+}/Fe^{2+}}=0.771V$

| 介质(浓度) | $HClO_4$(1mol/L) | HCl(1mol/L) | $H_2SO_4$(1mol/L) | $H_3PO_4$(1mol/L) | HF(1mol/L) |
|---|---|---|---|---|---|
| $\varphi'_{(V)}$ | 0.767 | 0.70 | 0.68 | 0.44 | 0.32 |

从条件电位值可知，$F^-$ 或 $PO_4^{3-}$ 与 $Fe^{3+}$ 有较强的配位能力，而 $ClO_4^-$ 基本上不形成配合物。

在氧化还原滴定中，常向溶液中加入能与干扰离子生成稳定配合物的辅助配位剂，以消除干扰离子对测定的干扰。例如，间接碘量法测定 $Cu^{2+}$ 时，如果有 $Fe^{3+}$ 存在，$Fe^{3+}$ 可将溶液中的 $I^-$ 氧化成 $I_2$，从而干扰 $Cu^{2+}$ 的测定。可以向溶液中加入 $F^-$($NaF$、$NH_4F$)，由于生成 $FeF_3$ 配合物，从而降低了 $Fe^{3+}/Fe^{2+}$ 电对的电位，使 $\varphi'_{Fe^{3+}/Fe^{2+}}$ 小于 $\varphi'_{I_2/I^-}$，$Fe^{3+}$ 失去氧化 $I^-$ 的能力，消除了对 $Cu^{2+}$ 测定的干扰。

$$\varphi_1=\varphi_1'+\frac{0.0592}{n_1}\lg\frac{c_{Ox_1}}{c_{Red_1}}$$

(4) 酸效应：电对的半电池反应中若有 $H^+$ 或 $OH^-$ 参加，溶液酸度的改变将直接引起条件电位的改变。电对的氧化态或还原态若是弱酸或弱碱，溶液酸度改变还会影响其存在形式，从而引起条件电位的变化。

### (二) 氧化还原反应进行的程度

滴定分析要求滴定反应能够最大程度的定量完成，可用平衡常数 $K$ 值的大小来衡量反应进行的程度，$K$ 值越大，反应进行的越完全。氧化还原反应的 $K$ 值可根据有关电对的标准电位 $\varphi^{\ominus}$ 由能斯特方程式求得。若用条件电位 $\varphi'$ 代替标准电位 $\varphi^{\ominus}$，用反应物的分析浓度代替活度，所求得的平衡常数称为条件平衡常数，用 $K'$ 表示。由于 $K'$ 直接与反应物的分析浓度有关，因此它更能说明反应实际进行的程度。

1. 条件平衡常数　对于任一氧化还原反应：

$$n_2Ox_1+n_1Red_2 \rightleftharpoons n_1Ox_2+n_2Red_1$$

$$K'=\frac{c_{Red_1}^{n_2}c_{Ox_2}^{n_1}}{c_{Ox_1}^{n_2}c_{Red_2}^{n_1}}=\left[\frac{c_{Red_1}}{c_{Ox_1}}\right]^{n_2}\left[\frac{c_{Ox_2}}{c_{Red_2}}\right]^{n_1} \tag{5-4}$$

当反应达到平衡时：

两电对的电极反应及其电位分别为

$$Ox_1+n_1e \rightleftharpoons Red_1 \quad \varphi_1=\varphi_1'+\frac{0.0592}{n_1}\lg\frac{c_{Ox_1}}{c_{Red_1}}$$

$$Ox_2+n_2e \rightleftharpoons Red_2 \quad \varphi_2=\varphi_2'+\frac{0.0592}{n_2}\lg\frac{c_{Ox_2}}{c_{Red_2}}$$

反应达到平衡时，$\varphi_1=\varphi_2$，即

$$\varphi_1'+\frac{0.0592}{n_1}\lg\frac{c_{Ox_1}}{c_{Red_1}}=\varphi_2'+\frac{0.0592}{n_2}\lg\frac{c_{Ox_2}}{c_{Red_2}}$$

上式两边同乘 $n_1n_2$，经整理后得：

$$\lg\left[\frac{c_{Red_1}}{c_{Ox_1}}\right]^{n_2}\left[\frac{c_{Ox_2}}{c_{Red_2}}\right]^{n_1}=n_1n_2\frac{\varphi_1'-\varphi_2'}{0.0592}=\frac{n_1n_2\Delta\varphi'}{0.0592} \tag{5-5}$$

由式(5-4)和式(5-5)得：

$$\lg K'=\frac{n_1n_2\Delta\varphi'}{0.0592} \tag{5-6}$$

由式(5-6)可知，根据两个电对的条件电位值之差，就可以计算出反应的条件平衡常数 $K'$ 值。显然，两电对的条件电位差 $\Delta\varphi'$ 越大，反应过程中得失电子数越多，条件平衡常数 $K'$ 值也越大，反应向右进行的越完全。

2. 氧化还原反应进行完全的依据　对于任一氧化还原反应：

$n_2Ox_1+n_1Red_2 \rightleftharpoons n_1Ox_2+n_2Red_1$，要使化学计量点时反应的完全程度达到 99.9% 以上，$\Delta\varphi'$ 至少应为多少？

要使反应程度达到 99.9% 以上，即：

$$\frac{c_{Ox_2}}{c_{Red_2}}\geqslant\frac{99.9\%}{0.1\%}\approx10^3,\quad \frac{c_{Red_1}}{c_{Ox_1}}\geqslant\frac{99.9\%}{0.1\%}\approx10^3$$

$$\lg K'=\lg\left[\frac{c_{Red_1}}{c_{Ox_1}}\right]^{n_2}\left[\frac{c_{Ox_2}}{c_{Red_2}}\right]^{n_1}=\lg(10^{3n_1}\times10^{3n_2})=3(n_1+n_2) \tag{5-7}$$

由式(5-6)和式(5-7)可得：

$$\lg K'=\frac{n_1n_2\Delta\varphi'}{0.0592}\geqslant3(n_1+n_2) \tag{5-8}$$

即：

$$\Delta\varphi'\geqslant0.0592\times\frac{3(n_1+n_2)}{n_1n_2} \tag{5-9}$$

由式 5-7 和式 5-8 可知，只有满足 $\lg K'\geqslant3(n_1+n_2)$ 或 $\Delta\varphi'\geqslant0.0592\times\frac{3(n_1+n_2)}{n_1n_2}$ 的氧化还原反应才能用于滴定分析。对于 $n_1=n_2=1$ 型的氧化还原反应，$\Delta\varphi'\geqslant0.35V$ 时，可用于滴定分析：对于 $n_1=1$，$n_2=2$ 型的反应，$\Delta\varphi'\geqslant0.27V$ 时，可用于滴定分析。依此类推，其他类型的氧化还原反应的条件电位差值均小于 0.35V，故一般认为 $\Delta\varphi'\geqslant0.35V$ 的氧化还原反应均能满足反应完全的要求。

必须注意，某些氧化还原反应虽然 $\Delta\varphi'\geqslant0.35V$，符合反应完全的要求，但反应如果不能定量进行，也不能用于滴定分析。

## 三、氧化还原滴定曲线与指示剂

### （一）滴定曲线

在氧化还原滴定过程中，随着滴定液的加入，溶液中氧化剂或还原剂浓度也在发生改变，将引起被滴定溶液电位的改变。电位值随滴定液加入的变化情况，可以用相应的滴定曲线表示。滴定曲线可以根据实验测得的数据进行绘制，也可以用能斯特方程式求出相应的电位值来绘制，其形状与酸碱滴定曲线类似，只是纵坐标由 pH 变成了电位，见图 5-1。

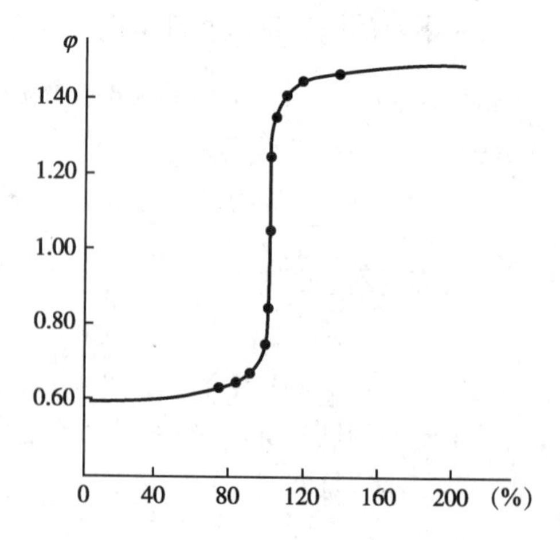

图 5-1　在 lmol/L 的硫酸溶液中，$Ce^{4+}$ 标准溶液滴定 $Fe^{2+}$ 溶液的滴定曲线

图 5-1 是在 1mol/L 的硫酸溶液中，用 0.1000mol/L 的 $Ce^{4+}$ 溶液滴定 20.00ml、

0.1000mol/L 的 $Fe^{2+}$ 溶液的滴定曲线。其滴定反应为：

$$Ce^{4+}+Fe^{2+} \rightleftharpoons Ce^{3+}+Fe^{3+}$$

从图 5-1 可以看出，化学计量点前后 0.1%，体系的电位值有一个突变，称为滴定突跃。该例中计量点附近体系的电位值由 0.86V 变化到 1.26V，这个突跃范围是选择氧化还原指示剂的重要依据。氧化还原滴定突跃范围的大小与反应电对的条件电位差 $\Delta\varphi'$ 有关，与氧化剂或者还原剂的浓度无关。$\Delta\varphi'$ 越大，则滴定突跃范围越大，可供选择的指示剂种类越多，变色越敏锐，测定结果越准确。实践证明，当 $\Delta\varphi' \geqslant 0.4V$ 时，用氧化还原指示剂可得到较满意的滴定终点。

### （二）指示剂

在氧化还原滴定中，除了用电位法（第九章）确定终点外，还可以利用某些物质在化学计量点附近颜色的改变来指示滴定终点，常用的指示剂有以下几种类型：

1. 自身指示剂　在氧化还原滴定中，有些滴定液或待测组分本身氧化态和还原态颜色明显不同，滴定时无需另加指示剂，可以利用其两种颜色的变化指示滴定终点，这类指示剂称为自身指示剂。例如，在酸性介质中用紫红色的 $KMnO_4$ 滴定无色或浅色的还原剂（如 $H_2O_2$、$H_2C_2O_4$）溶液时，$KMnO_4$ 在反应中被还原为近似于无色的 $Mn^{2+}$，在化学计量点后微过量的 $KMnO_4$ 可使溶液呈现粉红色，表示已经到达了滴定终点。实验表明，$KMnO_4$ 的浓度约为 $2 \times 10^{-6}$mol/L 时，就可以见到溶液呈粉红色。

碘液亦可作自身指示剂，碘液浓度达到 $10^{-5}$mol/L 时，即能呈明显的浅黄色。有时为了使终点观察更明显，可在被滴定溶液中加入亚甲蓝等蓝色惰性染料，终点时，溶液由蓝色变为绿色或由绿色变为蓝色。还可以在被滴定溶液中加入氯仿或四氯化碳等有机溶剂，根据有机溶剂层紫红色的产生或消失来指示终点。

2. 特殊指示剂　本身不具有氧化还原性质，不参与氧化还原反应，但可以与滴定液或被测物质的氧化态或还原态作用产生特殊的颜色，从而指示滴定终点，这类指示剂称为特殊指示剂，如淀粉指示剂。淀粉指示剂在碘量法中应用最多，当碘液浓度达到 $10^{-5}$mol/L 时，能被淀粉指示剂吸附显特殊的蓝色。再如，无色的 KSCN 可作为 $Fe^{3+}$ 滴定 $Sn^{2+}$ 的指示剂，在计量点附近，稍过量的 $Fe^{3+}$ 即可结合 $SCN^-$ 生成红色的配合物来指示终点。

3. 外指示剂　指示剂不直接加入被滴定的溶液中，而在化学计量点附近用玻璃棒蘸取少许溶液在外面与指示剂接触来判断终点，称为外指示剂。外指示剂可制成糊状，也可制成试纸使用。例如，亚硝酸钠法中的外指示剂多用含锌碘化钾 - 淀粉指示液，当滴定达到化学计量点后，微过量的亚硝酸钠在酸性环境中与碘化钾反应，生成的 $I_2$ 遇淀粉即显蓝色。

4. 不可逆指示剂　有些物质在过量氧化剂存在时会发生不可逆的颜色变化以指示终点，这类物质称为不可逆指示剂。例如，在溴酸钾法中，过量的溴酸钾在酸性溶液中能析出溴，而溴能破坏甲基红或甲基橙的呈色结构，以红色消失来指示终点。

5. 氧化还原指示剂　氧化还原指示剂本身是弱氧化剂或弱还原剂，其氧化态与还原态具有不同的颜色。在化学计量点附近，通过指示剂被氧化或还原，指示剂的氧化态与还原态发生相互转变，而引起溶液颜色的改变，从而指示滴定终点。常用的氧化还原指示剂如表 5-3 所示。

表 5-3　常用的氧化还原指示剂

| 指示剂 | $\varphi'$ (V)(pH=0) | 还原型颜色 | 氧化型颜色 |
|---|---|---|---|
| 亚甲蓝 | 0.36 | 无色 | 蓝绿 |
| 次甲基蓝 | 0.53 | 无色 | 蓝色 |
| 二苯胺 | 0.76 | 无色 | 紫色 |
| 二苯胺磺酸钠 | 0.84 | 无色 | 紫红 |
| 邻苯氨基苯磺酸 | 0.89 | 无色 | 紫红 |
| 邻二氮菲亚铁 | 1.06 | 红色 | 淡蓝 |
| 硝基邻二氮菲亚铁 | 1.25 | 红色 | 淡蓝 |

氧化还原指示剂是氧化还原滴定法的通用指示剂，选择指示剂的原则是指示剂的变色电位范围应在滴定的电位突跃范围之内。氧化还原滴定中，滴定剂和被滴定的物质常常是有色的，反应前后观察到的颜色变化是离子的颜色和指示剂所显示颜色的混合色，故选择指示剂时应注意终点前后颜色的变化是否明显。例如，用 $K_2Cr_2O_7$ 滴定 $Fe^{2+}$ 时，常选用二苯胺磺酸钠作指示剂，滴定至终点时，溶液由亮绿色($Cr^{3+}$)变为紫红色，颜色变化十分明显。

此外，由于氧化还原指示剂本身具有氧化还原作用，也要消耗一定量的滴定液，所以当滴定液的浓度较大时，其影响可以忽略不计，但在精确测定或滴定液的浓度小于 0.01mol/L 时，则需要做空白试验以校正。

# 第二节　碘　量　法

## 一、基本原理

碘量法是利用 $I_2$ 的氧化性或 $I^-$ 的还原性来进行氧化还原滴定的方法，其半电池反应为：

$$I_2+2e \rightleftharpoons 2I^- \quad \varphi^{\ominus}_{I_2/I^-}=+0.5345V$$

由 $\varphi^{\ominus}$ 可知，$I_2$ 是较弱的氧化剂，它只能与一些较强的还原剂作用；而 $I^-$ 是中等强度的还原剂，它能被许多氧化剂氧化为 $I_2$。因此，碘量法又分为直接碘量法和间接碘量法。

1. 直接碘量法　直接碘量法又称为碘滴定法，它是利用 $I_2$ 作为滴定液，在酸性、中性或弱碱性溶液中直接滴定电极电位比 $\varphi^{\ominus}_{I_2/I^-}$ 低的较强还原性物质含量的分析方法。如硫化物、亚硫酸盐、亚砷酸盐、亚锡盐、亚锑酸盐、维生素 C 等，均可用碘滴定液直接滴定。

如果溶液的 pH>9.0 就会发生下列副反应：

$$3I_2+6OH^- \rightleftharpoons IO_3^-+5I^-+3H_2O$$

所以，直接碘量法的应用有一定的限制。

知识链接

**直接碘量法的酸碱性条件选择**

凡能被碘直接氧化的物质，只要反应速率足够快，就可采用直接碘量法进行测定。直接碘量法在弱碱性或弱酸性环境中进行。根据被测物还原能力的不同，所需要的酸度条件不同。例如，测定三氧化二砷时须在 $NaHCO_3$ 弱碱性溶液中进行；而测定维生素C时则要求在醋酸酸性溶液中进行。

2. 间接碘量法　间接碘量法又称为滴定碘法，它是利用 $I^-$ 的还原性，先将电极电位比 $\varphi^{\ominus}_{I_2/I^-}$ 高的待测氧化性物质与 $I^-$ 作用析出定量的 $I_2$，然后再用 $Na_2S_2O_3$ 滴定液滴定析出的 $I_2$，从而测出氧化性物质的含量，这种滴定方式称为置换滴定。有些还原性物质可与过量的碘滴定液作用，待反应完全后，再用 $Na_2S_2O_3$ 滴定液滴定剩余的 $I_2$，这种滴定方式称为剩余滴定或回滴定（返滴定）。基本反应为：

$$I_2+2S_2O_3^{2-} \rightleftharpoons 2I^-+S_4O_6^{2-}$$

该反应需在中性或弱酸性溶液中进行。

在强酸性溶液中 $Na_2S_2O_3$ 会分解，$I^-$ 也容易被空气中的氧所氧化。其反应为：

$$S_2O_3^{2-}+2H^+ \rightleftharpoons SO_2\uparrow+S\downarrow+H_2O$$

$$4I^-+4H^++O_2 \rightleftharpoons 2I_2+2H_2O$$

在碱性溶液中除 $I_2$ 生成 $IO_3^-$ 外，$Na_2S_2O_3$ 与 $I_2$ 还会发生如下副反应：

$$S_2O_3^{2-}+4I_2+10OH^- \rightleftharpoons 2SO_4^{2-}+8I^-+5H_2O$$

## 二、指示剂

碘液具有颜色，可作为自身指示剂，用于指示直接碘量法的滴定终点。

碘量法最常用淀粉作指示剂来确定终点。淀粉遇 $I_2$ 显蓝色，反应灵敏且可逆性好，故可根据蓝色的出现或消失确定滴定终点。

在使用淀粉指示剂时应注意以下几点：

1. 淀粉指示剂在室温及有少量 $I^-$ 存在的弱酸性溶液中最灵敏。$pH>9$ 时，$I_2$ 发生歧化反应生成 $IO_3^-$，遇淀粉不显蓝色；$pH<2$ 时，淀粉易水解成糊精，糊精遇 $I_2$ 显红色。溶液温度过高时会降低指示剂的灵敏度。

2. 直链淀粉遇 $I_2$ 显蓝色且显色反应可逆性好；支链淀粉只能较松弛地吸附 $I_2$ 形成一种紫红色产物，显色反应不敏锐，不能用作指示碘量法终点的指示剂。

3. 淀粉指示剂久置易腐败、失效，应取可溶性直链淀粉临用新配。另外，配制淀粉指示剂时加热时间不宜过长，并应迅速冷却至室温，以免灵敏度降低。

4. 淀粉指示剂的时机　在酸度不高的情况下，直接碘量法，淀粉指示剂可在滴定前加入，滴定至出现蓝色出现为终点；而间接碘量法，淀粉指示剂应在近终点时加入，滴定至蓝色消失为终点。

课堂互动

1. 直接碘量法和直接碘量法都用淀粉作指示剂，终点颜色变化是否相同？

2. 为什么直接碘量法淀粉指示剂可以在滴定开始时加入，而间接碘量法淀粉指示剂要在近终点时加入？

## 三、滴定液的配制与标定

1. 碘滴定液的配制与标定

(1) 配制：用升华法制得的纯 $I_2$，理论上可以采用直接法配制滴定液，但考虑到 $I_2$ 的挥发性及其对万分之一天平有一定的腐蚀作用，故常采用间接法配制。

将 $I_2$ 溶解在 KI 溶液中，使 $I_2$ 转变成 $I_3^-$，这样既能增大 $I_2$ 的溶解度，又能降低 $I_2$ 的挥发性；加入少量 HCl 溶液，以除去 $I_2$ 中微量碘酸盐杂质，也可除去配制 $Na_2S_2O_3$ 滴定液时作为稳定剂加入的 $Na_2CO_3$；配制好的溶液需用垂熔玻璃滤器滤过后再标定，以防止少量未溶解的 $I_2$ 影响浓度；碘滴定液应贮于玻璃塞的棕色瓶中，置于阴暗处避免光照。

(2) 标定：常用基准物质 $As_2O_3$（砒霜，剧毒！）标定 $I_2$。$As_2O_3$ 难溶于水，但可以溶于碱性溶液。标定时先将准确称取的 $As_2O_3$ 溶于 NaOH 溶液中，然后以酚酞为指示剂，用 HCl 中和过量的 NaOH 至中性或弱酸性，再加入 $NaHCO_3$，保持溶液 pH≈8.0 左右，以淀粉为指示剂，用待标定的碘滴定液滴定至溶液由无色变为蓝色 30s 不褪色为终点。其反应式如下：

$$As_2O_3+6NaOH \rightleftharpoons 2Na_3AsO_3+3H_2O$$

$$Na_3AsO_3+I_2+2NaHCO_3 \rightleftharpoons Na_3AsO_4+2NaI+2CO_2\uparrow+H_2O$$

根据 $As_2O_3$ 的质量及消耗的碘滴定液体积，即可计算出碘滴定液的准确浓度。

$$c_{I_2}=\frac{2m_{As_2O_3}\times 10^3}{M_{As_2O_3}V_{I_2}}(\text{mol/L})$$

碘滴定液的浓度也可与已知准确浓度的 $Na_2S_2O_3$ 溶液比较求得。

2. 硫代硫酸钠滴定液的配制与标定

(1) 配制：硫代硫酸钠晶体（$Na_2S_2O_3\cdot 5H_2O$）易风化或潮解，且含有少量 S、$Na_2SO_4$、$Na_2SO_3$、NaCl、$Na_2CO_3$ 等杂质，因此其滴定液只能采用间接法配制。新配制的硫代硫酸钠溶液不稳定，容易分解，其原因是：

① 与溶解在水中的 $CO_2$ 作用：

$$Na_2S_2O_3+CO_2+H_2O = NaHCO_3+NaHSO_3+S\downarrow$$

② 与空气中 $O_2$ 作用：

$$2Na_2S_2O_3+O_2 = 2Na_2SO_4+2S\downarrow$$

③ 嗜硫细菌的作用：

$$Na_2S_2O_3 = Na_2SO_3+S\downarrow$$

此外，纯化水中若含有微量的 $Cu^{2+}$、$Fe^{3+}$ 以及日光都会促使 $Na_2S_2O_3$ 分解。因此，配制 $Na_2S_2O_3$ 滴定液时须注意：①使用新煮沸放冷的蒸馏水，以除去水中的 $CO_2$、$O_2$ 和

杀死嗜硫细菌等微生物；②加入少许 $Na_2CO_3$ 使溶液呈弱碱性（pH9~10），起到抑制嗜硫细菌生长和防止 $Na_2S_2O_3$ 分解的作用；③溶液贮存于棕色瓶中，在暗处放置一段时间（7~10 天）（2015 年版《中国药典》（要求放置 1 个月），以防止光照分解，待浓度稳定后再进行标定。若发现 $Na_2S_2O_3$ 溶液变浑浊，说明有 S 析出，应滤除后再标定或重新配制。

（2）标定：标定 $Na_2S_2O_3$ 溶液常用的基准物质有 $K_2Cr_2O_7$、$KIO_3$ 等，其中以 $K_2Cr_2O_7$ 最为常用。方法是精密称取一定量的 $K_2Cr_2O_7$ 基准物质，在酸性溶液中与过量的 KI 作用，以淀粉作指示剂，用待标定的 $Na_2S_2O_3$ 溶液滴定析出的 $I_2$，根据消耗 $Na_2S_2O_3$ 的体积和 $K_2Cr_2O_7$ 的质量，求出 $Na_2S_2O_3$ 的准确浓度。

$$Cr_2O_7^{2-}+6I^-+14H^+ \rightleftharpoons 2Cr^{3+}+3I_2+7H_2O$$

$$I_2+2S_2O_3^{2-} \rightleftharpoons 2I^-+S_4O_6^{2-}$$

$$K_2Cr_2O_7 \sim 3I_2 \sim 6Na_2S_2O_3$$

$$c_{Na_2S_2O_3}=\frac{6\times m_{K_2Cr_2O_7}}{V_{Na_2S_2O_3}\times 10^{-3}\times M_{K_2Cr_2O_7}}$$

标定时应注意以下几个问题：

① 控制溶液的酸度：提高溶液的酸度，可使 $K_2Cr_2O_7$ 与 KI 的反应速率加快，但酸度太高，$I^-$ 容易被空气中的氧气氧化。所以酸度一般控制在 0.8~1mol/L 较为适宜。

② 加入过量 KI 和控制反应时间：加入过量 KI 可以加快 $K_2Cr_2O_7$ 与 KI 的反应速率。可将反应物置于碘量瓶中，水封，放置暗处 10 分钟，待反应完全后，再用待标定的 $Na_2S_2O_3$ 滴定液滴定。

③ 滴定前将溶液稀释：既可降低溶液的酸度，减慢 $I^-$ 被空气氧化的速率，又可使 $Na_2S_2O_3$ 的分解作用减弱，还可以降低 $Cr^{3+}$ 的浓度，使其颜色变浅，便于终点观察。

④ 近终点时再加入指示剂：为了防止大量 $I_2$ 被淀粉牢固吸附，使终点延迟，标定结果偏低，应滴定至终点溶液呈浅黄绿色时，再加入淀粉指示剂。

⑤ 正确判断回蓝现象：若滴定至终点后溶液迅速回蓝，说明 $K_2Cr_2O_7$ 与 KI 的反应不完全，可能是溶液酸度过低或放置时间不够所引起的，应重新标定。若滴定至终点经过 5 分钟后回蓝，则是由于空气中的氧气氧化 $I^-$ 所引起的，不影响标定结果。

如需用 $Na_2S_2O_3$ 滴定液（0.01mol/L 或 0.005mol/L）时，可取 $Na_2S_2O_3$ 滴定液（0.1mol/L）在临用前用新煮沸过的冷蒸馏水稀释而成。

除了用基准物质标定之外，也可以采用比较法，用 $I_2$ 滴定液标定 $Na_2S_2O_3$ 溶液的浓度。

## 四、应用与示例

用直接碘量可以测定许多强还原性物质，如硫化物、亚硫酸盐、硫代硫酸钠、乙酰半胱氨酸、二巯基丙醇、酒石酸锑钾和维生素 C 等的含量。用间接碘量法的回滴方式可以测定焦亚硫酸钠、咖啡因和葡萄糖等还原性物质的含量；用置换滴定方式可以测定漂白粉、枸橼酸铁铵、葡萄糖酸锑钠等的含量。

例 5-1　维生素 C 的含量测定（直接碘量法）

维生素 C（$C_6H_8O_6$）又称抗坏血酸，分子中含有烯二醇基，具有较强的还原性，能被弱氧化剂 $I_2$ 定量地氧化成二酮基，其反应如下：

$$\text{C}_6\text{H}_8\text{O}_6\ (\text{O=C–O–CH(–CH(OH)–CH}_2\text{OH), HO, OH}) + \text{I}_2 \rightleftharpoons \text{C}_6\text{H}_6\text{O}_6\ (\text{O=C–O–CH(–CH(OH)–CH}_2\text{OH), O, O}) + 2\text{HI}$$

从反应式看,从碱性条件更有利于反应向右进行,但是维生素C易被空气氧化,在碱性溶液中氧化更快,所以常在醋酸酸性溶液中进行滴定。溶解样品应使用新煮沸的冷纯化水,以减小溶解在水中氧气的影响。溶解后,立即滴定,以减小维生素C被空气氧化的机会。

按下式计算维生素C的含量:

$$\mathrm{Vc}\%=\frac{(cV)_{\mathrm{I_2}}M_{\mathrm{Vc}}\times10^{-3}}{m_s}\times100\%$$

例 5-2　焦亚硫酸钠的含量测定(间接碘量法)

焦亚硫酸钠($Na_2S_2O_5$)具有较强的还原性,常用作药物制剂的抗氧剂。可用剩余滴定法测定其含量。即先加入准确过量的碘滴定液,然后用硫代硫酸钠滴定液回滴剩余的碘,同时进行空白试验,这样既可消除一些仪器误差,又可根据空白值与回滴值的差值求出焦亚硫酸钠的含量,而无需知道碘滴定液的浓度。反应式和计算公式如下:

$$Na_2S_2O_5+2I_2(\text{过量})+3H_2O=\!=\!=Na_2SO_4+H_2SO_4+4HI$$

$$2Na_2S_2O_3+I_2(\text{剩余})=\!=\!=Na_2S_4O_6+2NaI$$

$$Na_2S_2O_5\sim2I_2\sim4Na_2S_2O_3$$

$$Na_2S_2O_5\%=\frac{1}{4}\times\frac{c_{Na_2S_2O_3}(V_{\text{空白}}-V_{\text{回滴}})_{Na_2S_2O_3}M_{Na_2S_2O_5}\times10^{-3}}{m_s}\times100\%$$

## 第三节　高锰酸钾法

### 一、基本原理

高锰酸钾法是在强酸性溶液中以 $KMnO_4$ 作滴定液的氧化还原滴定法。$KMnO_4$ 是强氧化剂,其氧化作用与溶液的酸度有关。

在强酸性溶液中表现为强氧化剂,其电对反应:

$$MnO_4^-+8H^++5e \rightleftharpoons Mn^{2+}+4H_2O \quad \varphi^{\ominus}=1.51V$$

在中性或弱酸性溶液中表现为较弱的氧化剂,其电对反应:

$$MnO_4^-+4H^++3e \rightleftharpoons MnO_2\downarrow+2H_2O \quad \varphi^{\ominus}=0.59V$$

在强碱性溶液中表现为更弱的氧化剂,其电对反应:

$$MnO_4^-+e \rightleftharpoons MnO_4^{2-} \quad \varphi^{\ominus}=0.56V$$

由于 $KMnO_4$ 在微酸性、中性及弱碱性溶液中被还原成棕色的 $MnO_2$,影响滴定终点的观察。因此,$KMnO_4$ 法是在强酸性溶液中进行,因为硝酸具有氧化性,盐酸具有还原性,可被高锰酸钾氧化(特别是有铁存在时),容易发生副反应,所以调节酸度以硫酸为宜。酸度一般控制在0.5~1mol/L之间,酸度过高,会导致 $KMnO_4$ 分解;酸度过低,

不但反应速率慢，而且容易生成 $MnO_2$ 沉淀。

课堂互动

请分析高锰酸钾法中调节溶液酸度常选用硫酸而不选用盐酸或硝酸的原因。

$KMnO_4$ 滴定液本身为紫红色，其还原产物 $Mn^{2+}$ 几乎接近无色。因此，用它滴定无色或浅色溶液时，一般不需另加指示剂，可用 $KMnO_4$ 作自身指示剂。计量点后，只需过量半滴 $KMnO_4$ 溶液就能使整个溶液变成淡红色而指示出滴定终点。若浓度较低，终点不明显时，也可选用氧化还原指示剂。

$KMnO_4$ 与还原性物质在常温下反应速率较慢，可将溶液加热或加入 $Mn^{2+}$ 作催化剂，以加快反应速度。若滴定在空气中易氧化或加热易分解的物质，如 $Fe^{2+}$、$H_2O_2$ 等，则不能加热。

根据待测物质的性质，应用高锰酸钾法时，可采取不同的滴定方式：

1. 直接滴定法 许多还原性物质，如 $Fe^{2+}$、$Sn^{2+}$、$C_2O_4^{2-}$、$AsO_3^{3-}$、$NO_2^-$ 和 $H_2O_2$ 等可以用 $KMnO_4$ 滴定液直接滴定。

2. 返滴定法（剩余滴定法） 对于氧化性物质不能用 $KMnO_4$ 滴定液直接滴定，可采用返滴定法进行滴定。例如，测定 $MnO_2$ 的含量时，可在硫酸酸性溶液中，加入准确过量的草酸钠溶液，加热使 $MnO_2$ 与草酸钠作用完全后，再用 $KMnO_4$ 滴定液滴定剩余的草酸钠，从而求出 $MnO_2$ 的含量。

3. 间接滴定法 有些非氧化还原性物质，不能用 $KMnO_4$ 滴定液直接滴定或返滴定，但这些物质能与另一氧化剂或还原剂定量反应，可以采用间接滴定法进行滴定。例如，测定 $Ca^{2+}$ 的含量时，可先将 $Ca^{2+}$ 沉淀为 $CaC_2O_4$，沉淀经过滤、洗涤后再用稀硫酸将所得沉淀溶解，再用 $KMnO_4$ 滴定液滴定生成的 $H_2C_2O_4$，间接求得 $Ca^{2+}$ 的含量。

高锰酸钾法的优点是 $KMnO_4$ 氧化能力强，滴定时一般不需另加指示剂。缺点是选择性差，滴定液不够稳定。

## 二、滴定液的配制与标定

1. 配制 市售的 $KMnO_4$ 试剂纯度一般为 99.0%~99.5%，在制备和贮存过程中常含有少量的 $MnO_2$ 和其他杂质，纯化水中也常含有微量的还原性物质，能缓慢地与 $KMnO_4$ 发生反应，使 $KMnO_4$ 滴定液的浓度在配制初期很不稳定，因此，$KMnO_4$ 滴定液只能用间接法配制。为了获得稳定的 $KMnO_4$ 溶液，配成的溶液要贮存于棕色瓶中，密闭，在暗处放置 7~8 天（或加水溶解后煮沸 10~20 分钟，静置 2 天以上），配制时应注意以下几点：

(1) 称取 $KMnO_4$ 的质量应稍多于理论计算量。

(2) 将配制好的 $KMnO_4$ 溶液加热至沸，使之与水中的还原性杂质快速反应完全。

(3) 静置 2 天以上，用垂熔玻璃滤器过滤除去析出的沉淀。

(4) $KMnO_4$ 溶液应贮存于带玻璃塞的棕色瓶中，密闭保存。

2. 标定 标定 $KMnO_4$ 滴定液的基准物质有许多，如草酸、草酸钠、硫酸亚铁铵、三氧化二砷和铁等。其中最常用的是草酸钠。其标定反应如下：

$$2MnO_4^-+5C_2O_4^{2-}+16H^+ \rightleftharpoons 2Mn^{2+}+10CO_2\uparrow+8H_2O$$

计算公式为：

$$c_{KMnO_4}=\frac{2\times m_{Na_2C_2O_4}}{5\times M_{Na_2C_2O_4}\times V_{KMnO_4}\times 10^{-3}}(mol/L)$$

标定时应注意控制下列条件：

(1) 温度：在室温下此反应速率缓慢，常将 $Na_2C_2O_4$ 溶液加热至 75~85℃并在滴定过程中保持溶液的温度不低于 60℃。若高于 90℃，会使部分 $H_2C_2O_4$ 分解。

(2) 酸度：酸度过低 $KMnO_4$ 易分解为 $MnO_2$，酸度过高又会促使 $H_2C_2O_4$ 分解。一般用 $H_2SO_4$ 调节酸度，滴定开始时的酸度应为 0.5~1mol/L，滴定结束时约为 0.2~0.5 mol/L。

高锰酸钾法操作示例

(3) 指示剂：$KMnO_4$ 作自身指示剂时，因为空气中的还原性气体及尘埃等杂质能与 $KMnO_4$ 反应而褪色，终点以保持粉红色 30 秒不褪为宜。使用二苯胺磺酸钠等指示剂时，注意尽量使溶液酸度与指示剂变色的 $\phi'_{In}$/V 值对应的酸度相符合。

(4) 滴定速度：开始滴定时，应慢滴，随着反应生成的 $Mn^{2+}$ 增多，滴定速度可随之加快。滴定前若加入少量 $Mn^{2+}$ 作催化剂，可加快开始时的滴定速度。

## 三、应用与示例

$KMnO_4$ 具有强氧化性，在酸性溶液中可直接测定 $Fe^{2+}$、$Sn^{2+}$、$H_2O_2$、$C_2O_4^{2-}$、$AsO_3^{3-}$、$NO_2^-$ 和 $H_2O_2$ 等许多还原性物质的含量；用剩余滴定方式测定如 $MnO_4^-$、$MnO_2$、$PbO_2$、$CrO_4^{2-}$、$S_2O_8^{2-}$、$ClO_3^-$、$BrO_3^-$ 和 $IO_3^-$ 等许多氧化性物质的含量；还可间接测定如 $Ca^{2+}$、$Zn^{2+}$、$Ba^{2+}$ 等许多金属离子的含量。

例 5-3　$H_2O_2$ 含量的测定

在酸性溶液中，$H_2O_2$ 与 $MnO_4^-$ 的反应式为：

$$2MnO_4^-+5H_2O_2+6H^+ \rightleftharpoons 2Mn^{2+}+5O_2\uparrow+8H_2O$$

在室温和硫酸酸性溶液中，此滴定反应能顺利进行。但开始时反应速率较慢，随着 $Mn^{2+}$ 的不断生成，反应速率逐渐加快。

按下式计算 $H_2O_2$ 的含量：

$$H_2O_2\%=\frac{5}{2}\times\frac{(cV)_{KMnO_4}M_{H_2O_2}\times 10^{-3}}{V_s}\times 100\%(g/ml)$$

# 第四节　亚硝酸钠法

## 一、基本原理

亚硝酸钠法是以 $NaNO_2$ 为滴定液的氧化还原滴定法。亚硝酸钠法主要用来测定芳香族伯胺和芳香族仲胺的含量，测定在盐酸酸性条件下进行。

芳香族伯胺和亚硝酸钠作用发生重氮化反应：

$$Ar—NH_2+NaNO_2+2HCl \longrightarrow [Ar—N^+\equiv N]Cl^-+NaCl+2H_2O$$

芳香族仲胺和亚硝酸钠作用发生亚硝基化反应：

$$\begin{matrix}Ar\\ \phantom{x}\end{matrix}\!\!\!\!\searrow\!\!NH + NaNO_2 + HCl \rightleftharpoons \; Ar(R)N—NO + NaCl + H_2O$$

（式中：Ar、R 均连接于 N 上）

在上述反应中，芳伯胺、芳仲胺与亚硝酸钠的化学计量关系均为 1 ∶ 1。通常把用亚硝酸钠滴定芳伯胺类化合物的方法称为重氮化滴定法，用亚硝酸钠滴定芳仲胺类化合物的方法称为亚硝基化滴定法，两者总称为亚硝酸钠法。重氮化法主要用于测定芳伯胺类化合物，如盐酸普鲁卡因、苯佐卡因、氨苯砜和磺胺类药物等，还可测定经化学处理后能生成芳伯胺结构的化合物，如对乙酰氨基酚（扑热息痛）等。亚硝基化法可用于测定芳仲胺类化合物，如盐酸丁卡因等。

重氮化滴定法最为常用，进行重氮化滴定时，必须注意选择与控制反应条件。

1. 酸的种类和浓度　亚硝酸钠法的反应速率与酸的种类有关。在 HBr 中最快，HCl 中次之，$H_2SO_4$ 或 $HNO_3$ 中最慢。因 HBr 较贵，芳伯胺盐酸盐较硫酸盐溶解度大，所以常用盐酸。适宜的酸度不仅可以加快化学反应速率，还可以提高重氮盐的稳定性，一般控制酸度在 1~2mol/L 为宜。酸度过高会阻碍芳伯胺的游离，影响重氮化反应的速率；酸度过低，不但生成的重氮盐易分解，且易与尚未被重氮化的芳伯胺偶合生成重氮氨基化合物，使测定结果偏低。

2. 滴定速度与温度　重氮化反应的速率随温度的升高而加快，但温度高时重氮盐易分解且亚硝酸也易分解和逸失。

$$3HNO_2 \rightleftharpoons HNO_3+2NO\uparrow+H_2O$$

实验证明，温度在 5℃以下，测定结果较为准确。

重氮化反应的速率较慢，在滴定过程中要缓缓滴加，尤其在接近终点时，需逐滴加入，并不断搅拌。在刚开始滴定时将滴定管尖插入液面下约 2/3 处，迅速加入大部分滴定液，随滴随搅拌，接近终点时，再将管尖提出液面，再缓缓滴定至终点。这样，开始生成的在 $HNO_2$ 剧烈搅拌下向四周扩散并立即与芳伯胺反应，来不及分解和逸失即可反应完全。这种“快速滴定法”可有效缩短滴定时间，在 30℃以下可保证分析结果准确。

3. 取代基团的影响　苯胺环上，特别是在氨基的对位上，有吸电子基团时，如 $—NO_2$、$—SO_3H$、—COOH、—X 等，使重氮化反应加快；有斥电子基团时，如 $—CH_3$、—OH、—OR 等，使反应减慢。如磺胺类药物的重氮化反应快，而非那西丁的水解产物重氮化反应较慢。对于反应较慢的重氮化反应，通常加入适量的 KBr 作催化剂，提高反应速率。

## 二、指示终点的方法

1. 外指示剂　通常用淀粉 -KI 糊状物或淀粉 -KI 试纸来指示滴定终点。当被测物质和 $NaNO_2$ 滴定液作用完全时（即滴定达到化学计量点时），微过量的 $NaNO_2$ 在酸性环境中可将氧 KI 化成 $I_2$，生成的 $I_2$ 遇淀粉即显蓝色，其反应如下：

$$2NO_2^-+2I^-+4H^+ \rightleftharpoons I_2+2NO\uparrow+2H_2O$$

如果把淀粉 -KI 指示剂直接加到被滴定的溶液中，滴入的 $NaNO_2$ 滴定液优先与 KI 作用而呈现深蓝色，使终点无法观察，所以只能在化学计量点附近用玻璃棒蘸取少许溶液，与涂于白瓷板上的淀粉 -KI 指示剂相接触，如立即出现蓝色条痕，即表示终点到达。如所测定的重氮盐呈较深的黄色，则以出现绿色条痕为终点。

使用外指示剂时需多次蘸取溶液确定终点，不仅操作麻烦，造成样品溶液损耗，使结果不甚准确，而且终点前溶液中的强酸也促使 KI 被空气中 $O_2$ 氧化成 $I_2$ 而使指示剂变色，使其终点难以掌握。

2. 内指示剂　亚硝酸钠法也可选用内指示剂来指示终点，其中以橙黄Ⅳ、中性红、二苯胺和亮甲酚蓝应用最多。使用内指示剂虽然操作简单，但变色不够敏锐，尤其是当重氮盐有颜色时更难以判断，而各种芳伯胺类化合物的重氮化反应速率慢且各不相同，也使终点难以掌握。

3. 永停滴定法　由于内、外指示剂均有许多缺点，根据2015年版《中国药典》规定，亚硝酸钠法一般应采用永停滴定法确定终点，此法将在本书的第九章中详细介绍。

## 三、滴定液的配制与标定

1. 配制　取亚硝酸钠适量，加无水 $Na_2CO_3$ 少许，加水适量使溶解，摇匀即得。亚硝酸钠水溶液不稳定，放置过程中浓度会逐渐下降，配制时需加入少量稳定剂 $Na_2CO_3$，使溶液呈弱碱性（pH=10），三个月内浓度几乎不变。亚硝酸钠溶液遇光易分解，应贮于棕色瓶中，密闭保存。

2. 标定　常用对氨基苯磺酸作为基准物质来标定亚硝酸钠滴定液。对氨基苯磺酸为分子内盐，在水中溶解缓慢，须先用氨水溶解，再加盐酸，使其成为对氨基苯磺酸盐酸盐。标定反应和计算公式为：

$$HO_3S-C_6H_4-NH_2 + NaNO_2 + 2HCl \longrightarrow [HO_3S-C_6H_4-N_2^+]Cl^- + NaCl + 2H_2O$$

$$c_{NaNO_2}=\frac{m_{C_6H_7O_3NS}\times10^3}{M_{C_6H_7O_3NS}V_{NaNO_2}}(mol/L)$$

亚硝酸钠溶液见光易分解，应贮存于带玻璃塞的棕色瓶中，密闭保存。

如需用 $NaNO_2$ 滴定液（0.05mol/L）时，可取 $NaNO_2$ 滴定液（0.1mol/L）加水稀释制成，必要时标定浓度。

## 四、应用与示例

重氮化滴定法主要用于芳伯胺类药物的测定，如盐酸普鲁卡因、盐酸普鲁卡因胺和磺胺类药物等。亚硝基化可用于测定芳仲胺类药物，如磷酸伯氨喹等。

例 5-4　盐酸普鲁卡因溶液的含量测定（重氮化法）

盐酸普鲁卡因具有芳伯胺结构，在酸性条件下可与亚硝酸钠发生重氮化反应，在滴定前加入适量的 KBr 作催化剂，以促使重氮化反应迅速进行。用中性红为指示剂，终点时溶液由紫红色转变成纯蓝色。滴定反应式如下：

$$(C_2H_5)_2NCH_2CH_2OOC-C_6H_4-NH_2\cdot HCl + NaNO_2 + HCl \longrightarrow (C_2H_5)_2NCH_2CH_2OOC-C_6H_4-N^+\equiv N\cdot Cl^- + NaCl + 2H_2O$$

按下式计算盐酸普鲁卡因的含量：

$$C_{13}H_{21}O_2N_2Cl\% = \frac{(cV)_{NaNO_2} M_{C_{13}H_{21}O_2N_2Cl} \times 10^{-3}}{V_s} \times 100\% (g/100ml)$$

（白亚蒙）

## 复习思考题

1. 判断一个氧化还原反应能否进行完全的依据有哪些？是否 $\Delta\varphi'>0.35V$ 的氧化还原反应就能用于滴定分析？为什么？

2. 配制 $Na_2S_2O_3$ 滴定液时，为什么要用新煮沸冷却至室温的纯化水？加少许 $Na_2CO_3$ 的目的是什么？

3. 高锰酸钾滴定液为什么只能用间接法配制？配制好的溶液为什么不能立即标定？

4. 用 24.15ml $KMnO_4$ 溶液恰好完全氧化 0.1650g 的 $Na_2C_2O_4$，试计算 $KMnO_4$ 溶液的浓度。（$Na_2C_2O_4$ 的摩尔质量为 134.00g/mol）

5. 精密称取 0.1842g 基准物质 $K_2Cr_2O_7$ 于碘量瓶中，溶解后加入过量的 KI，加酸酸化，水封，暗处放置 10min，生成的 $I_2$ 用 $Na_2S_2O_3$ 标准溶液滴定，终点时用去 33.54ml。计算 $Na_2S_2O_3$ 标准溶液的浓度。（$K_2Cr_2O_7$ 的摩尔质量为 294.18g/mol）

6. 测定某样品中丙酮的含量时，称取样品 0.1000g 于盛有 NaOH 溶液的碘量瓶中，振摇，精确加入 50.00ml 的碘滴定液（0.05000mol/L），盖好，放置一定时间后，加硫酸调节溶液呈微酸性，立即用 $Na_2S_2O_3$ 溶液（0.1000mol/L）滴定至淀粉指示剂变色，消耗 10.00ml。求样品中丙酮的含量。其反应为：

$$CH_3COCH_3+3I_2+4NaOH = CH_3COONa+3NaI+3H_2O+CHI_3$$

$$2S_2O_3^{2-}+I_2 = S_4O_6^{2-}+2I^-$$

（丙酮的摩尔质量为 58.00g/mol）

7. 测定 10.00ml 血液样品中 $Ca^{2+}$ 的含量，将 $Ca^{2+}$ 沉淀为 $CaC_2O_4$ 过滤，洗涤后溶于酸并用 0.001002mol/L $KMnO_4$ 溶液滴定，需要 10.78ml，计算血液中 $Ca^{2+}$ 的含量（mg/L）。（钙原子的相对原子量为 40.078）

8. 称取盐酸普鲁卡因供试品 0.6210g，用亚硝酸钠滴定液（0.1mol/L）滴定至终点时，消耗亚硝酸钠滴定液（0.1mol/L）22.67ml，已知每 1ml 亚硝酸钠滴定液（0.1mol/L）相当于 22.78mg 的盐酸普鲁卡因，求本品的百分含量？

课件

# 第六章

# 配位滴定法

扫一扫
知重点

学习要点

1. 配位滴定的条件,EDTA 的结构和性质。
2. 酸效应、共存离子效应、配位效应。
3. 金属指示剂的作用原理及条件。
4. EDTA 滴定液的配制与标定。

## 第一节 配位滴定法概述

### 一、配位滴定法的概念及条件

配位滴定法是以配位反应为基础的滴定分析法。配位反应中的配位剂分为有机配位剂和无机配位剂两种,其中无机配位剂与金属离子生成的配合物稳定常数普遍较小,配合物不稳定,且配位反应逐级进行,化学计量关系难以确定,因此很难用于滴定分析。配位反应虽然很多,但只有具备下列条件的配位反应才能用于滴定分析:

1. 反应必须迅速完成。
2. 配位反应必须按一定的反应式定量地进行。
3. 生成的配位化合物要有足够的稳定性,且必须是可溶的。
4. 有适当方法确定滴定终点。

### 二、乙二胺四乙酸的结构与性质

有机配位剂常含有两个以上配位原子,与金属离子配位时可形成具有环状结构且稳定常数较大的配合物(也称螯合物),螯合物大多数可溶于水,反应迅速,配位比固定,因此可用于滴定分析。目前应用较多的有机配位剂是氨羧配位剂,其中应用最广的是乙二胺四乙酸(简称 EDTA)。

乙二胺四乙酸是配位滴定中最常用的滴定剂,因此配位滴定法又称 EDTA 滴定法。EDTA 结构如下:

$$\begin{matrix} HOOCCH_2 \\ HOOCCH_2 \end{matrix} \!\!>\! N - CH_2 - CH_2 - N \!<\!\! \begin{matrix} CH_2COOH \\ CH_2COOH \end{matrix}$$

从结构式可知，EDTA 为四元有机弱酸，常用 $H_4Y$ 表示其化学式。EDTA 为白色粉末状结晶，微溶于水，由于溶解度太小，不宜直接作为滴定液使用。利用 EDTA 难溶于酸和一般有机溶剂，易溶于氨水和氢氧化钠等碱性溶液的性质，常将 EDTA 制备成相应的钠盐，EDTA 钠盐为白色粉末状结晶，水溶性较高，可用来作为配位滴定分析的滴定液使用。EDTA 钠盐化学名称为乙二胺四乙酸二钠盐，用 $Na_2H_2Y \cdot 2H_2O$ 表示，也简称 EDTA。

知识链接

**氨羧配位剂**

氨羧配位剂为两个或多个的羧基接于氨基氮上的一类有机配位剂，具有广泛而强大的配位能力，可与多种金属离子形成稳定可溶的配合物。最常用的氨羧配位剂有氨基三乙酸（氨羧配位剂Ⅰ，简称 ATA）、乙二胺四乙酸（氨羧配位剂Ⅱ，简称 EDTA）、乙二胺四乙酸二钠盐（氨羧配位剂Ⅲ）、环己烷四乙酸（氨羧配位剂Ⅳ，简称 CyDTA）、乙二醇二乙醚二胺四乙酸（简称 EGTA）等。氨羧配位剂主要应用于配位滴定、掩蔽干扰离子及无氰电镀等方面。

EDTA 在强酸性溶液中可接受 2 个 $H^+$ 形成 $H_6Y^{2+}$，可以看作是六元酸，在溶液中存在六级解离平衡：

$$H_6Y^{2+} \rightleftharpoons H_5Y^+ + H^+ \quad pK_{a_1}=0.9$$
$$H_5Y^+ \rightleftharpoons H_4Y + H^+ \quad pK_{a_2}=1.6$$
$$H_4Y \rightleftharpoons H_3Y^- + H^+ \quad pK_{a_3}=2.0$$
$$H_3Y^- \rightleftharpoons H_2Y^{2-} + H^+ \quad pK_{a_4}=2.67$$
$$H_2Y^{2-} \rightleftharpoons HY^{3-} + H^+ \quad pK_{a_5}=6.16$$
$$HY^{3-} \rightleftharpoons Y^{4-} + H^+ \quad pK_{a_6}=10.26$$

在水溶液中，EDTA 同时以 $H_6Y^{2+}$、$H_5Y^+$、$H_4Y$、$H_3Y^-$、$H_2Y^{2-}$、$HY^{3-}$、$Y^{4-}$ 七种形式存在，在不同的 pH 条件下，EDTA 主要存在形式不同，如表 6-1 所示。

表 6-1　不同 pH 溶液中 EDTA 主要存在形式

| pH 范围 | <1 | 1~1.6 | 1.6~2.0 | 2.0~2.67 | 2.67~6.16 | 6.16~10.26 | >10.26 |
|---|---|---|---|---|---|---|---|
| EDTA 形式 | $H_6Y^{2+}$ | $H_5Y^+$ | $H_4Y$ | $H_3Y^-$ | $H_2Y^{2-}$ | $HY^{3-}$ | $Y^{4-}$ |

EDTA 的七种形式中，只有 $Y^{4-}$ 能与金属离子直接生成配合物，即为 EDTA 的有效离子。从表 6-1 可知，当溶液的 pH>10.26 时，EDTA 主要以 $Y^{4-}$ 存在。因此，EDTA 在碱性溶液中与金属离子配位能力较强。

EDTA 与大多数金属离子反应的配位比为 1∶1，与金属离子的价态无关，且配合物稳定，可溶于水，反应迅速完全，EDTA 配合物的立体结构见图 6-1。EDTA 与无色金属离子形成的配合物仍为无色，如 $ZnY^{2-}$、$MgY^{2-}$ 等；与有色金属离子形成的配合物则颜色加深，如 $CuY^{2-}$ 为深蓝色、$FeY^-$ 为黄色等。

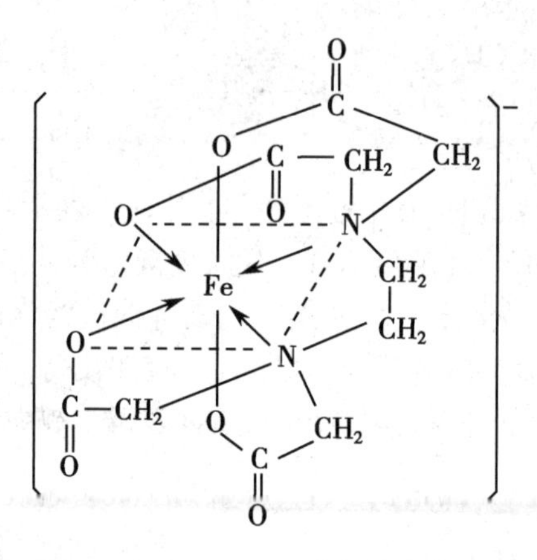


图 6-1　EDTA-Fe 配合物的立体结构

# 第二节　配位滴定法的基本原理

## 一、配位平衡

### (一) 配合物的稳定常数

金属离子 M 与 EDTA($Y^{4-}$,为了书写方便,略去电荷,简写为 Y)的反应通式为:

$$M+Y \rightleftharpoons MY$$

反应的平衡常数为:

$$K_{MY}=\frac{[MY]}{[M][Y]} \tag{6-1}$$

$K_{MY}$ 为一定温度下金属离子 M 与 EDTA 生成配合物的稳定常数。$K_{MY}$ 越大,配合物越稳定。常见金属离子与 EDTA 生产的配合物的稳定常数见表 6-2 所示。

表 6-2　EDTA 配合物的稳定常数(20℃)

| 金属离子 | $\lg K_{MY}$ | 金属离子 | $\lg K_{MY}$ | 金属离子 | $\lg K_{MY}$ |
|---|---|---|---|---|---|
| $Na^{+}$ | 1.66 | $Fe^{2+}$ | 14.33 | $Cu^{2+}$ | 18.70 |
| $Li^{+}$ | 2.79 | $Al^{3+}$ | 16.11 | $Hg^{2+}$ | 21.80 |
| $Ag^{+}$ | 7.32 | $Co^{2+}$ | 16.31 | $Sn^{2+}$ | 22.10 |
| $Ba^{2+}$ | 7.78 | $Cd^{2+}$ | 16.40 | $Bi^{3+}$ | 22.80 |
| $Mg^{2+}$ | 8.64 | $Zn^{2+}$ | 16.50 | $Cr^{3+}$ | 23.00 |
| $Ca^{2+}$ | 10.69 | $Pb^{2+}$ | 18.30 | $Fe^{3+}$ | 24.23 |
| $Mn^{2+}$ | 13.8 | $Ni^{2+}$ | 18.56 | $Co^{3+}$ | 36.00 |

一般三价金属离子和 $Hg^{2+}$、$Sn^{2+}$ 的 EDTA 配合物的 $\lg K_{MY}>20$;二价过渡金属离子、$Al^{3+}$ 的 EDTA 配合物的 $\lg K_{MY}$ 值在 14~19 之间;碱土金属离子的配合物的 $\lg K_{MY}$ 在 8~11 之间。在无外界因素影响及适当的条件下,可用 $K_{MY}$ 大小来判断配位反应能否用于滴定分析,但是在配位滴定中 M 和 Y 的反应常受到外界其他因素的影响。

（二）副反应与副反应系数

配位滴定中所涉及的化学平衡比较复杂，除了被测金属离子 M 与滴定剂 Y 生成 MY 为主反应外，还存在许多副反应，这些副反应主要有酸效应、配位效应和共存离子效应。影响 Y 的有酸效应和共存离子效应；影响 M 的有配位效应；影响 MY 的副反应由于生成的产物大多不稳定，计算时可忽略不计。

1. 酸效应（$\alpha_{Y(H)}$） EDTA 是一种广义的碱，如有 $H^+$ 存在，就会与 Y 结合，形成它的共轭酸。此时 Y 的平衡浓度降低，使主反应受到影响。这种由于 $H^+$ 与 Y 结合发生副反应，使 Y 参加主反应能力降低的现象称为酸效应。$H^+$ 引起副反应时的副反应系数称为酸效应系数，用来衡量酸效应的大小，用 $\alpha_{Y(H)}$ 表示。

$$\alpha_{Y(H)}=\frac{[Y']}{[Y]} \tag{6-2}$$

[Y]表示能与金属离子配位的 $Y^{4-}$ 的浓度，[Y′]表示 EDTA 未与金属离子 M 配位的各种形式的总浓度。即：

$$[Y']=[Y^{4-}]+[HY^{3-}]+[H_2Y^{2-}]+[H_3Y^-]+[H_4Y]+[H_5Y^+]+[H_6Y^{2+}]$$

由上式可见，[$H^+$]越大，$\alpha_{Y(H)}$越大，酸效应越强。[$H^+$]一定时，$\alpha_{Y(H)}$亦为一定值。当 $\alpha_{Y(H)}=1$ 时，[Y′]=[Y]，表示 EDTA 未发生副反应，全部以 $Y^{4-}$ 形式存在。不同 pH 时 EDTA 的酸效应系数见表 6-3。

表 6-3　EDTA 在不同 pH 时的酸效应系数（$\lg\alpha_{Y(H)}$）

| pH | $\lg\alpha_{Y(H)}$ | pH | $\lg\alpha_{Y(H)}$ | pH | $\lg\alpha_{Y(H)}$ |
|---|---|---|---|---|---|
| 1.0 | 17.13 | 5.0 | 6.45 | 8.5 | 1.77 |
| 1.5 | 15.55 | 5.4 | 5.69 | 9.0 | 1.29 |
| 2.0 | 13.79 | 5.5 | 5.51 | 9.5 | 0.83 |
| 2.5 | 11.11 | 6.0 | 4.65 | 10.0 | 0.45 |
| 3.0 | 10.63 | 6.4 | 4.06 | 10.5 | 0.20 |
| 3.4 | 9.71 | 6.5 | 3.92 | 11.0 | 0.07 |
| 3.5 | 9.48 | 7.0 | 3.32 | 11.5 | 0.02 |
| 4.0 | 8.44 | 7.5 | 2.78 | 12.0 | 0.01 |
| 4.5 | 7.50 | 8.0 | 2.26 | 13.0 | 0.00 |

2. 共存离子效应($\alpha_{Y(N)}$)　当溶液中存在其他离子 N 时，Y 与 N 形成 1：1 配合物。此时，Y 的平衡浓度降低，使主反应受到影响。这种由于其他金属离子 N 的存在使 Y 参加主反应的能力降低的现象称为共存离子效应。其副反应的影响用副反应系数 $\alpha_{Y(N)}$ 表示。EDTA 与其他金属离子 N 的副反应系数 $\alpha_{Y(N)}$ 取决于干扰离子 N 的浓度和干扰离子 N 与 EDTA 的稳定常数 $K_{NY}$。

如果溶液中同时存在酸效应和共存离子效应，配位剂 Y 总的副反应系数 $\alpha_Y$ 计算式为：

$$\alpha_Y=\alpha_{Y(H)}+\alpha_{Y(N)}-1 \tag{6-3}$$

3. 配位效应（$\alpha_{M(L)}$）　当溶液中存在其他配位剂 L 或溶液的 pH 较高时，M 与 L 或 $OH^-$ 发生副反应，形成 ML 或金属羟基配合 $M(OH)_n$。由于 L 或高浓度 $OH^-$ 的存在，使得M的平衡浓度降低，M与Y进行主反应的能力降低，这种现象称为配位效应，用副反应系数 $\alpha_{M(L)}$ 表示。以[M]表示游离金属离子浓度，[M′]表示未与Y配位的金属离子各种形式的总浓度。

[M′]和[M]之比即为配位效应系数：

$$\alpha_{M(L)}=\frac{[M']}{[M]} \tag{6-4}$$

L可能是滴定时所加的缓冲剂或是为了防止金属离子水解所加的辅助配位剂，也可能是为了消除干扰而加的掩蔽剂。在高pH下滴定金属离子时，L代表 $OH^-$。

### （三）条件稳定常数

在没有副反应发生时，金属离子M与配位剂EDTA的反应进行程度可用稳定常数 $K_{MY}$ 表示。$K_{MY}$ 值越大，配合物越稳定，反应越完全。但在实际滴定条件下，由于受到副反应的影响，$K_{MY}$ 值已不能反映主反应进行的真实程度。因此引入条件稳定常数 $K'_{MY}$ 表示配位反应进行的实际程度，表达式为：

$$K'_{MY}=\frac{[MY']}{[M'][Y']} \tag{6-5}$$

将式(6-2)和式(6-4)代入上式则得：

$$K'_{MY}=\frac{[MY]\alpha_{MY}}{\alpha_{M(L)}[M]\alpha_{Y(H)}[Y]} \tag{6-6}$$

由于 $\alpha_{MY}$ 对主反应是有利的，故不考虑，因此上式可表示为：

$$K'_{MY}=\frac{K_{MY}}{\alpha_{M(L)}\alpha_{Y(H)}} \tag{6-7}$$

将上式取对数后得：

$$\lg K'_{MY}=\lg K_{MY}-\lg\alpha_{Y(H)}-\lg\alpha_{M(L)} \tag{6-8}$$

上式是计算常用配合物条件稳定常数的重要公式。如果体系中无其他配合剂或其他配位剂产生的配位效应较小，可忽略配位效应的影响，仅考虑酸效应对MY的稳定性的影响时，式(6-8)可简化为：

$$\lg K'_{MY}=\lg K_{MY}-\lg\alpha_{Y(H)} \tag{6-9}$$

$K'_{MY}$ 表示在一定条件下，有副反应发生时主反应进行的程度。因此，$K'_{MY}$ 称为条件稳定常数。在一定条件下，$K'_{MY}$ 值为常数。

**课堂互动**

试计算pH=2.0和pH=5.0时ZnY的 $\lg K'_{ZnY}$，并说明意义。

## 二、配位滴定法的基本原理

### （一）滴定曲线

在配位滴定中，随着滴定剂(EDTA)的不断加入，被测金属离子M的平衡浓度随之不断改变，其pM值也不断改变。pM随滴定液加入的变化情况，可以用相应的滴定曲线表示。其形状与酸碱滴定曲线类似，只是纵坐标由pH变成了pM，图6-2是

0.01000mol/L 的 EDTA 滴定液滴定 20.00ml 0.01000mol/L 的 $Zn^{2+}$ 溶液的滴定曲线，见图 6-2。

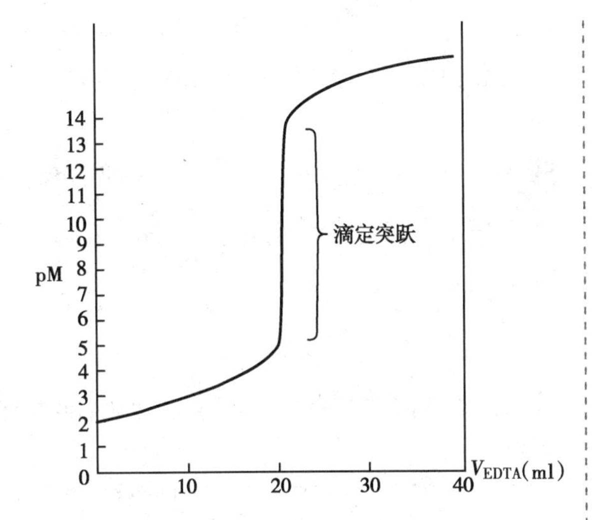

图 6-2　0.01000mol/L EDTA 滴定液滴定 0.01000mol/L 20.00ml $Zn^{2+}$ 溶液的滴定曲线

在计量点前后 0.1% 范围内引起的 pM 突变，为配位滴定的滴定突跃。其所对应的范围，即为配位滴定的突跃范围。根据此突跃范围选择适当方法确定终点。

### （二）影响滴定突跃大小的因素

1. 金属离子浓度对滴定突跃的影响　当 $K'_{MY}$ 一定时，金属离子的初始浓度 $c_M$ 越小，滴定曲线的起点就越高，滴定突跃越小。当被测金属离子浓度 $c_M<10^{-4}$mol/L 时，已无明显滴定突跃。见图 6-3。

所以应用配位滴定法测定金属离子的含量，需要金属离子达到一定的浓度才能准确滴定。

2. 条件稳定常数对滴定突跃的影响　当金属离子浓度 $c_M$ 一定时，配合物的条件稳定常数 $K'_{MY}$ 越大，突跃范围越大。当 $\lg K'_{MY}<8$ 时，即无明显滴定突跃。见图 6-4。

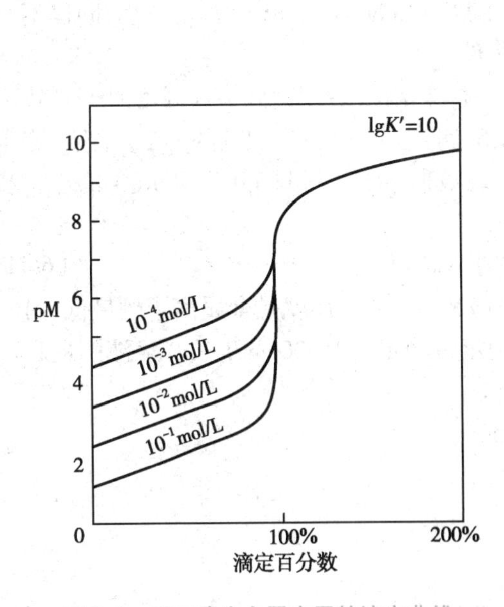

图 6-3　不同浓度金属离子的滴定曲线

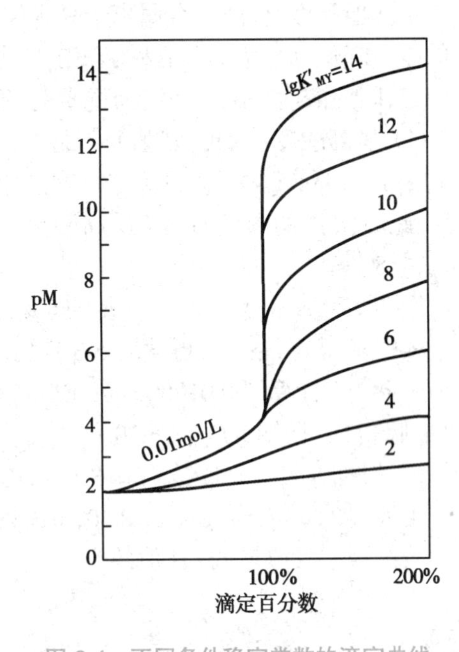

图 6-4　不同条件稳定常数的滴定曲线

所以只有当配合物的条件稳定常数 $\lg K'_{MY}>8$ 时，相应的金属离子才能被准确滴定。

3. 配位滴定条件的选择　在配位滴定中，若要使滴定的终点误差在 0.1% 以内，则：

$$\lg c_{M}K'_{MY} \geqslant 6 \tag{6-10}$$

此式可判断能否用EDTA准确滴定金属离子M。

课堂互动

在pH=5.0时，可否用EDTA滴定$1.0\times10^{-2}$mol/L的$Ca^{2+}$或$Zn^{2+}$？(已知$\lg K_{CaY}=10.7$，$\lg K_{ZnY}=16.5$)

（三）配位滴定中酸度的控制

1. 缓冲溶液　在配位滴定过程中，随着配合物的生成，不断有$H^+$生成，其反应为：

$$M+H_2Y \rightleftharpoons MY+2H^+$$

因此，溶液的酸度不断增大。酸度增大会降低配合物的条件稳定常数$K'_{MY}$，使滴定突跃减小，且金属指示剂的颜色也受溶液pH的影响。因此，在配位滴定中，通常需要加入缓冲溶液来控制溶液的pH值，使溶液的酸度保持在一定的范围之内。pH为5~6时，常用乙酸-乙酸盐缓冲溶液，pH为9~10时，常用氨-氯化铵缓冲溶液。

2. 酸度的选择　根据$\lg c_{M}K'_{MY}\geqslant6$，如果仅考虑酸效应而不考虑溶液中的其他副反应，当$c_M=1.0\times10^{-2}$mol/L时，$\lg K'_{MY}\geqslant8$，即$K'_{MY}\geqslant10^8$才能被准确滴定。

$K'_{MY}$的大小，主要取决于溶液的酸度。当酸度较低时，$\alpha_{Y(H)}$较小，$K'_{MY}$较大，有利于滴定。但酸度过低时，金属离子易水解生成氢氧化物沉淀，使金属离子M参加主反应的能力降低，$K'_{MY}$减小，不利于滴定。当酸度较高时，$\alpha_{Y(H)}$较大，$K'_{MY}$较小，同样不利于滴定，因此酸度是配位滴定的重要选择条件。

(1) 最高酸度(最低pH值)：在配位滴定中，当溶液酸度达到最高限度时会导致配合物MY的$\lg K'_{MY}<8$，金属离子不能被准确滴定。因此，当MY的$\lg K'_{MY}$刚好等于8时，此时溶液的酸度称为“最高酸度”(或最低pH)。根据$\lg K'_{MY}=\lg K_{MY}-\lg\alpha_{Y(H)}$和$\lg K'_{MY}\geqslant8$得：

$$\lg\alpha_{Y(H)} \leqslant \lg K_{MY}-8 \tag{6-11}$$

根据求得的$\lg\alpha_{Y(H)}$，再从表6-3查出对应的pH，此pH就是金属离子的最低pH。

例6-1　计算用0.01000mol/L EDTA滴定液滴定0.01000mol/L $Zn^{2+}$溶液的最高酸度(最低pH)。已知$\lg K_{MY}=16.50$。

解：根据$\lg\alpha_{Y(H)}\leqslant\lg K_{MY}-8=16.50-8=8.50$

由表6-3可知，当$\lg\alpha_{Y(H)}=8.50$，pH=4.0。

故此滴定反应最低pH值约为4.0。

课堂互动

计算用0.01000mol/L EDTA滴定液滴定相同浓度的$Ca^{2+}$、$Al^{3+}$溶液的最低pH。

(2) 最低酸度(最高pH值)：在配位滴定中，当溶液酸度控制在最高酸度一下时，随着酸度的降低，$\alpha_{Y(H)}$较小，$K'_{MY}$较大，有利于滴定。如果酸度太低(pH值太高)，金属

离子易水解形成羟基配合物,甚至析出 $M(OH)_n$ 沉淀而影响配位滴定。因此金属离子的"水解酸度"就是配位滴定中应该控制的最低酸度(或最高 pH 值),可用金属氢氧化物溶度积常数计算。

### (四) 干扰离子的排除

1. 控制酸度法　不同金属离子与 EDTA 形成的配合物的稳定常数不同,滴定时允许的最低 pH 也不同。控制溶液的酸度,使其中某一种离子满足最低 pH 形成稳定的配合物,而其他离子不易配位排除其干扰。

2. 掩蔽法　当被测离子的配合物 MY 的稳定常数与干扰离子的配合物 NY 的稳定常数相差不大时,不能利用控制酸度的方法消除干扰,此时,可向被测试样中加入某种试剂,使之与干扰离子 N 作用,生成稳定的配合物以降低干扰离子的浓度,使 M 可以单独滴定,此法称为掩蔽法。所用的试剂称为掩蔽剂。根据反应类型的不同可分为配位掩蔽法、沉淀掩蔽法和氧化还原掩蔽法等。

(1) 配位掩蔽法:利用配位反应降低干扰离子浓度的方法,所用掩蔽剂称为配位掩蔽剂。这是配位滴定分析中最常用的方法。例如,在测定 $Zn^{2+}$ 时,溶液中的 $Al^{3+}$ 干扰测定,可用 $NH_4F$ 掩蔽 $Al^{3+}$,使其生成稳定的 $AlF_6^{3-}$,再于 pH 5~6 时用 EDTA 滴定 $Zn^{2+}$。常用掩蔽剂见表 6-4。

表 6-4　常用的掩蔽剂及使用范围

| 掩蔽剂 | pH 使用范围 | 被掩蔽的离子 | 备注 |
|---|---|---|---|
| KCN | >8.0 | $Co^{2+}$、$Ni^{2+}$、$Cu^{2+}$、$Zn^{2+}$、$Hg^{2+}$、$Ag^{+}$、$Ti^{3+}$、铂族元素 | 剧毒,须在碱性溶液中使用 |
| $NH_4F$ | 4.0~6.0 | $Al^{3+}$、$Ti^{3+}$、$Sn^{4+}$、$Zr^{4+}$、$W^{6+}$ 等 | 用 $NH_4F$ 比 NaF 好,因 $NH_4F$ 加入 pM 变化不大 |
| | 10.0 | $Al^{3+}$、$Mg^{2+}$、$Ca^{2+}$、$Sr^{2+}$、$Ba^{2+}$、稀土元素 | |
| 三乙醇胺 | 10.0 | $Al^{3+}$、$Sn^{4+}$、$Ti^{4+}$、$Fe^{3+}$ | 与 KCN 作用,可提高掩蔽效果 |
| (TEA) | 11.0~12.0 | $Fe^{3+}$、$Al^{3+}$、小量 $Mn^{2+}$ | |
| 酒石酸 | 1.2 | $Sb^{3+}$、$Sn^{4+}$、$Fe^{3+}$ 及 5mg 以下 $Cu^{2+}$ | 在抗坏血酸存在下 |
| | 2.0 | $Fe^{3+}$、$Sn^{4+}$、$Mn^{2+}$ | |
| | 5.5 | $Fe^{3+}$、$Al^{3+}$、$Sn^{4+}$、$Ca^{2+}$ | |
| | 6.0~7.5 | $Mg^{2+}$、$Cu^{2+}$、$Fe^{3+}$、$Al^{3+}$、$Mo^{4+}$、$Sb^{3+}$、$W^{6+}$ | |
| | 10.0 | $Al^{3+}$、$Sn^{4+}$ | |

(2) 沉淀掩蔽法:在溶液中加入沉淀剂,与干扰离子反应产生沉淀而降低干扰离子浓度的方法。

(3) 氧化还原掩蔽法:加入氧化剂或还原剂,利用氧化还原反应改变干扰离子的价态以消除其干扰的方法。例如,用 EDTA 滴定 $Bi^{3+}$、$Zr^{4+}$、$Th^{4+}$ 等离子时,溶液中如果存在 $Fe^{3+}$ 将产生干扰,由于 $Fe^{3+}$-EDTA 配合物的稳定性大于 $Fe^{2+}$-EDTA 配合物的稳定性,可加入抗坏血酸或羟胺,将 $Fe^{3+}$ 还原成 $Fe^{2+}$,消除 $Fe^{3+}$ 干扰。

(4) 解蔽剂:在 EDTA 配合物的溶液中,加入一种试剂,将已被掩蔽的离子释放出来,称为解蔽。具有解蔽作用的试剂称为解蔽剂。如滴定 $Zn^{2+}$、$Pb^{2+}$ 二种共存离子,可用氨水中和试液,加 KCN 来掩蔽 $Zn^{2+}$ 离子,在 pH=10.0 条件下滴定 $Pb^{2+}$ 后,再加入甲醛或三氯乙醛，解蔽出[$Zn(CN)_4$]$^{2-}$中的$Zn^{2+}$，然后滴定之。

## 三、金属指示剂

在配位滴定中，常用一种能与金属离子生成有色配合物的显色剂，指示滴定过程中金属离子浓度的变化，这种显色剂称为金属离子指示剂，简称金属指示剂。

### （一）金属指示剂的作用原理与条件

1. 金属指示剂的作用原理　金属指示剂一般为有机染料In，滴定前与被测金属离子M发生配位反应，生成一种与指示剂本身颜色不同的配位化合物MIn。当EDTA滴定剂滴定至化学计量点附近时，稍过量的EDTA便夺取MIn中M，使金属指示剂In游离出来，溶液颜色改变，指示终点的到达。

例如，若用EDTA滴定$Mg^{2+}$，用铬黑T（蓝色）作指示剂。

滴定前：$Mg^{2+}+In^{3-} \rightleftharpoons MgIn^{-}$（红色）

滴定时：$Mg^{2+}+Y^{4-} \rightleftharpoons MgY^{2-}$（无色）

滴定终点：$MgIn^{-}+Y^{4-} \rightleftharpoons MgY^{2-}+In^{3-}$（蓝色）

2. 金属指示剂应具备的条件

（1）在滴定的pH范围内，金属指示剂与金属离子生成的配合物颜色应与指示剂本身的颜色有明显区别，终点颜色变化敏锐。

（2）金属指示剂与金属离子配合物（MIn）应有适当的稳定性，但其稳定性应比金属离子与EDTA配合物（MY）的稳定性低。一般要求$K'_{MY}/K'_{MIn}>10^2$。

（3）显色反应迅速，灵敏，具有良好的可逆性。

（4）金属指示剂与金属离子生成的配合物也应易溶于水。

（5）金属指示剂稳定性较好，便于贮存与使用。

3. 金属指示剂的封闭与僵化现象　有的金属指示剂与某些金属离子形成配合物的稳定性大于EDTA与金属离子形成配合物的稳定性，即$K'_{MIn}>K'_{MY}$，当游离的金属离子M被EDTA配位后，MIn中的金属离子M无法及时地被EDTA置换出来，到达化学计量点时不发生颜色变化，滴定终点延后，甚至不出现，这种现象称为金属指示剂的封闭现象。消除封闭现象可用两种方法：

（1）被测离子引起的封闭现象，可采用返滴定法消除。

（2）干扰离子引起的封闭现象，可加入掩蔽剂，掩蔽具有封闭作用的干扰离子。

如果金属指示剂与金属离子生成的配合物（MIn）为胶体或者沉淀，使EDTA置换金属指示剂的速度缓慢，终点推迟，这种现象称为指示剂的僵化。为避免僵化，可以加热或加入有机溶剂以增大配合物的溶解度。

### （二）常用的金属指示剂

配位常用的金属指示剂见表6-5。

表6-5　常用的金属指示剂

| 指示剂 | pH范围 | 颜色变化 | | 直接滴定离子 | 封闭离子 |
|---|---|---|---|---|---|
| | | In | MIn | | |
| 铬黑T（EBT） | 7.0~10.0 | 蓝 | 红 | $Mg^{2+}$、$Zn^{2+}$、$Cd^{2+}$、$Pb^{2+}$、$Mn^{2+}$、稀土 | $Al^{3+}$、$Fe^{3+}$、$Cu^{2+}$、$Co^{2+}$、$Ni^{2+}$ |

续表

| 指示剂 | pH 范围 | 颜色变化 | | 直接滴定离子 | 封闭离子 |
|---|---|---|---|---|---|
| | | In | MIn | | |
| 二甲酚橙（XO） | <1 | 亮黄 | 红紫 | $ZrO^{2+}$ | $Fe^{3+}$、$Al^{3+}$、$Ti^{4+}$、$Ni^{2+}$ |
| | 1~3 | | | $Bi^{3+}$、$Th^{4+}$ | |
| | 5~6 | | | $Zn^{2+}$、$Pb^{2+}$、$Cd^{2+}$、$Hg^{2+}$、稀土 | |
| 钙指示剂（NN） | 12~13 | 蓝 | 红 | $Ca^{2+}$ | $Fe^{3+}$、$Al^{3+}$、$Ti^{4+}$、$Ni^{2+}$、$Cu^{2+}$、$Co^{2+}$ |
| 1-(2-吡啶-偶氮)-2-萘酚（PAN） | 2~3 | 黄 | 红 | $Th^{4+}$、$Bi^{3+}$ | |
| | 4~5 | | | $Cu^{2+}$、$Ni^{2+}$ | |

## 第三节　滴定液的配制与标定

### 一、EDTA 滴定液的配制与标定

1. 配制　EDTA 滴定液常用其二钠盐（$C_{10}H_{14}N_2O_4Na_2 \cdot 2H_2O$）配制。称取 EDTA 二钠 19g，加适量温纯化水使之溶解，冷却后稀释至 1000ml，摇匀，即得浓度约为 0.05mol/L EDTA 滴定液。

2. 标定　精密称取于 800℃灼烧至恒重的基准氧化锌 0.12g，加稀盐酸 3ml 使之溶解，加纯化水 25ml，0.025% 甲基红乙醇溶液 1 滴，滴加氨试液至溶液显微黄色，再加纯化水 25ml，氨 - 氯化铵缓冲液（pH≈10.0）10ml，铬黑 T 指示剂少许，用待标定的 EDTA 滴定液滴至溶液由紫色变为纯蓝色。根据 EDTA 滴定液的消耗量与氧化锌的用量，计算其浓度。

### 二、锌滴定液的配制与标定

1. 配制　称取硫酸锌 8g，加稀盐酸 10ml 与适量纯化水使其溶解，稀释至 1000ml，摇匀，即得浓度约为 0.05mol/L 锌滴定液。

2. 标定　精密吸取待标定的硫酸锌滴定液 25.00ml，加 0.025% 甲基红的乙醇溶液 1 滴，滴加氨试液至溶液显微黄色，加纯化水 25ml，氨 - 氯化铵缓冲液（pH ≈ 10.0）10ml 与铬黑 T 指示剂少许，用 0.05mol/L EDTA 滴定液滴定至溶液由紫色变为纯蓝色。根据 EDTA 滴定液的浓度及消耗的体积，计算其浓度。

## 第四节　应用与示例

配位滴定法应用非常广泛。主要应用于测定各种金属离子及与金属离子生成的各类盐的含量。在水质分析中，测定水的硬度；在食品分析中测定钙的含量；在药物分析中测定含金属离子各类药物的含量，如含钙离子的药物：氯化钙、乳酸钙、葡萄糖酸

钙、枸橼酸钙等；含锌离子的药物：硫酸锌、枸橼酸锌、葡萄糖酸锌；含镁离子的药物：硫酸镁；含铝离子的药物：硫酸铝、氢氧化铝、复方氢氧化铝、氢氧化铝凝胶等；含铋的药物：枸橼酸铋钾、碱式碳酸铋、铝酸铋等。

配位滴定方式有直接滴定和返滴定法等类型。

## 一、滴定方式

1. 直接滴定法　直接滴定法是配位滴定中最常用的滴定方式。在适宜的条件下，只要配位反应能符合滴定分析的要求，有合适的指示剂，就可以直接滴定。直接滴定法简单、方便、快捷，引入误差机会少，测定结果准确度较高，通常只要条件允许，应尽可能采用直接滴定法进行滴定。如 $Ca^{2+}$、$Mg^{2+}$ 可以用直接滴定法测定。

2. 返滴定法　当被测离子有下列情况时，可用返滴定法。

(1) 被测离子（如 $Ba^{2+}$、$Sr^{2+}$ 等）虽能与 EDTA 形成稳定的配合物，但缺少变色敏锐的指示剂。

(2) 被测离子（如 $Al^{3+}$、$Cr^{3+}$ 等）与 EDTA 反应速率很慢，本身易水解或对指示剂有封闭作用。

返滴定法是在待测溶液中先准确加入过量的 EDTA，使待测离子完全配合。然后，用其他金属离子标准溶液回滴过量的 EDTA。根据两种标准溶液的浓度和用量，即可求得被测离子的含量。

例如，测定 $Ba^{2+}$ 时没有变色敏锐的指示剂，可先加入定量过量的 EDTA 标准溶液，反应完全后，以铬黑 T 为指示剂，再用 $Mg^{2+}$ 标准溶液返滴定过量的 EDTA 以测定 $Ba^{2+}$ 的含量。又如，测定 $Al^{3+}$ 时，与 EDTA 的配位反应速度缓慢，且 $Al^{3+}$ 对铬黑 T、二甲酚橙等指示剂有封闭作用，加之 $Al^{3+}$ 容易水解。所以可以先加入定量过量的 EDTA 标准溶液，在 pH 约 3.5 时煮沸，使 $Al^{3+}$ 与 EDTA 完全反应，调节 pH 至 5~6，以二甲酚橙为指示剂，用 $Zn^{2+}$ 标准溶液返滴定过量的 EDTA，以此测得的 $Al^{3+}$ 含量。

3. 间接滴定法　是在待测溶液中加入准确过量的能与被测离子生成沉淀的沉淀剂，使被测离子沉淀完全。再用 EDTA 滴定过量的金属离子沉淀剂。或将生成的待测离子沉淀分离、溶解后，再用 EDTA 滴定从沉淀中溶解出的金属离子。

4. 置换滴定法　利用置换反应，置换出等物质的量的另一金属离子，或者置换出 EDTA，然后再进行滴定的滴定方式。常用的置换方式有：

(1) 置换出金属离子：如果被测离子 M 与 EDTA 反应不完全或形成的配合物不稳定，就可让 M 置换出配合物（NL）中等物质量的 N，再用 EDTA 滴定 N，然后算出 M 的含量。

(2) 置换出 EDTA：先将被测离子 M 与干扰离子 N 全部用 EDTA 配合生成 MY 和 NY，然后加入选择性高的配合剂 L 以夺取 M，即释放出与 M 等物质的量的 EDTA，再用金属盐类滴定液（$M^*$）滴定释放出来的 EDTA，即可测得 M 的含量。

## 二、水的硬度测定

水的硬度是水质的一项重要指标，指溶解于水中钙盐、镁盐的总量。以每升水中含有 $CaCO_3$ 的毫克数表示。1L 水中含 1mg 的 $CaCO_3$ 可以写 1ppm。

测定方法如下：精密吸取水样 100ml，加 $NH_3 \cdot H_2O$-$NH_4Cl$ 缓冲溶液 10ml，铬黑 T

指示剂少许，用 0.01mol/L EDTA 滴定液滴定至溶液由酒红色变为纯蓝色。按下式计算水的硬度：

$$W_{CaCO_3}(ppm)=\frac{(cV)_{EDTA}M_{CaCO_3}\times 10^3}{V_s}(mg/L)$$

## 三、明矾中铝的含量测定

$Al^{3+}$ 与 EDTA 的配位反应速率较慢，并且 $Al^{3+}$ 对指示剂有封闭作用，因此需采用返滴定法。

测定方法如下：精密称取明矾试样 $m_s$g，加纯化水溶解，加入 0.05000mol/L EDTA 溶液 25.00ml，反应完成后，调节溶液的 pH 为 5~6，加入二甲酚橙 1ml，用 0.02000mol/L 锌滴定液滴定至溶液由黄色变为淡紫色为终点。记录消耗的滴定液的体积。按下式计算明矾中铝的含量。

$$Al\%=\frac{[(cV)_{EDTA}-(cV)_{Zn^{2+}}]M_{Al}\times 10^{-3}}{m_S}\times 100\%$$

（魏荷琳）

## 复习思考题

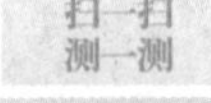

1. 配位滴定法的条件是什么？
2. EDTA 的结构和性质？
3. 金属指示剂的作用原理及条件？
4. 称取 0.1001g 纯 $CaCO_3$ 溶解后，用容量瓶配成 100.00ml 溶液。精密吸取 25.00ml，以钙指示剂指示终点，用 EDTA 标准溶液滴定，用去 24.90ml。试计算 EDTA 溶液的物质的量浓度。
5. 用配位滴定法测定氯化锌（$ZnCl_2$）的含量。称取 0.2500g 试样，溶于水后，稀释至 250ml，吸取 25.00ml，在 pH=5~6 时，用二甲酚橙作指示剂，用 0.01024mol/L EDTA 标准溶液滴定，用去 17.61ml。试计算试样中含 $ZnCl_2$ 的质量分数。
6. 用 0.01060 mol/L EDTA 标准溶液滴定水中钙和镁的含量，取 100.0ml 水样，以铬黑 T 为指示剂，在 pH=10 时滴定，消耗 EDTA 31.30ml。另取一份 100.0ml 水样，加 NaOH 使呈强碱性，使 $Mg^{2+}$ 成 $Mg(OH)_2$ 沉淀，用钙指示剂指示终点，继续用 EDTA 滴定，消耗 19.20ml。计算：

(1) 水的总硬度（以 $CaCO_3$ mg/L 表示）。

(2) 水中钙和镁的含量（以 $CaCO_3$ mg/L 和 $MgCO_3$ mg/L 表示）。

# 第七章

# 沉淀滴定法

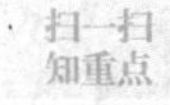

**学习要点**

1. 银量法的基本原理、滴定曲线、滴定液的配制与标定。
2. 银量法终点的指示方法，每种方法指示终点的原理、滴定条件和应用范围。
3. 银量法在药学领域中的应用。

## 第一节　沉淀滴定法概述

### 一、沉淀滴定法概述

沉淀滴定法是以沉淀反应为基础的滴定分析方法。虽然能生成沉淀的反应很多，但只有具备下列条件的沉淀反应才可应用于滴定分析。

1. 沉淀的溶解度必须很小。
2. 沉淀反应必须迅速、定量地进行。
3. 有适当的方法确定滴定终点。
4. 沉淀的吸附现象不影响滴定结果和终点的确定。

由于受上述条件所限，目前有实用价值的主要是形成难溶性银盐的反应。例如：

$$Ag^{+}+Cl^{-} \rightleftharpoons AgCl\downarrow$$

$$Ag^{+}+SCN^{-} \rightleftharpoons AgSCN\downarrow$$

利用生成难溶性银盐的反应来进行沉淀滴定的方法称为银量法。此法可用来测定含 $Cl^{-}$、$Br^{-}$、$I^{-}$、$SCN^{-}$、$CN^{-}$、$Ag^{+}$ 等离子及含卤素的有机化合物的含量。本章主要讨论银量法。

### 二、银量法的滴定曲线

银量法所用的滴定反应可表示为：

$$Ag^{+}+X^{-} \rightleftharpoons AgX\downarrow$$

其中 $X^{-}$ 代表 $Cl^{-}$、$Br^{-}$、$I^{-}$ 及 $SCN^{-}$ 等离子。

在银量法的滴定过程中，被滴定离子的浓度随着滴定剂的加入不断发生变化，这

种变化的过程可用滴定曲线来描述。

图 7-1 为 0.1000mol/L $AgNO_3$ 溶液滴定 20.00ml 0.1000mol/L NaCl 溶液的滴定曲线。

由图可见，滴定开始，随着 $AgNO_3$ 的滴入，$X^-$ 的浓度变化不大，曲线较平坦。接近化学计量点时，滴入极少量的 $AgNO_3$ 溶液，就会使 $X^-$ 的浓度发生很大变化，在滴定曲线上出现一个突跃。滴定突跃范围的大小既与溶液的浓度有关，也取决于沉淀的溶解度。被测物质的浓度越大及生成的沉淀的 $K_{sp}$ 越小，则沉淀滴定的突跃范围越大，就能更准确地确定终点。由于 $K_{sp(AgI)}<K_{sp(AgBr)}<K_{sp(AgCl)}$，因此，在卤素离子浓度相同的条件下，用 $AgNO_3$ 滴定液滴定 NaI 时突跃范围最大。

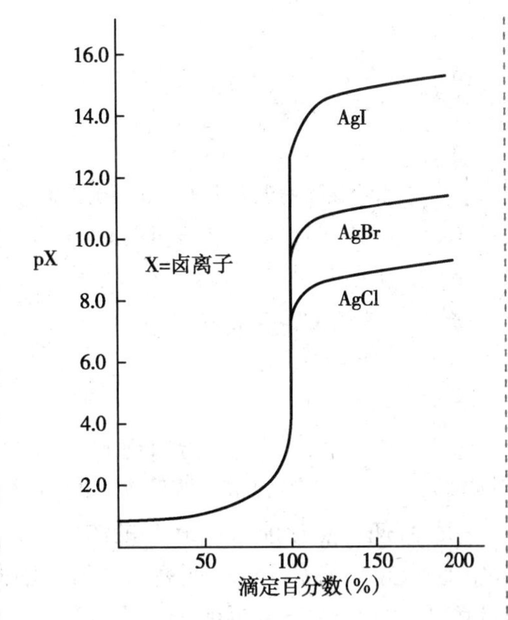


图 7-1　$AgNO_3$ 滴定液滴定卤素离子 X 的滴定曲线

**课堂互动**

影响沉淀滴定突跃范围大小的因素有哪些？怎样影响？

## 第二节　银量法的分类

银量法指示终点的方法根据指示剂的作用原理不同可分为以下三种：铬酸钾指示剂法（莫尔法，Mohr）、铁铵矾指示剂法（佛尔哈德法，Volhard）、吸附指示剂法（法扬司法，Fajans）。

### 一、铬酸钾指示剂法

#### （一）滴定原理

铬酸钾指示剂法或莫尔法是用 $K_2CrO_4$ 作指示剂，以 $AgNO_3$ 标准溶液作滴定液，在中性或弱碱性溶液中直接测定氯化物或溴化物的含量的方法。下面以测定氯化物为例讨论其测定原理，其反应为：

终点前　$Ag^++Cl^- \rightleftharpoons AgCl\downarrow$（白色）　$Ksp=1.8\times10^{-10}$

终点时　$2Ag^++CrO_4^{2-} \rightleftharpoons Ag_2CrO_4\downarrow$（砖红色）　$Ksp=1.2\times10^{-12}$

由于 AgCl 的溶解度小于 $Ag_2CrO_4$ 的溶解度，依据分步沉淀的原理，首先滴定析出的是 AgCl 白色沉淀，当 $Cl^-$ 被完全滴定后，稍过量的 $Ag^+$ 与 $CrO_4^{2-}$ 反应，生成 $Ag_2CrO_4$ 砖红色沉淀，指示滴定终点的到达。

知识链接

**分步沉淀**

在浓度相同的混合离子中滴加沉淀剂时，则生成沉淀溶解度小的离子先沉淀，生成沉淀溶解度大的离子后沉淀，这种先后沉淀的现象称为分步沉淀。例如，溶液中同时含有 $I^-$ 和 $Cl^-$，且两者浓度相同，当滴加 $AgNO_3$ 发生沉淀反应时，$I^-$ 先生成溶解度小的黄色 AgI 沉淀，$Cl^-$ 后生成溶解度大的白色 AgCl 沉淀。

### （二）滴定条件

1. 指示剂的用量　指示剂 $K_2CrO_4$ 的用量要适宜，否则直接影响滴定的准确度。如果 $CrO_4^{2-}$ 的浓度过高，则溶液中的卤素离子还没沉淀完全，就已生成 $Ag_2CrO_4$ 砖红色沉淀，使终点提前；若 $CrO_4^{2-}$ 的浓度过低，即使在化学计量点时，稍过量的 $AgNO_3$ 也不能形成 $Ag_2CrO_4$ 沉淀，使终点滞后。因此，指示剂的用量应当控制在化学计量点附近恰好生成 $Ag_2CrO_4$ 沉淀为宜。

在化学计量点时，指示剂 $K_2CrO_4$ 的用量可根据溶度积常数计算如下：

$$[Ag^+]=[Cl^-]=\sqrt{Ksp(AgCl)}=\sqrt{1.56\times10^{-10}}=1.25\times10^{-5}(mol/L)$$

$$[CrO_4^{2-}]=\frac{K_{SP}(Ag_2CrO_4)}{[Ag^+]^2}=\frac{1.1\times10^{-12}}{(1.25\times10^{-5})^2}=7.1\times10^{-3}(mol/L)$$

在实际的测定中，由于 $CrO_4^{2-}$ 本身显黄色，浓度较高时会干扰滴定终点的确定，不利于观察。因此，为了减小误差，指示剂的实际用量应比理论计算量略低一些。实验证明，在一般的滴定中，$CrO_4^{2-}$ 的浓度约为 $5\times10^{-3}$mol/L 较为合适，即在 50~100ml 的总体积溶液中，加入 5% 的 $K_2CrO_4$ 指示剂 1ml 即可。

2. 溶液的酸度　铬酸钾指示剂只能在中性或弱碱性（pH=6.5~10.5）溶液中进行滴定。

因为溶液中存在如下反应：

$$2CrO_4^{2-}+2H^+ \rightleftharpoons 2HCrO_4^- \rightleftharpoons Cr_2O_7^{2-}+H_2O$$

若酸性太强，则 $CrO_4^{2-}$ 与 $H^+$ 结合，使反应平衡向右移动，$CrO_4^{2-}$ 的浓度降低，导致终点滞后，甚至不生成 $Ag_2CrO_4$ 沉淀。

若碱性太强，$Ag^+$ 与 $OH^-$ 结合生成 AgOH 沉淀，再进一步析出 $Ag_2O$ 褐色沉淀。反应式如下：

$$2Ag^++2OH^- \rightleftharpoons 2AgOH\downarrow$$

$$2AgOH \longrightarrow Ag_2O\downarrow+H_2O$$

若溶液中有 $NH^{4+}$ 存在时，为防止沉淀溶解形成 $[Ag(NH_3)_2]^+$，pH 范围应控制在 6.5~7.2 之间。

3. 预先分离干扰离子　应预先分离除去能与 $CrO_4^{2-}$ 生成沉淀的阳离子（如 $Ba^{2+}$、$Pb^{2+}$、$Bi^{3+}$ 等）或能与 $Ag^+$ 生成沉淀的阴离子（如 $PO_4^{3-}$、$AsO_4^{3-}$、$CO_3^{2-}$、$S^{2-}$、$C_2O_4^{2-}$ 等）、有色离子（如 $Cu^{2+}$、$Co^{2+}$、$Ni^{2+}$ 等）以及在中性或弱碱性溶液中易发生水解的离子（如 $Fe^{3+}$、$Al^{3+}$ 等）。

4. 滴定时应剧烈振摇　防止吸附作用使终点提前。剧烈振摇可释放出被沉淀吸

附的 $Cl^-$ 或 $Br^-$。

（三）应用范围

本法主要适用于 $Cl^-$、$Br^-$ 和 $CN^-$ 的测定，不宜用于直接测定 $I^-$、$SCN^-$。因为 AgI、AgSCN 沉淀对其离子具有较强的吸附作用，从而影响测定结果。

**课堂互动**

能否用铬酸钾指示剂法以 NaCl 标准溶液直接滴定 $Ag^+$？为什么？

## 二、铁铵矾指示剂法

（一）滴定原理

铁铵矾指示剂法或佛尔哈德法是以铁铵矾[$NH_4Fe(SO_4)_2 \cdot 12H_2O$]为指示剂，用 $NH_4SCN$ 或 KSCN 溶液为滴定液，在酸性溶液中测定可溶性银盐和卤素化合物的银量法，根据测定对象的不同，该方法可分为直接滴定法和返滴定法。

1. 直接滴定法　在酸性溶液中，以铁铵矾作指示剂，用 $NH_4SCN$（或 KSCN）的标准溶液滴定 $Ag^+$。

终点前　$Ag^+ + SCN \rightleftharpoons AgSCN\downarrow$　（白色）

终点时　$Fe^{3+} + SCN^- \rightleftharpoons [Fe(SCN)]^{2+}$　（红色）

2. 返滴定法　在含卤素离子（$X^-$）的待测液中，加入过量的 $AgNO_3$ 标准溶液，以铁铵矾作指示剂，用 $NH_4SCN$ 标准溶液返滴定过量的 $AgNO_3$。

终点前　$X^- + Ag^+$（过量，定量）$\rightleftharpoons AgX\downarrow$（白色）

$SCN^- + Ag^+$（剩余量）$\rightleftharpoons AgSCN\downarrow$（白色）

终点时　$Fe^{3+} + SCN^- \rightleftharpoons [Fe(SCN)]^{2+}$（红色）

（二）滴定条件

1. 直接滴定法

（1）滴定应在 0.1~1mol/L $HNO_3$ 酸性溶液中进行，可防止 $Fe^{3+}$ 的水解。

（2）为了维持[$Fe(SCN)]^{2+}$ 的配位平衡，又不使 $Fe^{3+}$ 的颜色影响到终点的观察，终点时 $Fe^{3+}$ 的浓度应控制在 0.015mol/L 为宜。

（3）滴定时应充分振摇。因为在滴定过程中，不断生成的 AgSCN 沉淀具有强烈的吸附作用，会使部分 $Ag^+$ 被吸附于其表面，使终点提前。

2. 返滴定法

（1）应在 0.1~1mol/L $HNO_3$ 介质中进行滴定。

（2）必须事先除去强氧化剂、氮的氧化物及铜盐、汞盐等能与 $SCN^-$ 作用的干扰组分。

（3）返滴定法测定 $I^-$ 时，应先加入过量 $AgNO_3$ 溶液，再加入铁铵矾指示剂，否则 $I^-$ 会被 $Fe^{3+}$ 氧化成 $I_2$，影响测定结果。

（4）测定 $Cl^-$ 时，由于 AgCl 的溶解度（$1.25 \times 10^{-5}$mol/L）大于 AgSCN 的溶解度（$1.1 \times 10^{-6}$mol/L），当剩余的 $Ag^+$ 被完全滴定后，过量的 $SCN^-$ 会争夺 AgCl 中的 $Ag^+$，使 AgCl 沉淀溶解，发生沉淀转化反应，从而使本应产生的[$Fe(SCN)]^{2+}$ 红色不能及时

出现，或已经出现的红色随着溶液的剧烈振摇而消失，导致无法确定滴定终点。为了避免沉淀转化的发生，通常可采取以下措施：①将已生成的 AgCl 沉淀过滤除去，再用 $NH_4SCN$ 标准溶液滴定。②在用 $NH_4SCN$ 标准溶液滴定前，加入硝基苯或 1,2- 二氯乙烷，剧烈振摇，使有机溶剂覆盖在 AgCl 沉淀表面，有效阻止 $NH_4SCN$ 与 AgCl 发生沉淀转化。③提高指示剂 $Fe^{3+}$ 的浓度，以减小终点时 $SCN^-$ 的浓度，从而减小终点误差。实验证明，溶液中 $Fe^{3+}$ 的浓度为 0.2mol/L 时，终点误差将小于 0.1%。

用返滴定法测定 $Br^-$、$I^-$ 等离子时，由于 AgBr 和 AgI 的溶解度均小于 AgSCN 的溶解度，因此不会发生沉淀转化反应。

#### (三) 应用范围

1. 直接滴定法：用于测定 $Ag^+$ 等。
2. 用于测定 $Cl^-$、$Br^-$、$I^-$、$CN^-$、$SCN^-$ 等离子。

**课堂互动**

用铁铵矾指示剂法滴定时，为什么要加入稀硝酸？

### 三、吸附指示剂法

吸附指示剂法或法扬司法是以吸附剂为指示剂的银量法。

#### (一) 滴定原理

吸附指示剂是一类有机染料，在溶液中能解离出有色离子，当被带相反电荷的胶体粒子吸附后，发生结构改变从而引起颜色的变化，以此指示滴定终点。吸附指示剂可分为两类：一类是酸性染料，如荧光黄及其衍生物，它们是有机弱酸，离解出指示剂阴离子；另一类是碱性染料，如甲基紫、罗丹明 6G 等有机弱碱，离解出指示剂阳离子。

下面以荧光黄（是有机弱酸，用 HFIn 表示）为指示剂，$AgNO_3$ 为标准溶液，测定 $Cl^-$ 为例讨论吸附指示剂的作用原理。

荧光黄（HFIn）是一种有机弱酸，在水溶液中可离解为 $H^+$ 和 $FIn^-$（黄绿色）。在化学计量点前，溶液中的 $Cl^-$ 过量，AgCl 吸附 $Cl^-$ 而带负电荷（$AgCl·Cl^-$），此时 $FIn^-$ 不被吸附，溶液呈黄绿色。当到达化学计量点后，$Cl^-$ 反应完全，生成的 AgCl 沉淀将吸附溶液中过量的 $Ag^+$ 而带正电荷（$AgCl·Ag^+$），带正电荷的胶团（$AgCl·Ag^+$）又可进一步吸附 $FIn^-$，指示剂被吸附后，结构发生了改变而呈浅红色，从而指示滴定终点的到达。反应如下所示：

终点前 $HFIn \rightleftharpoons H^+ + FIn^-$（黄绿色）

$AgCl + Cl^- + FIn^- \rightleftharpoons AgCl·Cl^- + FIn^-$（黄绿色）

终点时 $Ag^+$（稍过量）

$AgCl + Ag^+ \rightleftharpoons AgCl·Ag^+$

$AgCl·Ag^+ + FIn^-$（黄绿色）$\rightleftharpoons AgCl·Ag^+·FIn^-$（浅红色）

#### (二) 滴定条件

1. 防止沉淀凝聚　滴定前应将溶液稀释并加入糊精、淀粉等胶体保护剂，防止卤化银沉淀凝聚。

2. 控制溶液的酸度　吸附指示剂大多是有机弱酸，被吸附变色的是弱酸根离子，控制溶液的酸度可使指示剂在溶液保持阴离子状态。

3. 避免强光照射　防止卤化银胶体分解析出灰黑色的金属银，影响终点的观察。

4. 溶液浓度不能过低　被测溶液的浓度一般要在 0.005mol/L 以上。溶液太稀，导致生成沉淀过少，影响滴定终点的观察。

5. 选择吸附力适当的指示剂　胶粒对指示剂离子的吸附能力应略小于对被测离子的吸附能力。

卤化银胶体微粒对卤素离子和几种常用吸附指示剂的吸附能力大小次序为：

$$I^- > \text{二甲基二碘荧光黄} > Br^- > \text{曙红} > Cl^- > \text{荧光黄}$$

因此，测定 $Cl^-$ 时只能选用荧光黄。测定 $Br^-$ 时选用曙红为宜。

现将几种常用的吸附指示剂列于表 7-1 所示。

表 7-1　常用吸附指示剂

| 指示剂名称 | 待测离子 | 滴定剂 | 颜色变化 | 使用条件 |
|---|---|---|---|---|
| 荧光黄 | $Cl^-$、$Br^-$ | $Ag^+$ | 黄绿→粉红 | pH7.0~10.0 |
| 二氯荧光黄 | $Cl^-$、$Br^-$ | $Ag^+$ | 黄绿→红 | pH4.0~10.0 |
| 曙红 | $Br^-$、$I^-$、$SCN^-$ | $Ag^+$ | 橙→深红 | pH2.0~10.0 |
| 二甲基二碘荧光黄 | $I^-$ | $Ag^+$ | 橙红→蓝红 | pH4.0~7.0 |
| 溴酚蓝 | 生物碱盐类 | $Ag^+$ | 黄绿→灰紫 | 弱酸性 |
| 甲基紫 | $SO_4^{2-}$、$Ag^+$ | $Ba^{2+}$、$Cl^-$ | 红→紫 | pH1.5~3.5 |

**课堂互动**

吸附指示剂的选择原则是什么？测定 $Cl^-$ 时能否采用曙红作为指示剂？为什么？

（三）应用范围

本法可用于 $Cl^-$、$Br^-$、$I^-$、$SCN^-$、$SO_4^{2-}$ 和 $Ag^+$ 等离子的测定。

## 第三节　滴定液的配制和标定

银量法所用的滴定液是硝酸银和硫氰酸铵（或硫氰酸钾）溶液。

### 一、$AgNO_3$ 滴定液的配制与标定

$AgNO_3$ 滴定液的配制既可以用直接配制法也可以用间接配制法。

（一）直接配制法

精密称取一定量的 $AgNO_3$ 基准物质（经过 110℃干燥至恒重），用纯化水配制成一定体积的溶液，计算其准确浓度，并储存于棕色试剂瓶中，贴上标签备用。

（二）间接配制法

称取一定量的分析纯 $AgNO_3$，先配制成近似浓度的溶液，再用基准物质 NaCl（经

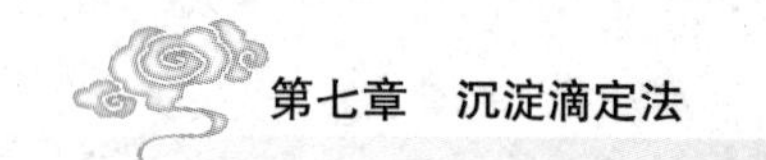


过 110℃干燥至恒重)标定。计算其准确浓度。

知识链接

**恒重**

恒重系指供试品连续两次干燥或炽灼后称重的差异在 0.3mg(中国药典规定)以下的重量。恒重的目的是检查在一定温度条件下试样经过加热后其中挥发性成分是否挥发完全。

## 二、$NH_4SCN$ 滴定液的配制与标定

由于 $NH_4SCN$ 易吸湿,并常含有杂质,很难达到基准试剂所要求的纯度,故配制 $NH_4SCN$ 滴定液只能用间接配制法。先配制成近似浓度的溶液,然后以铁铵矾为指示剂,用基准 $AgNO_3$(经过 110℃干燥至恒重)标定,或者用 $AgNO_3$ 滴定液比较法标定。

# 第四节　应用与示例

## 一、无机卤化物和有机氢卤酸盐的测定

无机卤化物如 NaCl、$CaCl_2$、$NH_4Cl$、NaBr、KBr、$NH_4Br$、KI、NaI 等,以及许多有机氢卤酸盐如盐酸丙卡巴肼,均可用银量法测定。

例 7-1　盐酸丙卡巴肼的含量测定

盐酸丙卡巴肼的化学式为 $C_{12}H_{19}N_3O \cdot HCl$,其结构式如下:

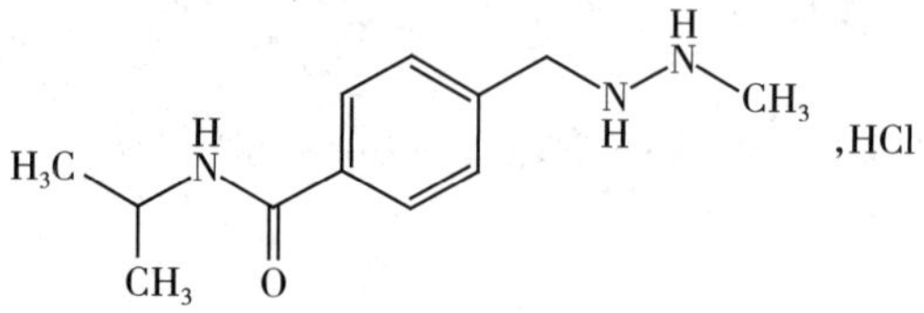

取本品约 0.25g,精密称定,加水 50ml 溶解后,加硝酸 3ml,精密加硝酸银滴定液(0.1mol/L)20ml,再加邻苯二甲酸二丁酯约 3ml,强力振摇后,加硫酸铁铵指示液 2ml,用硫氰酸铵滴定液(0.1mol/L)滴定,并将滴定的结果用空白试验校正。每 1ml 硝酸银滴定液(0.1mol/L)相当于 25.78mg 的 $C_{12}H_{19}N_3O \cdot HCl$。

## 二、有机卤化物的测定

银量法不仅可以测定无机卤化物,也可应用于有机卤化物的测定。但由于有机卤化物中卤素原子与碳原子结合得比较牢固,必须经过适当的预处理,使有机卤化物中的卤素原子转变为无机卤离子进入溶液后,再进行测定。通常采用下列三种预处理方法。

### (一) NaOH 水解法

本法常用于脂肪族卤化物或卤素结合在芳环侧链上类似脂肪族卤化物的有机化合物的测定。测定方法如下:

将样品与 NaOH 水溶液加热回流煮沸水解，使有机卤素以卤离子（$X^-$）的形式转入溶液中，待溶液冷却后，用稀 $HNO_3$ 酸化，再用铁铵矾指示剂法测其释放出来的 $X^-$。其水解反应可表示为：

$$R\text{-}X+NaOH \xrightleftharpoons{\triangle} R\text{-}OH+NaX$$

例 7-2　泛影酸的含量测定

泛影酸的化学式为 $C_{11}H_9I_3N_2O_4$，其结构式如下：

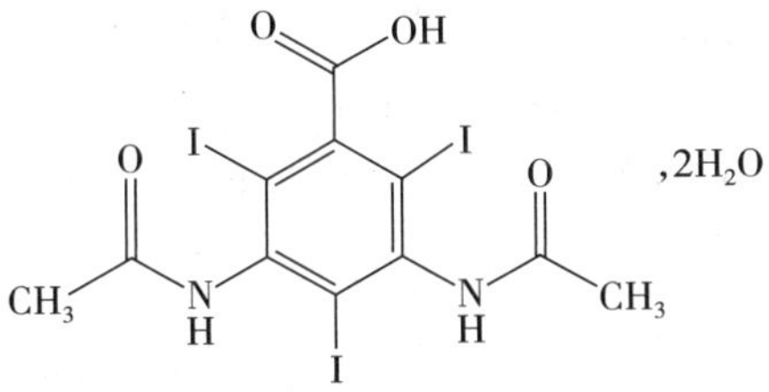

取本品约 0.4g，精密称定，加氢氧化钠试液 30ml 与锌粉 1.0g，加热回流 30 分钟，放冷，冷凝管用少量水洗涤，滤过，烧瓶与滤器用水洗涤 3 次，每次 15ml，合并洗液与滤液，加冰醋酸 5ml 与曙红钠指示液 5 滴，用硝酸银滴定液（0. 1mol/L）滴定。每 1ml 硝酸银滴定液（0.1mol/L）相当于 20.46mg 的 $C_{11}H_9I_3N_2O_4$。

（二）氧瓶燃烧法

常用于结合在苯环或杂环上的有机卤素化合物的测定。测定方法如下：

首先将样品包入滤纸内，再将滤纸包夹在燃烧瓶的铂丝下部，瓶内加入适量的吸收液（NaOH、$H_2O_2$ 或两者的混合液），然后充入氧气，点燃，待燃烧完全后，充分振摇至瓶内白色烟雾被完全吸收为止。再用银量法测定含量。有机氯化物和溴化物都可以采用本法测定。

（三）$Na_2CO_3$ 熔融法

常用于结合在苯环或杂环上的有机卤素化合物的测定。测定方法如下：

将样品与无水 $Na_2CO_3$ 置于坩埚内，混合均匀，灼烧至完全灰化，冷却，加纯化水溶解，加稀硝酸酸化，用银量法测定。

（张晓丹）

## 复习思考题

1. 银量法根据确定终点所用指示剂的不同可分为哪几种方法？它们分别用的指示剂是什么？又是如何指示滴定终点的？

2. 为什么铬酸钾指示剂法不能测定 $I^-$？

3. 用铁铵矾指示剂法中的返滴定法测定 $I^-$ 时，为什么要等到加入过量的 $AgNO_3$ 标准溶液后才加入铁铵矾指示剂？

4. 银量法中，用铁铵矾指示剂测定 $Cl^-$ 时，为什么要加入硝基苯？

5. 为了终点颜色变化明显，使用吸附指示剂应注意哪些问题？

6. 称取 NaCl 基准试剂 0.1357g，溶解后加入 30.00ml$AgNO_3$ 标准溶液，过量的 $Ag^+$ 需要 2.50ml$NH_4SCN$ 标准溶液滴定至终点。已知 20.00ml$AgNO_3$ 标准溶液与 19.85ml$NH_4SCN$ 标准溶液能完全作用，计算 $AgNO_3$ 和 $NH_4SCN$ 溶液的浓度各为多

少？（已知：$M_{NaCl}$=58.44g/mol）

7. 精密称取食盐0.2015g溶于水，以铬酸钾为指示剂，用0.1002mol/L$AgNO_3$滴定液滴定，终点时消耗24.60ml，做空白实验用去$AgNO_3$滴定液0.06ml，计算食盐中NaCl的含量为多少？（已知：$M_{NaCl}$=58.44g/mol）

8. 精密称取KBr试样0.2000g，加水溶解后，加入0.1205mol/L $AgNO_3$滴定液20.00ml，以铁铵矾为指示剂，用0.1125mol/L的$NH_4SCN$滴定液返滴剩余的$AgNO_3$滴定液，终点时消耗6.80ml，计算KBr试样的质量分数。（已知：$M_{KBr}$=119.00g/mol）

9. 将仅含$BaCl_2$和NaCl的试样0.1036g溶解在50ml蒸馏水中，以吸附指示剂法指示终点，用0.07916mol/L $AgNO_3$进行滴定，终点时消耗滴定液19.46ml，求试样中$BaCl_2$的含量。（已知：$M_{BaCl_2}$=208.23g/mol，$M_{NaCl}$=58.44g/mol）

课件

08章PPT

# 第八章

## 重量分析法

扫一扫
知重点

知识要点

1. 重量分析法的概念和分类。
2. 沉淀法，沉淀形式与称量形式的区别与联系。
3. 沉淀的形态和形成条件。

重量分析法是通过称取一定重量的供试品，用适当的方法将其中的被测组分与其他组分分离后称定重量，再根据被测组分和样品的重量计算组分含量的定量分析方法。

根据将被测组分分离的方法不同，重量分析法可分为挥发法、萃取法和沉淀法等。本方法只需要使用分析天平称量就可以获得分析结果，不需要与标准试样或基准物质进行反应，也没有容量器皿引起的误差，因此准确度比较高，相对误差一般不超过 ±(0.1%~0.2%)。但是重量分析法需经过溶解、沉淀、过滤、洗涤、干燥(或灼烧)和称量等步骤，操作繁琐，需时较长，对低含量组分的测定误差较大。

知识链接

**重量分析法简史**

重量分析法是最早的定量分析技术，公元前 3000 年，埃及人已经掌握了一些称量的技术，在公元前 1300 年的《莎草纸卷》上已有等臂天平的记载。罗蒙诺索夫首先使用天平称量法研究了化学反应重量关系，证明了质量守恒定律(1756 年)为重量分析法打下了基础。德国的克拉普鲁特改进了质量分析的步骤，创立一系列定量操作方法，如灼烧、恒重、干燥等，是质量分析法方法的奠基人。贝采利乌斯发明了灵敏度达 1mg 的天平、坩埚、干燥器、过滤器、水浴锅、无灰滤纸等，对重量分析做出了重大贡献。重量分析法广泛应用于化学分析，随着称量工具的改进，重量分析法也不断发展，目前分析天平称量准确度可达 0.1 毫克(万分之一)、0.01 毫克(十万分之一)和 0.001 毫克(百万分之一)等，石英晶体微天平的测量精度则可达纳克级，理论上可以测到相当于单分子层或原子层的几分之一的质量变化。

# 第一节　挥　发　法

挥发法是通过加热或其他方法使试样中被测组分或其他组分挥发逸出，然后根据试样重量的减轻计算该组分的含量；或者该组分逸出时，选择适当吸收剂将它吸收，然后根据吸收剂重量的增加计算该组分的含量。根据称量的对象不同，挥发法分为直接法和间接法。

## 一、直接法

如果待测组分被分离出后，称量的是待测组分或其衍生物，称为直接法。例如，在对碳酸盐进行测定时，加入盐酸与碳酸盐反应放出 $CO_2$ 气体，用石棉与烧碱的混合物吸收，后者所增加的质量就是 $CO_2$ 的质量，据此即可求得碳酸盐的含量。

药品分析中的灰分或灼烧残渣的测定也属于直接法。不过这时测定的不是挥发性物质，而是测定样品经高温灼烧后的不挥发性无机物残渣（即灰分）。灰分中所含的都是无机物，通常为金属的氧化物、氯化物、碳酸盐、硫酸盐等，组成常不一定。根据灰分的量可以说明样品中含无机杂质的多少，灰分是控制中草药药材质量的检验项目之一。炽灼残渣检验项目则是在灼烧药品前用硫酸处理，使灰分转化成硫酸盐的形式再进行测定。

## 二、间接法

如果待测组分被分离出后，通过称量其他组分，测定样品减失的质量来求被测组分的含量则称为间接法。如药典规定对药品的“干燥失重法”的测定。在间接法中，样品的干燥是关键所在，常用的干燥方法有如下几种：

1. 常压加热干燥　将样品置于电热干燥箱中，在常压（100kPa）条件下，温度控制在 105~110℃，加热干燥至恒重。常压加热干燥适用于性质稳定，受热不易挥发、氧化或分解变质的试样。

2. 减压干燥法　将试样置于恒温减压干燥箱中，在减压条件下加热干燥，加热温度在 60~80℃。减压加热干燥的温度较低，干燥时间缩短，适用于高温易变质或熔点较低的物质。如 2015 年版《中国药典》规定蜂胶的检查项：取本品粉末，减压干燥至恒重，减失重量不得过 3.5% [ 恒重是指物品连续两次干燥与灼烧后重量之差不超过某一规定值，2015 年版《中国药典》规定为 0.3mg ]。

3. 干燥剂干燥　将试样置于放有干燥剂的密闭容器中，在常压或减压的条件下进行干燥。干燥剂干燥适用于遇热易分解、挥发及升华的样品。如 2015 年版《中国药典》规定胆红素的检查项：取本品约 0.5g，在五氧化二磷 60℃减压干燥 4 小时，减失重量不得过 2.0%（通则 0831）。

常用的干燥剂有浓 $H_2SO_4$、无水氯化钙、五氧化二磷、硅胶等，一般它们的吸水能力为：五氧化二磷 > 浓 $H_2SO_4$ > 硅胶 > 无水氯化钙。使用时应根据试样的性质正确选择，并检查干燥剂是否失效。

## 第二节　萃　取　法

萃取法是利用被测组分在两种互不相溶的溶剂中分配系数(溶解度)不同,将被测组分从一种溶剂萃取到另一种溶剂中,再蒸去萃取液中的溶剂,干燥至恒重,称量干燥物质量,最后计算被测组分的百分含量的方法。萃取法可用溶剂直接从固体样品中萃取(称为液 - 固萃取),但最常用的是将样品制成水溶液(水相),用与之不相溶的有机溶剂(有机相)进行萃取(称为液 - 液萃取),本节重点介绍液 - 液萃取法的基本操作。

### 一、萃取法原理

各种物质在不同的溶剂中有不同的溶解度(相似相溶),如果两种互不相溶的溶剂同时和某溶质 A 接触时,A 能分别溶解于两种溶剂中,在一定温度下最后达到分配平衡,A 在两种溶剂中的活度比(浓度比)保持恒定即分配定律,其平衡常数称分配系数,这是萃取法的基本原理。

萃取的完全程度可用萃取效率($E$)来表示:

$$E\% = \frac{\text{被萃取物在有机相中的总量}}{\text{被萃取物在两相中的总量}} \times 100\% = \frac{c_0 V_0}{c_0 V_0 + c_W V_W} \times 100\% \tag{8-1}$$

$c_0$ 与 $c_W$ 分别代表被萃取物在有机相和水相中浓度,$V_0$ 与 $V_W$ 分别代表有机相和水相的体积。

若有机溶剂的总体积固定,将它分成几等份,进行多次萃取,其萃取效率比一次用尽有机溶剂的萃取效率要高。

**课堂互动**

请问使用四氯化碳和水进行萃取实验时,水相是在上层还是下层?

### 二、萃取法操作

取一定规格的分液漏斗,依次从上口倒入适量的需萃取的溶液和定量有机溶剂(常用等体积的两相),塞好并旋紧玻璃塞。握住分液漏斗进行振摇,如图 8-1 所示。反复振摇数分钟后将漏斗静置,待两相分层后,打开上面的塞子,旋开活塞,放出下层,待分离完毕,立即关闭活塞,把上层从分液漏斗上口倒出。操作时应根据所用溶剂的密度准确判断上下两层分别是水相还是有机相,正确保留所需要相进行后续操作。若需要多次萃取,需将水层溶液再倒入分

图 8-1　分液漏斗的使用方法

液漏斗中，用新的有机溶剂按同法再重复上述操作。最后合并萃取液，过滤，滤液在水浴上蒸干，干燥，称重，直至恒重，即可计算样品中被萃取物的含量。

# 第三节 沉 淀 法

## 一、沉淀法概念

沉淀法是利用沉淀反应将被测组分以难溶化合物的形式沉淀下来，然后形成有固定组成的“称量形式”进行称量，最后计算被测组分含量的方法。

沉淀法中，在试液中加入适当的沉淀剂，使被测组分沉淀下来，这样获得的沉淀称为沉淀形式。沉淀形式经过滤、洗涤、干燥或灼烧后，用于最后称量的物质的化学形式称为称量形式。沉淀形式和称量形式可以相同，也可以不同。例如，用 $AgNO_3$ 作沉淀剂测定 $Cl^-$ 时，沉淀形式和称量形式相同，都是 AgCl；而用 $(NH_4)_2C_2O_4$ 作沉淀剂测定 $Ca^{2+}$ 时，沉淀形式为 $CaC_2O_4 \cdot H_2O$，而称量形式为 CaO。原因是 $CaC_2O_4$ 沉淀经灼烧后发生如下反应：

$$CaC_2O_4 \cdot H_2O \xlongequal{\triangle} CaO + CO_2\uparrow + H_2O + CO\uparrow$$

沉淀形式应满足如下要求：①沉淀的溶解度要小，保证被测组分沉淀完全；②沉淀纯度高，沉淀便于过滤和洗涤；③最理想的沉淀反应应制成粗大的晶形沉淀，若非晶形沉淀也应尽量掌握好反应条件，以便沉淀时过滤和洗涤。

称量形式应满足如下要求：①称量形式必须有确定的化学组成；②称量形式必须稳定，不受空气中水分、$CO_2$ 和 $O_2$ 等的影响；③称量形式的摩尔重量要大，而被测组分在称量形式中占的百分比要小，这样可以减少称量的相对误差，提高分析结果的准确度。例如，测定铝时，称量形式可以是 $Al_2O_3$（分子量为 101.96）或 8- 羟基喹啉铝（分子量为 459.44），显然称量形式的分子量越大，沉淀的损失或粘污对被测组分的影响越小，结果的准确度也越高。

## 二、沉淀的形态和形成条件

按物理性质不同，可将沉淀粗略分为两大类：晶形沉淀和无定形沉淀（非晶形沉淀或胶状沉淀）。晶形沉淀的颗粒直径约为 0.1~1μm，其内部排列较规则，结构紧密，整个沉淀所占体积较小，易沉降，$BaSO_4$ 是典型的晶形沉淀。无定形沉淀颗粒直径小于 0.02μm，由许多疏松聚集在一起的微小沉淀颗粒组成，排列杂乱无章，沉淀疏松含水多，体积大，$Fe_2O_3 \cdot nH_2O$ 是典型的非晶形沉淀。此外还有颗粒大小介于晶形沉淀与无定形沉淀之间的凝乳状沉淀，如 AgCl。

### （一）影响沉淀纯净的原因

在沉淀法中要获得准确的分析结果需要沉淀完全、纯净且易于过滤洗涤，因此需要了解影响沉淀纯净的原因，通过控制沉淀形成条件得到尽可能纯净的沉淀。影响沉淀纯度的主要因素是共沉淀和后沉淀现象。

1. 共沉淀　当一种难溶化合物从溶液中沉淀析出时，溶液中一些可溶性杂质也混杂于沉淀中，并被同时沉淀下来的现象称为共沉淀。产生共沉淀的原因有：①表面吸附；②形成混晶或固溶体；③包埋或吸留。

由于共沉淀，使沉淀粘污。这是重量分析法中误差的主要来源之一。

2. 后沉淀　当溶液中某一组分的沉淀析出后，在与母液一起放置的过程中，溶液中原来难以析出沉淀的组分，也在沉淀表面逐渐沉积的现象，称为后沉淀。例如，草酸钙沉淀表面可因吸附而有较高浓度的 $C_2O_4^{2-}$ 离子，这时如果溶液中有 $Mg^{2+}$ 离子，就可形成草酸镁沉淀在草酸钙的表面产生后沉淀。沉淀在溶液中放置时间越长，后沉淀现象就越明显。因此，尽量缩短沉淀与溶液共置的时间是减少后沉淀的有效方法。

### （二）沉淀条件的选择

根据不同形态的沉淀可以按照下列方法选择沉淀条件，以获得合乎重量分析要求的沉淀。

1. 晶形沉淀　应在较稀的热溶液中进行沉淀，在不断搅拌下缓慢滴加沉淀剂，从而得到易过滤、洗涤的大颗粒晶形沉淀，也能减少共沉淀现象、防止局部过浓。在沉淀析出后，应继续与母液共同放置一段时间，这一过程称为陈化。陈化可提高沉淀的纯度，加热和搅拌能缩短陈化时间。对溶解度较大的物质或热溶液中溶解度较大的物质则应采取对应的措施减少溶解损失。

2. 无定形沉淀　应在浓的热溶液中沉淀，加入沉淀剂的速度可适当加快，并溶液中加入适当的电解质，防止胶体溶液的生成，趁热过滤，不必陈化。可以得到含水量少、体积小、结构较紧密的沉淀。

### （三）提高沉淀纯度

可以采用下列方法提高沉淀纯度：

1. 选择适当的分析程序　如果被测组分含量较少时，应先沉淀被测组分。若先沉淀含量较高的杂质组分，就会因大量沉淀的析出，使少量被测组分混入沉淀中而引起测定误差。

2. 降低易被吸附的杂质离子的浓度　由于吸附作用具有选择性，降低易被吸附杂质离子的浓度，可减少共沉淀。例如，沉淀 $BaSO_4$ 时，若溶液中有 $Fe^{3+}$，可先将 $Fe^{3+}$ 还原为 $Fe^{2+}$，或加掩蔽剂（如酒石酸）将其掩蔽，以减少 $Fe^{3+}$ 的共沉淀。

3. 选择合适的沉淀剂　如选用有机沉淀剂，可减少共沉淀的产生。

4. 选择适当的洗涤剂洗涤沉淀。

5. 再沉淀　得到的沉淀经过滤、洗涤、重新溶解后，杂质进入溶液，再进行第二次沉淀，此过程称为再沉淀。再沉淀是除去由吸留或包埋引入杂质的有效方法。

## 三、沉淀法的操作

沉淀析出后，经过滤、洗涤、干燥或灼烧等操作制成称量形式，最后精确称重、计算。

### （一）沉淀的过滤与洗涤

1. 过滤　沉淀和母液要通过过滤进行分离。过滤通常在滤纸或玻砂坩埚上进行。重量分析常用无灰滤纸（又称定量滤纸）过滤，滤纸的折法如图 8-2 所示。根据沉淀的性质选择紧密程度不同的滤纸，使沉淀颗粒既不能穿过滤纸进入滤液，又要具有尽可能快的过滤速度。一般无定形沉淀宜选用疏松的快速滤纸过滤；粗颗粒的晶形沉淀可选用较紧密的中速滤纸；较细粒的晶形沉淀应选用最细密的慢速滤纸。过滤通常采用倾注法，即让沉淀放置澄清后，将上层溶液沿玻璃棒分次倾倒在滤纸上，沉淀尽

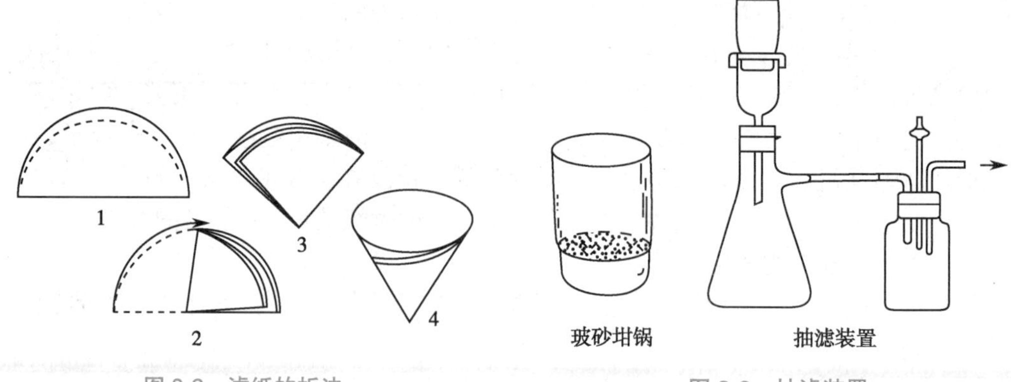


图 8-2　滤纸的折法

图 8-3　抽滤装置

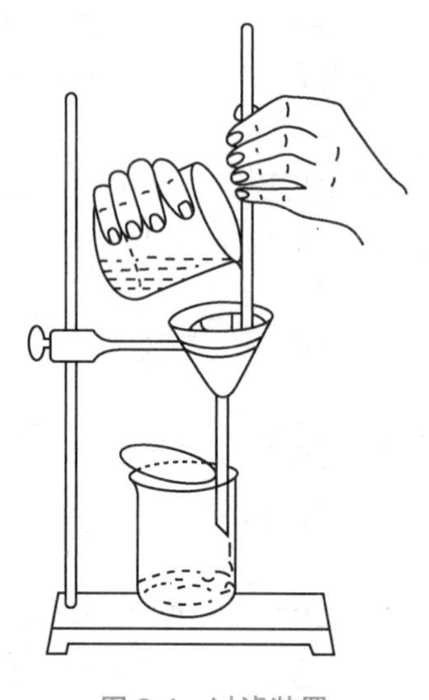

图 8-4　过滤装置

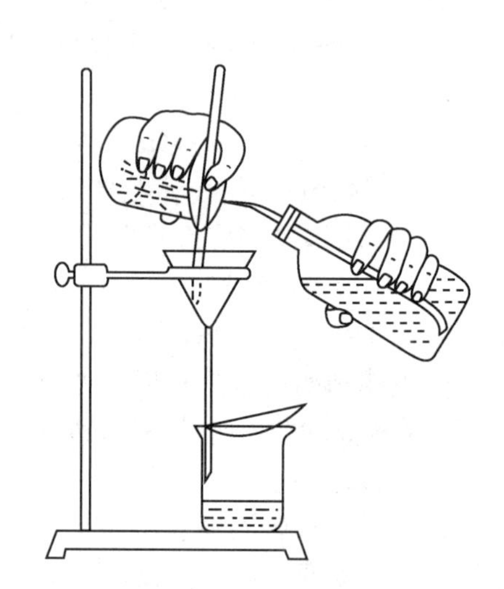

图 8-5　吹洗烧杯黏附的沉淀

可能留在杯底。抽滤装置和过滤装置如图 8-3、8-4 所示。

2. 洗涤　沉淀经过滤后，仍混杂一些母液，为除去母液并洗去沉淀表面吸附的杂质，需要进行洗涤。洗涤开始时仍用倾注法，即向沉淀中加入洗涤液，并将沉淀充分搅拌，静置分层后，把上清液通过滤纸过滤。经过多次倾注洗涤后，再将沉淀转移到滤纸上洗净，并将烧杯黏附的沉淀，一并转移到滤纸上洗净、过滤，如图 8-5 所示。注意：洗涤沉淀时应采用少量多次的方法。选择洗涤剂的原则是：①溶解度小而又不易生成胶体的沉淀，可用蒸馏水洗涤；②溶解度较大的沉淀，可用沉淀剂的稀溶液来洗涤；③溶解度小的胶状沉淀，可选用挥发性电解质的稀溶液洗涤。

### （二）沉淀的干燥与灼烧

干燥和灼烧的目的是为了除去沉淀剂中的水分和洗涤液中的挥发性物质，并使之转化为称量形式。首先将洗净的沉淀和滤纸一起从漏斗中取出，把沉淀包裹在滤纸中，注意此操作不能使沉淀丢失，然后进行下面的操作。

不同的沉淀，需要进行烘干、灼烧的温度是不同的。若沉淀只需除去其中的水分或一些挥发性物质，则经烘干处理即可。当沉淀形式与称量形式不同或需要在较高

温度下才能除去水分的，可在瓷坩埚中进行干燥和灼烧。将沉淀形式定量地转化为称量形式后，待沉淀放冷再称量，直至恒重。

## 四、沉淀法的结果计算

在重量分析法中，往往称量形式与被测组分的形式不同，这就需要将称得的称量形式的重量换算成被测组分的重量。

1. 当沉淀的称量形式与被测组分的表示形式相同时，按下式计算：

$$\text{被测组分}\%=\frac{\text{称量形式的重量}}{\text{试样的重量}}\times100\% \tag{8-2}$$

例 8-1　用重量法测定硅铁合金中 $SiO_2$ 的含量时，称取样品 0.6329g，经处理后得称量形式 $SiO_2$ 的重量为 0.4128g，试计算矿样中 $SiO_2$ 的重量百分数。

解：

$$SiO_2\%=\frac{\text{称量形式的重量}}{\text{试样的重量}}\times100\%$$

$$=\frac{0.4128}{0.6329}\times100\%=65.22\%$$

即原矿样中 $SiO_2$ 的重量百分数为 65.22%。

2. 当沉淀的称量形式与被测组分的表示形式不相同时，按下式计算：

$$\text{被测组分}\%=\frac{\text{称量形式的重量}\times F}{\text{试样的重量}}\times100\% \tag{8-3}$$

式中，$F$ 为换算因数或化学因数，它等于被测组分的摩尔重量与称量形式的摩尔质量的比值（换算因数与沉淀形式无关），即：

$$\text{换算因数 }F=\frac{a\times\text{被测组分的摩尔质量}}{b\times\text{称量形式的摩尔质量}} \tag{8-4}$$

式中 a、b 是为了使分子和分母中所含欲测成分的原子数或分子数相等而乘以的系数。如表 8-1 所示：

表 8-1　部分被测组分的换算因数 $F$

| 被测组分 | 沉淀形式 | 称量形式 | 换算因数 $F$ |
|---|---|---|---|
| Fe | $Fe(OH)_3\cdot nH_2O$ | $Fe_2O_3$ | $2Fe/Fe_2O_3$ |
| $Fe_3O_4$ | $Fe(OH)_3\cdot nH_2O$ | $Fe_2O_3$ | $2Fe_3O_4/3Fe_2O_3$ |
| $SO_4^{2-}$ | $BaSO_4$ | $BaSO_4$ | $SO_4^{2-}/BaSO_4$ |
| MgO | $MgNH_4PO_4$ | $Mg_2P_2O_7$ | $2MgO/Mg_2P_2O_7$ |
| $P_2O_5$ | $MgNH_4PO_4$ | $Mg_2P_2O_7$ | $P_2O_5/Mg_2P_2O_7$ |

例 8-2　称取铁矿样品 0.2345g，经特殊处理后得到称量形式 $Fe_2O_3$ 的重量为 0.1508g，计算矿样中 $Fe_3O_4$ 的百分含量。

解：

$$Fe_3O_4\%=\frac{a\times\text{被测组分的摩尔质量}}{b\times\text{称量形式的摩尔质量}}=\frac{0.1508\times\frac{2\times231.5}{3\times159.7}}{0.2345}\times100\%=62.15\%$$

（吴　剑）

## 复习思考题

1. 什么是重量分析法？根据分离方法的不同分为哪几类？

2. 挥发法的干燥方法有哪几种？各适用于何种性质的药物分析？

3. 影响沉淀纯度的因素有哪些？

4. 影响萃取法的萃取效率因素有哪些？怎样才能选择好溶剂？

5. 沉淀法中对沉淀形式和称量形式各有什么要求？

6. 0.5000g 磷矿试样，经溶解、氧化等化学处理后，其中 $PO_4^{3-}$ 被沉淀为 $MgNH_4PO_4 \cdot 6H_2O$，高温灼烧成 $Mg_2P_2O_7$，其质量为 0.2018g。计算:(1) 矿样中 $P_2O_5$ 的百分质量分数;(2) $MgNH_4PO_4 \cdot 6H_2O$ 沉淀的质量(g)。(已知 $M_{P_2O_5}$=141.95g/mol，$M_{Mg_2P_2O_7}$=222.55g/mol，$M_{MgNH_4PO_4 \cdot 6H_2O}$=245.4g/mol)

7. 用重量法测定 $As_2O_3$ 的含量时，将 $As_2O_3$ 在碱性溶液中转变为 $AsO_4^{3-}$，并沉淀为 $Ag_3AsO_4$，随后在 $HNO_3$ 介质中转变为 AgCl 沉淀，并以 AgCl 称量。在进行计算时，用到的换算因数表达式应为？

# 第九章

# 电化学分析法

课件

09章PPT

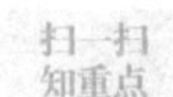

扫一扫
知重点

知识要点

1. 指示电极和参比电极的分类和原理。
2. pH玻璃电极的结构、测定原理及方法。
3. 电位滴定法和永停滴定法原理及滴定终点的判断。

## 第一节　基础知识

### 一、电化学分析法的分类

电化学是将电学与化学有机结合并研究它们之间相互关系的一门学科，电化学分析是依据电化学原理和物质的电化学性质建立的一类分析方法，即以试样溶液和适当电极构成化学电池，根据电池电化学参数（电位、电流、电量等）的强度或变化对被测组分进行分析的方法。

知识链接

**电化学分析法的发展**

电化学分析是分析方法的一种。早在18世纪，就出现了电解分析和库仑滴定法。19世纪，出现了电导滴定法，玻璃电极测pH值和高频滴定法。1922年，极谱法问世，标志着电分析方法的发展进入了新的阶段。20世纪60年代，离子选择电极及酶固定化制作酶电极相继问世。20世纪70年代，发展了不仅限于酶体系的各种生物传感器之后，微电极伏安法的产生扩展了电分析化学研究的时空范围，适应了生物分析及生命科学发展的需要。当今世界电分析化学在不断发展、进步，研究内容涉及与生命科学直接相关的生物电化学，与能源、信息、材料等环境相关的电化学传感器和检测、研究电化学过程的光谱电化学等。

根据分析过程中测量的电化学参数不同，电化学分析法可分为电导法、电位法、电解法、伏安法等。

1. 电导法　是通过测量溶液的电导性，来确定物质含量的分析方法。

2. 电位法　是根据测定原电池的电动势，以确定物质含量的分析方法。其中根据溶液电动势的测量值，直接确定物质含量的方法，称为直接电位法；根据滴定过程中电动势发生突变来确定化学计量点的方法，称为电位滴定法。

3. 电解法　通电时物质在电极上发生定量作用，来确定物质含量的分析方法，称为电解法。

4. 伏安法　是以电解过程中所得到的电流 - 电位曲线为基础进行分析的方法。包括极谱法、溶出伏安法和电流滴定法。

电化学分析是仪器分析的一个重要组成部分，具有仪器简单、操作方便、易于微型化和自动化、分析速度快、选择性好、灵敏度高等优点。本章将重点介绍电位分析法和永停滴定法。

## 二、化学电池的概念及类型

化学电池是实现化学反应与电能相互转换的装置，由两个电极、电解质溶液和外电路组成。能自发地将本身的化学能转变成电能的电池称为原电池；如果实现电化学反应的能量是外电源供给，这种化学电池称为电解池。

### (一) 原电池

将锌棒插入 $ZnSO_4$ 溶液中，作为负极；将铜棒插入 $CuSO_4$ 溶液中，作为正极。两溶液间用盐桥相连，两电极接通，这样就构成了铜锌原电池，如图 9-1 所示。

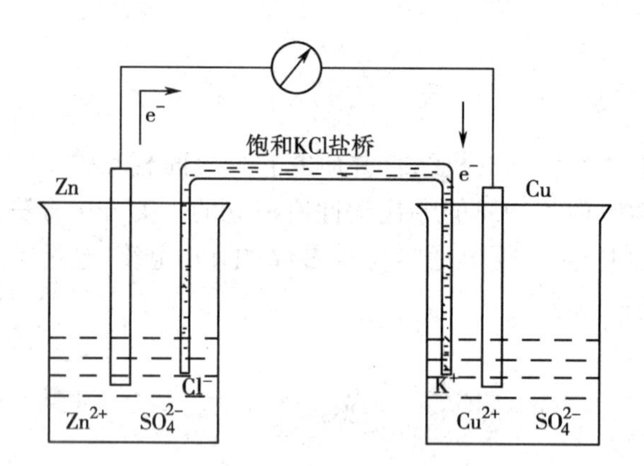


图 9-1　铜锌原电池

原电池中，锌电极失去电子转变成锌离子进入溶液，发生氧化反应，变成阳极；铜电极上铜离子得到电子，发生还原反应，析出铜单质，为阴极。

锌电极：负极（阳极）：$Zn - 2e^- \rightleftharpoons Zn^{2+}$　氧化反应

铜电极：正极（阴极）：$Cu^{2+} + 2e^- \rightleftharpoons Cu$　还原反应

原电池的总反应：$Zn + Cu^{2+} \rightleftharpoons Zn^{2+} + Cu$

反应可以自发进行，随着反应不断进行，由于 Zn 失去电子生成 $Zn^{2+}$ 进入溶液，使溶液中的 $Zn^{2+}$ 浓度增加，正电荷过剩；同时由于 $Cu^{2+}$ 获得电子还原成 Cu，$SO_4^{2-}$ 相对增加，负电荷过剩，电荷的不平衡影响了反应的进行。通过盐桥使两种电解质溶液中的离子相互迁移，使溶液保持电中性状态，保证反应的顺利进行。

### (二) 电解池

当外加电源正极接到铜-锌原电池的铜电极上，负极接到锌电极上时，如果外加电压大于原电池的电动势，则两电极上的电极反应与原电池的电极反应相反，如图 9-2 所示。

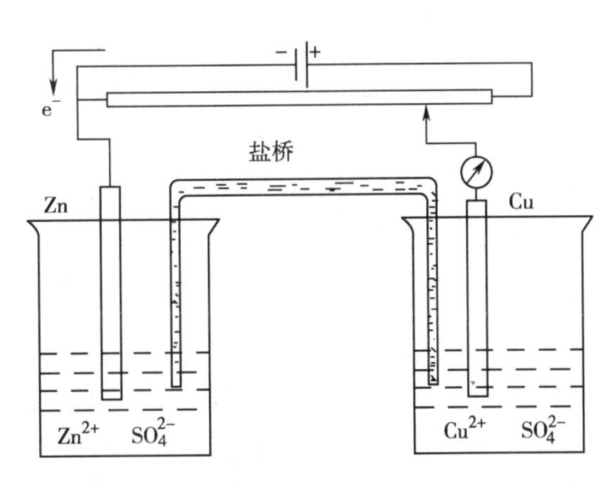


图 9-2　电解池

此时，锌电极发生还原反应成为阴极，铜电极发生氧化反应成为阳极。

锌电极　负极（阳极）：$Zn^{2+}+2e^- \rightleftharpoons Zn$　还原反应

铜电极　正极（阴极）：$Cu-2e^- \rightleftharpoons Cu^{2+}$　氧化反应

电解池的总反应：$Zn^{2+}+Cu \rightleftharpoons Zn+Cu^{2+}$

## 三、指示电极与参比电极

在电位分析法中，需向被测溶液中插入两种电极，根据所起的作用不同分为指示电极和参比电极。

### (一) 指示电极

电极电位随待测离子活（浓）度变化而变化的电极为指示电极。指示电极具有电极电位与被测离子的活度符合能斯特方程式、响应快、重现性好、结构简单、便于使用的特点。常见的指示电极有两大类。

1. 金属基电极　以金属为基体，基于电子转移反应的一类电极。按其作用和组成不同可分为以下几种：

(1) 金属-金属离子电极：由金属插入到含有该金属离子的溶液中所组成的电极，也称金属电极。这类电极因为只有一个相界面，又称第一类电极。这类电极常用来作为测定金属活（浓）度的指示电极。

如：$Ag|Ag^+$ 电极，电极反应为：

$$Ag-e^- \rightleftharpoons Ag^+$$

$$\varphi=\varphi'-0.059\lg c_{Ag^+}(25℃) \tag{9-1}$$

(2) 金属-金属难溶盐电极：在表面金属表面涂上一层该金属的难溶盐，并插入该难溶盐的阴离子溶液中所形成的电极。其电极电位随溶液中阴离子浓度的变化而变化。这类电极有两个相界面，又称第二类电极。这类电极常用来作为测定难溶盐阴离子浓度的指示电极。

如：Ag|AgCl|Cl⁻ 电极，电极反应为：

$$AgCl+e^- \rightleftharpoons Ag+Cl^-$$

$$\varphi=\varphi'-0.059\lg c_{Cl^-}(25℃) \quad (9\text{-}2)$$

在该电极中 $Cl^-$ 一定时，该电极电动势为一定值。

(3) 惰性金属电极：将一种惰性金属（金或铂）插入到氧化态和还原态电对同时存在的溶液中形成的电极，也称氧化还原电极。惰性金属在电极反应过程中起传递电子的作用，不参与电极反应。其电极电位决定于溶液中氧化态和还原态活（浓）度的比值。这类电极常用来作为测定氧化态或还原态的活（浓）度的指示电极。

如：Pt|$Fe^{3+}$，$Fe^{2+}$ 电极，电极反应为：

$$Fe^{3+}+e^- \rightleftharpoons Fe^{2+}$$

$$\varphi=\varphi'+0.0592\lg\frac{c_{Fe^{3+}}}{c_{Fe^{2+}}} \quad (9\text{-}3)$$

2. 离子选择性电极　离子选择性电极又称膜电极。是利用敏感电极膜对溶液中待测离子产生选择性的响应，从而指示待测离子活度变化的电极。其电极电位与溶液中某特定离子活（浓）度符合能斯特方程式。

### （二）参比电极

电极电位值在一定条件下恒定不变，不随溶液中待测离子浓度的变化而发生改变的电极为参比电极。参比电极具有电位恒定、重现性好、装置简单、方便耐用的特点。常见的参比电极有银 - 氯化银电极和甘汞电极两种。

1. 银 - 氯化银电极　将涂镀一层氯化银的银丝浸入到一定浓度的 KCl 溶液（或含 $Cl^-$ 的溶液）中所构成。银 - 氯化银电极的电位随 KCl 溶液浓度的改变而改变，如图 9-3 所示。

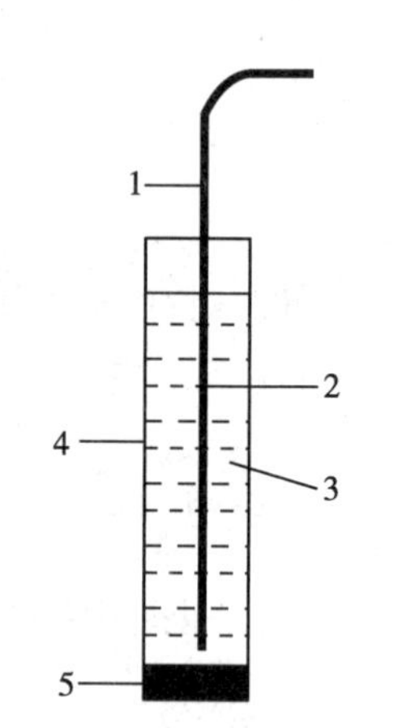


图 9-3　银 - 氯化银电极

1. 银　2. 银 - 氯化银　3. 饱和氯化钾溶液　4. 玻璃管　5. 素烧瓷芯

该电极用于含氯离子的溶液中，在其他酸性溶液中会受含量氧的干扰，如溶液中有 $HNO_3$ 或 $Br^-$、$I^-$、$NH_4^+$、$CN^-$ 等离子存在时，则不能应用。25℃时，不同浓度的 KCl 浓度的 Ag-AgCl 电极电位见表 9-1。

表 9-1　25℃时不同 KCl 浓度的 Ag-AgCl 电极电位

| 名称 | 0.1mol/L 银 - 氯化银电极 | 标准银 - 氯化银电极 | 饱和银 - 氯化银电极 |
| --- | --- | --- | --- |
| $c_{KCl}$(mol/L) | 0.1 | 1.0 | 饱和 |
| $\varphi(V)$ | 0.2880 | 0.2223 | 0.1990 |

2. 甘汞电极　电极有内、外两个玻璃管，内管上端封接一根铂丝，电极引线与铂丝上部连接，铂丝下部插入汞层中，如图 9-4 所示。

下端的石棉丝或素瓷芯不仅可以封紧管口，还可以将电极内外液隔开，还可以提供内外溶液离子通道，起到盐桥作用。

电极反应式：$Hg_2Cl_2+2e^- \rightleftharpoons 2Hg+2Cl^-$

其电极电位表示为：

$$\varphi_{Hg_2Cl_2/Hg}=\varphi'_{Hg_2Cl_2/Hg}-0.059\lg c_{Cl^-} \quad (9\text{-}4)$$

由公式(9-4)可知：甘汞电极的电位随氯离子浓度的变化而变化。当氯离子浓度一定时，甘汞电极的电位是一定值，其中饱和甘汞电极（SCE）是最常用的一种参比电极。25℃时，不同KCl浓度的甘汞电极电位见表9-2。

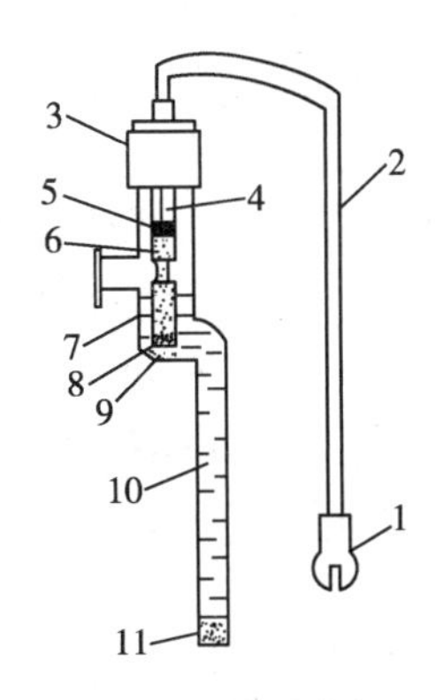

图9-4　甘汞电极

1. 接头　2. 导线　3. 电极帽　4. 铂丝　5. 汞　6. 汞与甘汞糊　7. 外玻璃管　8. 棉絮塞　9. KCl结晶　10. KCl饱和液　11. 石棉丝或素瓷芯

表9-2　25℃时不同浓度的甘汞电极电位

| 名称 | 0.1mol/L 甘汞电极 | 标准甘汞电极（NCE） | 饱和甘汞电极（SCE） |
|---|---|---|---|
| $c_{KCl}$(mol/L) | 0.1 | 1.0 | 饱和 |
| $\varphi$(V) | 0.3337 | 0.2801 | 0.2412 |

## 第二节　直接电位法

直接电位法是通过测量电池电动势来确定指示电极的电位，然后根据能斯特方程由所测得的电极电位值计算出被测物质的浓（活）度的方法。直接电位法是电位分析法的一种，常用于测定溶液的pH和其他离子的浓度。

### 一、溶液pH值的测定

目前，常用直接电位法测定溶液pH，所选用的指示电极是pH玻璃电极，参比电极是饱和甘汞电极。

#### （一）pH玻璃电极

1. pH玻璃电极的构造　pH玻璃电极简称玻璃电极，其结构如图9-5所示。其主要部分是球形玻璃薄膜，球形玻璃薄膜是由$Na_2O$、$SiO_2$、CaO按一定比例组成的，膜的厚度约为0.05~0.1mm，膜内含有一定浓度KCl的pH缓冲溶液作为内参比液，在内参比液中插入一支银-氯化银电极作为内参比电极。

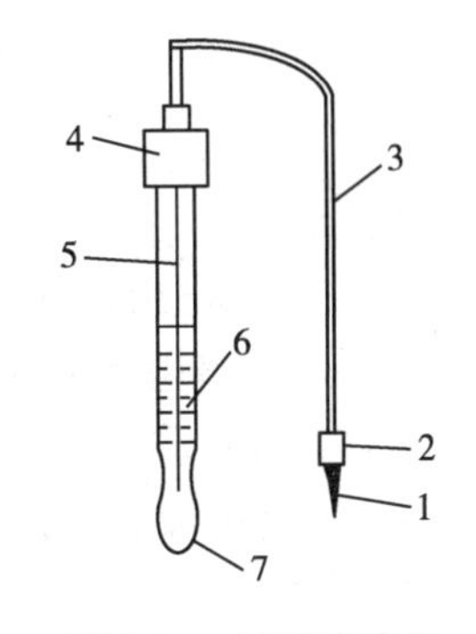

图9-5　pH玻璃电极

1. 金属接头　2. 高绝缘电极插头　3. 绝缘屏蔽电缆　4. 电极帽　5. 内参比电极　6. 内参比液　7. 玻璃薄膜

由于玻璃电极内阻很高，为防止漏电和静电的干扰，导线和电极的两端必须高度绝缘并装上屏蔽隔离罩。

2. pH玻璃电极的工作原理　由于玻璃电极膜是由$Na_2O$、$SiO_2$、CaO按一定比例组成，在玻璃薄膜中有活动能力较强的$Na^+$存在，溶液中的$H^+$可进入玻璃薄膜。因此pH玻璃电极在使用前应先在水中充分浸泡，使$H^+$充分进入玻璃薄膜占据$Na^+$的位置，当达到平衡后在玻璃薄膜表面形成厚度约为$10^{-5}$mm的水化层。深入玻璃

薄膜中间部分无 $Na^+$ 被 $H^+$ 交换，称为干玻璃层。

当浸泡好的玻璃电极浸入待测溶液时，水化层与溶液接触，由于水化层与溶液的 $H^+$ 活度不同，形成活度差，$H^+$ 便从活度大的一方（溶液）向活度小（水化层）的一方迁移，水化层与溶液中的 $H^+$ 建立了平衡，改变了玻璃薄膜与溶液两相界面原来的电荷分布，形成双电层即产生电位差，如图 9-6 所示。

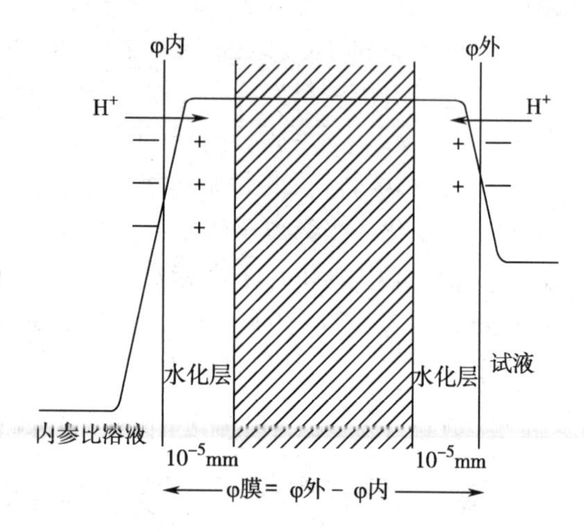


图 9-6 玻璃电极膜电位产生示意图

玻璃膜与内参比溶液产生一个电位为 $\varphi_{内}$，玻璃膜与待测溶液产生一个电位为 $\varphi_{外}$。

在 25℃时，

$$\varphi_{内}=K_{内}+0.0592\lg\frac{a_{内}}{a'_{内}} \tag{9-5}$$

（$\alpha_{内}$为内参比溶液 $H^+$ 的活度，$\alpha'_{内}$为玻璃薄膜内水化层 $H^+$ 的活度）

$$\varphi_{外}=K_{外}+0.0592\lg\frac{a_{外}}{a'_{外}} \tag{9-6}$$

（$\alpha_{外}$为待测溶液 $H^+$ 的活度，$\alpha'_{外}$为玻璃薄膜外水化层 $H^+$ 的活度）。

跨越整个玻璃膜产生的电位差称为膜电位，用 $\varphi_{膜}$表示。$\varphi_{膜}=\varphi_{外}-\varphi_{内}$，当玻璃膜内外表面结构相同时，膜的内外表面原来的 $Na^+$ 几乎全部被 $H^+$ 取代，此时 $K_{外}=K_{内}$，则 $\varphi_{膜}=\frac{2.303RT}{F}\lg\frac{a_{外}}{a_{内}}$，由于玻璃电极中，内参比溶液[$H^+$]一定，所以 $\alpha_{内}$也为定值，则：$\varphi_{膜}=K'+\frac{2.303RT}{F}\lg a_{外}$。对整个玻璃电极电位应为：

$$\begin{aligned}\varphi &=\varphi_{内参}+\varphi_{膜}\\ &=\varphi_{AgCl/Ag}+\left(K'+\frac{2.303RT}{F}\lg a_{外}\right)\\ &=K-\frac{2.303RT}{F}\text{pH}\end{aligned}$$

在 25℃时：

$$\varphi=K-0.0592\text{pH} \tag{9-7}$$

式中 $K$ 为电极常数，与玻璃电极本身性能有关。

3. pH 玻璃电极的性能

（1）转换系数：当溶液的 pH 改变一个单位时，引起玻璃电极电位的变化值称为转换系数，也称电极斜率，用 $S$ 表示。

公式表示：

$$S=-\frac{\Delta\varphi}{\Delta\text{pH}} \tag{9-8}$$

$S$ 的理论值为：$S=\frac{2.303RT}{F}$，当温度为 25℃时，$S$=59.16mV/pH，由于玻璃电极长期使用老化后，$S$ 的实际值约小于理论值，若 25℃时 $S$ 低于 52mV/pH，则该 pH 玻璃电极

不宜再用。

(2) 酸差和碱差：一般玻璃电极只有在 pH 在 1.0~9.0 范围内与电极电位呈线性关系，在 pH 小于 1.0 的酸度过高的溶液中测得的 pH 值偏高，这种误差称为“酸差”。在 pH 大于 9.0 的碱度过高的溶液中，由于[ $H^+$ ]太小，其他阳离子在溶液和界面间可能进行交换而使得 pH 值偏低，尤其是 $Na^+$ 的干扰较显著，这种误差称为“碱差”或“钠差”。

(3) 不对称电位：如果玻璃膜电极两侧溶液的 pH 相同，则膜电位应等于零，但实际上仍有 1~30mV 的电位差存在，这个电位差称为不对称电位。这主要是因为制造功能等原因导致玻璃膜内外表面的性能和结构不完全相同而引起的。玻璃电极不同，不对称电位不同；同一支玻璃电极，在相同条件下不对称电位为一常数。因此玻璃电极在使用前为把不对称电位值降到最低，应先放入水中或酸中浸泡 24 小时左右。浸泡后的玻璃电极同时也可使玻璃电极活化，利于对 $H^+$ 产生响应。

(4) 温度：玻璃电极一般适应在 0~50℃范围内使用。温度过高电极的寿命会下降，温度过低玻璃电极的内阻会增大。在测定溶液 pH 时，待测溶液与标准溶液温度一定要相同。

### （二）测定原理和方法

直接电位法测定溶液 pH，常以玻璃电极为指示电极，饱和甘汞电极为参比电极，浸入待测溶液中组成原电池。

1. 测定原理　目前使用的电极是将指示电极和参比电极组装在一起构成的复合电极。通常是由玻璃电极与银 - 氯化银电极或玻璃电极与甘汞电极组合而成。其结构示意图如图 9-7 所示。复合 pH 电极的优点在于使用方便，且测定值稳定。

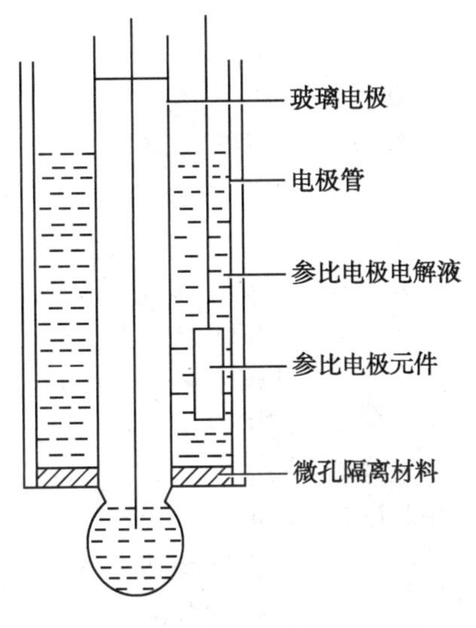

图 9-7　复合 pH 电极示意图

电池组成为：指示电极（pH 玻璃膜电极）‖ 参比电极

原电池为：

$Ag|AgCl, HCl|$ 玻璃膜 | 试液 ‖ $KCl$（饱和），$Hg_2Cl_2|Hg$

在一定条件下，测得的 E 与 pH 呈直线函数关系：

$$E = K' + 0.059\text{pH}\ (25℃) \qquad (9\text{-}9)$$

由于式中 $K'$ 受的 $\varphi_{外参}$、$\varphi_{内参}$、$\varphi_{不对称}$影响，不同的电极，$K'$ 不同，在实际测量中不能直接从 $E$ 直接得到 pH，而采用两次测量法以消除其影响。

2. 测定方法　两次测量法：先测量已知 pH 的标准缓冲溶液的电池电动势 $E_S$，再测量未知 $pH_X$ 的待测液的电池电动势为 $E_X$。测得电动势

$$E_S = K' + 0.059\text{pH}_S \qquad (9\text{-}10)$$

$$E_X = K' + 0.059\text{pH}_X \qquad (9\text{-}11)$$

两式相减得：

$$\text{pHx} = \text{pHs} - \frac{E\text{s} - E\text{x}}{0.059} \qquad (9\text{-}12)$$

在公式(9-12)中，pHs 已知，$E_S$、$E_X$ 可直接测出，因此可以直接算出 $pH_X$ 值。

课堂互动

用电位法测定溶液 pH 时，采用两次测定法的目的是什么？

在两次测量法中，饱和甘汞电极在待测溶液和标准缓冲溶液中产生的液接电位不同，由此会引起测定误差。如果两者的 pH 极为接近（ΔpH<3），则由液接电位不同而引起的误差可以忽略，因此在测量时应尽量选用 pH 接近样品溶液的标准缓冲溶液。常用 pH 标准缓冲溶液在不同温度时的 pH 值见表 9-3。

表 9-3　常用 pH 标准缓冲溶液在不同温度时的 pH 值

| 名称 | 不同温度时的 pH 值 | | | | | | | | | |
|---|---|---|---|---|---|---|---|---|---|---|
| 酒石酸盐标准缓冲溶液 | 温度 | 0℃ | 5℃ | 10℃ | 15℃ | 20℃ | 25℃ | 30℃ | 35℃ | 40℃ |
| | pH | — | — | — | — | — | 3.56 | 3.55 | 3.55 | 3.55 |
| | 温度 | 45℃ | 50℃ | 55℃ | 60℃ | 70℃ | 80℃ | 90℃ | 95℃ | — |
| | pH | 3.55 | 3.55 | 3.55 | 3.56 | 3.58 | 3.61 | 3.65 | 3.67 | — |
| 草酸盐标准缓冲溶液 | 温度 | 0℃ | 5℃ | 10℃ | 15℃ | 20℃ | 25℃ | 30℃ | 35℃ | 40℃ |
| | pH | 1.67 | 1.67 | 1.67 | 1.67 | 1.68 | 1.68 | 1.69 | 1.69 | 1.69 |
| | 温度 | 45℃ | 50℃ | 55℃ | 60℃ | 70℃ | 80℃ | 90℃ | 95℃ | — |
| | pH | 1.7 | 1.71 | 1.72 | 1.72 | 1.74 | 1.77 | 1.79 | 1.81 | — |
| 磷酸盐标准缓冲溶液 | 温度 | 0℃ | 5℃ | 10℃ | 15℃ | 20℃ | 25℃ | 30℃ | 35℃ | 40℃ |
| | pH | 6.98 | 6.95 | 6.92 | 6.9 | 6.88 | 6.86 | 6.85 | 6.84 | 6.84 |
| | 温度 | 45℃ | 50℃ | 55℃ | 60℃ | 70℃ | 80℃ | 90℃ | 95℃ | — |
| | pH | 6.83 | 6.83 | 6.83 | 6.84 | 6.85 | 6.86 | 6.88 | 6.89 | — |
| 苯二甲酸氢盐标准缓冲溶液 | 温度 | 0℃ | 5℃ | 10℃ | 15℃ | 20℃ | 25℃ | 30℃ | 35℃ | 40℃ |
| | pH | 4 | 4 | 4 | 4 | 4 | 4.01 | 4.01 | 4.02 | 4.04 |
| | 温度 | 45℃ | 50℃ | 55℃ | 60℃ | 70℃ | 80℃ | 90℃ | 95℃ | — |
| | pH | 4.05 | 4.06 | 4.08 | 4.09 | 4.13 | 4.16 | 4.21 | 4.23 | — |
| 氢氧化钙标准缓冲溶液 | 温度 | 0℃ | 5℃ | 10℃ | 15℃ | 20℃ | 25℃ | 30℃ | 35℃ | 40℃ |
| | pH | 13.42 | 13.21 | 13 | 12.81 | 12.63 | 12.45 | 12.3 | 12.14 | 11.98 |
| | 温度 | 45℃ | 50℃ | 55℃ | 60℃ | 70℃ | 80℃ | 90℃ | 95℃ | — |
| | pH | 11.84 | 11.71 | 11.57 | 11.45 | — | — | — | — | — |
| 硼酸盐标准缓冲溶液 | 温度 | 0℃ | 5℃ | 10℃ | 15℃ | 20℃ | 25℃ | 30℃ | 35℃ | 40℃ |
| | pH | 9.46 | 9.4 | 9.33 | 9.27 | 9.22 | 9.18 | 9.14 | 9.1 | 9.06 |
| | 温度 | 45℃ | 50℃ | 55℃ | 60℃ | 70℃ | 80℃ | 90℃ | 95℃ | — |
| | pH | 9.04 | 9.01 | 8.99 | 8.96 | 8.92 | 8.89 | 8.85 | 8.83 | — |

在实际工作中，被测溶液的 pH 不必通过公式 9-12 计算，可直接在 pH 计中显示出来。

直接电位法测定溶液的 pH 不受还原剂、氧化剂和其他活性物质的影响，可用于胶体溶液、有色物质和浑浊溶液的 pH 测定。测定前不用对待测溶液作处理，测定后对待测液无破坏、无污染，因此在药物分析中常用于注射剂、滴眼液等制剂酸碱度的检查。

pH 计的使用

## 二、其他离子浓度的测定

直接电位法测定其他离子浓度常用的指示电极是离子选择性电极,离子选择性电极是对待测定离子有选择性响应的膜电极。

### (一) 离子选择性电极基本结构与电极电位

电极基本结构包括电极膜、电极管、内参比电极和内参比溶液,如图 9-8 所示。

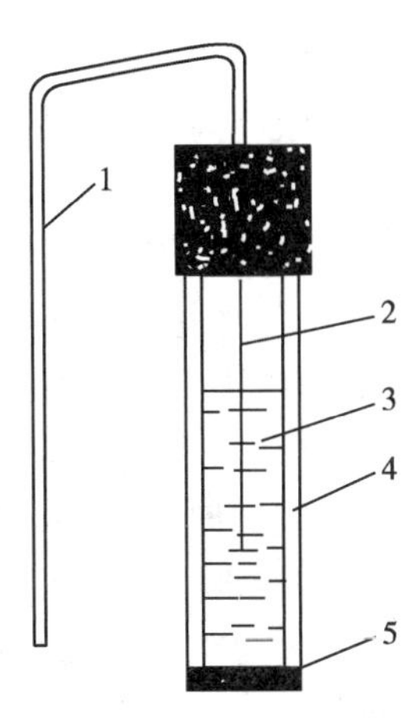


图 9-8　离子选择性电极基本构造图
1. 导线　2. 内参比电极　3. 内参比溶液　4. 电极管　5. 电极膜

当待测液与电极膜接触时,电极膜对待测液中的某些离子有选择性响应,由于电极膜和溶液界面的离子交换和扩散作用,当达到平衡后膜两侧建立电位差。因为内参比溶液浓度是一恒定值,所以离子选择性电极的电位与待测离子的浓(活)度之间满足能斯特方程式。即:

$$\varphi = K \pm \frac{0.059}{n} \lg c_i \tag{9-13}$$

响应离子为阳离子时取"+",响应离子为阴离子时取"−"。

离子选择性电极不是绝对专属的,试液中除待测离子外,有时还应考虑共存干扰离子对电极电位的影响,在此将不作讨论。

### (二) 离子选择性电极的分类

1975 年"国际纯粹与应用化学联合会"基于离子选择性电极绝大多数都是膜电极这一事实,依据膜的特征,推荐将离子选择性电极分类如下:

- 离子选择性电极
  - 原电极
    - 晶体膜电极
      - 非均相膜电极
      - 均相膜电极
    - 非晶体膜电极
      - 刚性基质电极
      - 活动载体电极
  - 氧化离子选择性电极
    - 气敏电极
    - 酶电极

### (三) 各种离子选择性电极的性能

1. 晶体膜电极

膜电位产生机理:晶体中存在晶格缺陷,即有晶格空隙,挨近空隙的可移动的离子能移动到空隙中。

膜电位产生过程如下:

离子扩散→电荷分布的改变→建立双电层→膜电位

选择性:一定的电极膜,按其空隙大小、形状、电荷分布,只能容纳一定的可移动离子,其他离子则不能进入。

干扰:来自晶体表面的化学反应,即共存离子与晶格离子形成难溶盐或配合物,改变膜表面性质。

2. 非晶体膜电极

(1) 刚性基质电极:刚性基质电极的玻璃膜组成结构与 pH 玻璃电极相似,阳离子玻璃电极的选择性主要决定于玻璃的组成。主要响应离子:$Na^+$、$K^+$、$Ag^+$、$Li^+$。

(2) 活动载体电极:也称液膜电极,活动载体可以在膜相中流动,但不能离开电极膜。带电荷流动载体膜电极有 $Ca^{2+}$,$Cu^{2+}$ 等离子选择性电极。$Ca^{2+}$ 选择电极是一种典型的液膜电极:

内参比电极:Ag/AgCl 电极;内部溶液:0.1mol/L $CaCl_2$ 溶液;

液体离子交换剂:0.1mol/L 二癸基磷酸钙的苯基磷酸二辛脂溶液;

多孔膜:是疏水性的,仅有活性有机相在界面发生交换反应。

3. 氧化离子选择性电极

(1) 气敏电极:是将气体渗透膜与离子选择性电极组成的复合电极,是一种气体传感器,用于测定溶液中气体的含量。

构成:透气膜、内充溶液、参比电极、指示电极。

检测原理:试液气体通过透气膜进入液层,导致某种离子活度改变,从而使电池电动势改变。

(2) 酶电极:基于界面反应(酶催化反应),被测物在酶作用下转变为指示电极响应的新物质。酶电极是一种常用的生物传感器。

#### (四) 测定方法

由于液接电位、不对称电位的存在,以及活度难于计算,因此在直接电位法中一般不采用能斯特方程式直接计算待测离子浓度,常采用以下几种方法。

1. 直接比较法　又称两次测定法,与测定溶液 pH 原理相似,首先测得标准溶液的电动势 $E_S$,然后再测得待测溶液电动势 $E_X$,然后求出待测溶液离子浓度 $c_x$ 值。

2. 标准曲线法　在离子选择性电极线性范围内,根据浓度从小到大的顺序分别测定标准溶液的电动势 $E_{Si}$,然后再以同样的方法测定待测溶液电动势 $E_X$。通过测得标准溶液的电动势 $E_{Si}$ 和标准溶液浓度 $c_S$ 作 $E_{Si}$-lg$c_S$ 图,通常可得一直线,这一直线称为标准曲线。在曲线上找到根据测得的待测溶液电动势 $E_X$ 即可查出待测离子的浓度 $c_X$ 值,该方法适于大批量试样的分析。

除上述两种方法外,离子选择性电极的测量方法还有格式作图法等其他方法。

## 第三节 电位滴定法

### 一、电位滴定法概述

电位滴定法是通过滴定过程中电池电动势变化以确定滴定终点的方法。和直接电位法相比,电位滴定法不需要准确的测量电极电位值。滴定过程中,随着滴定液的加入和化学反应的进行,待测离子或与之有关的离子活度(浓度)发生变化,指示电极的电位(或电池电动势)也随着发生变化,在化学计量点附近,电位发生突跃,由此确定滴定的终点。电位滴定法的装置由四部分组成,即电池、搅拌器、测量仪表、滴定装置,如图 9-9 所示。

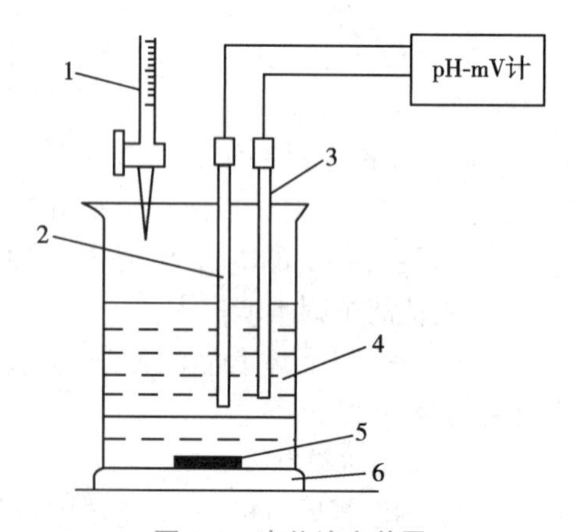


图 9-9　电位滴定装置

1. 滴定管　2. 参比电极　3. 指示电极　4. 待测液　5. 铁芯搅拌器　6. 电磁搅拌器

电位滴定法与指示剂滴定分析法相比,具

有终点客观，准确度高，宜于自动化且不受溶液颜色、浑浊等限制的特点。

## 二、确定滴定终点的方法

进行电位滴定时，应边滴定边记录加入滴定液的体积和相应的电极电位（或电池电动势），在化学计量点附近，应减少滴定液的加入量，每加入一滴，便记录一次电极电位读数。表9-4是电位滴定终点附近数据记录表。现利用表9-4的数据具体讨论几种确定终点的方法。

表9-4　电位滴定数据记录表

| 滴定液体积 $V$(ml) | 电位计读数 $E$(mV) | $\Delta E$ | $\Delta V$ | $\Delta E/\Delta V$ | $\Delta(\Delta E/\Delta V)$ | $\Delta^2E/\Delta V^2$ |
|---|---|---|---|---|---|---|
| 15.20 | 179.1 | | | | | |
| 15.25 | 182.3 | 2.3 | 0.05 | 46.00 | 66.07 | 1179.85 |
| 15.36 | 194.0 | 12.0 | 0.11 | 109.09 | 26.95 | 240.61 |
| 15.41 | 199.9 | 5.9 | 0.05 | 118.00 | 211.91 | 4816.12 |
| 15.46 | 217.2 | 17.3 | 0.05 | 346.00 | 3599.00 | 719 80.00 |
| 15.48 | 296.1 | 78.9 | 0.02 | 3945.00 | −3355.00 | −167 750.00 |
| 15.50 | 307.9 | 11.8 | 0.02 | 590.00 | −305.00 | −15 250.00 |
| 15.52 | 313.6 | 5.7 | 0.02 | 285.00 | −80.00 | −4000.00 |
| 15.54 | 317.7 | 4.1 | 0.02 | 205.00 | −80.00 | −4000.00 |
| 15.56 | 322.7 | 5.0 | 0.02 | 250.00 | −38.75 | −968.75 |
| 15.58 | 329.6 | 6.9 | 0.02 | 345.00 | −41.36 | −517.05 |
| 15.66 | 337.5 | 7.9 | 0.08 | 98.75 | −18.89 | −107.31 |
| 15.83 | 342.7 | 5.2 | 1.7 | 3.06 | | |

### （一）$E$-$V$曲线法

以表9-4中滴定液体积$V$为横坐标，电池电动势为纵坐标作图，得到一条$E$-$V$曲线，如图9-10所示。此曲线的转折点（拐点）所对应的体积即为化学计量点的体积。

### （二）$\Delta E/\Delta V$-$V$曲线法

又称一级微商法，$\Delta E/\Delta V$为$E$的变化值与相对应加入滴定剂体积的增量比，用表9-4中$\Delta E/\Delta V$对$V$作图，如图9-11所示，可得到一呈尖峰状曲线，尖峰顶端对应的$V$值为滴定终点，用此法作图，步骤较烦琐，不够准确。因此用二次微商法计算滴定终点。

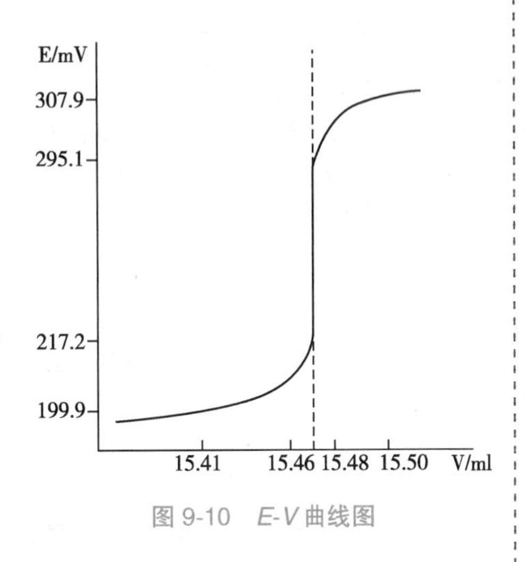


图9-10　$E$-$V$曲线图

### （三）$\Delta^2E/\Delta V^2$-$V$曲线法

二次微商法。以表9-4中$\Delta^2E/\Delta V^2$对$V$作曲线，如图9-12所示，曲线上$\Delta^2E/\Delta V^2$为0时对应的体积为滴定终点。

电位滴定也常用滴定至终点的方法来确定终点。自动电位滴定法就是根据这一原理

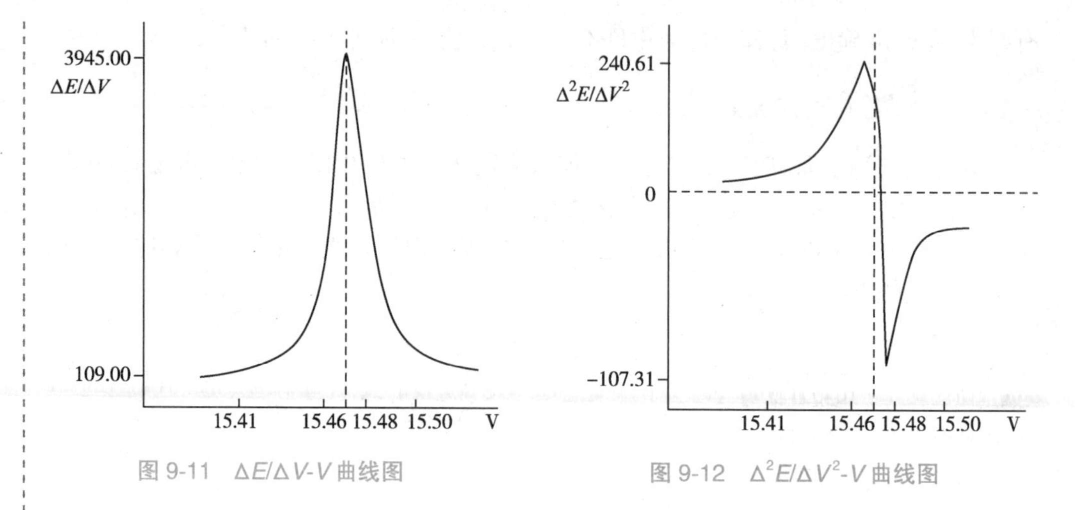


图 9-11　$\Delta E/\Delta V$-$V$ 曲线图　　图 9-12　$\Delta^2E/\Delta V^2$-$V$ 曲线图

设计的。并自动绘制出 $E$-$V$ 曲线和 $\Delta E/\Delta V$-$V$ 曲线，在很大程度上提高了测定的灵敏度和准确度。

### 三、指示电极的选择

电位滴定的反应类型与指示剂滴定分析法完全相同。滴定时，应根据不同的反应选择合适的指示电极。滴定反应类型有以下四种：

1. 酸碱反应　滴定过程中溶液的氢离子浓度发生变化，可采用 pH 玻璃电极作指示电极。

2. 沉淀反应　根据不同的沉淀反应，选择不同的指示电极。如以 $AgNO_3$ 标准溶液滴定 $Cl^-$、$Br^-$ 等离子时，可用银电极作指示电极。

3. 氧化还原反应　在滴定过程中，溶液的氧化态和还原态的浓度比值发生变化，可采用铂电极作指示电极。

4. 配合反应　利用配合反应进行电位滴定时，应根据不同的配合反应选择不同的指示电极。如 EDTA 滴定金属离子，可选离子选择性电极作指示电极。

### 四、应用与实例

苯巴比妥的含量测定　精密称取本样品约 0.2g，加甲醇 40ml 使溶解，再加新制的 3% 无水碳酸钠溶液 15ml，用银电极为指示电极，饱和甘汞电极或玻璃电极作为参比电极。用硝酸银滴定液（0.1000mol/L）滴定，用电位滴定法确定滴定终点。每 1ml 硝酸银滴定液（0.1000mol/L）相当于 23.22mg 的 $C_{12}H_{12}N_2O_3$。其苯巴比妥的含量为：

$$C_{12}H_{12}N_2O_3\% = \frac{V_{AgNO_3} \times 23.22 \times 10^{-3}}{S} \tag{9-14}$$

## 第四节　永停滴定法

### 一、基本原理

永停滴定法是电位滴定法中的一种，是把两个相同铂电极插入被测液中，在两

个电极之间外加一电压，并联一电流计，滴定过程中，根据电流的变化来确定滴定终点的滴定方法。装置如图 9-13 所示。

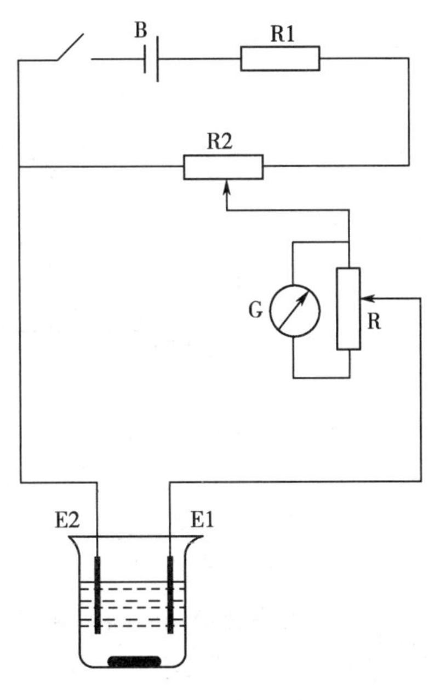

图 9-13　永停滴定法装置图

如果溶液中存在 $I_2/I^-$ 氧化还原电极，在两个电极之间外加一电压时，电极上发生的电解反应，一支电极发生氧化反应，另一支电极发生还原反应。则两支铂电极上发生的电解反应如下：

阳极　$2I^- \rightleftharpoons I_2+2e^-$

阴极　$I_2+2e^- \rightleftharpoons 2I^-$

此时电流表指针发生偏转，说明有电流通过。此电对称为可逆电位。

如果溶液中存在 $S_4O_6^{2-}/S_2O_3^{2-}$ 电对，在两个电极之间外加一电压时，电极上发生电解反应，则阳极上 $S_2O_3^{2-}$ 能发生氧化反应，而阴极上 $S_4O_6^{2-}$ 不能发生还原反应，不能产生电流，这样的电对称为不可逆电对。

## 二、使用方法

1. 滴定液为可逆电对，待测物为不可逆电对　例如碘滴定液滴定硫代硫酸钠溶液，化学计量点前，溶液中只有 $I^-$ 和不可逆电对 $S_4O_6^{2-}/S_2O_3^{2-}$，电极间无电流通过，电流计指针停在零点。化学计量点后，碘液略有过剩，溶液中出现了可逆电对 $I_2/I^-$，在两支铂电极上即发生如下电解反应：

阳极　$2I^- \rightleftharpoons I_2+2e^-$

阴极　$I_2+2e^- \rightleftharpoons 2I^-$

电极间有电流通过，电流计指针突然偏转，从而指示计量点的到达。其滴定过程中电流变化曲线，如图 9-14 所示。

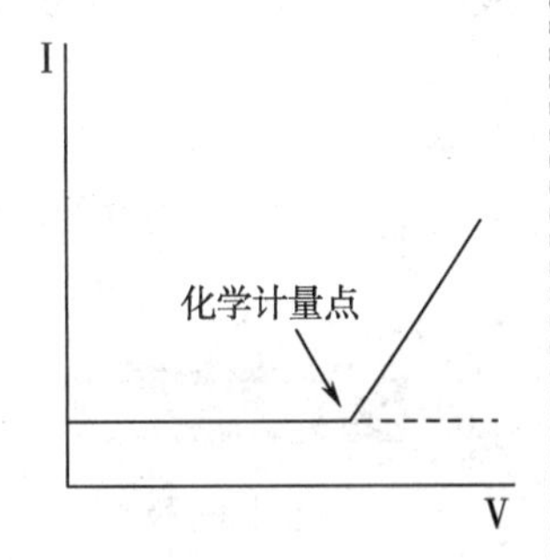

图 9-14　碘滴定硫代硫酸钠滴定曲线

2. 滴定液为不可逆电对，待测物为可逆电对　例如硫代硫酸钠滴定含有 KI 的 $I_2$ 溶液，化学计量点前，溶液中有 $I_2/I^-$ 可逆电对存在，因此有电解电流通过。

反应式为：$2S_2O_3^{2-}+I_2 \rightleftharpoons S_4O_6^{2-}+2I^-$

随着滴定的进行，电解电流随[$I^-$]的增大而增大。当反应进行到一半时，电解电流达到最大。滴定至化学计量点时降至最低，化学计量点时电解反应停止，永停滴定法因此而得名。滴定过程中电流变化曲线如图 9-15 所示。

3. 滴定剂与被测物均为可逆电对　例如 $Ce^{4+}$ 溶液滴定 $Fe^{2+}$ 溶液，其反应式为：

$$Ce^{4+}+Fe^{2+} \rightleftharpoons Ce^{3+}+Fe^{3+}$$

滴定前，溶液中没有发生电解反应，无电流通过。滴定开始至化学计量点前滴定曲线类似于上述第二种类型，化学计量点时电流计指针停在零点附近。化学计量点后指针立即又远离零点，随着 $Ce^{2+}$ 的增大电流也逐渐增大。滴定过程中电流变化曲线如图 9-16 所示。

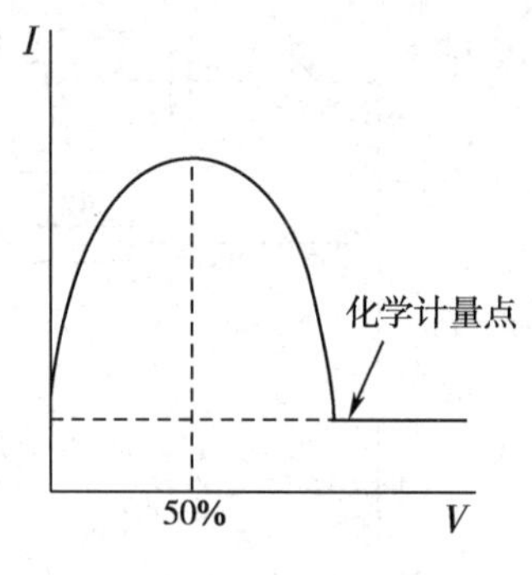

图 9-15 硫代硫酸钠滴定碘溶液滴定曲线

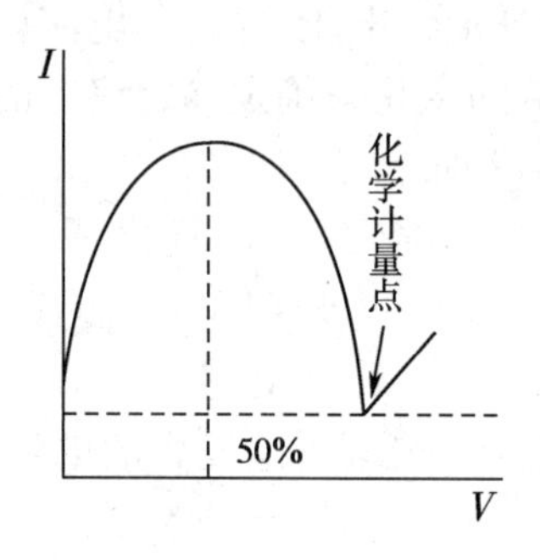

图 9-16 $Ce^{4+}$ 溶液滴定 $Fe^{2+}$ 溶液滴定曲线图

## 三、应用与示例

由于永停滴定法装置简单、容易操作、结果准确可靠。被广泛应用于药物分析中。

如：$NaNO_2$ 滴定芳香胺，在化学计量点前，溶液中不存在可逆电对，电流计指针停留在零位，当达到化学计量点后，溶液中稍有过量的亚硝酸钠，便有 $HNO_2$ 及其分解产物 NO，并组成可逆电对 $HNO_2$/NO，使两个电极发生电解反应，反应式为：

$$R-C_6H_4-NH_2+NaNO_2+2HCl \rightleftharpoons [R-C_6H_4-\overset{+}{N}\equiv N]Cl+NaCl+2H_2O$$

由于化学计量点前溶液中不存在可逆电对，电流计指针停止在零位。当到达化学计量点后，溶液中稍有过量的亚硝酸钠，溶液中便有 $HNO_2$ 及其分解产物 NO，并组成可逆电对，在两个电极上发生的电解反应如下：

阴极 $HNO_2+H^++e \rightleftharpoons NO+H_2O$

阳极 $NO+H_2O-e \rightleftharpoons HNO_2+H^+$

电路中有电流通过，电流计指针发生偏转，不再回到零点。

（李 洁）

扫一扫 测一测

## 复习思考题

1. 参比电极和指示电极的作用是什么？
2. 直接电位法和电位滴定法分别有什么特点？
3. 电位分析法与指示剂滴定分析法的主要不同点是什么？电位滴定确定化学计量点的方法有哪些？
4. 25℃，将 pH 玻璃电极与饱和甘汞电极浸入 pH=6.87 的标准缓冲溶液中，测得电动势为 0.386V，将该电极浸入到待测 pH 的溶液中，测得电动势为 0.508，计算待测溶液的 pH。

# 第十章

# 紫外-可见分光光度法

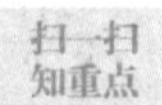

学习要点

1. 物质的结构与紫外吸收光谱的关系，紫外吸收光谱在有机化合物结构分析中的应用；朗伯-比尔定律。

2. 吸收光谱、吸收峰、吸收谷、末端吸收、吸收带、吸收系数等术语概念。

3. 紫外-可见分光光度法的定性及定量分析，分光光度计的使用方法。

## 第一节 基础知识

在现代仪器分析法中，基于待测物质（原子或分子）发射的电磁辐射或待测物质与辐射的相互作用而建立起来的定性、定量和结构分析方法，统称为光学分析法。光学分析法是一大类分析方法，根据物质与辐射能间作用的性质不同，光学分析法又分为光谱法和非光谱法。

知识链接

**光谱法的发展史及应用**

1858—1859年间，德国化学家本生和物理学家基尔霍夫创立了一种新的化学分析方法—光谱分析法，他们两人被公认为光谱分析法的奠基人。光谱分析法开创了化学和分析化学的新纪元，不少化学元素通过光谱分析发现。光谱分析法已广泛地用于地质、冶金、石油、化工、农业、医药、生物化学、环境保护等许多方面。光谱分析法是常用的灵敏、快速、准确的近代仪器分析方法之一。

### 一、光谱分析法的基本概念

非光谱法是指那些不涉及物质内部能级的跃迁，即不以光的波长为特征讯号，仅通过测量电磁辐射的某些基本性质（如反射、折射、干涉、衍射和偏振等）变化的分析方法。

当物质与电磁辐相互作用时，物质内部发生能级跃迁，根据能级跃迁所产生的电磁辐射强度随波长变化所得到的图谱称为光谱。利用光谱进行定性、定量和结构分析的方法称为光谱分析法，简称光谱法。

光谱分析法是以原子和分子的光谱学为基础的一大类分析方法。根据测量信号的特征，常用的光谱法主要有两大类，一是发射光谱法：根据物质的原子、分子或离子受电磁辐射之后，由低能态跃迁至高能态，再由高能态跃迁至低能态所发射的电磁辐射而建立的分析方法；二是吸收光谱法：利用物质对电磁辐射的选择性吸收而建立的分析方法。各类光谱法还可以再细分，见表 10-1。

表 10-1　光谱分析法的分类

| 测量信号的特征 | 仪器检验方法 |
| --- | --- |
| 发射光谱法 | 原子发射光谱法、原子荧光光谱法、荧光光谱法、化学发光法等 |
| 吸收光谱法 | 原子吸收光谱法、紫外 - 可见分光光度法、红外光谱法、X 射线吸收光谱法、核磁共振波谱法等 |

本章主要介绍紫外 - 可见吸收光谱法。紫外 - 可见吸收光谱法（UV-Vis）是用分光光度计依据溶液中的吸光物质对紫外和可见光区（200~760nm）辐射能的吸收来研究物质的组成和含量的分析方法，也称紫外 - 可见分光光度法。

紫外 - 可见分光光度法与其他仪器分析方法相比，由于电子光谱的强度大，故紫外 - 可见分光光度法灵敏度较高，一般可达 $10^{-4}$~$10^{-7}$g/ml，测定准确度一般为 0.5%，性能较好的仪器，其测定准确度可达 0.2%。此外，紫外 - 可见分光光度法还具有仪器操作简便，分析速度快，应用范围广的特点，不但可以进行定量分析，还可对被测物质进行定性分析和对某些有机物的官能团进行鉴定。

## 二、电磁辐射和电磁波谱

### （一）电磁辐射

光是一种电磁辐射（又称电磁波），是一种在空间不需任何物质作为传播媒介的高速传播的粒子流，它具有波动性与粒子性。光的波动性表现在光具有反射、折射、干涉、衍射以及偏振等现象。描述光的波动性常用波长 $\lambda$、波数 $\sigma$ 和频率 $\nu$ 来表征。波长、波数和频率的关系为：

$$\nu=\frac{c}{\lambda} \tag{10-1}$$

$$\sigma=\frac{1}{\lambda}=\frac{\nu}{c} \tag{10-2}$$

式中：$c$ 为光在真空中的传播速度，$c=2.997925\times10^{8}\text{m}\cdot\text{s}^{-1}$。

光的粒子性体现在热辐射、光的吸收和发射、光电效应以及光的化学作用等方面。光是不连续的粒子流，这种粒子称为光子（或光量子）。光的粒子性用每个光子具有的能量 E 作为表征。光子的能量与波长成反比，与频率成正比。它们的关系如下：

$$E=h\nu=h\frac{c}{\lambda}=hc\sigma \tag{10-3}$$

式中：$h$ 是普朗克(Planck)常数，$h=6.6262\times10^{-34}$ J·s；$E$ 为光子能量，单位为焦耳(J)或电子伏特(eV)（$1eV=1.6022\times10^{-19}$J）。

例 10-1　计算波长为 200nm 的 1mol($6.02\times10^{23}$ 个)光子的能量 E。

解：光速 $c=2.997\times10^{8}$m，波长 $\lambda=200nm=200\times10^{-9}$m；

1mol 光子的能量为：

$$E=\frac{6.63\times10^{-34}\times3.00\times10^{8}\times6.02\times10^{23}}{200\times10^{-9}}=5.98\times10^{5}\text{(J/mol)}$$

答：波长为 200nm 的 1mol($6.02\times10^{23}$ 个)光子的能量为 $5.98\times10^{5}$J/mol。

由此可见，波长愈长，光子能量愈小；波长愈短，光子能量愈大。

### (二) 电磁波谱

从 γ 射线一直到无线电波都是电磁辐射，光是电磁辐射的一部分，它们在性质上是完全相同的，区别仅在于波长或频率不同，即光子具有的能量不同。把电磁辐射按波长或频率的顺序排列起来，就是电磁波谱。如表 10-2 所示。

表 10-2　电磁波谱分区表

| 辐射区段 | 波长范围 | 跃迁能级类型 |
| --- | --- | --- |
| γ 射线 | $10^{-3}$~0.1nm | 核能级 |
| X 射线 | 0.1~10nm | 内层电子能级 |
| 远紫外区 | 10~200nm | 内层电子能级 |
| 近紫外区 | 200~400nm | 原子及分子价电子或成键电子 |
| 可见光区 | 400~760nm | 原子及分子价电子或成键电子 |
| 近红外区 | 0.76~2.5μm | 分子振动能级 |
| 中红外区 | 2.5~50μm | 分子振动能级 |
| 远红外区 | 50~1000μm | 分子转动能级 |
| 微波区 | 0.1~100cm | 电子自旋及核自旋 |
| 无线电波区 | 1~1000m | 电子自旋及核自旋 |

### (三) 物质对光的吸收

物质的结构不同，与电磁辐射发生相互作用所需要的能量也不同，只有当电磁辐射的能量与物质结构发生改变所需要的能量相等时，电磁辐射与物质之间才能发生相互作用而被吸收。也就是说，物质对光的吸收具有选择性。

在可见光区，不同波长的光具有不同的颜色，但波长相近的光，其颜色并没有明显的差别，不同颜色之间是逐渐过渡的。各种颜色光的近似波长范围，如表 10-3 所示。

表 10-3　各种色光的近似波长范围

| 光的颜色 | 波长范围(nm) | 光的颜色 | 波长范围(nm) |
| --- | --- | --- | --- |
| 红色 | 760~650 | 青色 | 500~480 |
| 橙色 | 650~610 | 蓝色 | 480~450 |
| 黄色 | 610~560 | 紫色 | 450~400 |
| 绿色 | 560~500 | 近紫外 | 200~400 |

单一波长的光称为单色光，由不同波长的光混合而成的光称为复合光。例如，白光（日光、白炽灯光）就是由各种不同颜色的光按照一定比例混合而成的。如果让一束复合光通过棱镜或光栅，就能散射出多种颜色的光，这种现象称为光的色散。

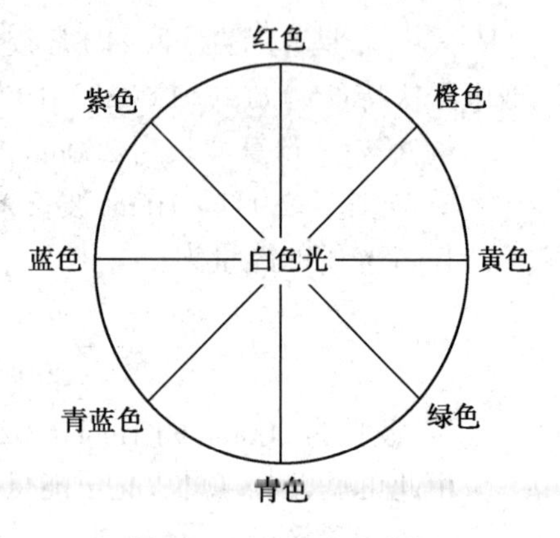


图 10-1　补色光示意图

如果两种适当颜色的单色光按一定强度比例混合，可以得到白光，则这两种单色光称为互补色光。例如，紫色光和绿色光为互补色光；蓝色光和黄色光为互补色光，日光和白炽灯光都是由很多互补色光按一定强度比例混合而成的（图 10-1）。

溶液呈现不同的颜色，是由于溶液中的溶质（分子或离子）选择性地吸收了白光中某种颜色的光而引起的。当一束白光通过某溶液时，如果该溶液对任何颜色的光都不吸收，则溶液无色透明；如果该溶液对任何颜色的光的吸收程度相同，则溶液灰暗透明；如果溶液吸收了其中某一颜色的光，则溶液呈现透过光的颜色，即呈现溶液所吸收色光的补色光的颜色。例如，高锰酸钾溶液能够吸收白光中的青绿色光而呈现紫红色。

## 三、电子跃迁类型

紫外 - 可见吸收光谱是分子中价电子在不同的分子轨道之间的能级跃迁而产生的。因此，这种吸收光谱取决于分子中价电子的分布和结合情况。按照分子轨道理论，一个化学键是由两个自旋方向相反的电子相互成键而成，形成化学键的电子不是处于原子轨道，而是形成新的分子轨道，即分子中的电子能级。在有机化合物分子中有几种不同类型的价电子：处于 $\sigma$ 轨道上的 $\sigma$ 电子，形成单键；处于 π 轨道上的 π 电子，形成双键；未参与成键的仍处于原子轨道的孤对电子，称 n 电子（也称 p 电子）。分子轨道不同，电子所具有的能量不同。当它们吸收光能后，将跃迁到较高的能级轨道而呈激发态，这时电子所处的轨道为 $\sigma^*$ 反键或 $\pi^*$ 反键轨道。分子中价电子的五种轨道能级的高低顺序为：$\sigma^*>\pi^*>n>\pi>\sigma$，如图 10-2 所示。

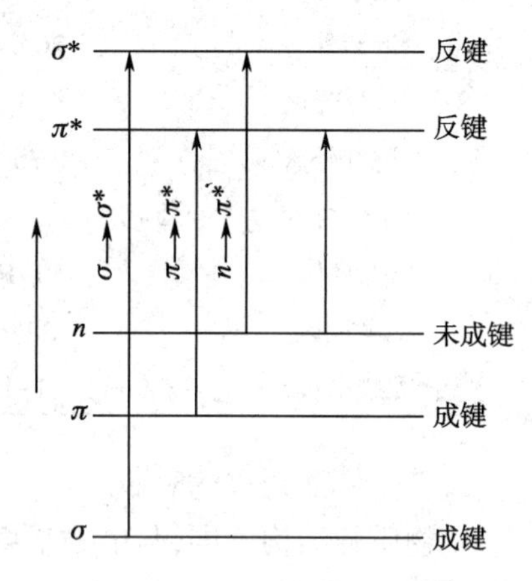


图 10-2　分子中价电子能级跃迁示意图

分子中价电子的跃迁方式与键的性质有关，也就是说与化合物的结构有关。分子中价电子的跃迁常见的有如下类型：

1. $\sigma\rightarrow\sigma^*$ 跃迁　处于 $\sigma$ 成键轨道上的电子吸收光能后跃迁到 $\sigma^*$ 反键轨道上。分子中 $\sigma$ 键比较牢固，故跃迁需要较大的能量，吸收峰在远紫外区。饱和烃类的吸收峰波长一般都小于 150nm，如甲烷的吸收峰 $\lambda_{max}$=125nm，在 200~400nm 范围无吸收。

2. $\pi\rightarrow\pi^*$ 跃迁　处于 $\pi$ 成键轨道上的电子吸收光能后跃迁到 $\pi^*$ 反键轨道上。$\pi$ 电子跃迁到 $\pi^*$ 轨道所需的激发能比 $\sigma\rightarrow\sigma^*$ 跃迁所需的能量低，孤立的 $\pi\rightarrow\pi^*$ 跃

迁一般在 200nm 左右，一般吸光系数 $\varepsilon>10^4$L/(mol·cm)，属强吸收。如乙烯 $CH_2=CH_2$ 的吸收峰在 165nm，$\varepsilon=10^4$L/(mol·cm)。对具有共轭双键的化合物，跃迁所需能量降低，如 1,3- 丁二烯的 $\lambda_{max}$ 在 217nm，$\varepsilon=2.1\times10^4$L/(mol·cm)，共轭键愈长，跃迁所需能量愈小。

3. $n\rightarrow\pi^*$ 跃迁　含有杂原子的不饱和基团，如 =C=O、=C=S、—N=N— 等基团，其非键轨道中的孤对电子(即 n 电子)吸收光能后，跃迁到 $\pi^*$ 反键轨道，形成 $n\rightarrow\pi^*$ 跃迁。这种跃迁一般发生在近紫外光区(200~400nm)，吸收强度弱，$\varepsilon$ 较小，约在 10~100L/(mol·cm)之间。如丙酮的 $\lambda_{max}$=279nm，$\varepsilon$ 约为 10~30L/(mol·cm)。

4. $n\rightarrow\sigma^*$ 跃迁　如含 —OH、—$NH_2$、—X、—S 等基团的饱和有机化合物，其杂原子上的孤对电子吸收光能后向 $\sigma^*$ 反键轨道跃迁，形成 $n\rightarrow\sigma^*$ 跃迁，这种跃迁可以吸收的波长在 200nm 左右。如甲醇 $\lambda_{max}$=183nm 处的吸收峰 $\varepsilon$=150L/(mol·cm)。

由上可知，不同类型的跃迁所需的能量不同，所以它们吸收波长不同的光能。一般其相对能量大小的顺序为：$\sigma\rightarrow\sigma^*>n\rightarrow\sigma^*\geqslant\pi\rightarrow\pi^*>n\rightarrow\pi^*$。其中，$\sigma\rightarrow\sigma^*$ 跃迁所需的能量大，在远紫外光区；单独双键的 $\pi\rightarrow\pi^*$ 跃迁与 $n\rightarrow\sigma^*$ 跃迁所需的能量差不多，吸收峰在 200nm 左右。

## 四、紫外 - 可见吸收光谱的常用术语

1. 吸收光谱　又称吸收曲线，是以波长 λ(nm)为横坐标，以吸光度 A(或透光率 T)为纵坐标所描绘的曲线，如图 10-3 所示，吸收光谱的特征是用一些术语来描述的。

(1) 吸收峰：曲线上吸光度最大的地方，它所对应的波长称为最大吸收波长($\lambda_{max}$)。

(2) 谷：峰与峰之间吸光度最小的部位，此处的波长称为最小吸收波长($\lambda_{min}$)。

(3) 肩峰：在一个吸收峰旁边产生的一个曲折。

(4) 末端吸收：只在图谱短波一端呈现强吸收而不成峰形的部分。

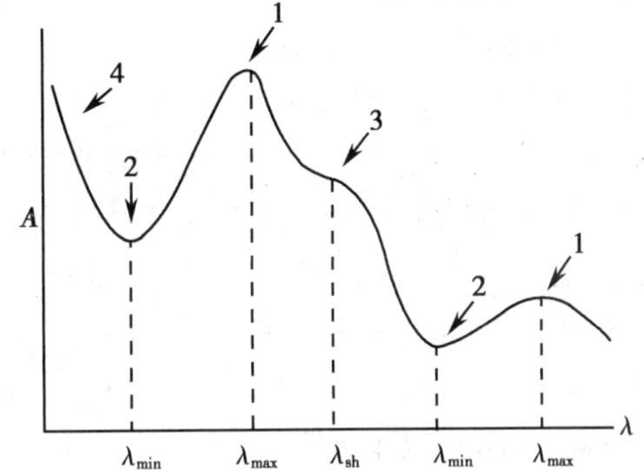


图 10-3　吸收光谱示意图

1. 吸收峰　2. 谷　3. 肩峰　4. 末端吸收

2. 生色团　有机化合物分子结构中含有 $\pi\rightarrow\pi^*$ 或 $n\rightarrow\pi^*$ 跃迁的基团，即在紫外 - 可见光区内产生吸收的原子团，如 =C=C、=C=O、—N=N—、—$NO_2$、=C=S 等。

3. 助色团　是指含有非键电子的杂原子饱和基团，它们与生色团或饱和烃相连接时，使生色团或饱和烃的吸收峰向长波方向移动，并使其吸收强度增加。如 —OH、—$NH_2$、—OR、—SH、—SR、—C1、—Br、—I 等。

4. 红移　亦称长移，是由于化合物的结构改变，如发生共轭作用、引入助色团或溶剂改变等，使吸收峰向长波方向移动的现象。

5. 蓝(紫)移　亦称短移，是化合物的结构改变或受溶剂影响使吸收峰向短波方向移动的现象。

6. 强带和弱带　化合物的紫外 - 可见吸收光谱中，摩尔吸光系数 $\varepsilon\geqslant10^4$L/(mol·cm)的吸收峰称为强吸收带；$\varepsilon\leqslant10^2$L/(mol·cm)的吸收峰称为弱吸收带。

## 五、吸收带与分子结构的关系

吸收带是指吸收峰在紫外-可见光谱中的位置。根据分子结构和取代基种类，把吸收带分为四种类型。

1. R带 由 $n \rightarrow \pi^*$ 跃迁引起的吸收带，是含杂原子的不饱和基团如═C═O、—N═O、$—NO_2$、—N═N—等这一类生色团的特征。其特点是处于较长的波长的范围(300nm左右)，为弱吸收，其摩尔吸光系数一般在100L/(mol·cm)以内。如溶剂极性增加，R带发生蓝移；当有强吸收峰在其附近时，R带有时出现红移，有时被掩盖。

2. K带 由共轭双键中 $\pi \rightarrow \pi^*$ 跃迁所产生的吸收带。其特点是摩尔吸光系数 $\varepsilon > 10^4$L/(mol·cm)，为强带。随着共轭双键的增加，发生长移，且吸收强度增加。如1,3-丁二烯的 $\lambda_{max}$=217nm，$\varepsilon = 2.1 \times 10^4$L/(mol·cm)就属于K带。

3. B带 是芳香族(包括杂芳香族)化合物的特征吸收带。苯蒸气在230~270nm处出现精细结构的吸收光谱，又称苯的多重吸收带，如图10-3所示。因在蒸气状态中分子间彼此作用小，反映出孤立分子的振动、转动能级跃迁；在苯溶液中，因分子间作用加大，转动消失，仅出现部分振动跃迁，因此谱带较宽；在极性溶剂中，溶剂和溶质分子间相互作用更大，振动光谱表现不出来，因而精细结构消失，B带出现一个宽峰，其重心在256nm附近，$\varepsilon$ 为200L/(mol·cm)左右，见图10-4苯异丙烷溶液的紫外吸收光谱。

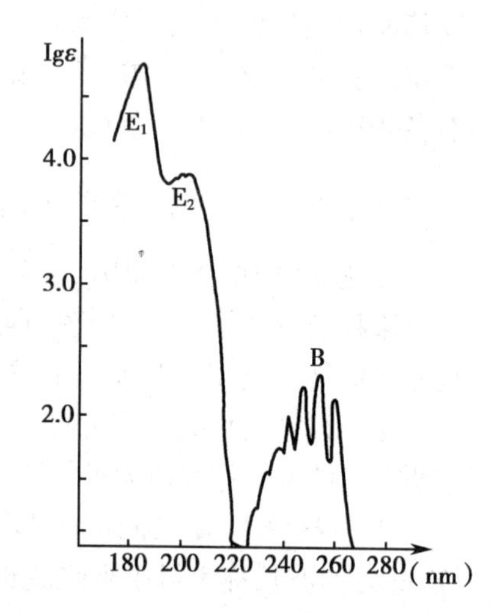

图10-4 苯异丙烷溶液的紫外吸收光谱

4. E带 也是芳香族化合物的特征吸收带，是由苯环结构中三个乙烯的环状共轭系统的 $\pi \rightarrow \pi^*$ 跃迁所产生。E带可分为 $E_1$ 带和 $E_2$ 带，如图10-3所示。$E_1$ 带的吸收峰在180nm左右，$\varepsilon = 4.7 \times 10^4$L/(mol·cm)；$E_2$ 带的吸收峰约在200nm，$\varepsilon = 7.0 \times 10^3$L/(mol·cm)，均属于强吸收。

根据以上各种跃迁的特点，可以根据化合物的电子结构，判断有无紫外吸收；若有紫外吸收，还可进一步预测该化合物可能出现的吸收带类型及波长范围。一些化合物的电子结构、跃迁类型和吸收带的关系，如表10-4所示。

表10-4 电子结构、跃迁类型和吸收带

| 电子结构 | 化合物 | 跃迁 | $\lambda_{max}$(nm) | $\varepsilon_{max}$ | 吸收带 |
|---|---|---|---|---|---|
| $\sigma$ | 乙烷 | $\sigma \rightarrow \sigma^*$ | 135 | 10 000 | |
| $n$ | 1-己硫醇 | $n \rightarrow \sigma^*$ | 224 | 126 | |
| | 碘丁烷 | $n \rightarrow \sigma^*$ | 257 | 486 | |
| $\pi$ | 乙烯 | $\pi \rightarrow \pi^*$ | 165 | 10 000 | |
| | 乙炔 | $\pi \rightarrow \pi^*$ | 173 | 6000 | |
| $\pi$ 和 $n$ | 丙酮 | $\pi \rightarrow \pi^*$ | 150 | | |
| | | $n \rightarrow \sigma^*$ | 194 | 9000 | |
| | | $n \rightarrow \sigma^*$ | 279 | 15 | R |

续表

| 电子结构 | 化合物 | 跃迁 | $\lambda_{max}$(nm) | $\varepsilon_{max}$ | 吸收带 |
|---|---|---|---|---|---|
| $\pi$-$\pi$ | $CH_2=CH-CH=CH_2$ | $\pi\rightarrow\pi^*$ | 217 | 21 000 | K |
| | | $\pi\rightarrow\pi^*$ | 258 | 35 000 | K |
| $\pi$-$\pi$ 和 $n$ | $CH_2=CH-CH=CH-CH=CH_2$ | $\pi\rightarrow\pi^*$ | 210 | 11 500 | K |
| | $CH_2=CH-CHO$ | $n\rightarrow\pi^*$ | 315 | 14 | R |
| 芳香族 $\pi$ | 苯 | 芳香 | | | |
| | | $\pi\rightarrow\pi^*$ | 180 | 60 000 | $E_1$ |
| | | $\pi\rightarrow\pi^*$ | 200 | 8000 | $E_2$ |
| | | $\pi\rightarrow\pi^*$ | 255 | 215 | B |
| 芳香族 $\pi$-$\pi$ | $C_6H_5-CH=CH_2$ | 芳香 | | | |
| | | $\pi\rightarrow\pi^*$ | 244 | 12 000 | K |
| | | $\pi\rightarrow\pi^*$ | 282 | 450 | B |
| 芳香族 $\pi$-$\sigma$ | $C_6H_5-CH_3$ | 芳香 | | | |
| | | $\pi\rightarrow\pi^*$ | 208 | 2460 | $E_2$ |
| | | $\pi\rightarrow\pi^*$ | 262 | 174 | B |
| 芳香族 $\pi$-$\pi$,$n$ | $C_6H_5-C(=O)-CH_3$ | 芳香 | | | |
| | | $\pi\rightarrow\pi^*$ | 240 | 13 000 | K |
| | | $\pi\rightarrow\pi^*$ | 278 | 1110 | B |
| | | $n\rightarrow\pi^*$ | 319 | 50 | R |
| 芳香族 $\pi$-$n$ | $C_6H_5-OH$ | 芳香 | | | |
| | | $\pi\rightarrow\pi^*$ | 210 | 6200 | $E_2$ |
| | | $\pi\rightarrow\pi^*$ | 270 | 1450 | B |

注：表中 $\varepsilon_{max}$ 的单位为 L/(mol·cm)

## 六、影响吸收带的因素

物质的紫外吸收光谱与测定条件有密切关系。如溶剂极性、pH、温度等均不同程度地影响着吸收光谱的形状、最大吸收波长 $\lambda_{max}$ 的位置、摩尔吸光系数 $\varepsilon$ 等。

1. 溶剂效应　溶剂除影响吸收峰位置外，还影响吸收强度的光谱形状。同一种物质在不同的溶剂中得到的紫外 - 可见吸收光谱是不一样的。异丙叉丙酮(4- 甲基 -3- 戊烯 -2- 酮）在不同溶剂中的紫外吸收光谱，如表 10-5 所示。

表 10-5　溶剂对异丙叉丙酮的两种跃迁吸收峰位的影响

| 跃迁类型 | 正己烷 | 氯仿 | 甲醇 | 水 | 迁移 |
|---|---|---|---|---|---|
| $\pi\rightarrow\pi^*$ 跃迁 | 230mn | 238nm | 237nm | 243nm | 长移 |
| $n\rightarrow\pi^*$ 跃迁 | 329nm | 315nm | 309nm | 305nm | 短移 |

由表 10-5 可以看出，当溶剂极性增加时，由 $\pi\rightarrow\pi^*$ 跃迁产生的吸收带发生长移，而由 $n\rightarrow\pi^*$ 跃迁产生的吸收带发生短移。这种因溶剂的极性不同而使化合物的紫

外吸收光谱红移或蓝移的现象，称为溶剂效应。所以在测定物质的紫外吸收光谱时，须注明所用溶剂。通常测定有机物的紫外 - 可见吸收光谱时，理想的溶剂应该是：溶剂极性较小且能很好地溶解被测物质；形成的溶液具有良好的化学和光化学稳定性；溶剂在样品的吸收光谱区无明显吸收。如果要与标准品的紫外吸收光谱相比较，所用溶剂必须相同。

2. pH 的影响　体系的 pH 对紫外 - 可见吸收光谱的影响是比较普遍的，因许多化合物具有酸性或碱性可解离基团，在不同 pH 条件下，分子的解离形式不同，从而产生不同的吸收光谱。我们可利用不同 pH 条件下的紫外吸收光谱变化规律，来测定化合物结构中的酸或碱性基团。

3. 温度的影响　在室温范围内，温度对吸收光谱的影响不大。但在低温时，分子的热运动减慢，碰撞频率降低，邻近分子间的能量交换减少，产生红移，吸收峰变得比较尖锐，吸收强度有所增大。而在较高温度时，分子的热运动加快，邻近分子的碰撞频率增加，谱带变宽，谱带精细结构往往消失。

## 第二节　紫外 - 可见分光光度法的基本原理

### 一、光的吸收定律

#### （一）透光率（T）

光的吸收如图 10-5 所示。

当一束平行的单色光线通过均匀、无散射的液体介质时，一部分光被吸收，一部分透过溶液，还有一部分被器皿表面反射。设入射光的强度为 $I_0$，吸收光的强度为 $I_a$，透过光的强度为 $I_t$，反射光的强度为 $I_r$，即：

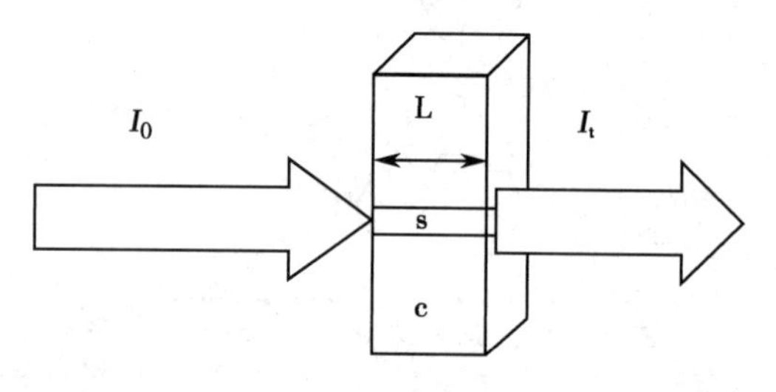

图 10-5　光吸收示意图

$$I_0=I_a+I_t+I_r$$

在分光光度分析中，通常将被测溶液和空白（参比）溶液分别置于同样材料和同样型号的吸收池中，因两个吸收池反射光的强度基本相同且很小，所以上式可简化为：

$$I_0=I_a+I_t$$

透过光的强度 $I_t$ 与入射光强度 $I_0$ 之比值称为透光率或透光度，用 $T$ 来表示，即：

$$T=\frac{I_t}{I_0}\times 100\% \tag{10-4}$$

$T$ 越大，透过光的强度就越大，也就是说透过的光越多，即物质对光的吸收越少。用百分数来表示透光率，则百分透光率 T% 的值在 0~100% 之间。

#### （二）吸光度（$A$）

为了研究物质对光的吸收如何受其他因素的影响，我们引入了吸光度这个概念，即物质对光的吸收程度。吸光度 $A$ 与透光率 $T$ 的关系为：

$$A=-\lg T \tag{10-5}$$

### （三）朗伯 - 比尔定律

朗伯 - 比尔（Lambert-Beer）定律是分光光度法的基本定律，是描述物质对单色光吸收的强弱与吸光物质的浓度和厚度间关系的定律，其表达式如下：

$$A=K\cdot c\cdot L \tag{10-6}$$

这个数学表达式所代表的物理意义为：当一束平行单色光垂直通过某一具有一定光照面积的、含吸光物质的稀溶液时，若该溶液均匀、无散射，则在入射光波长、强度及溶液的温度等条件保持不变的情况下，该溶液中的吸光物质对单色光的吸光度 A 与溶液的浓度 c 及溶液液层厚度 L 的乘积成正比关系。这是分光光度法定量分析的理论依据。

式（10-6）中 $K$ 为吸光系数，是吸光物质在浓度为 1mol/L 及液层厚度为 1cm 时的吸光度。在给定单色光、溶剂和温度等条件下，吸光系数 $K$ 是物质的特征常数，表明物质对某一特定波长光的吸收能力。不同物质对同一波长的单色光，有不同吸光系数；同一物质当条件一定时，入射光的波长 $\lambda$ 不同，吸光系数 $K$ 亦不同。在这些不同的 $K$ 之中，最大吸收波长 $\lambda_{max}$ 下的吸光系数是物质的一个重要特征参数。吸光系数越大，表明该物质的吸光能力越强，测定的灵敏度越高，故吸光系数是定性和定量的依据。

光的吸收定律不仅适用于可见光区，也适用于红外光区和紫外光区；不仅适用于均匀、无散射的溶液，也适用于均匀、无散射的气体和固体。

吸光度具有加和性，如果溶液中含有多种吸光物质时，则测得的吸光度等于各吸光物质吸光度之和，这是进行多组分分光光度法定量分析的基础。表达式为：

$$A_{(a+b+c)}=A_a+A_b+A_c \tag{10-7}$$

### （四）吸光系数 *K*

**知识链接**

**朗伯 - 比尔定律**

皮埃尔·布格和约翰·海因里希·朗伯分别在 1729 年和 1760 年阐明了物质对光的吸收程度和吸收介质厚度之间的关系；1852 年奥古斯特·比尔又提出光的吸收程度和吸光物质浓度也具有类似关系，两者结合起来就得到有关光吸收的基本定律：布格 - 朗伯 - 比尔定律，简称朗伯 - 比尔定律。

吸光系数是吸光物质在单位浓度及单位厚度时的吸光度。吸光系数有两种表示方式：

1. 摩尔吸光系数（$\varepsilon$）　当入射光波长一定时，溶液浓度为 1mol/L，液层厚度为 1cm 时的吸光度，用 $\varepsilon$ 表示。摩尔吸光系数 $\varepsilon$ 一般在 $10\sim10^5$L/（mol·cm）之间。$\varepsilon$ 越大，表明反应的吸光度越大，测定的灵敏度越高。当 $\varepsilon\geqslant10^4$L/（mol·cm）时为强吸收，$\varepsilon\leqslant10^2$L/（mol·cm）时为弱吸收，介于两者之间为中强吸收。

2. 百分吸光系数（$E_{1cm}^{1\%}$）　当入射光波长一定时，溶液浓度为 1%（*W/V* 即 100ml 溶液中含有 1g 被测物质时），液层厚度为 1cm 时的吸光度，用 $E_{1cm}^{1\%}$ 表示。$E_{1cm}^{1\%}$ 越大，也表明反应的吸光度越大，测定的灵敏度越高。$E_{1cm}^{1\%}$常用于化合物组成不是很清楚，分子量不是很确定的情况。物质的吸光系数常被药典所收载。摩尔吸光系数与百分吸光系数之间的关系是：

$$\varepsilon = E_{1cm}^{1\%} \times \frac{M}{10} \tag{10-8}$$

式中 $M$ 为吸光物质的摩尔质量。吸光系数 $\varepsilon$ 或$E_{1cm}^{1\%}$需用已知准确浓度的稀溶液测得吸光度换算而得。

## 二、偏离比尔定律的因素

根据比尔定律，当波长和入射光强度一定时，吸光度 $A$ 与吸光物质的浓度 $c$ 的关系应该是一条通过原点的直线，但实际工作中往往会出现偏离直线现象。导致偏离的主要因素有化学因素、光学因素和仪器因素。

### （一）化学因素

1. 吸光性物质溶液的浓度　朗伯-比尔定律通常只适用于稀溶液，因为浓度较大时，吸光质点间的平均距离缩小，邻近质点彼此的电荷分布会相互影响，使每个质点吸收特定波长光波的能力有所改变，吸光系数随之改变；同时，高浓度溶液对光的折射率发生改变，使测得的吸光度产生偏离。浓度过低时，待测溶液和参比溶液的吸光性差别过小，测定的吸光度也会发生偏离。

2. 吸光性物质的化学变化　溶液中的吸光性物质常因离解、缔合、形成新化合物或互变异构等化学变化而发生浓度改变，导致偏离光的吸收定律。

3. 溶剂的影响　不同种类的溶剂，不仅会对吸光性物质的吸收峰强度、最大吸收波长产生影响，还会对待测物质的物理性质和化学组成产生影响，导致偏离光的吸收定律。

### （二）光学因素

1. 非单色光　朗伯-比尔定律通常只适用于单色光。在实际工作中，由分光光度计的单色器所获得的入射光并非纯粹的单色光，而是具有一定波长范围的“复合光”。由于同一物质对不同波长光的吸收程度不同，所以导致偏离光的吸收定律。

2. 杂散光　由分光光度计的单色器所获得的单色光中，还混杂一些与所需的光波长不符的光，称为杂散光，会导致偏离光的吸收定律。

3. 非平行光　朗伯-比尔定律通常只适用于平行光。在实际测定中，通过吸收池的入射光，并非真正的平行光，而是稍有倾斜的光束。倾斜光通过吸收池的实际光程（液层厚度）比垂直照射的平行光的光程要长，使吸光度的测定值偏大，导致偏离光的吸收定律。

4. 反射现象　入射光通过折射率不同的两种介质的界面时，有一部分光被反射而损失，使吸光度的测定值偏大，导致偏离光的吸收定律。

5. 散射现象　当光波通过溶液时，溶液中的质点对其有散射作用，有一部分光会因散射而损失，使吸光度的测定值偏大，导致偏离光的吸收定律。

### （三）仪器因素

仪器光源不稳定，吸收池厚度不匀，光电管灵敏度差，实验条件的偶然变动等都

会偏离光的吸收定律而产生误差。

此外,分析者的主观因素等均可导致偏离光的吸收定律而产生误差。

## 第三节　显色反应及测定条件的选择

### 一、显色反应

由于许多无机元素和有机化合物的吸收系数小,因测定灵敏度低不能直接用光度法测定。需将试样中被测组分定量地转变为吸光能力强的有色化合物后进行测定。在光度分析法中将被测组分转变为有色化合物的反应,称为显色反应。与被测组分生成有色化合物的试剂,称为显色剂。

$$\underset{\text{被测物}}{X} + \underset{\text{显色剂}}{R} \rightleftharpoons XR \quad \text{显色反应}$$

#### (一) 显色剂和显色反应的要求

1. 被测物质与所生成的有色物质之间,必须有确定的定量关系,使反应产物的吸光度准确地反映被测物的含量。

2. 反应产物必须有足够的稳定性,以保证测定有一定的重现性。

3. 若试剂本身有色,则反应产物的颜色与试剂颜色须有明显的差别,即产物与试剂对光的最大吸收波长应有较大的差异。

4. 反应产物的摩尔吸光系数足够大,一般情况下,$\varepsilon \geqslant 1.0\times10^4 L/(mol\cdot cm)$,以保证测定的灵敏度较高。

5. 显色反应须有较好的选择性,以减免其他因素干扰。

#### (二) 显色反应的条件

1. 显色剂的用量　为使显色反应进行完全,一般加入略过量的显色剂。实际工作中,显色剂的用量是通过实验从 $A$-$V$ 曲线来确定。

2. 酸度　溶液的酸度对显色反应的影响是多方面的,如影响显色剂的平衡浓度和颜色变化、有机弱酸的配位反应和被测组分及形成配合物的存在形式等。显色反应最适宜的 pH 范围(酸度),通常也是通过实验由 $A$-pH 关系曲线来确定。

3. 显色时间　有些显色反应在实验条件下可瞬间完成,颜色很快达到稳定,并在较长的时间范围内稳定。多数显色反应速度较慢,需一段时间,溶液的颜色才能达到稳定。有些有色化合物放置一段时间后,因空气的氧化、光照、试剂的挥发或产物的分解等原因,使溶液颜色减退。故实际工作中,显色时间应通过实验从 $A$-$t$ 曲线来确定。

4. 温度　显色反应的进行与温度有关,许多显色反应在室温下即可完成,但有的显色反应需在加热条件下才能完成,也有一些有色化合物在较高温度下容易分解。显色反应适宜的温度仍可通过实验方法从 $A$-$T$ 曲线确定适宜温度。

### 二、测定条件的选择

分光光度法定量测定,其测量条件的选择需从灵敏度、准确度和选择性等几个方面考虑。只有选择适当的测量条件,才能获得满意的测量结果。

### （一）测定波长的选择

测定波长对分光光度法灵敏度、准确度和选择性有很大的影响。选择测定波长的原则通常是选择被测组分最大而干扰组分最小的吸收波长，即“吸收最大，干扰最小”。通常选择被测组分的最大吸收波长作入射光进行测定。若被测组分有几个最大吸收波长时，选择不易出现干扰吸收，吸光度较大而且峰顶比较平坦的最大吸收波长。若最大吸收波长处存在干扰吸收时，也可选择灵敏度较低并能避免干扰吸收的波长作为测定波长。

### （二）吸光度范围的选择

在分光光度法中，仪器误差主要是透光率的测量误差。在不同的吸光度范围内读数，可带入不同程度的误差，这种误差通常以百分透光率带来的浓度相对误差来表示，称为光度误差。为了减少光度误差，应控制适当的吸光度读数范围。通过计算可知，透光率太大或太小，测得浓度的相对误差均较大；只有吸光度 $A$ 在 0.2~0.7 范围时，测定结果的相对误差较小，为测量的最佳区域。误差最小的一点是 $T$=36.8%，$A$=0.434。所以一般吸光度读数控制在 0.2~0.7（用紫外分光光度法测定药物含量时，根据2015年版《中国药典》吸光度值控制在0.3~0.7为宜），但高精度分光光度计，误差较小的读数范围可延伸到高吸收区。可采用以下两种方法控制读数范围：①调节浓度。计算并控制试样的称量，含量高时，少称样品或稀释试样；含量低时，多称样品或萃取富集。②调节光程。通过改变比色皿的厚度 $L$ 来调节吸光度值的大小。

### （三）空白溶液的选择

空白溶液亦称参比溶液。空白溶液用以校正仪器透光率 100% 或吸光度为零，除了作为测量的相对标准外，在中药及制剂分析中，空白溶液还用于消除干扰吸收。正确选用空白溶液，对消除干扰，提高测量的准确度具有重要作用。常见的空白溶液如下：

1. 溶剂空白溶液　在测定入射光波长下，溶液中只有被测组分对光有吸收，而显色剂和其他组分对光无吸收，或虽有少许吸收，但所引起的测定误差在允许范围内，在此情况下可用溶剂作为空白溶液，可消除溶剂、吸收池等因素的影响。

2. 试剂空白溶液　按照与显色反应相同的条件，只是不加试样溶液，依次加入其他各种试剂和溶剂所得到的溶液作为空白溶液，亦称为试剂空白。适用于在测定条件下，显色剂或其他试剂、溶剂等对待测组分测定有干扰的情况。例如标准曲线的绘制中，标准溶液用量为零的溶液即为试剂空白溶液，可消除试剂中有组分产生吸收的影响。

3. 试样空白溶液　按照与显色反应相同的条件取同量试样溶液，只是不加显色剂所制备的溶液作为空白溶液，亦称为试样空白。适用于试样基体有色并对在测定条件下有吸收，而显色剂溶液无干扰吸收，也不与试样基体显色的情况。

4. 平行操作空白溶液　用不含被测组分的试样，在完全相同条件下与被测试样同时进行处理，由此得到平行操作空白溶液。如在进行某种药物浓度监测时，取正常人的血样与被测血药浓度的血样进行平行操作处理，前者得到的溶液即为平行操作空白溶液。这种空白可当作一个试样来处理，测得的结果称为空白值，应从试样测得结果中减去。

## 第四节　紫外 - 可见分光光度计

### 一、紫外 - 可见分光光度计的主要部件

紫外 - 可见分光光度计，是在紫外 - 可见光区可任意选择不同波长的光测定被测物质吸光度(或透光率)的仪器。商品仪器类型很多，性能差别较大，但基本组成相似。一般紫外 - 可见分光光度计构造由五大部件组成(图 10-6)。

图 10-6　紫外 - 可见分光光度计的构造

#### (一) 光源

光源的主要作用是发射强度足够均匀稳定的、具有连续光谱的复合光。要使光源稳定，其前端一定要有整流稳压电源。紫外 - 可见光区常用氢灯和钨灯两种光源。

1. 氢灯或氘灯　氢灯或氘灯都是气体放电发光，能发射 150~400nm 的紫外连续光谱，用作紫外光区的测量。因玻璃吸收紫外线，所以灯泡应用石英窗或用石英管制成。氘灯比氢灯贵，但氘灯发光强度和使用寿命比氢灯大得多，故现在的仪器多用氘灯。气体放电发光需先激发，同时应控制稳定的电流，所以都配有专用的电源装置。

2. 钨灯或卤钨灯　为热辐射光源。光源能发射 350~2500nm 的连续光谱，主要用于可见和近红外光区的测量。钨灯是固体炽热发光的光源，又称白炽灯；卤钨灯是钨灯灯泡内充碘或溴的低压蒸气，因灯内卤元素的存在，减少了钨原子的蒸发，故灯的使用寿命较长，且发光效率也比钨灯高。钨灯的发光强度与供电电压的 3~4 次方成正比，电源电压的微小波动就会引起发射光强度的较大变化，所以供电电压要稳定。

#### (二) 单色器

单色器的主要作用是将来自光源的复合光色散成为单色光，是分光光度计的关键部件。单色器由进光狭缝、准直镜、色散元件(光栅)、聚焦镜和出光狭缝组成。其原理如图 10-7 所示。来自光源并聚焦于进光狭缝的光，经准直镜变成平行光，投射于光栅。光栅将各种不同波长的平行光由不同的投射方向(或偏转角度)形成按波长顺序排列的光谱，再经过准直镜将色散后的平行单色光聚焦于出光狭缝上。

1. 狭缝　狭缝为光的进出口，包括进光狭缝和出光狭缝。进光狭缝起着限制杂

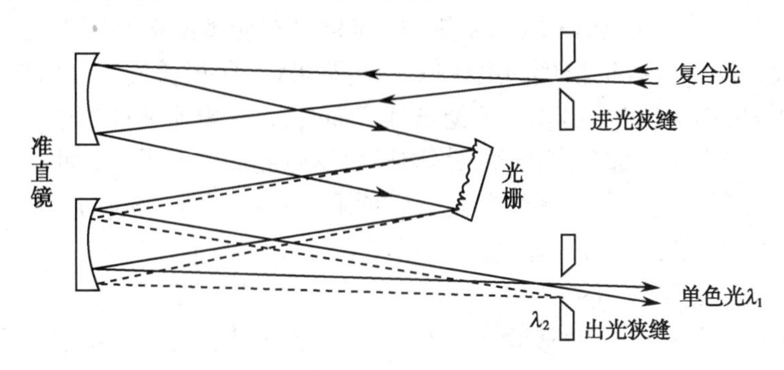


图 10-7　单色器光路示意图($\lambda_2$>$\lambda_1$)

散光进入的作用。出光狭缝的作用是将一定波长的光波射出单色器。狭缝宽度直接影响仪器分辨率。狭缝过宽，单色光纯度差，影响测定；狭缝过小，光通量小，光强度弱，降低测定的灵敏度。因此测定时狭缝宽度要适当，既保证单色光的纯度，又不影响测定的灵敏度。一般仪器的狭缝是固定的，精密仪器的狭缝是可调节的。

2. 准直镜　准直镜是以狭缝为焦点的聚光镜。其作用是将进入单色器的发散光变成平行光，投向光栅，然后将色散后的平行单色光聚焦于出光狭缝。

3. 光栅　是单色器中的关键部件，主要作用是色散。光栅是一种在高度抛光的玻璃表面上刻有大量等宽、等间距的平行条痕的色散元件。紫外-可见光区用的光栅一般每毫米刻有约1200条条痕。它是利用复合光通过条痕狭缝反射后，产生衍射和干涉作用，使不同波长的光有不同的投射方向而起到色散作用。近年来，应用激光全息技术生产的全息光栅，质量更高，已被普遍采用。

### （三）吸收池

吸收池又称比色皿或比色杯，是用来盛放样品溶液的器皿。可见光区使用光学玻璃吸收池，石英吸收池适用于紫外光区和可见光区。吸收池的光程不等，其中1cm光程的吸收池最常用。同一型号（$L$ 相同）的吸收池一般配有四只，彼此相互匹配，即盛同一溶液时透光率的差值应小于0.5%。吸收池上的指纹、油腻或池壁上的沉淀物，都会影响其透光性，故使用前后应清洗干净。吸收池两透光面易损蚀，应注意保护。使用时手指捏着吸收池毛玻璃面（侧面），透光面用擦镜纸擦净。

### （四）检测器

检测器的作用是检测来自吸收池的光信号并将其转换成电信号。现在的分光光度计多采用光电管或光电倍增管作为检测器。近年来在光谱分析仪器中，有的采用了光学多道检测器（如光二极管阵列检测器）。检测器是利用光电效应将接收到的光信号转变为便于测量的电信号，光照射产生的光电流，在一定范围内应与照射光的强度成正比。

1. 光电管　是一个丝状阳极和一个光敏阴极组成的真空（或充少量惰性气体）二极管。阴极的凹面镀有一层碱金属或碱金属氧化物等光敏材料，这种光敏物质被光照射时能够发射电子。当光电管两极与一个电池相连时，阴极发射的电子向阳极流动而产生电流。形成的光电流大小取决于照射光的强度。光电管有很高的电阻，所以产生的电流小，但易放大。目前国产光电管有两种，即紫敏光电管和红敏光电管，适用波长分别为200~625nm和625~1000nm。

2. 光电倍增管　是检测弱光最常用的光电元件，其灵敏度比光电管要高得多。光电倍增管的原理和光电管相似，结构上的差别是在光敏阴极和阳极之间还有几个倍增极（一般是九个），各倍增极的电压依次增高90V。阴极被光照射发射电子，电子被第一倍增极的高电压（90V）加速并撞击其表面时，每个电子使此倍增极发射出几个额外电子。这些电子又加速撞击第二倍增极而发射更多的电子。如此一直重复到第九个倍增极，发射的电子数大大增加。然后被阳极收集，产生较强的电流。此电流还可进一步放大，大大提高了仪器测量的灵敏度。

### （五）讯号处理与显示器

显示器常用的有电表指示、荧光屏显示、数字显示装置等。显示数据主要有透光率与吸光度，有的还能转换成浓度、吸光系数等显示。信号处理装置可对信号进行放

大及自动记录与打印，并能进行波长扫描。现在很多型号的分光光度计配有微机，并开发有专门的软件，可对分光光度计进行操作控制，并自动进行数据处理。

## 二、紫外 - 可见分光光度计的类型

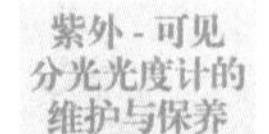

紫外 - 可见分光光度计的型号很多，按光学系统可分为单光束、双光束和二极管阵列等几种类型。

### （一）单光束分光光度计

单光束分光光度计用钨灯或氢灯作光源，从光源到检测器只有一束单色光。仪器的结构比较简单，对光源发光强度稳定性的要求较高。单光束分光光度计的光路示意图，如图 10-8 所示。

### （二）双光束分光光度计

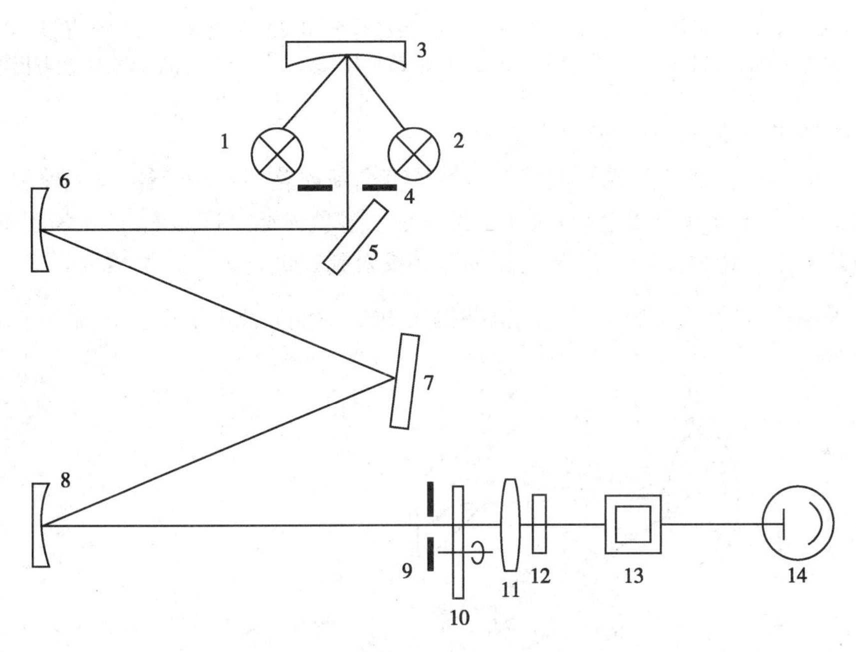


图 10-8　单光束分光光度计光路示意图

1. 溴钨灯　2. 氘灯　3. 凹面镜　4. 入射狭缝　5. 平面镜　6、8. 准直镜　7. 光栅
9. 出射狭缝 10. 调制器　11. 聚光镜　12. 滤色片　13. 样品室　14. 光电倍增管

双光束分光光度计的双光束光路是被普遍采用的光路，如图 10-9 所示。

光源发出的光经反射镜反射，通过过滤散射光的滤光片和入射狭缝，经过准直镜和光栅分光，经出射狭缝得到单色光。单色光被旋转扇面镜（亦称斩光镜）分成交替的两束光，分别通过样品池和空白（参比）池，再经同步扇面镜将两束光交替地照射到光电倍增管，使光电管产生一个交变脉冲讯号，经过比较放大后，由显示器显示出透光率、吸光度、浓度或进行波长扫描，记录吸收光谱。扇面镜以每秒几十转乃至几百转的速度匀速旋转，使单色光能在很短时间内交替通过空白与试样溶液，可以减免因光源强度不稳而引入的误差。测量中不需要移动吸收池，可在随意改变波长的同时记录所测量的光度值，便于描绘吸收光谱。

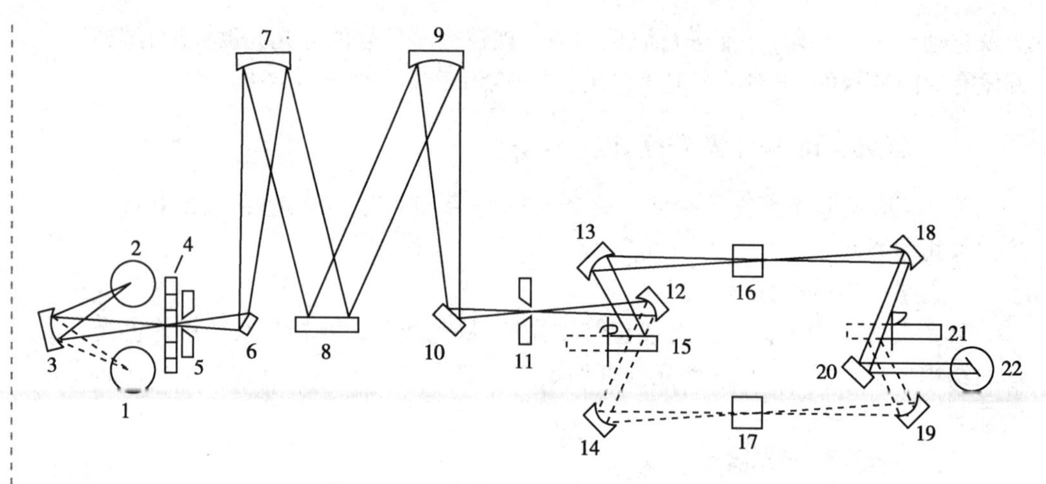


图 10-9　双光束分光光度计光路示意图

1. 钨灯　2. 氘灯　3. 凹面镜　4. 滤色片　5. 入射狭缝　6、10、20. 平面镜　7、9. 准直镜　8. 光栅　11. 出射狭缝　12、13、14、18、19. 凹面镜　15、21. 扇面镜　16. 参比池　17. 样品池　22. 光电倍增管

### （三）二极管阵列检测的分光光度计

二极管阵列检测的分光光度计是一种具有全新光路系统的仪器，其光路原理，如图 10-10 所示，由光源发出，色差聚光镜聚焦后的多色光通过样品池，再聚焦于多色仪的入口狭缝上。透过光经全息栅表面色散并投射到二极管阵列检测器上。二极管阵列的电子系统，可在$\frac{1}{10}$s 的极短时间内获得从 190~820nm 范围的全光光谱。

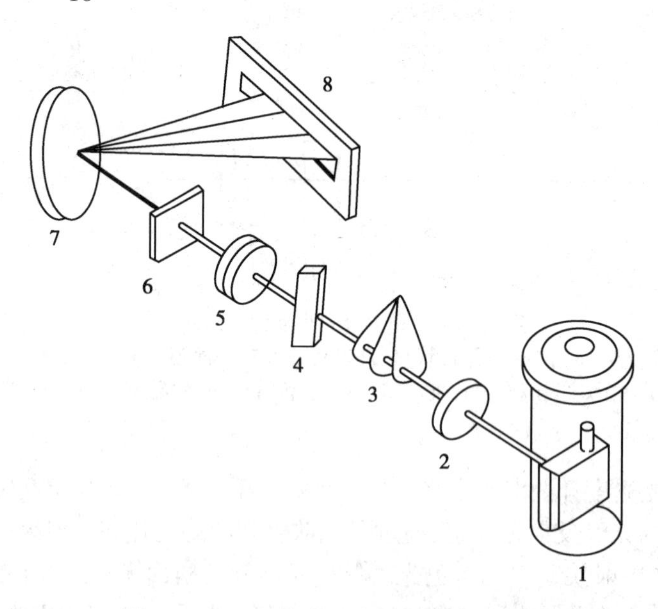


图 10-10　二极管阵列分光光度计光路图

1. 光源：钨灯或氘灯　2、5. 消色差聚光镜　3. 光闸　4. 吸收池　6. 入口狭缝　7. 全息光栅　8. 二极管阵列检测器

## 三、紫外-可见分光光度计的光学性能

分光光度计型号很多，改进也很快，仪器的精度、性能和自动化程度都在不断提

高。不同型号的分光光度计都有自己的光学性能,一般可从以下几个方面进行比较和考察,从而选择性价比较高的仪器。

1. 波长范围 是指仪器可测量到的波长范围。一般紫外 - 可见分光光度计的波长范围大致为 190~1100nm 不等。

2. 波长准确度是指仪器显示的波长数值与单色光实际波长之间的差异。高档仪器可低于 ±0.2nm,一般约为 ±0.5nm。一般仪器都配有校正波长用的谱线器件。

3. 波长重现性 是指同一台仪器重复使用同一波长时,单色光实际波长的变动值。此值一般为波长准确度的二分之一左右。

4. 狭缝或谱带宽 是单色光纯度指标之一。低档仪器谱带宽可达几个纳米。高档仪器最小谱带宽度可达 0.1~0.5nm。一般仪器狭缝宽度是固定的,精密仪器的狭缝宽度是可调节的。

5. 分辨率 是指仪器分辨出两条最靠近谱线的间距的能力。数值越小,分辨率越高。一般仪器小于 0.5nm,高档仪器可小到 0.1nm。

6. 杂散光 通常以光强较弱的波长处(如 220nm,360nm 处)所含杂散光的强度百分比作为指标。一般仪器不超过 0.5%,高档仪器可小于 0.001%。

7. 吸光度测量范围 中档仪器为 –0.1730~+2.00,高档仪器可任意设定。

8. 测光准确度 如以透光率误差范围表示,一般仪器约为 ±0.5%,高档仪器可 ≤±0.1%,低档仪器≤±1%。若用吸光度的准确度表示,则因与透光率的负对数关系,吸光度误差随测量值而变,故需同时注明吸光度值。如 $A$ 值为 1 时,误差在 ±0.003 以内,吸光度的准确度可用重铬酸钾的硫酸溶液(0.005mol/L)检定。具体方法可参考《中国药典》2015 年版第四部“0401 紫外 - 可见分光光度法”。

9. 测光重现性 指在同样情况下重复测量光度值的变动性。一般为测光准确度误差范围的二分之一左右。

紫外 - 可见分光光度技术的发展方向

## 第五节 定性与定量分析方法

### 一、定性分析方法

利用紫外 - 可见分光光度法对有机化合物进行定性鉴别的主要依据是多数有机化合物具有吸收光谱特征,例如吸收光谱形状、吸收峰数目、各吸收峰的波长位置、强度和相应的吸光系数值等。结构完全相同的化合物吸收光谱应完全相同;但吸收光谱相同的化合物却不一定是同一个化合物。利用紫外 - 可见吸收光谱进行化合物的定性鉴别,一般采用对比法。也就是将样品化合物的吸收光谱特征与标准化合物的吸收光谱特征进行对照比较,也可以利用文献所载的化合物标准图谱进行核对。如果吸收光谱完全相同,则两者可能是同一种化合物,但还需用其他光谱法进一步证实;若两者的紫外 - 可见吸收光谱有明显差别,则肯定不是同一种化合物。对比法一般有以下几种具体的定性鉴别方法。

#### (一) 对比吸收光谱的一致性

若两个化合物相同,其吸收光谱应完全一致。利用这一特性,将样品与标准品用同一溶剂配制成相同浓度的溶液,在同一条件下分别测定其吸收光谱,比较光谱曲线

的一致性，如果光谱曲线完全一致，可初步认为它们是同一种物质，然后再用其他光谱法加以证实；如果光谱曲线不一致，则可认定样品与标准品并非同一种物质。当没有标准品时，也可利用文献所载的标准图谱进行核对。

例如某医院药房因保管不善致使一部分注射液标签脱落，取样品与丹参注射液对照品分别进行紫外吸收光谱测定，两者的光谱一致，如图 10-11，测定结果表明该样即为丹参注射液。但为了进一步确证，可另换一种溶剂分别测定后再作比较，若所得光谱图仍一致，便可确证为同一物质。

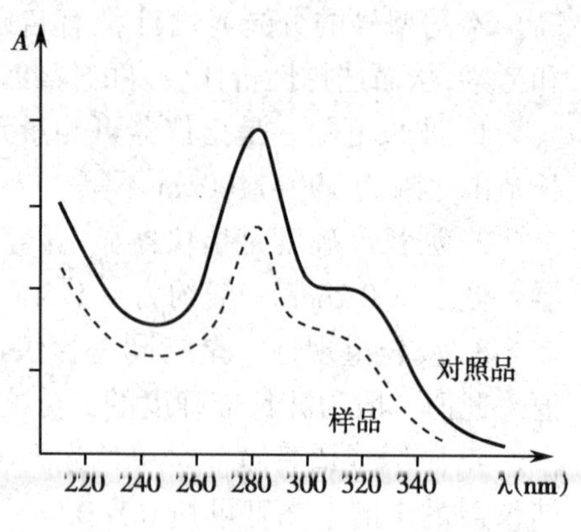


图 10-11　丹参注射液紫外光谱

### （二）对比吸收光谱特征数据

紫外吸收光谱是由分子中的生色团所决定，若两种不同的化合物有相同的生色团，往往导致不同分子结构产生相似的紫外吸收光谱，使定性困难，在不同化合物的吸收光谱中，最大吸收波长 $\lambda_{max}$ 可以相同，但因摩尔质量不同，它们的吸光系数有明显差异，因此在比较 $\lambda_{max}$ 的同时，再比较（$E_{max}^{1\%}$）或（$E_{max}^{1\%}\ \lambda_{max}$）则可加以区分。

例如甲基麻黄碱和去甲基麻黄碱 $\lambda_{max}$ 均为 251nm、257nm、264nm，但可从两者的摩尔吸光系数加以区别。

甲基麻黄碱 $\lambda_{max}$251nm（lgε=2.20），257nm（lgε=2.27），264nm（lgε=2.19）

去甲基麻黄碱 $\lambda_{max}$251nm（lgε=2.11），257nm（lgε=2.11），264nm（lgε=2.20）

### （三）对比吸光度（或吸光系数）的比值

有些化合物的吸收峰较多，而各吸收峰对应的吸光度或吸光系数的比值是一定的，也可以作为定性鉴别的依据。因此，不同的最大吸收波长处的吸光度（与标准品在相同条件下测定）的比值是用于鉴别化合物的特性。

如维生素 $B_{12}$ 的吸收光谱有三个吸收峰，分别为 278nm、361nm、550nm。2015 年版《中国药典》规定，作为鉴别的依据，361nm 与 278nm 吸光度的比值应为 1.70~1.88；361nm 与 550nm 的吸光度比值应为 3.15~3.45。

目前，已有多种以实验结果为基础的各种有机化合物的紫外 - 可见标准谱图，《中国药典》中收录的各种药物的标准谱图（《药品红外光谱集》）也可以作为药物定性鉴别的依据。

## 二、定量分析方法

### （一）单组分样品的定量方法

根据光的吸收定律，物质在一定波长处的吸光度与浓度之间有线性关系。因此，只要选择合适波长作为入射光测定溶液的吸光度 $A$，即可求出浓度。通常以被测物质吸收光谱的最大吸收峰处的波长作为测定波长。如被测物质有几个吸收峰，为提高测定的灵敏度和准确度，减少测量误差，可选择无共存物干扰、峰较高、较宽的吸收峰的波长，一般不选靠短波长末端的吸收峰波长。许多溶剂本身在紫外光区有吸收，所以选用的溶剂应不干扰被测组分的测定。

单组分样品可采用下列方法进行定量测定：

1. 标准曲线法　标准曲线法亦称工作曲线法，是紫外 - 可见分光光度法中最经典的方法，尤其适合于大批量样品的定量分析。其方法是：先配制一系列浓度不同的标准溶液，以不含被测组分的空白溶液作为参比，分别测定标准溶液的吸光度和样品的吸光度，以吸光度为纵坐标，浓度为横坐标，绘制 $A$-$c$ 关系曲线，如图 10-12 所示。此曲线应是一条通过原点的直线。在相同条件下测定样品的吸光度，就可以从标准曲线上查出样品溶液的浓度。

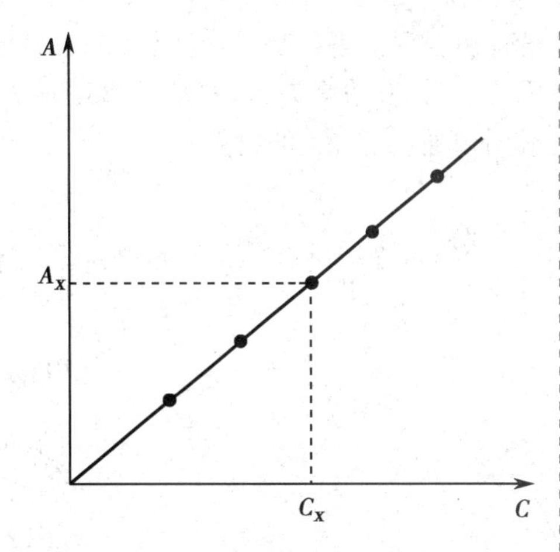


图 10-12　标准曲线法确定被测样品浓度

绘制标准曲线须注意以下几点：

(1) 按选定浓度，配制一系列不同浓度的标准溶液，浓度范围应包括未知样品溶液浓度的可能变化范围，一般至少应作五个点。

(2) 测定时每一浓度至少应同时作两管（平行管），同一浓度平行测到的吸光度值相差不大时，取其平均值。

(3) 用坐标纸绘制标准曲线，也可用直线回归的方法计算出样品溶液浓度。

(4) 绘制完标准曲线后应注明测试内容和条件，如测定波长、吸收池厚度、操作时间等。如遇更换标准溶液、修理仪器、更换灯泡等工作条件变动时，应重新测绘标准曲线。

2. 标准对照法　标准对照法亦称比较法或对比法。在相同条件下，分别配制样品溶液和标准溶液，使其浓度应尽可能接近，在选定波长处，分别测量吸光度，进行比较，可直接求得样品中被测组分的含量。

(1) 与标准品的已知浓度比较

$$A_{标}=K_{标}\cdot c_{标}\cdot L_{标}$$
$$A_{样}=K_{样}\cdot c_{样}\cdot L_{样}$$

因是同种物质，故 $K_{标}=K_{样}$；因吸收池厚度相同，即 $L_{标}=L_{样}$。所以：

$$\frac{A_{标}}{A_{样}}=\frac{c_{标}}{c_{样}}\qquad c_{样}=\frac{A_{样}}{A_{标}}\cdot c_{标}$$

$$被测组分\%=\frac{c_{标}\times A_{标}}{A_{样}\times W_{样}}\times 100\% \tag{10-9}$$

需要指出的是 $c_{样}$ 为稀释溶液浓度，若求原样品溶液中组分的浓度，应乘以稀释倍数。即：$c_{原样}=c_{样}\times$ 稀释倍数

如果样品的称量及稀释度与标准品完全一致，分别测定吸光度 $A_{样}$ 和 $A_{标}$，则样品中被测组分的含量为两吸光度之比值，即：

$$被测组分\%=\frac{A_{样}}{A_{标}}\times 100\% \tag{10-10}$$

例 10-2　维生素 $B_{12}$ 原料的含量测定：精密称取原料样品 30mg，加水溶解并稀释

至1升，摇匀，得每毫升含样品30μg，另精密称取维生素$B_{12}$对照品30mg，加水溶解并稀释至1升，其浓度为30μg/ml，在361nm处分别测得吸光度值为：$A_{样}$=0.481和$A_{标}$=0.512，试计算维生素$B_{12}$的含量。

解：

$$B_{12}\%=\frac{c_{样}}{W_{样}}\times100\%=\frac{c_{标}\times\frac{A_{样}}{A_{标}}}{W_{样}}\times100\%$$

$$=\frac{30\mu g/ml\times\frac{A_{样}}{A_{标}}}{30\mu g/ml}\times100\%=\frac{A_{样}}{A_{标}}\times100\%$$

$$=\frac{0.481}{0.512}\times100\%=93.95\%$$

答：维生素$B_{12}$的含量为93.95%。

（2）与标准品的吸光系数比较　在没有标准品的情况下，可从有关手册或文献上查得标准物质的吸光系数。然后采用与标准物质相同的溶剂，配制样品溶液，在相同波长下测定样品的吸光度$A$值，求出样品的吸光系数，按下式计算含量。

$$被测组分\%=\frac{(E_{1cm}^{1\%})_{样}}{(E_{1cm}^{1\%})_{标}}\times100\% \tag{10-11}$$

例10-3　取维生素$B_{12}$样品30mg，用蒸馏水配成1000ml的溶液，于1cm的吸收池中，在361nm处测得溶液的吸光度$A$为0.607，求样品中维生素$B_{12}$的含量。（已知维生素$B_{12}$的$E_{1cm}^{1\%}$=207）

解：样品溶液的浓度$c$=30mg/1000ml=0.003g/100ml

$$(E_{1cm}^{1\%})_{样}=\frac{A}{c\cdot L}=\frac{0.607}{0.003\times1}=202.3$$

$$样品中B_{12}\%=\frac{(E_{1cm}^{1\%})_{样}}{(E_{1cm}^{1\%})_{标}}\times100\%=\frac{202.3}{207}\times100\%=97.7\%$$

答：样品中维生素$B_{12}$的含量为97.7%。

例10-4　精密吸取$KMnO_4$样品溶液5ml，加蒸馏水稀释至25ml。另配制$KMnO_4$标准溶液的浓度为25.0μg/ml。在525nm处，用1cm厚的吸收池，测得样品溶液和标准溶液的吸光度分别为0.220和0.250，求原样品溶液中$KMnO_4$的浓度。

解：根据式（10-11）得：

$$c_{样}=\frac{A_{样}}{A_{标}}\cdot c_{标}=\frac{0.220}{0.250}\times25.0=22$$

$$c_{原样}=22\times\frac{25.00}{5.00}=110\mu g/ml$$

答：原样品溶液中$KMnO_4$的浓度为110μg/ml。

（二）多组分样品的定量方法

当两种或多种组分共存时，可根据各组分吸收光谱相互重叠的程度分别拟定测定方法。比较理想的情况是各组分的吸收峰（$\lambda_{max}$）所在波长处，其他组分没有吸收，

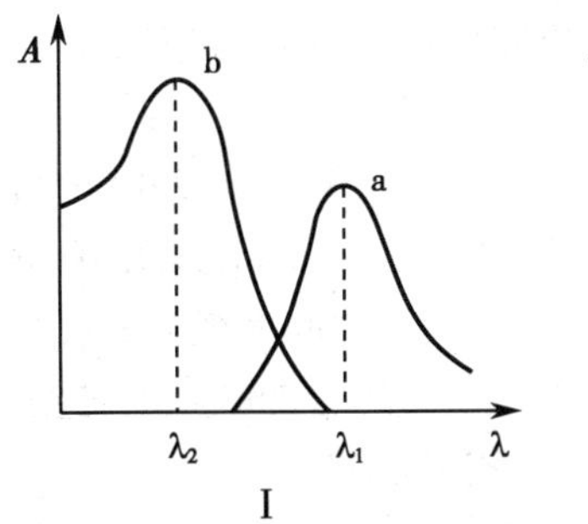


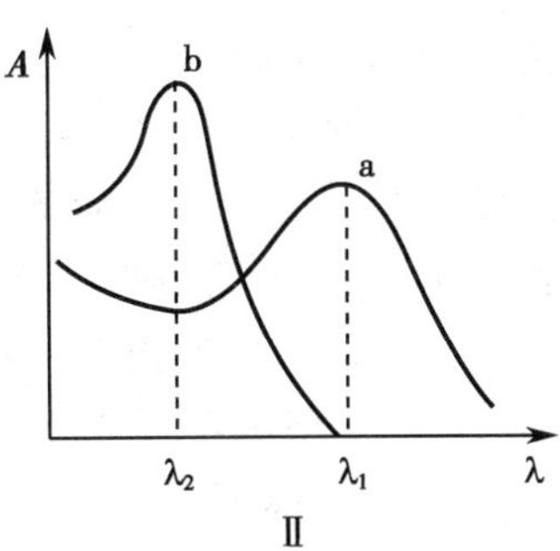


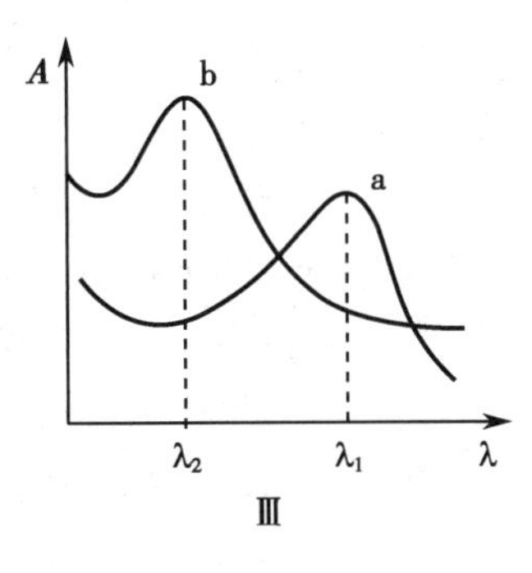


图 10-13　混合组分吸收光谱相互重叠的 3 种情况

如图 10-13（Ⅰ）所示，则可按单组分的测定方法分别在 $\lambda_1$ 处测定 a 组分的浓度，在 $\lambda_2$ 处测定 b 组分的浓度，这样测定 a、b 两组分的结果互不干扰。

如果 a，b 两组分的吸收光谱有部分重叠，如图 10-13（Ⅱ）所示，这时可先在 $\lambda_1$ 处按单组分的测定方法测定 a 组分的浓度 $c_a$，b 组分在此处没有吸收，故不干扰；然后在 $\lambda_2$ 处测得混合物溶液的总吸光度 $A_2^{a+b}$，可根据吸光度的加和性计算 b 组分的浓度 $c_b$。设吸收池厚度为 1cm，则：

$$A_2^{a+b}=A_2^a+A_2^b=E_2^a\times c_a+E_2^b\times c_b$$

$$c_b=\frac{A_2^{a+b}-E_2^a\times c_a}{E_2^b} \tag{10-12}$$

式中 a，b 两组分的吸光系数 $E_2^a$ 和 $E_2^b$ 需事先测得。

在实际测定的混合组分中，更多遇到的情况往往是各组分的吸收光谱相互干扰，两组分在最大吸收波长处相互有吸收，如图 10-13（Ⅲ）所示。

原则上，只要组分的吸收光谱有一定的差异，就可根据吸光度的加和性原理设法测定。根据测定的目的要求和光谱重叠的不同情况，可以采取解线性方程法、等吸收双波长消除法、差示分光光度法、导数光谱法、系数倍率法等多种方法测定多组分样品的含量，以下介绍前面三种方法。

1. 解线性方程法　对于如图 10-13（Ⅲ）所示的两组分混合物，若事先测知 $\lambda_1$ 和 $\lambda_2$ 处组分各自 $E_1^a$、$E_2^a$、$E_1^b$、$E_2^b$ 之值，则在两波长处分别测得混合物的 $A_1^{a+b}$ 和 $A_2^{a+b}$ 后，因吸光度具有加和性，所以就可用线性方程组解得两组分的 $c_a$ 和 $c_b$，设吸收池厚度 $L$=1cm，则：

$$\because A_1^{a+b}=A_1^a+A_1^b=E_1^a\cdot c_a+E_1^b\cdot c_b$$

$$A_2^{a+b}=A_2^a+A_2^b=E_2^a\cdot c_a+E_2^b\cdot c_b \tag{10-13}$$

$$\therefore c_a=\frac{A_1^{a+b}\times E_2^b-A_2^{a+b}\times E_1^b}{E_1^a\times E_2^b-E_2^a\times E_1^b}$$

$$c_b=\frac{A_2^{a+b}\times E_1^a-A_1^{a+b}\times E_2^a}{E_1^a\times E_2^b-E_2^a\times E_1^b} \tag{10-14}$$

式中浓度 $c$ 的单位依据所用的吸光系数而定，如用比吸光系数 $E_{1cm}^{1\%}$，则 $c$ 为百分浓度。

从理论上讲，此法可用于任意多组分测定。对于含 $n$ 个组分的混合物，在 $n$ 个波长位置处测其吸光度的加和值，然后解 $n$ 元一次方程组，就可分别求得各组分的浓度。

但实际上随着溶液所含组分数增多，越难选到较多合适的波长点，而且影响因素也增多，故实验结果的误差也将增大，难以得到准确的结果。

2. 等吸收双波长消除法　在吸收光谱互相重叠的 a、b 两组分的混合物中，先设法消去组分 a 的干扰而测定组分 b 的浓度。方法是选取两个波长 $\lambda_1$ 和 $\lambda_2$，如图 10-14（Ⅰ）所示。使组分 a 在这两个波长处的吸光度相等，即 $A_1^a=A_2^a$。而对欲测组分 b 在两波长处的吸光度则有尽可能大的差别。用这样两个波长测得混合组分的吸光度之差，只与组分 b 的浓度成正比，而与组分 a 的浓度无关。用数学式表达如下：

$$\begin{aligned}\Delta A &= A_1^{a+b}-A_2^{a+b}=(A_1^a+A_1^b)-(A_2^a+A_2^b)=(A_1^a-A_2^a)+(A_1^b-A_2^b)\\ &=(A_1^b-A_2^b)=E_1^b c_b L-E_2^b c_b L=(E_1^b L-E_2^b L)c_b=k\times c_b\end{aligned}\quad(10\text{-}15)$$

用同样的方法，如需测定另一组分 a 的浓度时，可另选两个适宜的波长 $\lambda_1$ 和 $\lambda_2$，消去 b 组分的干扰而测定 a 组分的浓度，如图 10-14（Ⅱ）所示。等吸收双波长消除法如用双波长分光光度计测定，利用两束不同波长的单色光 $\lambda_1$ 和 $\lambda_2$，若以 $\lambda_1$ 为参比波长，$\lambda_2$ 为测定波长，在单位时间内交替照射同一溶液，可由检测器直接测得两波长之间的吸光度差 $\Delta A$ 值，$\Delta A$ 与被测组分的浓度成正比，而与干扰组分的吸收无关。应用等吸收双波长消除法时，干扰组分的吸收光谱中至少需有一个吸收峰或谷，这样才有可能找到对干扰组分等吸收的两个波长。

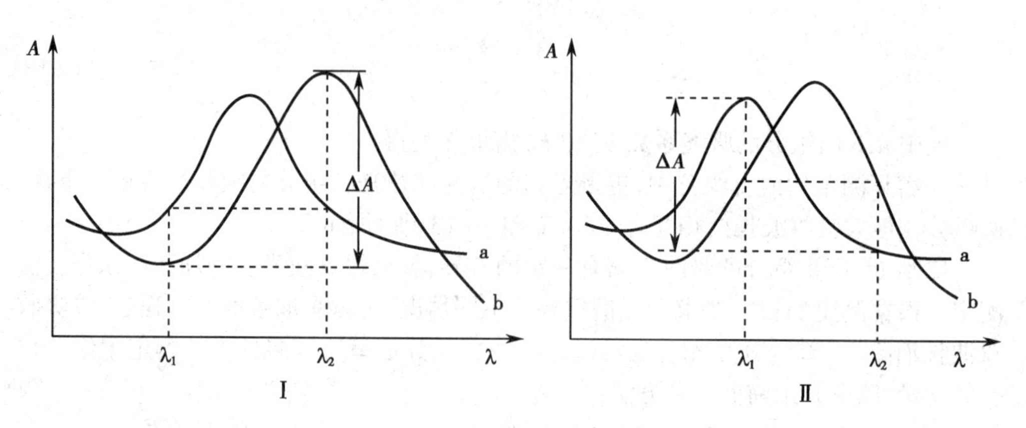


图 10-14　等吸收双波长消除法示意图

Ⅰ消除 a 测定 b，Ⅱ消除 b 测定 a

等吸收双波长消除法也可用于混浊溶液的测定，因为混浊液有悬浮的固体微粒遮挡一部分光而使测得的 $A$ 值偏高。当混浊固体微粒的干扰不受波长的影响或影响很小时，可认为在所有波长处其吸光度近似相等。因此可选择组分吸收峰处的波长和组分吸光度小处的波长测定混浊液的 $\Delta A$ 值，这样可消除悬浮微粒的干扰，从而提高组分测定的准确度。

3. 差示分光光度法　分光光度法主要用于微量组分的含量测定，当被测定组分浓度过高或过低，就会使测得的吸光度值太大或太小。由测量条件的选择所知，当测得的吸光度值太大或太小时，即使没有偏离朗伯 - 比尔定律的现象，也会有较大的测量误差，从而导致准确度降低。采用差示分光光度法可克服这一缺点。目前主要有高浓度差示法、稀溶液差示法和使用两个参比溶液的精密差示法。其中高浓度差示法应用较多，下面予以讨论。

差示分光光度法和一般的分光光度法不同之处主要在于，差示法不是以空白溶液作参比溶液，而是采用比被测溶液浓度稍低的标准溶液（标准溶液与被测溶液是同一种物质的溶液）作参比溶液，然后测量被测溶液的吸光度，从而求出被测溶液的浓度，差示分光光度法可以大大提高测定结果的准确度。

设用作参比的标准溶液浓度为 $c_{标}$，被测溶液浓度为 $c_{样}$，且 $c_{样}>c_{标}$，根据朗伯 - 比尔定律则得：

$$A_{样}=E\cdot c_{样}\cdot L$$
$$A_{标}=E\cdot c_{标}\cdot L$$

两式相减：

$$\Delta A=A_{样}-A_{标}=E\cdot c_{样}\cdot L-E\cdot c_{标}\cdot L$$
$$=E\cdot L\cdot(c_{样}-c_{标})=E\cdot L\cdot\Delta c \tag{10-16}$$

实际操作时，用已知浓度的标准溶液作参比溶液，调节其吸光度为零（透光率为100%），然后测量被测溶液的吸光度。这时测得的吸光度实际是这两个溶液的吸光度差值（相对吸光度）。由式（10-16）可知，所测得吸光度差值与这两个溶液的浓度差成正比。这样便可以 $\Delta A$ 对 $\Delta c$ 作工作曲线，根据测得的 $\Delta A$ 值从 $\Delta A$-$\Delta c$ 工作曲线上找出对应的 $\Delta c$ 值，依据 $c_{样}=c_{标}+\Delta c$，便可求出被测溶液的浓度，差示分光光度法在药物分析中有较广泛的应用。

## 第六节　应用与示例

有机化合物对紫外光的吸收，只是所含的生色团和助色团的特征，而不是整个分子的特征。紫外 - 可见吸收光谱在有机化合物的定性鉴定及结构分析中，必需与红外光谱、核磁共振谱和质谱等方法配合，才能发挥较大的作用。紫外 - 可见吸收光谱在有机化合物结构研究中的应用主要是鉴定共轭生色团、说明共轭关系、判断共轭体系中取代基的位置、种类和数目等，进而推测未知物的结构骨架。以下简单介绍官能团和异构体的推断。

### 一、根据紫外 - 可见吸收光谱推断官能团

待测化合物如果在 220~800nm 波长范围内无吸收〔$\varepsilon$<1L/(mol·cm)〕，它可能是脂肪族饱和碳氢化合物、胺、氰醇、羧酸、氯代烃和氟代烃等，不含直链或环状共轭体系，没有醛、酮等基团；如果在 210~250nm 波长范围内有强吸收带，它可能含有两个共轭单位；如果在 260~300nm 波长范围内有强吸收带，它可能含有 3~5 个共轭单位：如果在 250~300nm 波长范围内有弱吸收带，它可能有羰基存在；如果在 250~300nm 波长范围内有中等强度吸收带，并且含有振动结构，表明有苯环存在；如果化合物有颜色，则分子中含有的共轭生色团一般在 5 个以上。

### 二、根据紫外 - 可见吸收光谱推断异构体

#### （一）结构异构体的推断

许多结构异构体之间可利用其双键的位置不同，应用紫外吸收光谱推断异构体

的结构。如松香酸（Ⅰ）和左旋松香酸（Ⅱ）的 $\lambda_{max}$ 分别为 238nm 的 273nm，相应的 $\varepsilon_{max}$ 值分别为 15 100L/(mol·cm) 和 7100L/(mol·cm)。这是因为Ⅰ型没有立体障碍，而Ⅱ型有一定的立体障碍，因此，Ⅰ型的 $\varepsilon_{max}$ 比Ⅱ型的 $\varepsilon_{max}$ 大得多。

(Ⅰ)　　　(Ⅱ)

（二）顺反异构体的推断

因为反式异构体空间位阻小，共轭程度高，所以其最大吸收波长 $\lambda_{max}$ 和摩尔吸收系数 $\varepsilon_{max}$ 都大于顺式异构体。如，1,2- 二苯乙烯的反式异构体的光谱特征为：$\lambda_{max}$=295.5nm，$\varepsilon_{max}$=29 000L/(mol·cm)，1,2- 二苯乙烯的顺式异构体的光谱特征为：$\lambda_{max}$=280nm，$\varepsilon_{max}$=10 500L/(mol·cm)

紫外 - 可见吸收光谱在有机化合物结构分析中的应用

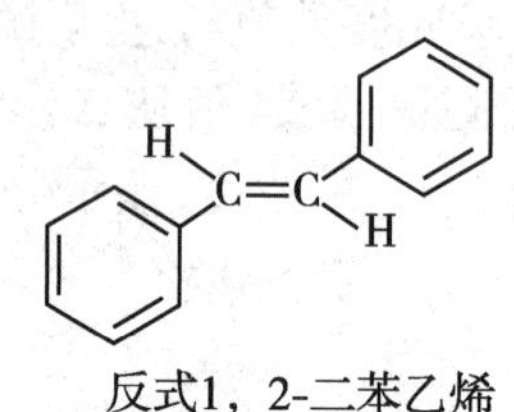

反式1，2-二苯乙烯

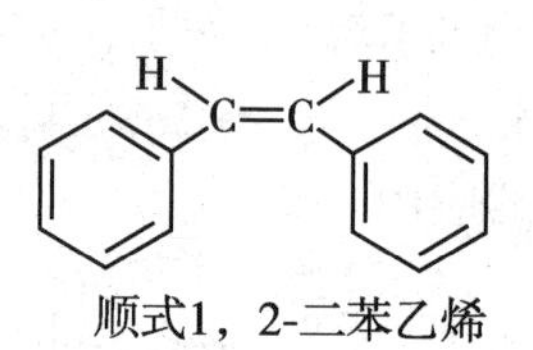

顺式1，2-二苯乙烯

（何文涛）

扫一扫　测一测

## 复习思考题

1. 什么是紫外 - 可见分光光度法？它具有哪些特点？

2. 朗伯 - 比尔定律的内容是什么？偏离朗伯 - 比尔定律的因素有哪些？

3. 为什么选择最大吸收波长 $\lambda_{max}$ 作为定量分析的入射波长来测定溶液的吸光度？

4. 紫外 - 可见分光光度计的主要部件有哪些？测定样品时，吸光度应控制在什么范围内？

5. 用双硫腙测定 $Cd^{2+}$ 溶液的吸光度 A 时，$Cd^{2+}$ 的浓度为 140μg/L，在 $\lambda_{max}$=525nm 波长处，用 L=1cm 的吸收池，测得吸光度 A=0.220，试计算摩尔吸光系数。

6. 用邻菲罗啉测定铁(55.85)，标准溶液中 $Fe^{2+}$ 的浓度为 50.0μg/100ml，在 $\lambda_{max}$=508nm 波长处，用 L=1cm 的吸收池，测得吸光度 A=0.099，试计算吸光系数和摩尔吸光系数。

7. 分别取不纯的 $KMnO_4$ 样品与标准品 $KMnO_4$ 各 0.1000g，溶于适量水中，各用 1000ml 容量瓶定容。各取 10.0ml 稀释至 50.00ml，在 $\lambda_{max}$=525nm 时，测得 $A_{样}$=0.220、$A_{标}$=0.260，求样品中 $KMnO_4$ 的质量分数。

8. 维生素 $B_{12}$ 的水溶液在 $\lambda_{max}$=361nm 处的比吸光系数 $\alpha$=20.7L/(g·cm)。若用 1cm 的吸收池，测得维生素 $B_{12}$ 样品溶液在 361nm 波长处的吸光度 A=0.621，试

求该溶液的质量浓度。

9. 维生素 $B_{12}$ 水溶液在 $\lambda_{max}$=361nm 处的百分吸光系数 $E_{1cm}^{1\%}$=207。取维生素 $B_{12}$ 试样 30.0mg，加纯水溶解，用 1L 的量瓶定容。将溶液置于 1cm 的吸收池，测得 361nm 波长处的吸光度 A=0.600，试求试样中维生素 $B_{12}$ 的质量分数。

10. 在 1cm 比色皿和 525nm 条件下，$1.00 \times 10^{-4}$ mol/L $KMnO_4$ 溶液的吸光度为 0.585。现有 0.500g 锰合金试样，溶于酸后，用高碘酸盐将锰全部氧化成 $MnO_4^-$，然后转移至 500ml 量瓶中，在 1cm 比色皿和 525nm 时，测得吸光度为 0.400。求试样中锰的百分含量。（Mn：54.94）

课件

扫一扫
知重点

# 第十一章

# 红外分光光度法

知识要点

1. 红外光谱法、基频峰、特征峰、相关峰、特征区、指纹区等基本概念。
2. 红外吸收产生的条件;峰位、峰形和峰强度及影响因素。
3. 红外光谱法的定性分析与结构分析,红外光谱仪的工作原理及主要部件。

## 第一节 基础知识

知识链接

**红外线的发现**

1800年,英国物理学家赫胥尔(W. Herschel)在研究热效应时,将太阳光通过棱镜分解成各种彩色可见光带,然后用温度计测量各光带温度。在实验中,赫胥尔偶然发现:由紫到红,光带温度逐渐增加,但是将温度计放到红光以外的部分时,温度仍然会持续上升。经过反复多次实验,赫胥尔发现温度计总是在红色光带区域的外侧达到最高值,这说明在可见光-红色光外侧存在着一种肉眼看不见的、能辐射产生高热量的光线。这种看不见的、位于红色光外侧的光线就被称为红外线。红外线能使被照射的物体发热,具有热效应,太阳的热主要就是以红外线的形式传递到地球上的。

利用物质对红外线的吸收,得到与分子结构相对应的红外吸收光谱图,据此进行分子的结构分析、定性和定量分析的方法称为红外分光光度法,又称红外吸收光谱法(简称红外光谱),可用符号"IR"表示。

物质的红外吸收光谱图就是物质对红外线的吸收曲线图。当用一定频率的红外线照射物质时,因其辐射能量低,不足以引起分子中电子能级的跃迁,只能产生分子振动能级的跃迁,同时还伴随转动能级的跃迁,因此红外吸收光谱亦称分子的振动-转动光谱。不同的物质会吸收不同波长的红外线,从而产生不同的吸收光谱。依据红外吸收光谱中的峰位、峰形和峰强度可对有机化合物进行定性、定量和结构分析,

红外分光光度法是有机药物结构测定和鉴定的重要方法之一。

## 一、红外线及红外吸收光谱

1. 红外线的区划及跃迁类型　红外线是指波长位于 0.75~1000μm 范围内的电磁波。红外线按波长划分为三个区域，可引发三种不同类型的能级跃迁，见表 11-1。

表 11-1　红外线的区划及跃迁类型

| 区域 | 波长 $\lambda$（μm） | 波数 $\sigma$（$cm^{-1}$） | 能级跃迁类型 |
|---|---|---|---|
| 近红外区 | 0.75~2.5 | 13 158~4000 | OH、NH、CH 键的倍频吸收区 |
| 中红外区 | 2.5~50 | 4000~200 | 振动，伴随转动（基本振动区） |
| 远红外区 | 50~1000 | 200~10 | 纯转动 |

波数 $\sigma$ 是波长 $\lambda$ 的倒数，表示每厘米长度内红外线波动的次数。当波长以微米为单位时，波数与波长的关系是：

$$\sigma(\mathrm{cm^{-1}})=\frac{1}{\lambda(\mathrm{cm})}=\frac{10^4}{\lambda(\mu\mathrm{m})} \tag{11-1}$$

（$1\mu m=10^{-4}cm$）如 $\lambda=5\mu m$ 的红外线，它的波数为：$\sigma=\frac{10^4}{5}=2000cm^{-1}$。即波长为 5μm 的红外线在传播时，每一厘米距离内波动 2000 次。同理，$\lambda=20.0\mu m$，$\sigma=500cm^{-1}$。

因为红外吸收光谱主要是由分子中原子的振动能级跃迁时产生的，所以中红外区是目前红外分光光度法研究最多、应用最广泛的区域，通常所说的红外光谱主要是指中红外吸收光谱。

2. 红外光谱的表示方法　目前，红外光谱在实际应用中多用 $T$-$\sigma$ 或 $T$-$\lambda$ 曲线描述，即纵坐标为百分透光率（$T\%$），横坐标为红外线波数（$\sigma$）或波长（$\lambda$）。$T$-$\sigma$ 或 $T$-$\lambda$ 曲线上的“谷”是红外光谱的吸收峰，即吸收峰峰顶向下，如图 11-1 所示。

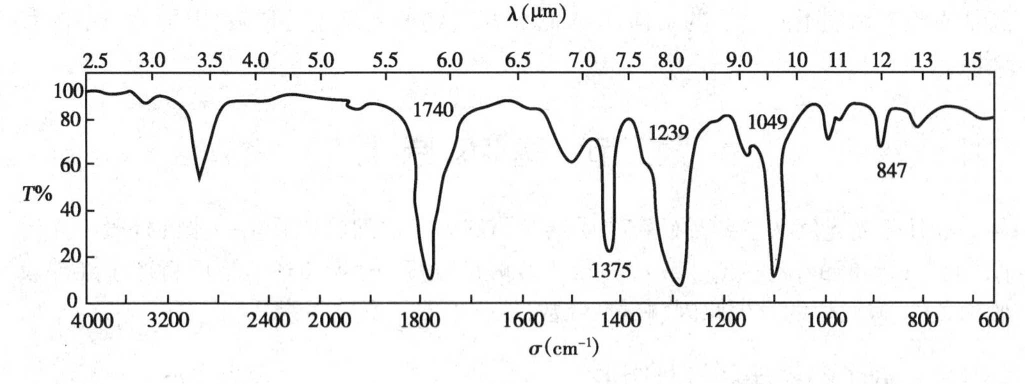


图 11-1　乙酸乙酯的红外光谱图

因为 $v=\frac{C}{\lambda}=\sigma C$，所以频率和波数间成正比关系。为了方便，在红外光谱中用波数 $\sigma$ 来描述频率 $v$，波数 $\sigma$ 越大，红外线振动频率 $v$ 也越大。

观察图 11-1 可发现，$T$-$\sigma$ 曲线“前疏后密”，而 $T$-$\lambda$ 曲线“前密后疏”。这是因为 $T$-$\lambda$ 曲线是波长等距，而 $T$-$\sigma$ 曲线是波数等距的关系。红外光谱图中，一般横坐标采用两种标度，如 $T$-σ 图，以 2000cm$^{-1}$ 为界，在小于 2000cm$^{-1}$ 低频区较“密”，为的是使密集的峰能够分开；在大于 2000cm$^{-1}$ 的高频区较“疏”，是为了不让 $T$-$\sigma$ 曲线上的吸收峰过分扩张。

### 二、红外光谱与紫外－可见光谱的区别

紫外－可见光谱与红外光谱都是利用物质对电磁波的吸收来研究物质的组成、结构及定性定量的分析方法。但两者吸收电磁波的区域不同，应用范围及特征性都有不同。

1. 吸收电磁波区域不同　红外光谱和紫外光谱一样，都是分子的吸收光谱。但紫外光线波长短，频率高、光子能量大，可引起分子的价电子层的电子发生能级跃迁，光谱简单；而红外光线波长长，光子能量小，只能引起分子振动能级的跃迁，并伴随转动能级的跃迁，故其光谱复杂。

2. 应用范围不同　紫外光谱吸收峰的峰形平缓且缺少细节，提供的信息量少，只适用于研究芳香族或具有共轭体系的不饱和脂肪族化合物及某些无机物，不适用于饱和有机化合物。红外光谱比紫外光谱应用广泛，所有的有机化合物（只要在振动中有偶极矩变化的）和某些无机物均能测得其特征红外光谱。

3. 特征性不同　紫外吸收光谱主要是由分子中的电子跃迁所形成的，多数物质的紫外光谱的吸收峰较少且简单，它反映的是少数官能团的特性。而红外光谱是振动－转动光谱，峰较密集，光谱较为复杂，信息量大，特征性强，与分子结构密切相关。比如从乙酸乙酯的红外吸收光谱图（图 11-1）中我们可观测到许多的吸收峰。

### 三、红外光谱的主要用途

红外吸收光谱具有高度的特征性，除光学异构体外，每种化合物都有自己的红外吸收光谱。利用红外光谱对物质的气、液、固态均可进行分析，且分析速度快、样品用量少，故在中药研究和质量控制等方面得到广泛应用。红外光谱最突出的应用是从特征吸收来识别不同分子的结构，即与已知化合物的光谱进行比较，识别分子中的官能团。

## 第二节　基本原理

红外分光光度法主要是研究物质结构与红外光谱间的关系。一张红外吸收光谱图，可由吸收峰的位置（$\lambda_{max}$ 或 $\sigma_{max}$）及吸收峰的强度（$\varepsilon$）来描述。下面将产生红外吸收的条件、吸收峰的产生原因、峰位、峰数、峰强度及其影响因素分别讨论。

### 一、分子的振动和红外吸收

组成分子的原子有三种不同的运动方式，即平动、转动和振动。实验证明，只有振动中偶极矩变化不等于零的振动，才会产生红外吸收峰，这类振动称为红外活性振动，其红外吸收光谱图能给出有价值的定性定量信息。因此，下面我们主要讨论分子的振动。

分子的振动可近似的看作是分子中的原子以平衡点为中心，以很小的振幅做的

周期性的振动。对双原子分子而言，是以平衡点为中心，沿键轴方向做的周期性伸缩振动。双原子分子可看成由质量可忽略不计的弹簧连接的两个小球：弹簧相当于两原子间的化学键，弹簧的长度就是化学键的长度，两个小球代表质量为 $m_1$ 和 $m_2$ 的两个原子。如图 11-2 所示。

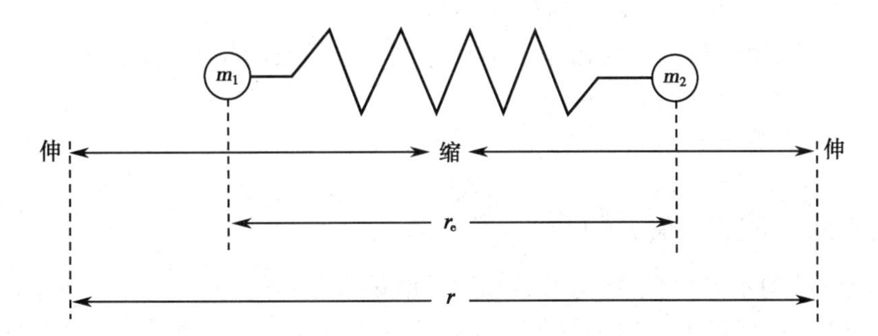


图 11-2　双原子分子的振动

$r_e$：平衡状态时原子间的距离；$r$：振动过程中某瞬间距离

这个体系的振动频率取决于弹簧的强度，即化学键的强度和小球的质量。用经典力学的方法可以得到以下公式：

$$v=\frac{1}{2\pi}\sqrt{\frac{K}{\mu}}\,(\mathrm{S}^{-1}) \tag{11-2}$$

因为 $v=\frac{C}{\lambda}=\sigma C$，所以上式也可写成

$$\sigma=\frac{1}{2\pi\times C}\sqrt{\frac{K}{\mu}}\quad(\mathrm{cm}^{-1}) \tag{11-3}$$

可简化为

$$\sigma=1302\sqrt{\frac{K}{\mu}}\quad(\mathrm{cm}^{-1}) \tag{11-4}$$

以上式中：$v$ 为振动频率，单位 Hz；$K$ 为化学键力常数，单位 $\mathrm{N\cdot cm^{-1}}$；

$\mu$ 为双原子分子的折合质量（$\mu=\frac{m_1\times m_2}{m_1+m_2}$，$m_1$、$m_2$ 为两个原子的原子质量）；

$\sigma$ 为波数，波长的倒数，单位 $\mathrm{cm^{-1}}$；$C$ 为光速，$C=3\times10^{10}\mathrm{cm\cdot s^{-1}}$。

从以上式子可看出，化学键的强度越大，折合质量越小，则振动频率越高；同时表明振动能级所需的电磁辐射频率仅与球的质量（$\mu$）和化学键力常数（K）有关。

因原子质量很小，$\mu$ 的计算较麻烦，若以两原子的折合原子量 $\mu'$ 代替 $\mu$，则式（11-4）可简化为：

$$\sigma=1302\sqrt{\frac{K}{\mu'}}\quad(\mathrm{cm}^{-1}) \tag{11-5}$$

式（11-5）可较为方便地计算出某些基团的基频峰峰位。

已测得：单键的力常数 $K=4\sim6\mathrm{N\cdot cm^{-1}}$；双键的力常数 $K=8\sim12\mathrm{N\cdot cm^{-1}}$；三键的力常数 $K=12\sim18\mathrm{N\cdot cm^{-1}}$。

例 11-1　已知 HCl 分子的 $K_{H\text{-}Cl}$=4.8N·cm$^{-1}$，计算 HCl 分子的振动频率。

解：

$$\mu'_{HCl}=\frac{1\times35.5}{1+35.5}=0.97$$

根据式（11-5）可得：$\sigma_{HCl}=1302\sqrt{\frac{4.8}{0.97}}=2896(cm^{-1})$

实际测得 HCl 的振动频率为 2886cm$^{-1}$，与计算值基本一致。

例 11-2　试计算有机化合物分子中某些化学键的振动频率，如分子中 C═C 键的振动频率。已知 $K_{C=C}$=10N·cm$^{-1}$。

解：

$$\mu'_{C=C}=\frac{12\times12}{12+12}=6$$

根据式（11-5）可得：$\sigma'_{C=C}=1302\sqrt{\frac{10}{6}}=1681(cm^{-1})$

因物质的结构不同，化学键力常数和原子质量各不相同，分子的振动频率也就不同，所以，分子在振动时所吸收的红外光线的频率也不同。不同物质分子将形成各有其特征的红外吸收光谱，这是红外吸收光谱产生的机理，也是有机化合物运用红外分光光度法进行定性鉴定和结构分析的理论依据。

## 二、振动形式

双原子分子是最简单的分子，其振动形式只有一种，即沿键轴方向作相对的伸缩振动。对多原子分子来说，其振动形式除了伸缩振动外，还存在着弯曲振动。

### （一）伸缩振动

原子沿着键轴方向伸缩，使键长发生周期性变化的振动形式，称为伸缩振动。简言之，伸缩振动就是键长发生改变而键角不变的振动。按其对称与否，其伸缩振动形式又分为两种。

1. 对称伸缩振动　指振动时各个键同时伸长或同时缩短（↖↗或↘↙），即为对称伸缩振动，以符号“$\nu_s$”表示。

2. 不对称伸缩振动　亦称为反对称伸缩振动，振动时有的键伸长，有的键缩短（↖↙或↘↗），即为不对称伸缩振动，以符号“$\nu_{as}$”表示。

这一类的振动频率主要取决于原子质量和化学键的强度。含有两个或两个以上相同键的基团都有对称及反对称两种振动形式。

### （二）弯曲振动

使键角发生周期性变化的振动形式称为弯曲振动或变形振动，它分为面内弯曲振动和面外弯曲振动两种。

1. 面内弯曲振动（$\beta$）　振动方向位于几个原子构成的平面（该平面可以用纸平面来表示）内的一种弯曲振动。面内弯曲振动分为剪式振动和平面摇摆振动两种。

（1）剪式振动（$\delta$）：振动时键角的变化如同剪刀的开、合一样，因此而得名。

（2）平面摇摆振动（$\rho$）：振动时基团键角不发生变化，基团作为一个整体在分子平面内左右摇摆，故称为平面摇摆振动。

组成为 $AX_2$ 的基团或分子易发生面内弯曲振动，如—$CH_2$—、—$NH_2$ 等。

2. 面外弯曲振动（$\gamma$）　指在垂直于分子所在平面外进行的一种弯曲振动。也有两种振动形式。

(1) 扭曲振动($\tau$):又称蜷曲振动。振动时一个基团向纸平面上而另一个基团向纸平面下的扭曲振动。

(2) 摇摆振动($\omega$):基团(如两个氢原子)作为整体在垂直于分子对称平面的前后摇摆,即两个氢原子同时向前或向后所形成的振动,而基团的键角并不发生变化。

分子振动的各种形式以分子中的亚甲基"—$CH_2$—"为例,如图 11-3 所示。

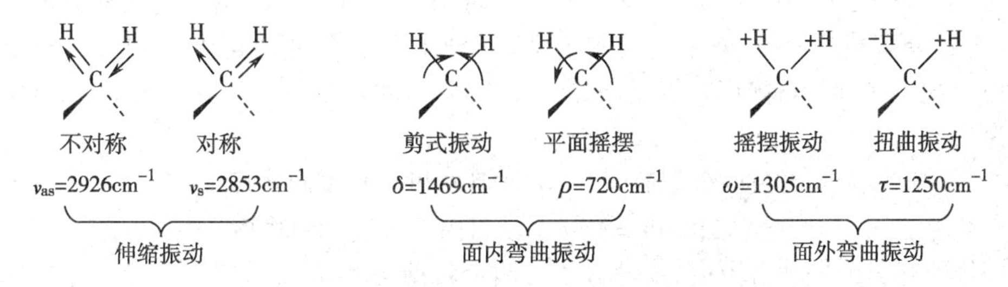


图 11-3　—$CH_2$—中的各种振动形式

每一种振动形式,对应一个振动能级,在发生跃迁时所需的能量不同,选择吸收红外光线的频率也不同,即在红外光谱图上会出现各自相应的特征吸收峰,如图 11-4 正己烷的红外光谱。

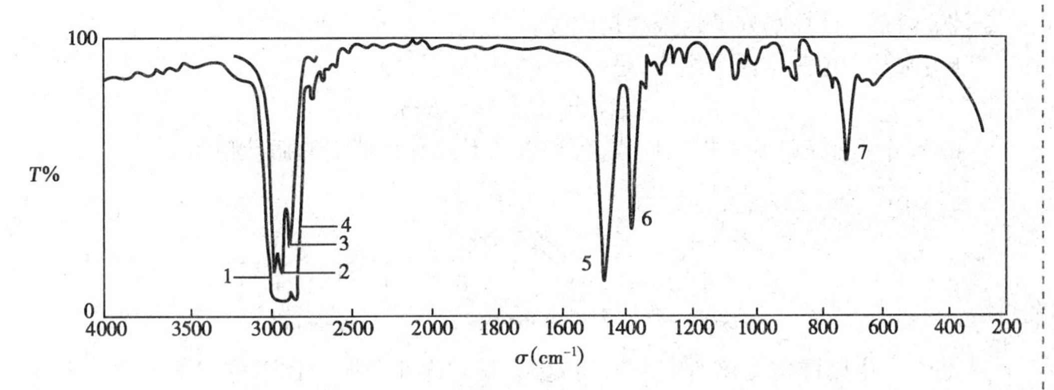


图 11-4　正己烷的红外吸收光谱

1、2 号峰代表正己烷分子中—$CH_3$、—$CH_2$—的反对称伸缩振动吸收,3、4 号峰代表正己烷分子中—$CH_3$、—$CH_2$—的对称伸缩振动吸收,5、6 号峰代表了—$CH_3$、—$CH_2$—的弯曲振动中的剪式弯曲振动吸收,在 4 号峰与 5 号峰之间为一平坦的基线,表示在这一频率范围内没有发生分子的振动,故没有吸收,7 号峰代表分子中—$CH_2$—的弯曲振动中的平面摇摆振动吸收。

通过讨论振动形式及振动形式的数目,可以了解吸收峰的起源,(即吸收峰是由什么振动形式的能级跃迁)和基频峰的可能数目。

## 三、振动自由度与峰数

双原子分子只有一种振动形式即伸缩振动,多原子分子的振动较复杂,且多原子分子的振动形式,随着组成分子的原子数目的增加而增多,但基本上都可以分解成许多简单的基本振动,如伸缩振动或各种弯曲振动。分子中基本振动的数目称为振动

自由度(又称分子的独立振动数目),通过它可以了解分子中可能存在的振动形式,以及可能出现的吸收峰数目。

将含有N个原子的分子置于三维空间中,则每个原子都能向X、Y、Z三个坐标方向独立运动,即该分子总的独立振动数目为3N个,即3N个自由度。分子中的原子被化学键连接成一个统一的整体,在研究由N个原子组成的多原子分子的运动时,其运动状态应包括平动、转动及振动三种情况。若分子的重心向任何方向的移动,均可分解成沿三个坐标方向的平动,则分子有三个平动自由度;同理,整个分子均可绕三个坐标轴转动,因此分子也有三个转动自由度。所以分子的总自由度应为:

$$3N=平动自由度+转动自由度+振动自由度$$

$$振动自由度=3N-平动自由度-转动自由度$$

分子有三个平动自由度,线性分子有两个转动自由度,非线性分子有三个转动自由度,故:

$$线性分子的振动自由度=3N-3-2=3N-5 \tag{11-6}$$

$$非线性分子振动自由度=3N-3-3=3N-6 \tag{11-7}$$

每一个振动自由度可看成分子的一种基本振动形式,有其自己的特征振动频率。所以通过分子的振动自由度,可以估计可能出现的红外吸收峰的数目。

例 11-3　计算水分子的振动自由度。

解:水分子由三个原子组成,是一个非线性分子,即

$$振动自由度=3N-6=3$$

故水分子有三种基本振动形式,各种振动形式有其特定的振动频率:

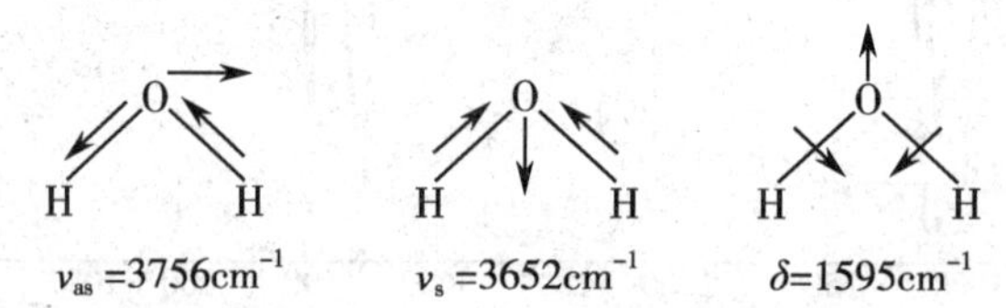


键长变化比键角变化所需要的能量大,反对称伸缩振动比对称伸缩振动所需要的能量大,上述三种振动形式所需能量大小顺序是:$\nu_{as}>\nu_s>\delta$。所以,伸缩振动吸收出现在红外光谱中的高波数区,而弯曲振动吸收则在低波数区。水分子红外吸收曲线的三个吸收峰如图 11-5 所示。

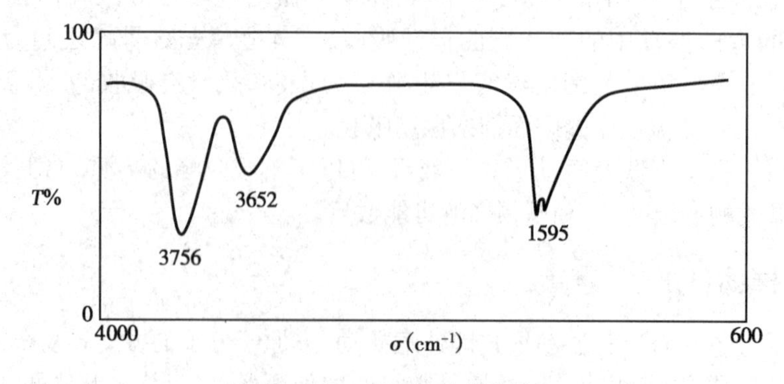


图 11-5　水的红外光谱图

例 11-4　计算 $CO_2$ 分子的振动自由度。

解：$CO_2$ 由三个原子组成，是一个线性分子，即

$$振动自由度=3N-5=4$$

故 $CO_2$ 分子有四种振动形式：

O=C=O　　O=C=O　　O=C=O　　O=C=O

$\nu_{as}=2349cm^{-1}$　　$\nu_s=1388cm^{-1}$　　$\delta=667cm^{-1}$　　$\gamma=667cm^{-1}$

$CO_2$ 分子的红外吸收光谱如图 11-6 所示。

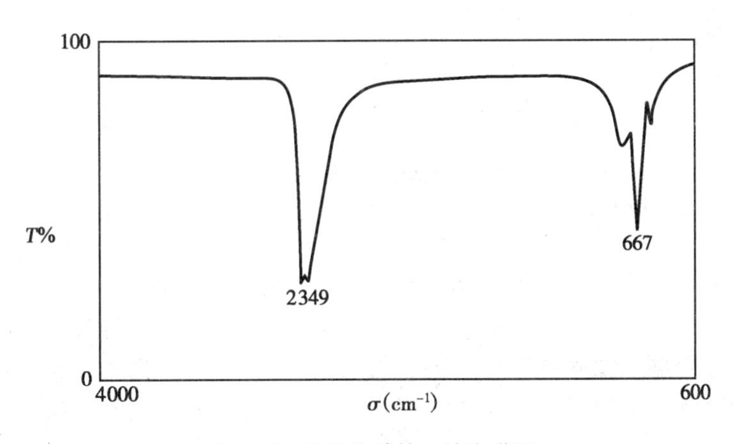


图 11-6　二氧化碳的红外光谱图

从理论上讲，每一种振动形式都有特定的振动频率，相应地会出现一个红外吸收峰。但实际上多数物质的分子吸收峰数目往往少于基本振动数目，如例 11-4 中的 $CO_2$ 分子，它有四种基本振动形式，理论上讲会有 4 个吸收峰，但红外光谱图上只出现了两个吸收峰，分别是 $2349cm^{-1}$ 的不对称伸缩振动吸收峰和 $667cm^{-1}$ 的弯曲振动吸收峰。其原因有以下几个方面：

1. 红外非活性振动　在振动中偶极矩不发生变化，没有红外吸收，在红外光谱中找不到吸收峰的振动称红外非活性振动。线型 $CO_2$ 分子的两个键的对称伸缩振动（频率为 $1388cm^{-1}$）处于平衡状态时，偶极矩大小相等，方向相反，分子的正负电荷重心重合，即偶极矩等于零，所以是红外非活性振动，因此在红外光谱图上未出现此吸收峰。

2. 简并　振动频率相同的不同振动形式只能产生一个吸收峰，这种现象称为简并。如 $CO_2$ 分子的面内弯曲振动频率为 $667cm^{-1}$，面外弯曲振动频率也为 $667cm^{-1}$，它们的峰位在红外光谱图上重合。所以只能观测到一个吸收峰。

3. 仪器性能的限制　当仪器的分辨率不够高时，对振动频率相近的吸收峰分不开；如果灵敏度不够高时，则对较弱的吸收峰不能测出。

4. 有的振动频率落在中红外区以外的区域，仪器无法检测。

## 四、红外吸收峰的类型

### （一）基频峰

分子吸收一定频率的红外光后，其振动能级由基态（振动量子数 V=0）跃迁至第一

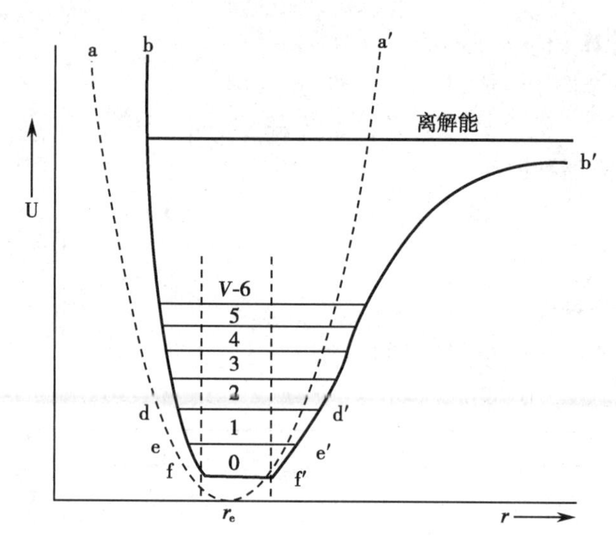


图 11-7　振动能级跃迁位能曲线图

a—a′. 谐振子位能曲线　b—b′. 双原子分子实际位能曲线　r. 原子间距离

振动激发态(V=1)时所产生的吸收峰(ΔV=1),称为基频峰或基频吸收带,如图 11-7 所示。

基频峰的频率即为基本振动频率,对于多原子分子,基频峰频率为分子中某种基团的基本振动频率。基频峰强度一般都较大,是红外吸收光谱中最重要的一类吸收峰。图 11-4 中的 1 至 7 号峰都是基频峰。如前述原因,基频峰数目远小于理论上计算的基本振动数目。

### (二) 泛频峰

倍频峰、合频峰和差频峰统称为泛频峰。

1. 倍频峰　当振动能级由基态(V=0)跃迁至第二(V=2)、第三(V=3)……振动激发态时所产生的吸收峰称为倍频峰(图 11-7)。二倍频峰(ΔV=2)所吸收的红外线的频率是基本振动频率的两倍,余类推。三倍频峰以上,由于跃迁几率小,常测不到,一般只考虑二倍频峰。由于分子的非谐振性质,倍频峰并非基频峰的整数倍,而是稍少一些。以 HCl 分子为例:

| 基频峰 | 2885.9cm$^{-1}$ | 最强 |
| --- | --- | --- |
| 二倍频峰 | 5668.0cm$^{-1}$ | 较弱 |
| 三倍频峰 | 8346.9cm$^{-1}$ | 很弱 |

2. 合频峰与差频峰　由两个或多个振动类型组合而成。合频峰 $V_1+V_2$、$2V_1+V_2$……差频峰 $V_1-V_2$、$2V_1-V_2$……,多数为弱峰,一般在图谱上不易辨认。

取代苯的泛频峰特征性很强,代表某一取代类型,可用于鉴别苯环上的取代位置,具有特别意义。取代苯的泛频峰出现在 2000~1667cm$^{-1}$,主要是由苯环上碳氢面外弯曲振动的倍频峰等所构成,见图 11-8。

泛频峰的存在,使光谱变得复杂,但也增加了光谱的特征性。

### (三) 特征峰

红外图谱是分子结构的反映,谱图中的吸收峰,与分子中各官能团(或化学键)的振动形式相对应。经过对大量化合物的红外图谱、红外数据的对比、分析发现,组成分子的各种官能团(或化学键),如 O—H、N—H、C—H、C═C、C≡C 等,都有自己

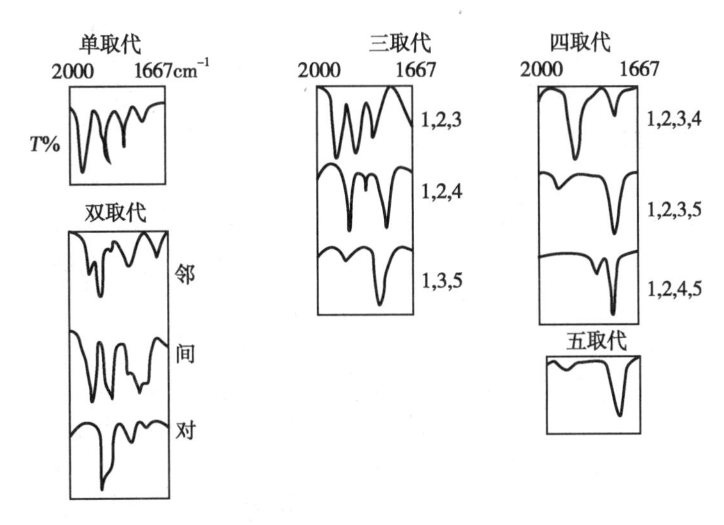


图 11-8　取代苯的泛频峰

特定的红外吸收区域。因此，可通过一些易辨认的、有代表性的吸收峰来确定官能团的存在。凡能用于鉴别官能团存在并具有较高强度的吸收峰称为特征吸收峰，简称特征峰，该特征峰频率称为特征频率。如羰基 >C═O 的特征吸收峰在 1850~1650cm$^{-1}$，最易识别。在红外光谱解析中常从特征峰入手确定官能团的存在。

（四）相关峰

每一个官能团都有几种不同形式的振动，若这些振动是具有红外活性的振动，那么在谱图上除了能观察到该官能团的特征峰外，同时肯定还会观察到一组其他的振动吸收峰。由某个官能团所产生的一组具有相互依存关系的吸收峰，称为相关吸收峰，简称相关峰。判断官能团的存在除了要看特征峰外，相关峰的存在也是必不可少的。如亚甲基—$CH_2$—，有下列相关峰：$\nu_{as}$=2930cm$^{-1}$，$\nu_s$=2850cm$^{-1}$，$\delta$=1465cm$^{-1}$，$\rho$=720~790cm$^{-1}$，若想证明化合物中存在该基团，则在其红外图谱中这四组相关峰都应该存在。

利用一组相关峰来确定某个官能团的存在是红外光谱解析中的一个较重要的原则。但要注意的是，相关峰的数目与基团的活性振动数及光谱的波数范围有关，有时候有些相关峰会因为太弱或与其他峰重叠而观测不到，但只有在找到主要的相关峰作为旁证时才能确认一个官能团存在。

## 五、吸收峰的峰位及影响峰位的因素

吸收峰的位置简称峰位。在红外光谱中，不同分子中不同基团的峰位是不相同的，而不同分子中相同基团的同种振动形式的吸收峰峰位也同样不是完全相同的。这是因为红外光谱上基频峰的峰位变化，不光要受到化学键两端的原子质量、化学键力常数的影响，还与分子的内部因素及外部因素有很大关系。

（一）基频峰的峰位

前面我们介绍过，分子的振动频率主要与化学键两端的原子质量、化学键力常数有关。由式（11-5）$\sigma=1302\sqrt{\frac{K}{\mu'}}$（cm$^{-1}$）可知，吸收峰的位置与化学键力常数 $K$，折合原

子量$\mu'$及振动形式的关系如下：

1. 化学键力常数与振动频率　当折合原子量相同时，化学键越强，即 K 值越大，则伸缩振动频率越高。如$K_{C\equiv C}>K_{C=C}>K_{C-C}$，相应地$\nu_{C\equiv C}>\nu_{C=C}>\nu_{C-C}$。

2. 折合原子量与振动频率　当化学键力常数相同时，折合原子量越小，即$\mu'$值越小时，伸缩振动频率越高，因此，含氢单键的伸缩振动吸收峰都出现在高频区。

3. 振动形式与吸收峰的位置　同一基团，因振动形式不同，吸收峰的位置也不相同，通常$\nu_{as}>\nu_s$，$\nu>\beta>\gamma$。

（二）影响峰位的因素

分子振动的实质是化学键的振动，它不是孤立的，而是受分子中其他部分，特别是邻近基团的影响，有时还要受到外部环境如溶剂、测定条件的影响。故某一基团的吸收峰位并非固定不变，而是在一定范围内发生变化，因此，分析中不但要知道红外特征频率的位置和强度，而且还要了解影响其变化的因素，这样就可以根据吸收峰位的移动及强度的改变，来推测产生这种变化的结构因素，从而进行结构分析。

1. 内部因素　主要是结构因素，如相邻基团的影响。以羰基（>C＝O）为例讨论邻近基团的影响情况。

（1）取代基的诱导效应：由于取代基具有不同的电负性，通过静电诱导效应，引起分子中电子分布的变化，从而改变了化学键力常数，使基团的特征频率发生位移。例如，当羰基的碳原子上引入一吸电子基团时，由于诱导效应，羰基的氧原子上会发生电子转移，使羰基的双键极性增加，化学键力常数增大，振动频率增大，则吸收峰向高频区移动。诱导效应越强，吸收峰向高频区移动的程度越显著。例如：

| R—C(=O)—R | R—C(=O)—Cl | R—C(=O)—F |
|---|---|---|
| $\nu_{C=O}$ 1715cm$^{-1}$ | 1800cm$^{-1}$ | 1920cm$^{-1}$ |

（2）共轭效应：共轭效应的存在使共轭体系中的电子云密度平均化，使双键极性减弱，化学键力常数减小，吸收峰向低频方向移动。例如：

| R—C(=O)—R | R—C(=O)—$NH_2$ |
|---|---|
| $\nu_{C=O}$ 1715cm$^{-1}$ | 1670cm$^{-1}$ |

（3）氢键效应：氢键的形成使电子云密度平均化，键极性减弱，化学键力常数减少，伸缩振动频率降低。如羰基与羧基之间很容易形成氢键，使羰基的振动频率降低，使 >C＝O 的吸收峰向低频区移动。

分子内氢键对吸收峰位的影响与浓度无关，但分子间氢键对吸收峰位的影响则随浓度的改变而改变。如测不同浓度的乙醇溶液（$CCl_4$ 为溶剂）的红外光谱，当乙醇浓度小于 0.01mol·L$^{-1}$ 时，没有分子间氢键形成，此时只显示游离的 O—H 的吸收峰（3640cm$^{-1}$）；但随着溶液中乙醇浓度的增加，分子间氢键逐渐形成，游离羟基的吸收逐渐减弱，而二聚体（3515cm$^{-1}$）和多聚体（3350cm$^{-1}$）的吸收峰相继出现，并明显增加。

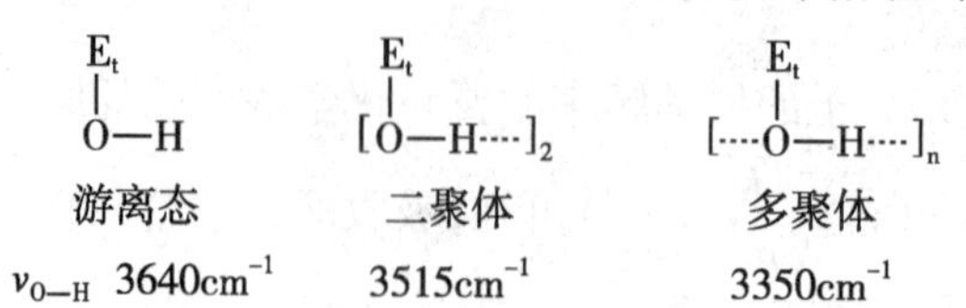

通过测定稀释过程中峰位是否变化，可判断是分子间氢键还是分子内氢键。

除上述因素外，空间位阻、杂化效应、互变异构等也是影响吸收峰移动的内部因素。

2. 外部因素　外部因素主要是指溶剂效应以及被测定物质的状态等因素。

(1) 溶剂的影响：在溶液中测定光谱时，由于溶剂的种类、溶液的浓度和测定时的温度不同，同一物质所测得的光谱也不相同。通常极性基团的伸缩振动频率常随溶剂的极性增大而降低，并且强度增大，这是因为极性基团与极性溶剂之间可形成氢键。形成氢键的能力越强，振动频率降低得越多。例如丙酮的羰基伸缩振动在环已烷中为 $\nu_{C=O}$=1721cm$^{-1}$，在 $CCl_4$ 中 $\nu_{C=O}$=1720cm$^{-1}$，在 $CHCl_3$ 中 $\nu_{C=O}$=1705cm$^{-1}$。所以，红外光谱测定中，尽可能选用非极性溶剂。

(2) 物质的聚集状态：物质处于不同的聚集状态，由于分子间相互作用力不同，所得的光谱也往往不同。例如丙酮气态时 $\nu_{C=O}$=1738cm$^{-1}$，在液态时则为 1715cm$^{-1}$。

## 六、吸收峰的强度及影响因素

红外光谱中吸收峰的强度简称峰强，是指吸收曲线上吸收峰（谱带）的相对强度或摩尔吸光系数 $\varepsilon$ 的大小。同一物质的摩尔吸光系数随仪器的不同而有所改变，因而 $\varepsilon$ 值在定性鉴定中用处不大。为便于比较各吸收峰的强弱，一般按摩尔吸光系数 $\varepsilon$ 划分为以下五个等级，见表 11-2。

表 11-2　吸收峰的分类

| 吸收峰 | 极强峰(vs) | 强峰(s) | 中强峰(m) | 弱峰(w) | 极弱峰(vw) |
|---|---|---|---|---|---|
| $\varepsilon$ | >100 | 20~100 | 10~20 | 1~10 | <1 |

吸收峰的相对强度反映了基团能级的振动跃迁几率，跃迁几率大者谱带的相对强度高。从基态向第一激发态跃迁时，跃迁概率大，因此，基频吸收带一般较强。而跃迁几率取决于在振动中分子偶极矩的变化，偶极矩变化越大，吸收强度越大，这就是不同基团振动时产生红外吸收谱带强度不同的原因。影响分子振动偶极矩变化大小的因素，实际上就是决定红外吸收峰强度大小的因素。影响分子偶极矩变化的三个主要因素如下：

1. 原子电负性的影响　化学键两端所连接的原子的电负性相差越大，即极性越大，偶极矩变化越大，伸缩振动的吸收峰强度越强。如：

$$\varepsilon_{C=O}>\varepsilon_{C=N}>\varepsilon_{C=C}\qquad \varepsilon_{O-H}>\varepsilon_{C-H}>\varepsilon_{C-C}$$

2. 分子对称性的影响　分子对称性的高低会影响偶极矩变化的大小，也会造成吸收峰强度的差异。分子越对称，吸收峰就越弱，完全对称时，偶极矩无变化，不产生吸收。如 $Cl_2C=CHCl$，在 1585cm$^{-1}$ 处产生 C＝C 伸缩振动吸收，而 $Cl_2C=CCl_2$，结构完全对称，则无 C＝C 伸缩振动吸收，见图 11-6。

3. 振动方式的影响　振动方式不同，吸收峰强度也不同。振动方式与吸收峰强度之间有如下规律：

$$\varepsilon(\nu_{as})>\varepsilon(\nu_s),\quad \varepsilon(\nu)>\varepsilon(\beta),\quad \varepsilon(\delta_{\delta as})>\varepsilon(\delta_{\delta s})$$

## 七、红外吸收光谱中的几个重要区域

化合物的红外吸收光谱是分子结构的客观反映，谱图中的吸收峰都对应着分子化学键或基团的各种振动形式。不同官能团的有机化合物，在 4000~400cm$^{-1}$ 范围内，均有特征吸收频率，熟识红外吸收峰（位置、强度、形状）与产生该吸收峰的官能团之间的关系非常重要。虽然红外光谱较为复杂，但根据基团和频率的关系，以及影响因素，总结出一些规律，一般将红外光谱分为两个区域，一个是特征区，另一个是指纹区。

### （一）特征区

习惯上将 4000~1250cm$^{-1}$（2.5~8.0μm）区间称为特征频率区，简称特征区。在此区域范围内大多是一些特定官能团的吸收峰，因此，它是官能团鉴定工作中最有价值的区域，也是我们最感兴趣的区域，常称之为官能团区。特征区的吸收峰较“疏”，易辨认。此区间主要包含：

1. X—H 伸缩振动区（4000~2500cm$^{-1}$）　X 代表 O、N、C、S 等原子。

(1) C—H 伸缩振动：C—H 键的伸缩分为饱和和不饱和两种。饱和的 C—H 键主要有—$CH_3$、—$CH_2$—、—CH—（带一条竖键）, $\nu_{CH}$<3000cm$^{-1}$ 附近：不饱和的 C—H 键主要有苯环上的 C—H 键，双键和叁键上的 C—H 键，$\nu_{CH}$ >3000cm$^{-1}$。以 3000cm$^{-1}$ 为界，区分饱和与不饱和 C—H 键。

(2) O—H 伸缩振动：游离羟基在 3700~3500cm$^{-1}$ 处有尖峰，基本无干扰，易识别。氢键效应使 $\nu_{OH}$ 降低在 3400~3200cm$^{-1}$，并且谱峰变宽。有机酸形成二聚体，$\nu_{OH}$ 移向更低的波数 3000~2500cm$^{-1}$。

(3) N—H 伸缩振动：$\nu_{NH}$ 位于 3500~3300cm$^{-1}$，与羟基吸收谱带重叠，但峰形尖锐，可区别。伯胺呈双峰，仲、亚胺显单峰，叔胺不出峰。

2. 双键伸缩振动区（2500~1250cm$^{-1}$）　有机化合物中一些典型官能团的吸收频率在此区间内，是红外光谱中一个重要区域。

(1) C＝C 伸缩振动：位于 1670~1450cm$^{-1}$，$\varepsilon$ 较小，在光谱图中有时观测不到，但在邻近基团差别较大时，$\nu_{C=C}$ 吸收带增强。

(2) >C＝O 伸缩振动：位于 1900~1600cm$^{-1}$，是红外光谱上最强的吸收峰，非常特征，是判断羰基化合物存在与否的主要依据。该吸收峰位与邻近基团性质密切相关，由此可判断羰基化合物的类型。

(3) 芳环骨架振动：在 1620~1600cm$^{-1}$ 及 1500cm$^{-1}$ 附近有一强吸收带，1600cm$^{-1}$ 附近还有一次强吸收带。所以这两处的吸收带是确定有无芳核结构的一个重要标志。

3. 叁键和累积双键伸缩振动区（2500~2000cm$^{-1}$）这个区域内的吸收峰很少，很容易判断，主要有—C≡C—、—C≡N 等叁键伸缩振动与 C＝C＝C、C＝C＝O 等累积双键的反对称伸缩振动。

### （二）指纹区

1250~400cm$^{-1}$（8.0~25μm）的低频区称为指纹区。此区间除了有各种单键的伸缩振动产生的吸收光谱外，还有各种基团的弯曲振动所产生的复杂光谱。当分子结构稍有不同时，该区的吸收就有细微的差异。这种情况就如每个人都有不同的指纹一样，

因而称为指纹区。两个不同化合物的红外光谱指纹区是绝对不相同的。

指纹区的主要作用:①旁证化合物中存在哪些基团,因指纹区的许多吸收峰为特征区吸收峰的相关峰。②确定化合物的细微结构。

## 第三节 红外分光光度计与制样

红外分光光度计是用来测定物质红外光谱的仪器。目前使用的红外分光光度计主要有两种,一是光栅型红外分光光度计,主要用于定性分析;二是傅立叶变换型红外分光光度计,主要进行定性和定量分析测定。傅立叶变换型红外分光光度计具有检测速度快、分辨率高、灵敏度高等优点,但因其价格较贵,所以目前主要是在大、中型实验室中使用;而光栅型红外分光光度计由于具有价格低廉的优势,故在小实验室及一般的生产、教学中被普遍采用。这里我们主要介绍光栅型红外分光光度计。

### 一、红外分光光度计的主要部件

光栅型红外分光光度计结构与紫外 - 可见分光光度计有相似之处,是由光源、吸收池、单色器、检测器、放大与记录装置等五个基本部件组成。

1. 光源(辐射源) 能够发射高强度的、能满足需要的连续红外光的物体,一般采用惰性固体作光源。常见的光源有:能斯特灯、硅碳棒及镍铬丝线圈等。

2. 吸收池 有气体池和液体池两种:①气体池主要用于测量气体及沸点较低的液体样品;②液体池用于常温下不易挥发的液体样品及固体样品,有可拆式液体池、固定式液体池及可变层厚液体池等。

3. 单色器 单色器的主要作用是将通过吸收池而进入入射狭缝的复合光分解为中红外区的单色光。单色器由狭缝、准直镜和色散原件(光栅或棱镜)组合而成。

4. 检测器 检测器的作用是将照射到它上面的红外光转变成电信号。常用的检测器主要有高真空热电偶、气体检测器、热释电检测器和碲镉汞检测器等。高真空热电偶是利用不同导体构成回路时的温差电现象,将温度差转变成电位差的装置。

5. 放大与记录装置 由检测器产生的电信号是非常弱的,所以必须经过放大器进行放大,放大后的信号再驱动记录笔伺服马达,将样品的吸收变化情况加以记录。较高级的仪器都配有微型计算机。仪器的操作控制,谱图中各种参数的计算,以及差谱技术、谱图检索等均可由计算机来完成。

### 二、红外分光光度计的工作原理

#### (一) 工作原理

光栅型双光束光学零位平衡式红外分光光度计的工作原理如图 11-9 所示。

从光源发出的红外辐射经两个凹面反射镜的反射后,分成两束相等的光线。其中一束通过试样池,称为样品光束;另一束通过参比池,称为参比光束。两光束经由扇形斩光器周期性的切割后,交替地进入单色器中的光栅和检测器。

随着斩光器的转动,检测器就交替地接受这两束光。不进样时,两束光的强度相等,检测器不产生交流信号;进样后,如果测试光路有吸收,就会导致两边光束的辐射强度不同,从而在检测器上产生与光强差成正比的交流信号电压(热电偶电位变化对

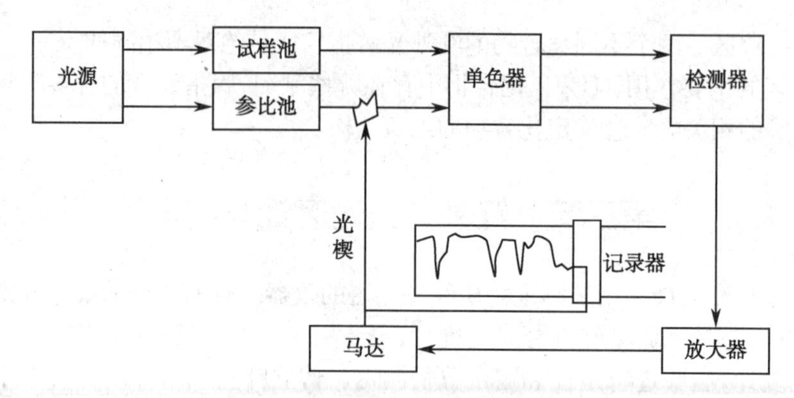


图 11-9　双光路红外光谱仪的工作原理图

应于 $10^{-6}$℃），此信号经放大器放大后，就可以驱动记录笔伺服马达，将样品的吸收情况记录下来，与此同时，光栅也按一定速度运动，使到达检测器上的红外入射光的波数也随之改变。这样，由于记录纸与光栅的同步运动，就可绘出光吸收强度随波数变化的红外吸收光谱图。

（二）仪器性能指标

不同型号的分光光度计性能是不同的，选择合适的红外分光光度计，应查看以下性能指标：分辨率、波数准确度和重复性、T% 或 A 准确度与重复性、$I_0$（100%）线平直度、检测器满度能量输出、狭缝线性及杂散光等，其中最重要的性能指标是分辨率、波数准确度和重复性。

1. 分辨率　分辨率是指在某波数（或波长）处，恰能分开两个相邻吸收峰的波数差（或波长差），一般用 $\Delta\sigma$（或 $\Delta\lambda$）表示，又称为分辨本领。

《中国药典》2015 年版第四部“0402 红外分光光度法”规定：用聚苯乙烯薄膜（厚度约为 0.04mm）来绘制光谱图，校正仪器。校正时，仪器的分辨率要求在 3110~2850cm$^{-1}$ 范围内应能清晰地分辨出 7 个峰，峰 2851cm$^{-1}$ 与谷 2870cm$^{-1}$ 之间的分辨深度不小于 18% 透光率，峰 1583cm$^{-1}$ 与谷 1589cm$^{-1}$ 之间的分辨深度不小于 12% 透光率。仪器的标称分辨率，除另有规定外，应不低于 2cm$^{-1}$。

2. 波数准确度和重复性　波数准确度是指仪器测定所得波数与文献值比较之差，波数准确度反映了仪器所测吸收峰位的正确性。波数重复性是指多次重复测量同一样品所得同一吸收峰波数的最大值与最小值之差。

仪器的分辨率和波数准确度的高低决定了红外吸收光谱仪性能的优良与否，上述二项指标，均可用聚苯乙烯薄膜来检查。

## 三、试样的制备

红外光谱仪操作示例

气态样品、液态样品及固态样品均可测定其红外光谱，但固态样品最方便。当物质处于不同状态时，因原子间相互影响不同，吸收谱带的频率也会发生变化，使其红外吸收光谱呈现差异性。测定样品应注意：①样品纯度 >98% 或符合商业标准。②样品浓度及测试厚度应选择适当，一般使透光率在 15%~70% 范围内；③样品中应不含水分（游离水、结晶水）。因水本身有红外吸收，会严重干扰样品中羟基峰的观察，同时，水分的存在还会使吸收池的盐窗受潮起雾。④若要配成溶液，应选择符合所测光谱

波段要求的溶剂配制溶液。

不同物态的样品，应选择不同的处理方法：

1. 气态样品　分子在气态时相距较远，密度稀疏，原子间作用较弱，气体吸收池的光路应长一些。气体样品盛入吸收池的方法是：先将气体池抽成真空，再灌注一定压力的气体样品。

2. 液态样品　液体样品有三种制样方法，即夹片法、涂片法及液体池法。有合适溶剂的液态样品，在配制成一定浓度的溶液后，即可装入一适当液体池中进行光谱测定；缺乏合适溶剂的液态样品，直接将液体样品滴在一 KBr 空白片上，黏度大的液体样品可直接测定，黏度少的液体样品再盖上另一空白片，置片剂框中夹紧，放入光路中，即可测定其红外吸收光谱。

3. 固态样品　根据固体样品的性质，采用适当的技术将样品制成合适厚度的薄膜用于红外光谱测定。具体方法有压片法、糊剂法及薄膜法三种。

(1) 压片法：是分析固体样品应用最广泛的方法，《中国药典》的红外光谱图主要是用此法录制的。

通常用 100~300mg 的 KBr 与 1~3mg 固体试样共同研磨混匀后，加入模具，在压片机上边抽真空边加压，制成透明薄片后，再置于光路进行测定。由于 KBr 在 400~4000cm$^{-1}$ 光区不产生吸收，因此可以绘制全波段光谱图。除 KBr 外，也可用 KI、KCl 等压片。

(2) 薄膜法：该法主要用于高分子化合物的测定。通常有两种方法：一是将试样直接放在盐窗上加热，待熔融后涂成薄膜；另一种方法是将试样溶解在低沸点易挥发的溶剂中，然后倒在盐片上，待溶剂挥发后成膜。制成的膜直接插入光路即可进行测定。

(3) 糊剂法：糊剂法是先将样品研细，然后与糊剂混合后继续研磨成糊状，再夹在两窗片间进行测定。常用的糊剂是液体石蜡油，石蜡油是精制过的长链烷烃，它可减少散射的损失，并且自身吸收带简单，但测定饱和烷烃的吸收情况时不能用石蜡油，此时可用六氯丁二烯代替。

4. 压片法的优缺点

(1) 主要优点：样品用量少。由于溴化钾与氯化钾本身没有吸收，获得的红外光谱图的信息比较纯(除了少量水分干扰外)。

(2) 主要缺点：样品与溴化钾或氯化钾的磨细耗时长，磨细的物料容易吸湿，未知样品与分散剂的比例难以正确估计，因片子厚度不均或不够透明而影响图谱质量。

## 第四节　红外光谱法的应用

### 一、定性分析与结构分析

不同的化合物有不同的红外光谱。根据红外吸收光谱中吸收峰的位置、形状和相对强度，即可作化合物的定性分析和结构分析。定性分析主要根据红外吸收光谱的特征频率鉴别有哪些官能团，以确定未知物是哪一类化合物。结构分析是由红外吸收光谱提供的大量信息，结合未知物的各种性质和其他结构分析手段，如紫外(UV)、核磁共振(NMR)、质谱(MS)所提供的信息来确定未知物的化学结构式或立体结构。

运用红外光谱进行定性分析和结构分析的一般步骤如下：

1. 收集被分析物质的各种数据及资料　在对图谱解析之前，必须对所测的样品有充分的了解，如样品的元素分析（分子式及分子量）、来源、纯度、颜色、嗅味、状态以及物理、化学常数（熔点、沸点、折光率、旋光度等）、其他的光谱分析数据等，总之，收集的资料和数据越多，越有利于样品的分析。

2. 确定物质的不饱和度　根据质谱、元素分析结果得到分子式，根据分子式，按下式计算不饱和度 U。

$$U=1+n_4+\frac{n_3-n_1}{2} \tag{11-8}$$

式中：$n_1$—化合价为 1 的原子（如：H、X）的原子个数；

$n_3$—化合价为 3 的原子（如：N）的原子个数；

$n_4$—化合价为 4 的原子（如：C）的原子个数。

分子式中的二价元素不予考虑。根据分子结构的不饱和度，可推断出分子中的特殊结构，如：

（1）$U=0$：为链状饱和化合物。

（2）$U=1$：分子中有一个双键或一个脂环。

（3）$U=2$：可能含有一个叁键或两个双键，或一个双键、一个环，或两个环。

（4）$U\geqslant 4$：表示分子中可能含有一个苯环等。

根据分子式，通过计算化合物的不饱和度，可初步判断有机化合物的饱和程度及可能的类型，对结构分析是有帮助的。

如 $C_3H_6O_2$ 的不饱和度 $U=1+3+\frac{0-6}{2}=1$，则可推断其结构中含有双键。

3. 图谱解析　一般是对峰位、峰强、峰宽综合考虑，实行“四先四后”。即先特征区后指纹区；先强峰后次强峰；先易后难；先否定后肯定。

（1）先识别特征区的第一强峰及可能归属（何种振动及什么基团），而后找出该基团所有的或主要相关峰，以加以验证从而确定第一强峰的归属。

（2）依次解析特征区的第二强峰及相关峰。依次类推。

（3）必要时再解析指纹区的第一、第二……强峰及相关峰。

（4）先易后难。若图谱中没有某一基团的特征吸收峰，就可否定该基团的存在，如—$(CH_2)_4$—的振动特征峰在 722cm$^{-1}$ 处，若此处无峰，表明分子中无此基团。对于较简单的图谱，一般解析一、二个相关峰即可确定其基团的归属。

（5）先否定后肯定。因为对吸收峰的不存在而否定官能团的存在，比对吸收峰的存在而肯定官能团的存在更确凿有力。且先否定，后肯定，对在几个可能结构式中确认未知物的结构时，缩小了范围，目标性更强。

4. 与标准红外光谱比较　利用标准红外光谱进行比对，是定性分析和结构分析最直接和最可靠的方法。红外吸收光谱被称为有机化合物的指纹，当未知物的红外光谱图与标准图谱完全一致时，两者必为同一种物质。

目前，红外分光光度计都配有计算机系统，有关参数计算、谱图检索等均可由计算机完成，使分析更加简便、快速，并可获得准确的解析结果。

红外吸收光谱能反映分子结构的细微性和专属性，特征性强，是鉴别药物真伪的

有效方法，因此为各国药典广泛采用。特别是用其他理化方法难以鉴别与区别，化学结构比较复杂、相互之间差别较小的药物，用红外吸收光谱法比较容易鉴别与区分。近年来采用红外吸收光谱法鉴别的药物数目在不断增加，如2015年版《中国药典》中，用本法鉴别的药品已达到了一千二百多种。

## 二、定量分析

红外光谱定量分析是根据对比物质组分的吸收峰强度来进行的。和可见紫外光谱的定量分析一样，它的依据也是朗伯 - 比尔定律。只要混合物中的各组分能有一个特征的、不受其他组分干扰的吸收峰存在即可。原则上气体、液体和固体样品都可以应用红外光谱作定量分析。

与紫外吸收光谱比较，红外光谱灵敏度低，准确率也比较低，且操作较繁琐，因此只要可能，采用紫外分光光度法进行定量分析是比较方便的。但由于红外光谱定量分析时有较多特征峰可供选择，所以对于物理和化学性质相近，用气相色谱法进行定量分析又存在困难的试样（如沸点高，或汽化时要分解的试样），常常可采用红外分光光度法定量。

随着计算机的发展以及更先进的光谱仪器的问世，已经有许多商品化的红外光谱分析软件包可与PC机兼容及与相关的各类红外光谱仪连接，红外分析光谱在定量分析方面也得到了一定程度的发展。

（宋丽丽　何文涛）

## 复习思考题

1. 红外吸收光谱法与紫外吸收光谱法有什么区别？
2. 何谓红外非活性振动？分子的基本振动形式有那些？
3. 影响红外吸收峰强度的因素有哪些？影响峰位的内因和外因又有哪些？
4. 如何划分特征区与指纹区？在光谱解析中有何作用？
5. 根据下述力常数K的数据，计算各化学键的振动频率（波数）

（1）苯的C—C键，$K=7.6N\cdot cm^{-1}$

（2）甲醛的C—O键，$K=12.3N\cdot cm^{-1}$

（3）乙烷的C—C键，$K=4.5N\cdot cm^{-1}$

6. 某化合物的化学式为$C_8H_{10}O$，试计算其不饱和度并推断其特殊结构。
7. CO的红外光谱在$2170cm^{-1}$处有一振动吸收峰，试计算CO键的力常数$K$是多少？

# 第十二章

# 荧光分析法

## 学习要点

1. 光致发光、单重态、三重态的概念；去激发的过程及荧光产生的原理。
2. 分子荧光与分子结构的关系。
3. 激发光谱与荧光光谱的概念及应用。
4. 荧光分光光度计的结构和主要部件。
5. 定量分析方法：标准曲线法、比例法、联立方程式法。

## 第一节　荧光分析法的基本原理

有些物质受到光照射时，除吸收某些特定波长的光之外，还会发射出比吸收光波长更长的光，这种发光现象称为光致发光，最常见的两种光致发光现象为荧光和磷光。荧光持续时间短（$10^{-9}$~$10^{-6}$s），当激发光停止照射后，发光过程几乎立即停止，而磷光将持续一段时间（$10^{-3}$~10s）。因为荧光持续时间短，在分析中荧光比磷光更为有用。荧光分析（或磷光分析）就是基于这类光致发光现象建立起来的分析方法。

依据荧光谱线的位置及强度对物质进行定性或定量分析的方法称为荧光分析法。其主要特点是选择性好，灵敏度高。检出限达 $10^{-10}$~$10^{-12}$g/ml，比紫外 - 可见分光光度法高 10~1000 倍，可测定许多痕量无机和有机成分。如果待测物质是分子，则称为分子荧光；如果待测物质是原子，则称为原子荧光。荧光分析法在环境分析、食品分析、药物分析、生物医学、医学检验、卫生防疫等领域的应用日益增多。

### 知识链接

**荧光的发现**

1575 年西班牙内科医生和植物学家 N.Monardes 第一次记录了荧光现象。17 世纪，Newton 和 Boyle 等著名科学家再次发现荧光现象，并作了详细描述。1852 年 Stokes 在考察奎宁和叶绿素的荧光时，用分光计观测到荧光的波长比入射光稍长，判断出荧光是这些物质在吸收光能后

发射的不同波长的光，并不是由光的漫射引起，从而有了荧光是光发射的概念。他还由发射荧光的矿物“萤石”而提出“荧光”这一术语。Stokes 还对荧光强度与浓度的关系进行了研究，描述了在高浓度或有外来物质存在时的荧光猝灭现象。1867 年 Goppelsroder 利用铝 - 桑色素的荧光进行了铝的测定，该测定为首次荧光分析工作。1880 年 Liebeman 提出了最早关于荧光和化学结构关系的经验法则。到 19 世纪末，人们已经知道了荧光素、曙红、多环芳烃等 600 余种荧光化合物。

## 一、分子荧光

### （一）分子的激发

物质分子通常有偶数个电子，基态时电子都成对的在各自的原子轨道或分子轨道上运动。根据泡利（Pauli）不相容原理，在同一轨道中的两个电子必须自旋相反（自旋配对）。在基态时，所有电子都自旋配对的分子的电子态称基态单重态，以 $S_0$ 表示，如图 12-1(a) 所示。处于基态的分子在光照下，其配对电子的一个电子吸收光辐射被激发而跃迁至较高的电子能态，在这个过程中，电子的自旋方向通常不变，与处于基态的电子自旋方向仍相反，这种激发态称为激发单重态，以 S 表示（如 $S_1$、$S_2$……等），如图 12-1(b) 所示。如电子被激发后自旋方向也发生改变，与处于基态的电子自旋方向相同（自旋平行），则激发态称为激发三重态（triplet state），以 T 表示（如 $T_1$、$T_2$……等），如图 12-1(c) 所示。

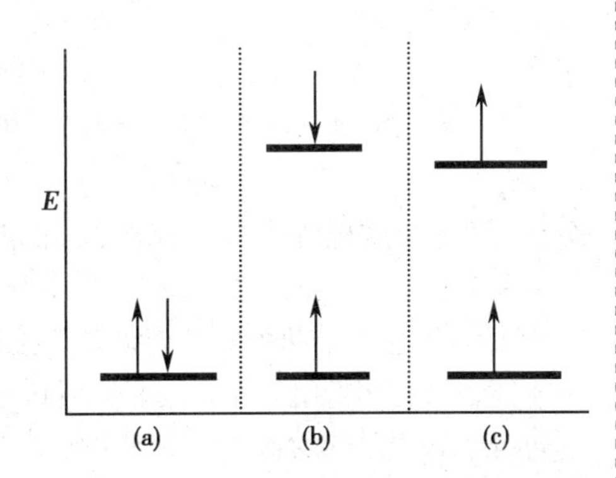


图 12-1　单重态与三重态的电子分布
(a) 基态　(b) 激发单重态　(c) 激发三重态

激发单重态与激发三重态的性质明显不同：

(1) 基态单重态到激发态单重态的跃迁容易发生，为允许跃迁；基态单重态到激发三重态的跃迁几率仅相当于前者的 $10^{-6}$，属禁阻跃迁。

(2) 激发单重态平均寿命约为 $10^{-8}$s，而激发三重态的平均寿命长达 $10^{-4}$~100s。

(3) 单重态分子是反磁性分子，三重态分子是顺磁性分子。

电子在不同多重态间跃迁要改变自旋方向，不易发生。单重态与三重态间的跃迁概率总是比单重态与单重态间的跃迁概率小，只有少数分子在一定条件下可以发生 $S_1^*$ 和 $T_1^*$ 间的转换，及 $T_1^*$ 到 $S_0$ 的跃迁。

### （二）分子的去激发

处于激发态的分子不稳定，要释放能量跃迁回基态，释放能量的方式有两种：非辐射（热）跃迁或辐射（发光）跃迁。非辐射跃迁包括振动弛豫、内转移、体系间跨越、外转移；辐射跃迁主要是发射荧光（F）或磷光（P）。

1. 振动弛豫　处于基态（$S_0$）的分子吸收不同波长的光被激发到不同电子能级（$S_1^*$，$S_2^*$）的不同振动能级上，如图 12-2 所示。电子很快（$10^{-14}$~$10^{-12}$s）由较高振动能级转移至较低振动能级，这个过程通常以分子之间相互碰撞的方式消耗掉相应的一部

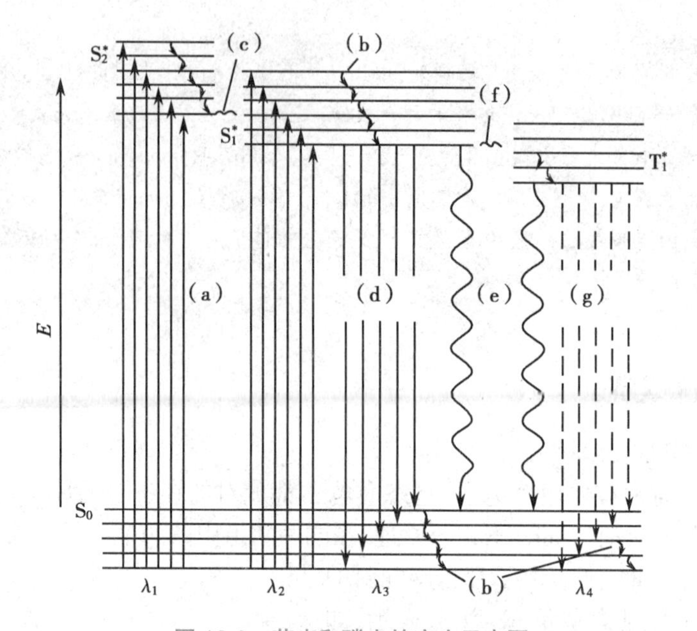


图 12-2　荧光和磷光的产生示意图

a. 吸收　b. 振动弛豫　c. 内转换　d. 荧光　e. 外转换　f. 体系间跨越　g. 磷光

分能量，这个过程称为振动弛豫，是非辐射去激过程。在溶液中，溶质分子与溶剂分子间的碰撞几率很高，通过碰撞，溶质分子将多余能量传递给溶剂。

2. 内转移　当两个电子能级非常接近，以致其振动能级有重叠时，常发生电子由高电子能级转移至低电子能级的非辐射跃迁过程，这个过程称为内转移。体系过剩的能量通过分子碰撞以热的形式在溶剂中传导损失，这种去激过程效率也很高（$10^{-13}$~$10^{-10}$s），是非辐射去激过程。

3. 体系间跨越　体系间跨越是不同多重态间的无辐射跃迁，这个过程电子自旋要转向，因此比内转移更困难，需要耗时 $10^{-6}$s。体系间跨越容易在 $S_1^*$、$T_1^*$ 间发生，如图 12-2 所示。$S_1^*$ 的最低振动能级与 $T_1^*$ 的最高振动能级重叠，则有可能发生体系间跨越。分子由激发单重态跨越到激发三重态后，荧光强度减弱甚至熄灭。

4. 荧光（磷光）发射　以辐射（发光）方式由 $S_1^*$ 态跃迁至 $S_0$ 态或由 $T_1^*$ 态跃迁至 $S_0$ 态所发出的光即荧光或磷光，如图 12-2 所示：d 荧光、g 磷光。荧光发射速度快（$10^{-9}$~$10^{-6}$s）；而磷光发射则慢得多，因为该跃迁过程伴随着电子自旋方向改变，更困难。

5. 外转移　激发态分子与溶剂分子或其他溶质分子相互作用（如碰撞），以热的形式释放出多余的能量返回基态，这一过程称为分子的外转移（或外部转换）。外转移使分子荧光或磷光减弱或消失，这一现象称为"猝灭"或"熄灭"。如图 12-2 所示。因 $T_1^*$ 寿命比 $S_1^*$ 寿命长，$T_1^*$ 激发态分子发生外转移的几率更大，因此通常室温条件下很难观察到溶液中的磷光现象，一般磷光只有在低温（冷冻）下才能被观察到。

荧光猝灭的因素主要是碰撞猝灭，单重激发态的荧光分子与猝灭剂（引起荧光猝灭的物质）发生碰撞后，使激发态分子以非辐射跃迁方式回到基态，即发生外转移过程。所以温度、黏度等因素都与荧光强度有关。

## 课堂互动

1. 去激发过程中哪些跃迁是以热的形式放出多余的能量？
2. 荧光波长比激发光波长更长还是更短？

上述几个去激发过程是相互竞争的过程，因为振动弛豫、内转移这两个过程速度非常快，所以优先发生。通过这两个过程，虽然分子吸收不同波长的光被激发到不同电子能级的不同振动能级上，但都很快通过这两个过程跃迁到第一激发态的最低振动能级上，并以非辐射的方式损失掉相应一部分的能量。再由 $S_1^*$ 态跃迁至 $S_0$ 态发出荧光，因此荧光波长比激发光波长更长，能量更低。

## 二、荧光的激发光谱和发射光谱

任何能发出荧光的物质都具有两种特征光谱，激发光谱和发射光谱或称荧光光谱。

激发光谱：荧光是一种光致发光现象，因此必须选择合适的激发光波长。确定荧光波长不变，连续改变激发光波长（$\lambda_{ex}$），以激发光波长为横坐标，荧光强度（$F$）为纵坐标绘制出的图谱即激发光谱，如图 12-3（a）所示。其形状和它的吸收光谱极为相似。最大荧光强度对应的波长为最大激发波长，通常用作分析时的激发光波长以提高灵敏度。

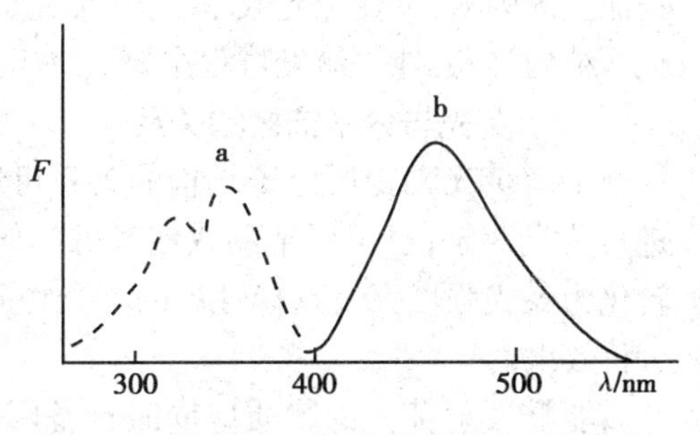


图 12-3　硫酸奎宁的激发光谱（a）及荧光光谱（b）

发射光谱（荧光光谱）：以确定波长和强度的激发光照射荧光物质，其发射的荧光具有一定波长范围。连续测定不同波长的荧光强度，以发射波长（$\lambda_{em}$）为横坐标，荧光强度（$F$）为纵坐标绘制出的图谱即发射光谱，如图 12-3（b）所示。相同激发光照射下，最大荧光强度对应的波长为最强荧光波长，分析时通常选择该荧光波长进行测定。

荧光波长总是比激发光波长长，这种现象称为斯托克斯位移。斯托克斯位移越大，激发光与荧光波长位置相距越远，激发光对荧光的干扰越小，通常当他们相差 20nm 以上时，激发光对荧光干扰很小，可以进行荧光测定。一般来说，荧光光谱的形状与激发光波长的选择无关，但当激发光波长选在远离激发峰的地方，发射强度就小。此外，荧光光谱与激发光谱存在着“镜像对称”关系。

吸收光谱和发射光谱的“镜像对称”关系

激发光谱和发射光谱反映了物质的结构特征，因此，可用于鉴别荧光物质，并且是选择测定波长的依据。

## 三、荧光与分子结构的关系

### （一）荧光效率

荧光效率也称荧光量子产率，是指激发态分子发射荧光的分子数与激发态分子

总数之比，通常用$\varphi_f$表示。

$$\varphi_f = \frac{\text{发射荧光的分子数}}{\text{激发分子总数}} \tag{12-1}$$

$\varphi_f$的数值在0~1之间，是物质荧光特性的重要参数，它反映了荧光物质发射荧光的能力，其值越大物质发射的荧光越强。

**课堂互动**

温度升高对荧光效率有什么影响？为什么？

激发态分子可由不同过程、不同方式回到基态，但只有$S_1^* \rightarrow S_0$辐射跃迁能产生荧光。所以，荧光效率与荧光发射、振动弛豫、内转换、体系间跨越等各种去激发过程的速率有关，速率越快的过程，效率越大。例如荧光素，其荧光效率在某些情况下接近1，说明其荧光过程发生很快，与其他去激发过程相比占绝对优势。显然，能使荧光过程加快的因素，可使荧光效率增大，荧光增强。一般来说，荧光过程快慢取决于分子的化学结构，而其他去激发过程主要取决于化学环境，同时也与分子结构有一定关系。

### （二）荧光与分子结构的关系

了解荧光和物质分子结构的关系可以帮助我们预测哪些物质分子会发荧光，可进行荧光测定；也可以帮助我们考虑如何将荧光强度不大或选择性不高的荧光物质转化为荧光强度大及选择性高的荧光物质，或将非荧光物质转化为荧光物质，以提高分析效果。

能够发射荧光的物质应同时具备两个条件：具有强的紫外 - 可见吸收和一定的荧光效率。分子要产生荧光，首先要求其分子能吸收紫外 - 可见光。对大多数荧光物质来说，首先经历$\pi \rightarrow \pi^*$或$n \rightarrow \pi^*$的跃迁到激发态，再由激发态经历$\pi^* \rightarrow \pi$或$\pi^* \rightarrow n$的跃迁而发出荧光，这两种跃迁中，$\pi \rightarrow \pi^*$的跃迁吸光程度更大，激发效率更高，能产生较强的荧光。一般来说，长共轭分子具有$\pi \rightarrow \pi^*$跃迁的较强紫外吸收带（K带），刚性平面结构分子具有较高的荧光效率，而在共轭体系上的取代基对荧光光谱和荧光强度也有很大影响。

1\. 长共轭结构　绝大多数能产生荧光的物质都含有芳香环或杂环，因为芳香环或杂环分子具有长共轭的$\pi \rightarrow \pi^*$跃迁。体系共轭程度越大，荧光效率越高。因为π电子共轭程度越大，就越容易被激发，从而增大荧光物质的摩尔吸光系数，分子的荧光效率增大。例如，苯、萘、蒽三者的共轭程度依次增大，其荧光效率也依次增大，分别为0.11、0.29、0.36。又如$C_6H_5(CH=CH)_2C_6H_5$与$C_6H_5(CH=CH)_3C_6H_5$在苯介质中的荧光效率分别为0.28和0.68。

除芳香烃外，少数含有长共轭双键的脂肪烃也可能有荧光，如脂肪烃维生素A能发射荧光。

2\. 刚性结构和共平面效应　一般来说，荧光物质的刚性和共平面性增加，可以使分子与溶剂或其他溶质的相互作用减小，使外转移损失的总能量减少，有利于荧光发射，例如，芴与联二苯的荧光效率分别为1.0和0.2。

芴($\varphi_f$=1.0)　　联二苯($\varphi_f$=0.2)

2,2′-二羟基偶氮苯(无荧光)　　配合物(有荧光)

许多有机物虽然具有共轭双键,但由于不是刚性结构,分子共平面效应差,因而不发射荧光。但这些有机物一旦和金属离子形成配合物,分子的刚性结构加强,分子的共平面增大,便会发射荧光。例如2,2-二羟基偶氮苯自身无荧光,但与$Al^{3+}$形成配合物后,便能发射荧光。又如钙指示剂(荧光素的一种衍生物)可以作钙和铜的指示剂,其与金属离子螯合后产生强的黄绿色荧光,但当所有金属离子被EDTA螯合后,钙指示剂的荧光消失。

3. 取代基效应　芳香族化合物具有不同取代基时,其荧光强度和荧光光谱有很大区别。通常,给电子基团如—OH、—$NH_2$、—$OCH_3$、—$NR_2$等增强荧光,这是由于产生了p-π共轭作用,不同程度上增强了π电子共轭程度,导致荧光增强;而吸电子基团如—$NO_2$、—COOH等减弱荧光,这因为是这些基团削弱了电子共轭性。而对π电子共轭体系作用较小取代基,如:—R、—$SO_3H$等,对荧光的影响不明显。

除分子结构的影响外,物质分子所处的环境条件,如温度、溶剂、酸度、荧光猝灭剂等,都对荧光效率、荧光强度产生影响。如温度升高,大多数荧光物质荧光效率降低。因为温度越高,分子间的碰撞频率增大,增加了外转移的非辐射过程,导致荧光强度降低,所以,降低温度有利于提高荧光效率。

溶液中如存在卤素离子、重金属离子、氧分子、硝基化合物及重氮化合物等物质,由于它们与荧光物质分子之间发生碰撞,而引起荧光物质分子的荧光效率降低,荧光强度下降,这类物质称为荧光猝灭剂。荧光猝灭在荧光分析中是个不利因素,但也可利用猝灭剂对荧光物质的猝灭作用建立荧光猝灭定量分析法。因为猝灭的特异性,所以有时比直接测定法灵敏度更高,选择性更好。

## 第二节　荧光分光光度计

用于测量荧光强度的仪器有滤光片荧光计、滤光片-单色器荧光计和荧光分光光度计三类。滤光片荧光计的激发滤光片让激发光通过;发射滤光片常用截止滤光片,截去所有的激发光和散射光,只允许荧光通过。这种荧光计用于定量分析,但不能测定激发光谱和发射光谱。滤光片-单色器荧光计是用光栅代替发射滤光片,可测定荧光光谱。荧光光度计是两个滤光片都用光栅替代,可以测量某一波长处的荧光强度,也可以绘制激发光谱和荧光光谱。

## 一、荧光分光光度计

荧光分光光度计由激发光源、激发单色器、样品池、发射单色器和检测系统组成，其结构如图 12-4 所示。

1. 激发光源　对激发光源主要考虑其稳定性和强度，因为光源的稳定性，直接影响测量的重复性和精确度，而光源的强度又直接影响测定的灵敏度。荧光测量中常用的光源为氙灯。氙灯产生强烈的连续辐射，其波长范围大约在 250~700nm 之间，并且 300~400nm 波段的光强度几乎相等。大部分荧光分光光度计都采用 150W 和 500W 的氙灯作光源。此外，20 世纪 70 年代开始用激光作为激发光源，激光光源单色性好，光强度大，脉冲激光的光照时间短，可以避免某些感光物质的分解。

2. 单色器　荧光分析仪器有两个单色器，激发单色器（第一单色器）和荧光单色器（第二单色器），如图 12-4 所示。通过单色器可以获得单色性好的激发光，并能分出某一波长的荧光，以减少干扰。并且可以分别绘制激发光谱和发射光谱。滤光片荧光计采用滤光片作单色器，结构简单，价格便宜，用于已知组分样品的定量分析。用滤光片为单色器时，以干涉滤光片的性能最好。它具有半宽度窄、透射率高，经得起强光源的长期照射等优点。

3. 样品池　荧光分析用的样品池须用低荧光材料制成，通常用石英。形状为正方形、长方形或圆形（常用正方形，散射干扰较少），四面均透光。

4. 检测器　荧光的强度很弱，因此要求检测器有较高的灵敏度。荧光分光光度计一般用光电倍增管（PMT）作检测器。为了消除激发光对荧光测量的干扰，在仪器中，检测光路与激发光路是相互垂直的，如图 12-4 所示。

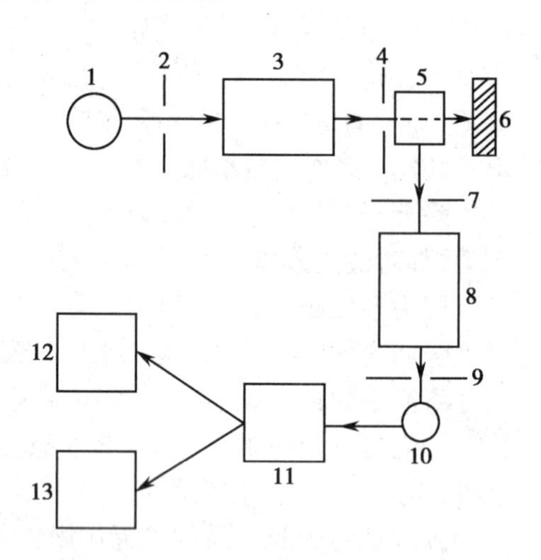


图 12-4　荧光分光光度计结构示意图

1. 光源　2、4、7、9. 狭缝　3. 激发单色器　5. 样品池　6. 表面吸光物质　8. 发射单色器　10. 检测器　11. 放大器　12. 指示器　13. 记录器

## 二、其他荧光分析技术简介

随着新技术的不断引入，如时间分辨、同步荧光和胶束增敏等技术的提出和应用，以激光作为光源的仪器的研制和发展等，推动和促进了荧光分析的发展，使得荧光分析从灵敏度到选择性都得到很大改善。

1. 激光诱导荧光分析　采用单色性极好，强度更大的激光作为光源的荧光分析法。灵敏度可提高 2~10 倍，甚至可进行单分子检测。是分析超低浓度物质的有效方法，其应用领域日益广泛。

2. 时间分辨荧光分析　利用不同物质的荧光寿命不同，在激发和检测之间的延缓时间不同，以实现分别检测的目的。时间分辨荧光分析采用脉冲激光作为光源，如果选择合适的延缓时间，可测量被测组分的荧光而不受其他组分、杂质的荧光及噪声的干扰。目前时间分辨荧光法已应用于免疫分析。

除上述两种荧光分析新技术外，还发展了同步荧光分析和胶束增敏荧光分析等。

同步荧光分析具有使光谱简单、光谱窄化、减少光谱重叠、减少散射光影响、提高选择性等优点。胶束增敏荧光分析具有较高的灵敏度和选择性。

# 第三节　荧光定量分析方法

## 一、荧光强度与物质浓度的关系

荧光分析大多用于定量分析，由朗伯 - 比尔定律可以推导出对于很稀的溶液，荧光强度和浓度的关系服从下式：

$$F=KI_0kcl \tag{12-2}$$

式中，$F$ 为荧光强度，$K$ 为比例常数，$I_0$ 为激发光强度，$k$ 为吸光系数，$c$ 为待测组分浓度，$l$ 为液层厚度。

在浓度很小和固定的液层厚度的情况下，荧光强度和溶液浓度成正比，这就是荧光分析定量的基本依据。

$$F=Kc \tag{12-3}$$

由上式可见，其定量依据与紫外 - 可见分光光度法类似，因此定量分析方法与紫外 - 可见分光光度法定量分析也类似。

另外，由 12-2 式可以看出，荧光强度和入射光强度成正比。所以增强 $I_0$ 可以提高分析灵敏度。在紫外 - 可见分光光度法中，当溶液浓度很稀时，吸光度 $A$ 很小而难以测定，因其测定的是透过光强和入射光强的比值（$I/I_0$），即使放大光信号，该比值仍然不变，对提高灵敏度不起作用，故其灵敏度不太高。而荧光分析法可采用足够强的光源和高灵敏度的检测放大系统，从而获得比紫外 - 可见分光光度法高得多的灵敏度。荧光分析法有灵敏度很高、选择性好、取样容易、试样量少、分析简便快速、重现性好等优点。但该方法的干扰因素较多，在测定时应严格控制条件。

## 二、定量分析方法

### （一）标准曲线法

荧光分析法的定量分析一般多采用标准曲线法。用已知量的标准物质经过和试样同样的处理后，配成一系列标准溶液。测定这些标准溶液的荧光强度后，以荧光强度为纵坐标，相应浓度为横坐标，绘制标准曲线。然后根据试样溶液的荧光强度，在标准曲线上求得试样中荧光物质的含量。

在绘制标准曲线时，常采用系列标准溶液中的某一种溶液作为基准，将空白溶液的荧光强度读数调至 0，再将该标准溶液的荧光强度读数调至 100% 或 50%，然后测定其他各个标准溶液的荧光强度。在实际工作中，当仪器调零之后，先测定空白溶液的荧光强度（$F_0$），再测定标准溶液的荧光强度，两者之差即标准溶液本身的荧光强度。为了使不同时间绘制的标准曲线一致，每次绘制标准曲线时均采用统一标准溶液对仪器进行校正。

### （二）比例法

如果已知某测定物质的荧光工作曲线的浓度线性范围，可直接用标准比较法进行定量分析。取已知量的荧光物质配成一标准溶液，其浓度（$c_s$）一定要在工作曲线的线性范围之内，测定其荧光强度（$F_s$），然后在同样条件下测定试样溶液的荧光强度（$F_x$），由标准溶液的浓度和两个溶液的荧光强度的比值，求得试样中荧光物质的含量。

$$\frac{F_s}{F_x}=\frac{C_s}{C_x} \qquad C_x=\frac{F_x}{F_s}C_s$$

在空白溶液的荧光强度调不到 0 时，必须从 $F_x$ 及 $F_s$ 值中扣除空白溶液的荧光强度（$F_0$）。

$$\frac{F_s-F_0}{F_x-F_0}=\frac{C_s}{C_x} \qquad C_x=\frac{F_x-F_0}{F_s-F_0}C_s$$

### （三）联立方程式法

荧光分析法也可像紫外 - 可见分光光度法一样，不经分离就可测得混合物中被测组分含量。如果混合物中各组分荧光峰相距较远，相互之间无显著干扰，可在不同波长处分别测定各组分荧光强度，直接求出各组分的浓度。如果各组分荧光光谱相互重叠，利用荧光强度的加和性质，在适宜荧光波长处，测定混合物的荧光强度，再根据各组分在该荧光波长处的荧光强度，列出联立方程式，分别求出它们各自的含量。

## 三、荧光分析法的应用

测量荧光的强度可以用于定量测定许多无机和有机物，它已成为一种很有用的分析方法，尤其在生物化学和药物学方面有广泛的应用。荧光分析法最大的优点是灵敏度高。

### （一）无机物分析

多数无机离子本身不产生荧光，但它们可以与一些具有苯环结构及二个以上配位基团的有机荧光物质生成配合物，测量这些配合物所发出的荧光就可以进行无机离子的定量分析。用这种方法可以测定的元素已达 70 余种，常用的有机配体荧光试剂有：8- 羟基喹啉（用于 Al、Zn、Be 等测定）、茜素紫酱 R（用于 Al、F 等测定）。还有一些无机离子（如 $F^-$、$CN^-$ 等）能使其他荧光物质发生荧光猝灭，致使荧光减弱，据此可以测定样品中 $F^-$ 和 $CN^-$ 的含量。另外也可将无机离子溶液加入适当的无机试剂中，直接测定离子的化学荧光。

### （二）有机化合物分析

荧光光谱法主要用于有机物的分析。具有高共轭体系的有机化合物（芳香族和杂环化合物等），大多数能产生荧光，可以直接用荧光分析测定。如对于有致癌活性的多环芳烃，荧光分析已成为主要的测定方法。6- 氨基嘌呤、邻氨基苯甲酸、多环芳烃、半胱氨酸、吲哚、萘酚、蛋白质、水杨酸、3- 甲基吲哚、色氨酸、尿酸等有机和生化物质都可直接用荧光光谱法进行测定。此外，用荧光光谱法可测定 50 余种医用药剂和 10 余种甾族化合物，还可直接分析近 20 种维生素和维生素制品。

荧光法在生物化学分析，生理医学研究和临床分析上应用很广。这主要是因为荧光法对于生物上重要的许多化合物具有很高的灵敏度和较好的特效性。因此，生物液体虽然十分复杂。其中许多化合物仍可不经分离而进行分析。而且荧光法为在分子水平上研究细胞过程也就是研究生物活性物质同核酸的相互作用，以及研究蛋白质的结构和机能方面提供了一种无与伦比的工具。例如：荧光法不仅能测定微量氨

基酸和蛋白质，还能研究蛋白质结构。将蛋白质与一些荧光染料结合产生发荧光的蛋白质衍生物，而使蛋白质分子的荧光强度发生改变，激发和发射光谱产生位移，荧光偏转也可能发生变化。根据这些参数的变化，就可以推测蛋白质分子的物理化学特性和构象的变化等。荧光法也是定性和定量分析酶以及研究酶动力学和机理的有用工具。在这类研究中由于荧光法的高灵敏度和选择性就有可能在生物组织中不经分离而直接测定。在医学研究方面，荧光技术能提供关于细胞新陈代谢的重要信息。

药物分析方面，为了分析低浓度的各种药物，需要非常灵敏的分析方法，很多情况下采用荧光法是十分有效的。例如肾上腺素、青霉素、苯巴比妥、普鲁卡因和利血平、维生素等的测定。

（陈　凯）

## 复习思考题

1. 为什么荧光分析法的灵敏度通常比紫外 - 可见分光光度法高？

2. 激发单色器及荧光单色器各有什么作用？荧光分光光度计的检测器为什么不放在光源与样品池的直线上？

3. 为什么荧光波长要比激发光波长更长？

课件

13章PPT

# 第十三章

# 原子吸收分光光度法

扫一扫
知重点

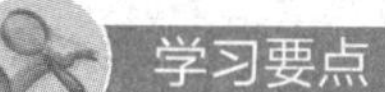

学习要点

1. 原子吸收分光光度法的基本原理和定量分析方法。
2. 原子吸收分光光度法的特点、吸收线变宽的原因及原子吸收分光光度计。
3. 实验条件的选择及消除干扰的方法。

原子吸收分光光度法(AAS)是基于蒸气中的基态原子对特征电磁辐射的吸收来测定试样中元素含量的方法。原子吸收分光光度法具有以下特点:①灵敏度高,一般可测得 $10^{-6}$~$10^{-13}$g/ml;②选择性好,谱线及基体干扰少,且易消除;③精密度高,一般低含量测定的 *RSD* 为 1%~3%;如采用高精度的测量方法,*RSD*<1%;④应用范围广,目前可采用原子吸收分光光度法进行测定的元素已达 70 多种,不仅可以测定金属元素,也可以用间接法测定某些非金属元素和有机化合物。原子吸收分光光度法在材料科学、环境科学、生命科学和医药卫生等领域的应用越来越广。

## 第一节　原子吸收分光光度法的基本原理

### 一、原子吸收光谱的形成

原子的核外电子具有不同的能级。原子光谱是由原子外层的价电子在不同能级间跃迁而产生的。

在光谱学中,把原子中所有可能存在的能级状态及能级跃迁用图解的形式表示,称为原子的能级图。如图 13-1 是钠原子部分能级图,基态原子能量最低,原子的价电子在不同能级间跃迁就产生了原子谱线(图中斜线部分)。钠原子的价电子从基态向第一激发态 3P 跃迁时,产生 589.0nm 和 589.6nm 两条谱线。

原子在基态与激发态之间跃迁产生的谱线称为共振线。各种元素的原子结构和外层电子排布不同,电子从基态跃迁至激发态时,吸收的能量亦不相同,因此各元素的共振线不同并各有其特征性,这种共振线是各元素的特征谱线。电子从基态到第一激发态的跃迁最容易发生,产生的谱线最灵敏,因此被称为第一共振线或主共振线。在实际测定中,常用主共振线作为分析线进行定量分析。例如,589.0nm 和 589.6nm

是钠原子的两条灵敏谱线。

## 二、原子吸收线的轮廓和变宽

### (一) 原子吸收线的轮廓

当一束强度为 $I_0$ 的平行光，透过厚度为 $l$ 的基态原子蒸气时，透过光强度减弱为 $Iv$。若用透过光强 ($Iv$) 对频率 $v$ 作图，得到图 13-2(a)，$v_0$ 称为中心频率。在 $v_0$ 处透过光强度最小，即吸收最大。若将吸收系数 $Kv$ 对频率 $v$ 作图，得到图 13-2(b)，该曲线的形状为原子吸收线的轮廓。$Kv$ 为原子对频率为 $v$ 的辐射吸收系数，在中心频率 ($v_0$) 处，有一极大值称为峰值吸收系数 ($K_0$)。吸收线的半宽度 ($\Delta v$) 是 $K_0/2$ 处所对应的谱线轮廓上两点间的频率差。因此，$v_0$ 及 $\Delta v$ 可表征吸收线的总体轮廓。

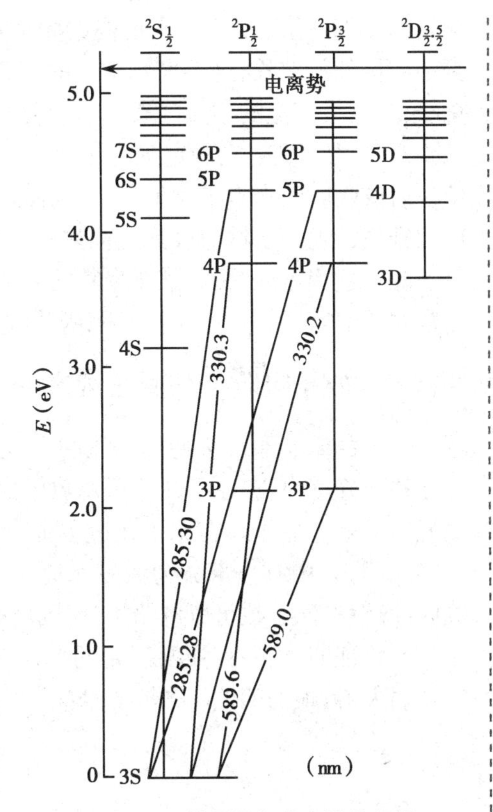

图 13-1　钠原子部分电子能级图

原子吸收光谱特征可用吸收线的频率 ($v$)、谱线宽度 ($\Delta v$) 和强度 (由两能级之间的跃迁概率决定) 来表征。

### (二) 谱线变宽的因素

吸收线的半峰宽受到很多因素的影响。谱线变宽会影响原子吸收的灵敏度和准确度，下面讨论主要因素。

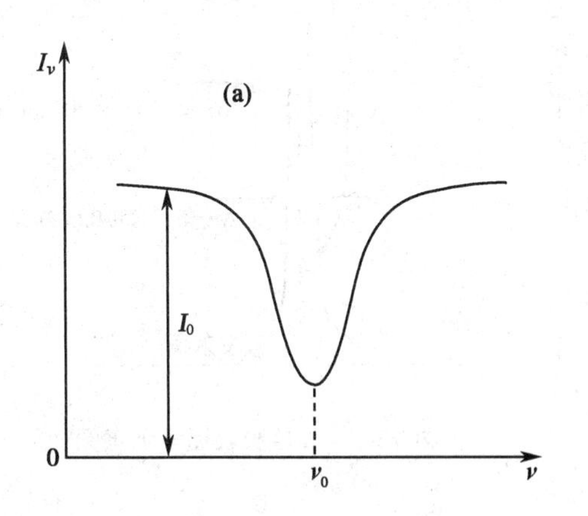

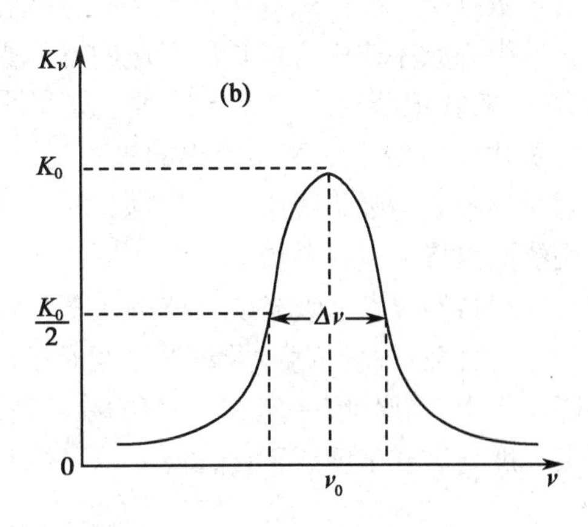

图 13-2　原子吸收线的谱线轮廓

1. 自然宽度 ($\Delta v_N$)　无外界条件影响时的谱线固有宽度称为自然宽度，它与激发态原子的平均寿命有关。多数情况下，自然宽度约为 $10^{-5}$nm 数量级，一般可忽略不计。

2. 多普勒变宽 ($\Delta v_D$)　多普勒变宽是由无规则热运动产生的变宽，所以又称为热变宽。基态原子处于高温环境下，呈现出无规则随机运动，当一些粒子向着仪器的检

测器运动时，呈现出比原来更高的频率或更短的波长；反之，则呈现出比原来更低的频率或更长的波长，这就是物理学的多普勒效应，使谱线变宽。通常 $\Delta\nu_D$ 为 $10^{-3}$nm 数量级，是谱线变宽的主要因素。

3. 压力变宽　在一定蒸气压力下，原子之间的相互碰撞而引起能级的微小变化，使发射或吸收的光量子频率改变而导致的变宽。压力变宽与吸收区气体的压力有关，压力升高，谱线变宽严重，其变宽数值约为 $10^{-3}$nm 数量级。

除上述因素外，影响谱线变宽的因素还有电场变宽、磁场变宽、自吸变宽等。但在通常的原子吸收分析实验条件下，吸收线的轮廓主要受多普勒变宽与压力变宽的影响。

### 二、原子吸收值与原子浓度的关系

气态的基态原子多特征谱线的吸收是原子分光光度法的基础。为提高分析的灵敏度和准确度，基态原子在原子总数中的比例越高越好。试样中能产生一定浓度的被测元素的基态原子。在原子化过程中，待测元素由分子解离成原子时，不可能全部是基态原子，其中有一部分为激发态原子，甚至还进一步电离成离子，但在实验温度范围内，激发态原子数可以忽略不计，因此，可用气态基态原子数来代表待测原子总数。

实验证明，当一束强度为 $I_0$ 的平行光，透过厚度为 $l$ 的基态原子蒸气时，透过光强度减弱为 $I\nu$，根据朗伯 - 比尔定律：

$$I_\nu = I_0 e^{-K_\nu l} \tag{13-1}$$

或

$$A = -\lg \frac{I_\nu}{I_0} = 0.434 K_\nu l \tag{13-2}$$

式中 $A$ 为吸光度，$K_\nu$ 为吸收系数。

在实际分析中，一般采用峰值吸收法来进行定量分析。峰值吸收法是直接测量吸收线轮廓的中心频率或中心波长所对应的峰值吸收系数 $K_0$ 来确定蒸气中的原子浓度。如果采用半峰宽比吸收线半峰宽还要小的锐线光源，且发射线的中心与吸收线中心一致，如图 13-3 所示，则能测出峰值吸收系数 $K_0$。

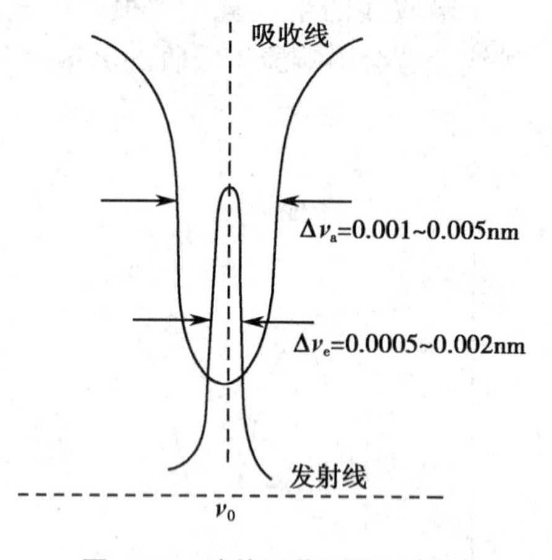

图 13-3　峰值吸收测量示意图

式(13-2)表示吸光度与待测元素吸收辐射的原子总数(试样浓度)及蒸气厚度成正比。实际工作中，当厚度 $l$ 一定，在一定的浓度范围内，吸光度与试样浓度成正比，即：

$$A=K'c \tag{13-3}$$

式(13-3)表示在一定条件下，峰值吸收处测得的吸光度与试样中被测元素的浓度呈线性关系，这就是原子吸收分光光度法的定量分析基础。

## 第二节　原子吸收分光光度计

原子吸收过程及仪器装置如图 13-4 所示。原子吸收光谱仪由四大部分组成：锐线光源、原子化器、单色器和检测系统，另有背景校正系统和自动进样系统。

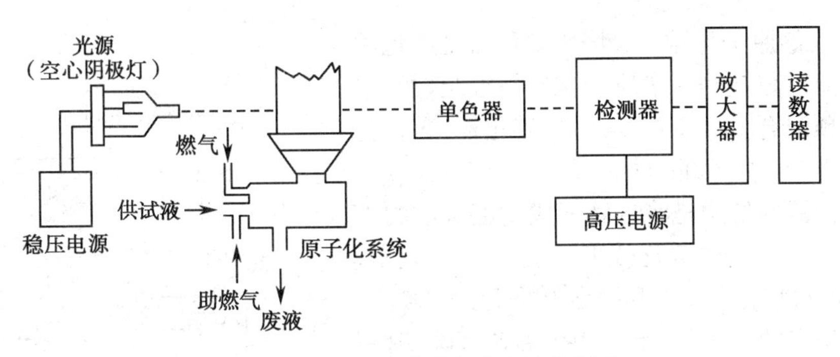


图 13-4　原子吸收分光光度计示意图

## 一、光源

光源的作用是发射被测元素基态原子所吸收的特征共振线，故称为锐线光源。对光源的基本要求是：发射辐射波长的半宽度要明显小于吸收线的半宽度，辐射强度足够大，稳定性好，背景信号低，使用寿命长等。常用被测元素材料作为阴极制作空心阴极灯。

空心阴极灯是最常用的锐线光源。它是一种低压气体放电管，主要有一个阳极（钨棒）和一个空心圆筒形阴极（由被测元素的金属或合金化合物构成），阴极和阳极密封在带有光学窗口的玻璃管内，内充低压的惰性气体（氖气或氩气），其构造见图 13-5。

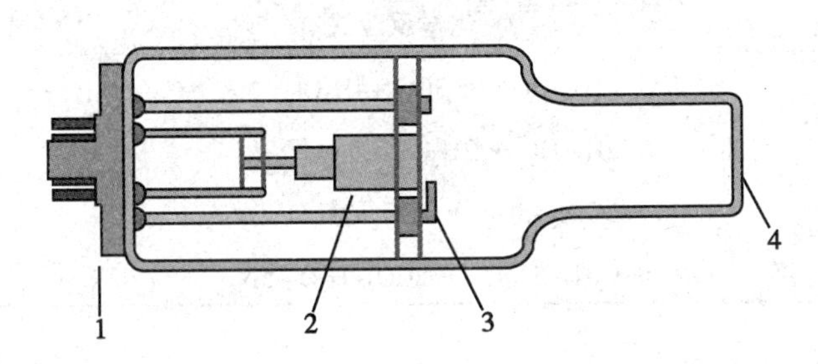


图 13-5　空心阴极灯的构造

1. 管座　2. 阴极　3. 阳极　4. 石英窗口

空心阴极灯发射的光谱主要是阴极元素的光谱，因此用不同的被测元素材料作阴极，可制成不同的空心阴极灯。缺点是每测一种元素就要换一个灯，使用不方便。

课堂互动

在原子吸收分光光度法中，为什么使用锐线光源？

## 二、原子化器

原子化器的作用是提供能量，使试样干燥、蒸发并使被测元素转化为气态的基态原子。原子化器主要有四种类型：火焰原子化器、石墨炉原子化器、氢化物原子化器、冷蒸气原子化器。

1. 火焰原子化器　火焰原子化器是用化学火焰的能量将被测元素原子化的一种装置。常用的是预混合型原子化器，包括雾化器、雾化室和燃烧器三部分，如图13-6所示。

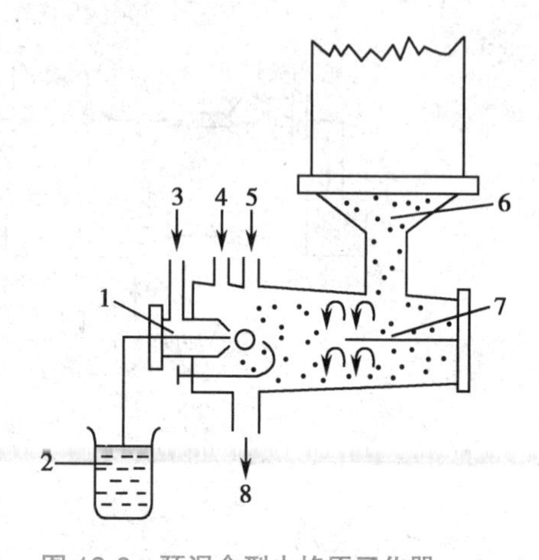

图13-6　预混合型火焰原子化器

1. 雾化器　2. 溶液　3. 空气　4. 乙炔　5. 助燃气　6. 燃烧器　7. 扰流器　8. 废液

雾化器的作用是将试液变成高度分散的雾状形态。雾化器的雾化效率一般在10%左右，它是影响火焰化灵敏度和检出限的主要因素。

雾化室的作用，一是使较大雾粒沉降、凝聚从废液口排出；二是使雾粒与燃气、助燃气均匀混合形成气溶胶，再进入火焰原子化区；三是起缓冲稳定混合气气压的作用，使燃烧器产生稳定的火焰。

燃烧器的作用是产生火焰，将被测物质分解为基态原子。燃气和助燃气在雾化室中预混合后，在燃烧器缝口点燃形成火焰。燃气和助燃气种类、流量不同，火焰的最高温度也不同(表13-1)。常用的是乙炔-空气火焰，它能为35种以上元素充分原子化提供最适宜的温度，其最高火焰温度约为2600K。

表13-1　几种类型的火焰及温度

| 火焰类型 | 化学反应式 | 最高温度(K) |
|---|---|---|
| 丙烷-空气 | $C_3H_8+5O_2 \rightarrow 3CO_2+4H_2O$ | 2200 |
| 氢气-空气 | $2H_2+O_2 \rightarrow 2H_2O$ | 2300 |
| 乙炔-空气 | $2C_2H_2+5O_2 \rightarrow 4CO_2+2H_2O$ | 2600 |
| 乙炔-氧化亚氮 | $C_2H_2+5N_2O \rightarrow 2CO_2+H_2O+5N_2$ | 3200 |

2. 石墨炉原子化器　是一种电加热器，利用电能加热盛放试样的石墨容器，使之达到高温以实现试样溶液中被测元素形成基态原子。管式石墨原子化器的结构如图13-7所示。

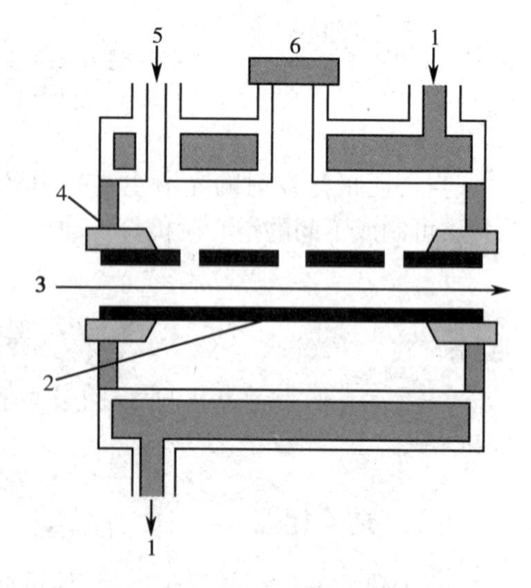

图13-7　高温石墨管原子化器

1. 水　2. 石墨管　3. 光束　4. 绝缘材料　5. 惰性气体　6. 可卸式窗

石墨管原子化器主要由炉体、石墨管和电、水、气供给系统组成。试样用微量注射器直接由进样孔注入石墨管中，通过铜电极向石墨管供电。铜电极周围用水箱冷却，盖板盖上后，构成保护气室，室内通以氩或氮，以有效去除在干燥和挥发过程中的溶剂、基体蒸气，同时也可保护石墨管和已原子化的原子不再被氧化。

石墨炉原子化与火焰原子化法的比较见表13-2。

表 13-2　石墨炉原子化法与火焰原子化法的比较

| 方法 | 火焰原子化法 | 石墨炉原子化法 |
| --- | --- | --- |
| 原子化热源 | 化学火焰能 | 电热能 |
| 原子化温度 | 相对较低(一般 <3000℃) | 相对较高(可达 3000℃) |
| 原子化效率 | 较低(<30%) | 高(>90%) |
| 进样体积 | 较多(1~5ml) | 较少(1~50μl) |
| 讯号形状 | 平顶形 | 尖峰状 |
| 检出限 | 高 Cd:0.5ng/ml<br>Al:20ng/ml | 低 Cd:0.002ng/ml<br>Al:1.0ng/ml |
| 重现性 | 较好,*RSD* 为 0.5%~1% | 较差,*RSD* 为 1.5%~5% |
| 基体效应 | 较小 | 较大 |

3. 氢化物发生原子化器　由氢化物发生器和原子吸收池组成。有一些元素采取液体进样时,无论是火焰原子化或石墨炉原子化均不能得到较好的灵敏度,但在一定酸度下,用强还原剂 $KBH_4$ 或 $NaBH_4$ 将这些元素还原成极易挥发、易受热分解的氢化物,载气将这些氢化物送入石英管后,在低温下即可进行原子化。氢化物原子化法检出限比火焰法低 1~3 个数量级,且选择性好,基体干扰少。

4. 冷蒸气发生原子化器　由冷蒸气发生器和石英吸收池组成,专门用于汞的测定。用强还原剂将无机汞和有机汞都还原为金属汞,产生的汞原子蒸气用载气(Ar 或 $N_2$)带入原子吸收池内进行测定。冷原子蒸气测汞法具有常温测量、灵敏度高、准确度较高的特点。

## 三、单色器

单色器就是原子吸收分光光度计的分光系统,由色散元件、准直镜和狭缝等组成。其主要作用是将待测元素的光源共振线与邻近的非吸收谱线分开。单色器的分光元件常用光栅,配置在原子化器之后的光路中,这是为了阻止来自原子化器内的所有不需要的辐射进入检测器。

## 四、检测系统

检测器的作用是将单色器分出的光信号转换成电信号,常用光电倍增管,将光电倍增管的电信号放大后,由读数装置显示或记录仪记录,也可用计算机自动处理系统输出结果。光电二极管阵列以及其他类型的固态检测器,能同时获得多个波长下的光谱信息,适用于多元素的同时测定。

# 第三节　原子吸收分光光度法的定量分析及应用

## 一、测定条件的选择

1. 试样取量及处理　原子吸收分光光度法的取样量应根据被测元素的性质、含量、分析方法及要求的精度来确定。在火焰原子化法中,应该在保持燃气和助燃气一定比例与一定的总气体流量的条件下，测定吸光度随喷雾试样量的变化，达到最大吸光度的试样喷雾量，就是应当选取的喷雾量。在实际工作中，通过实验测定吸光度值随进样量的变化规律，选择合适的进样量。

测试过程中要注意防止试样被污染，其主要污染来源是水、容器、试剂和大气。用来配制对照品溶液的试剂不能含有被测元素，但其基体组成应尽可能与被测试样接近。处理试样时要避免被测元素的损失。

2. 分析线　通常选择主共振线作为分析线，因为主共振线一般也是最灵敏的吸收线。但是并不是在任何情况下都一定选用主共振线作为分析线。最适应的分析线，视具体情况由实验决定。实验的方法是：首先扫描空心阴极灯的发射光谱，了解有哪些可供选用的谱线，然后喷入试样，观察谱线吸收和受干扰的情况，选择出不受干扰且吸收强的谱线作为分析线。

3. 狭缝宽度　由于吸收线的数目比发射线的数目少得多，谱线重叠的概率大大减少。因此，可使用较宽的狭缝，以增加灵敏度，提高信噪比。合适的狭缝宽度可由实验方法确定，将试液喷入火焰中，调节狭缝宽度，观察相应的吸光度的变化，吸光度大且平稳时的最大狭缝宽度即为最宜狭缝宽度。

4. 工作电流　空心阴极灯的辐射强度与工作电流有关。灯的电流过低，放电不稳定，谱线输出强度低；灯电流过大，谱线变宽，灵敏度下降，灯的寿命也会缩短。一般来说，在保证放电稳定和足够光强的条件下，尽量选用低的工作电流。通常选用最大电流的 1/2~2/3 为工作电流。在实际工作中，通过绘制吸光度 - 灯电流曲线选择最佳灯电流。

5. 原子化条件的选择　在火焰原子化法中，火焰类型和状态是影响原子化效率的主要因素。据不同试样元素选择不同火焰类型。一般元素，使用乙炔 - 空气火焰；Si、Al、Ti、V、稀土等选用高温火焰，如乙炔 - 氧化亚氮火焰；对于极易电离和挥发的碱金属可使用低温火焰，如丙烷 - 空气火焰。火焰中燃气与助燃气的比例要通过绘制吸光度与燃气、助燃气流量曲线，得到最佳值。

在石墨炉原子化法中，合理选择干燥、分解、高温原子化及高温净化的温度与时间是十分重要的。干燥温度应稍低于溶剂的沸点，分解一般在不易发生损失的前提下尽可能使用较高的分解温度，原子化宜选用能达到最大吸收信号的最低温度作为原子化温度，原子化时间是以保证完全原子化为准，净化温度应高于原子化温度，目的是为了消除残留物产生的记忆效应。

## 二、干扰及其抑制

原子吸收分光光度法的干扰较小，但在某些情况下干扰问题仍不容忽视。干扰效应主要有电离干扰、基体干扰、光学干扰和化学干扰。

1. 电离干扰　电离干扰是由于被测元素在原子化过程中发生电离，使参与吸收的基态原子数减少而造成吸光度下降的现象。加入消电离剂（易电离元素），可以有效地抑制和消除电离干扰效应。

2. 基体干扰　基体干扰即物理干扰。是指试样在处理、转移、蒸发、和原子化过程中，由于试样物理特性的变化引起吸光度下降的现象。物理干扰是非选择性干扰，对被测试样中各元素的影响基本上是相似的。配制与被测试样组成相近的对照品或

采用标准加入法，是消除物理干扰最常用的方法。

3. 光学干扰 光学干扰是指原子光谱对分析线的干扰。主要包括光谱线干扰和非吸收线干扰。光谱线干扰可通过另选波长（如选用 Fe 248.33nm 为分析线可消除 Pt 271.904nm 的干扰）或用化学方法分离干扰元素。非吸收线干扰是一种背景吸收，校正主要有邻近线法、连续光源法、塞曼效应法等。

4. 化学干扰 化学干扰是指在溶液或气相中，由于被测元素与其他共存组分之间发生化学反应，而影响被测元素化合物的解离和原子化的现象。它主要影响被测元素原子化过程的定量进行，使参与的基态原子数减少而影响吸光度。化学干扰是原子吸收的主要干扰来源。

消除化学干扰的方法要视情况而定。常用的有效方法有：①加入稀释剂，稀释剂与干扰组分生成比被测元素更稳定或更难挥发的化合物，使被测元素从其与干扰物质形成的化合物中释放出来。例如磷酸盐干扰 Ca 的测定，当加入 La 或 Sr 之后，La 和 Sr 同磷酸根结合而将 Ca 释放出来；②加保护剂，保护剂与被测元素形成稳定的又易于分解和原子化的化合物，以防止被测定元素与干扰元素之间的结合。例如，加入 EDTA，它与被测元素 Ca、Mg 形成配合物，从而抑制了磷酸根对 Ca、Mg 的干扰；③适当提高火焰温度，可以抑制或避免某些化学干扰。例如采用高温乙炔 - 氧化亚氮火焰，使某些难挥发、难解离的金属盐类、氧化物、氢氧化物原子化效率提高。如上述方法仍然达不到效果，则需考虑采取预先分离的方法来消除干扰。

## 三、灵敏度和检出限

在微量、痕量甚至超痕量分析中，灵敏度和检出限是评价分析方法与仪器性能的重要指标。

### （一）灵敏度

灵敏度为在一定浓度时，测量值的增量（$dA$）与相应的被测元素浓度的增量（$dc$）之比，即 $s=dA/dc$。由此可见，灵敏度就是工作曲线的斜率，表明吸光度对浓度的变化率，变化率越大，$s$ 越大，方法的灵敏度越高。

在原子吸收分光光度分析中，更习惯用 1% 吸收灵敏度表示，也称特征灵敏度。其定义为能产生 1% 吸收（或吸光度为 0.0044）信号时，所对应的被测元素的浓度或被测元素的质量。1% 吸收灵敏度愈小，方法灵敏度愈高。

1. 特征浓度 在火焰原子吸收法中，采用特征浓度表示灵敏度。其定义为产生 0.0044 吸光度所对应的被测元素的浓度（μg/ml）。计算公式：

$$s_c = \frac{0.0044 \times c_x}{A} \tag{13-4}$$

式中，$c_x$ 为被测元素 x 的浓度，$A$ 为多次测得吸光度的平均值。

2. 特征质量 在石墨炉原子吸收法中采用特征质量表示灵敏度。其定义为产生 0.0044 吸光度所对应的被测元素的质量（g 或 μg）。计算公式：

$$s_c = \frac{0.0044 \times m_x}{A} = \frac{0.0044 \times c_x V}{A} \tag{13-5}$$

式中，$m_x$ 为被测元素 x 的质量，$A$ 为测定试液吸光度的平均值，$c_x$ 为被测元素在试液中的浓度（g/ml），$V$ 为试液进样的体积（ml）。

### （二）检出限

只有被测量达到或高于检出限（D），才能可靠地将有效分析信号与噪声区分开。因此，检出限是在给定的分析条件和某一置信度下可被检出的最小浓度或最小质量。通常以空白溶液测量信号的标准偏差（$\sigma$）的 3 倍所对应的被测元素浓度（μg/ml）或质量（g 或 μg）来表示。计算公式：

$$D_c=\frac{3\sigma c_x}{A} \tag{13-6}$$

或

$$D_m=\frac{3\sigma m_x}{A}=\frac{3\sigma c_x V}{A} \tag{13-7}$$

式中，$c_x$、$m_x$、$V$ 与灵敏度中含义相同：$A$ 为 $c_x$ 浓度溶液的测定平均值，或含被测元素质量为 $m_x$ 溶液的测定平均值；σ 为至少 10 次连续测量的空白值的标准偏差。

## 四、定量分析方法

原子吸收分光光度法常用的定量分析方法有工作曲线法和标准加入法，两种方法都是利用吸光度和浓度之间的线性函数关系，由已知浓度标准溶液求得试样溶液的浓度。

### （一）标准溶液的配制

火焰原子吸收测定中常用工作标准溶液浓度单位为 μg/ml，无火焰原子吸收测定中标准溶液浓度为 μg/L。

1. 标准储备液　一般选用高纯金属（99.99%）或被测元素的盐类精确称量溶解后配成 1mg/ml 的标准储备溶液，目前可以购买到多种元素的专用标准储备液。

2. 工作标准溶液　标准储备液经过稀释即成为制作标准曲线的工作标准溶液。对于火焰原子吸收测定的标准储备液一般要稀释 1000 倍，无火焰原子吸收测定的标准储备液要稀释 $10^5$~$10^6$ 倍。

### （二）标准曲线法

在仪器推荐的浓度范围内，制备含被测元素的对照品至少 3 份，浓度依次增加，并分别加入相应试剂，同时以相应试剂制备空白对照溶液。依次测定空白对照液和各浓度对照品溶液的吸光度 $A$，绘制 $A$-$c$ 标准曲线。在相同条件下，测定被测试样的吸光度，由工作曲线可求得试样中被测元素的浓度或含量。此法简便、快速，但仅适用于组成简单的试样。

### （三）标准加入法

被测试样基体影响较大，又没有基体空白，或测定纯物质中极微量的元素时，可以采用标准加入法。取同体积按各品种制备的被测溶液四份，其中一份为不加被测元素的对照品溶液，其余分别精密加入不同浓度的被测元素对照品溶液，最后稀释至相同的体积，制成从零开始递增的一系列溶液：$c_x+0$、$c_x+c_s$、$c_x+2c_s$、…、$c_x+n\,c_s$。在相同条件下分别测得它们的吸光度为 $A_0$、$A_1$、$A_2$、…、$A_n$。将吸光度读数与相应的被测元素加入量作图，延长此直线至与含量轴的延长线相交，此交点与原点间的距离（可由回归

方程计算）即相当于供试品溶液取样量中被测元素的含量，如图 13-8 这种方法也称为作图外推法。

使用标准加入法时应注意：试样中被测元素的浓度应在 $A$-$c_s$ 工作曲线的线性范围内；应该进行试剂空白的扣除。该方法只是消除分析中的基体效应干扰，而不能消除其他干扰，如分子吸收、背景吸收等；对于斜率太小的曲线（即灵敏度差），容易引进较大的误差。

图 13-8　标准加入法图解

## 五、原子吸收分光光度法的应用

由于原子吸收分光光度法具有测定灵敏度高、检出限量小、干扰少、操作简单、快速等优点，是测量试样中的元素含量时的首选方法。原子吸收分光光度法广泛的应用于我们日常生活必需的水、食品、药物以及生存环境的检验，主要用于毒性元素的分析。例如，生活饮用水卫生标准 GB 5749-2006 的常规水质的毒理指标规定了 As、Se、Hg、Cd、Pb、Cr（六价）6 种元素的限值，感觉性状和一般化学指标规定了 Al、Fe、Mn、Cu、Zn 5 种元素的限值，另外，非常规水质的毒理指标规定了 Ti、Ba、Be、B、Mo、Ni、Ag、Sb 8 种元素的限值，共计规定了 19 种元素的限值；此外，食品卫生检验方法理化部分 GB/T5009-2003、国家环保总局编写的《水和废水监测分析方法》（第四版）、《饲料工业标准汇编》、《中国药典》、农业部颁布的无公害农产品行业标准、《土壤分析技术规范》等标准及书籍按照毒性大小规定了多种毒性元素的限值。

（袁静静）

## 复习思考题

1. 简述发射线和吸收线的轮廓对原子吸收分光光度分析的影响。
2. 简述原子吸收分光光度法的定量基础及实际测量方法。
3. 原子吸收分光光度法测定镁的灵敏度时，若配制浓度为 2.00μg/ml 的水溶液，测得其透光度为 50%，计算镁的灵敏度。

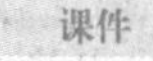

# 第十四章

# 液相色谱法

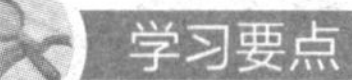

1. 液相色谱法的基本原理及分类。
2. 液-固吸附色谱法的原理、常用吸附剂及其特性。
3. 液-液分配色谱法、离子交换色谱法及凝胶色谱法的基本原理及其特点。
4. 薄层色谱法、纸色谱法的基本原理、色谱条件的选择及操作。

## 第一节 概　　述

色谱法又名层析法，是一种依据物质的物理化学性质的不同（如溶解性、极性、离子交换能力、分子大小等）而进行的分离分析方法。在现有的各种分离分析技术中，色谱法发展最快，应用最广，对于科学的进步及生产的发展都有着十分重要的作用。

### 一、色谱法的产生与发展

色谱法出现于20世纪初，1906年，俄国植物学家茨维特对植物色素进行分离，得到不同颜色的色带，色谱法因此而得名。随着色谱技术的发展，色谱法分离分析的对象不仅仅局限于有色物质，也广泛应用在了无色物质的分离与分析方面，但色谱法一词沿用至今。

知识链接

**色谱法的出现**

1906年，俄国植物学家茨维特发表了他的实验结果，他为了分离植物色素，将植物绿叶的石油醚提取液倒入装有碳酸钙粉末的玻璃管中，并用石油醚自上而下淋洗，由于不同的色素在碳酸钙颗粒表面的吸附力不同，随着淋洗的进行，不同色素向下移动的速度不同，形成一圈圈不同颜色的色带，使各色素成分得到了分离。他将这种分离方法命名为色谱法。在此后的20多年里，几乎无人问津这一技术。到了1931年，库恩等用同样的方法成功地分离了胡萝卜素和叶黄素，从此，色谱法开始为人们所重视，此后，相继出现了各种色谱方法。

20世纪初柱色谱法问世，随后30~40年代又相继出现了薄层色谱法与纸色谱法，这些方法都是以液体作为流动相，所以被称为液相色谱法，它是色谱法的基础，故又称经典色谱法。20世纪50年代气相色谱法（GC）兴起，流动相由液体改为气体，并通过这种技术奠定了现代色谱法理论，随后，又诞生了毛细管柱色谱法。进入20世纪70年代后，由于高效液相色谱法（HPLC）的问世，弥补了气相色谱法不能直接用于分析难挥发、对热不稳定及高分子组分等的缺点，扩大了色谱法的应用范围。与此同时，相继推出了薄层扫描仪，它是专门用于薄层色谱和纸色谱定量分析用的仪器，使色谱法的应用大为拓宽。20世纪80年代末飞速发展起来的毛细管电泳法（CE）更令人瞩目。

当前，色谱法正朝着色谱-光谱（或质谱）联用，向多维色谱和智能色谱方向发展。可以说，色谱法过去是，今后仍将是分析化学领域里最为活跃，应用最为广泛的分离分析技术之一。

## 二、色谱法的分类

色谱法的分类方法有多种，一般按照下列三种依据进行分类。

### （一）按流动相和固定相所处的状态分类

1. 液相色谱法（LC） 流动相为液体的色谱法。其中固定相为固体的称为液-固色谱法（LSC）；固定相为液体的称为液-液色谱法（LLC）。

2. 气相色谱法（GC） 流动相为气体的色谱法。其中固定相为固体的称为气-固色谱法（GSC）；固定相为液体的称为气-液色谱法（GLC）。

### （二）按操作形式分类

1. 柱色谱法 柱色谱法是建立最早的色谱法，是在色谱柱中操作的一种色谱法。

2. 薄层色谱法 薄层色谱法是将固定相均匀地铺在光洁的玻璃板、金属板或塑料板的表面上形成薄板，然后在薄板上进行分离的方法。

3. 纸色谱法 纸色谱法是以滤纸为载体的色谱法，固定相一般为纸纤维上吸附的水（也可以用甲酰胺、缓冲溶液等），流动相一般为与水不相溶的有机溶剂。

薄层色谱法和纸色谱法又称为平面色谱法，本章将按照上述分类方法详细阐述液相色谱法的各种理论知识。

### （三）按分离机制分类

1. 吸附色谱法 是用吸附剂作固定相，利用吸附剂对不同组分的吸附力的差异来进行分离的方法。

2. 分配色谱法 是用液体作固定相，利用不同组分在两相中的溶解度差异来进行分离的方法。

3. 离子交换色谱法 是用离子交换树脂作固定相，利用离子交换树脂对不同组分的离子交换能力（亲和力）的差异来分离的方法。

4. 凝胶色谱法 利用凝胶对分子大小不同的组分有不同阻滞作用（渗透作用）来进行分离的方法，又叫分子排阻色谱法。

表 14-1 液相色谱法分类

| 固定相形态 | | 分离作用原理 | | 物理特征 | |
|---|---|---|---|---|---|
| 固定相 | 名称 | 原理 | 名称 | 特征 | 名称 |
| 液体 | 液液色谱 | 分配 | 液液分配色谱 | 平面状固定相 | 平面色谱 |
| 固体 | 液固色谱 | 吸附 | 液固吸附 | 纸固定相 | 纸色谱 |
| | | 分子大小 | 凝胶色谱 | 薄层固定相 | 薄层色谱 |
| | | 离子交换能力 | 离子交换色谱 | 颗粒固定相填充 | 填充色谱 |
| | | 亲和力 | 亲和色谱 | 色谱柱中空 | 空心柱色谱 |
| | | 电渗及电泳淌度 | 电泳 | 流动相为高压液体 | 高效液相色谱 |

## 三、色谱法的基本原理

### （一）色谱过程

色谱法是一种分离分析技术，它利用物质在两相中吸附或分配系数的差异达到分离的目的。当两相做相对移动时，被测物质在两相间进行反复多次的分配，这样使原来微小的分配差异放大了，进而产生了很大的分离效果，达到分离、分析的目的。例如顺式偶氮苯与反式偶氮苯的性质很相近，用沉淀、萃取等方法无法分开，而用液相吸附色谱法却很容易把它们分离，现将他们的分离过程阐述如下。

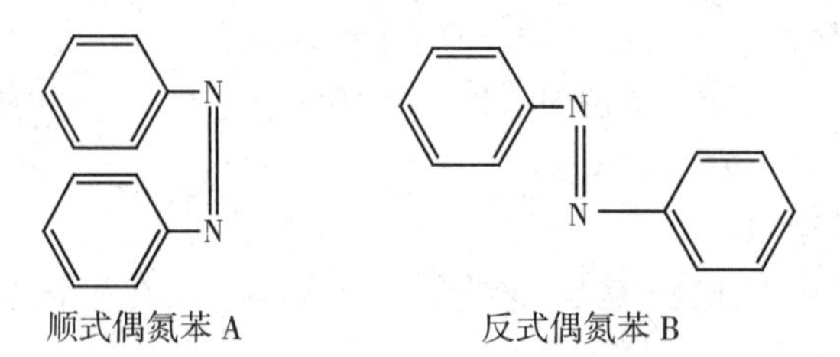


首先将顺式偶氮苯和反式偶氮苯混合物溶解在石油醚中，然后加入装有吸附剂（氧化铝）的色谱柱中，见图 14-1 所示，开始，A、B 两组分都被吸附在柱上端的吸附剂上，形成起始色带。随后用石油醚乙醚（4∶1）为流动相进行冲洗，A、B 两组分随洗脱剂的洗脱不断向下移动，即组分不断从吸附剂上解吸下来，刚解吸下来的组分接着又遇到新的吸附剂颗粒而又被吸附。随着洗脱剂不断的流动，A、B 两组分就在两相间不断地产生吸附，解吸附，再吸附，再解吸附……由于 A、B 两组分的性质存在微小差异，因而吸附剂对它们的吸附能力略有不同。经过一段时间后，两组分就彼此被分离。如果吸附剂对 B 组分的吸附能力弱，则该组分就容易被洗脱剂洗脱，移动速度就快些，即先流出色谱柱。反之，如果吸附剂对 A 组分的吸附能力强，则不易被洗脱剂洗脱，移动速度就慢些，即后流出色谱柱。

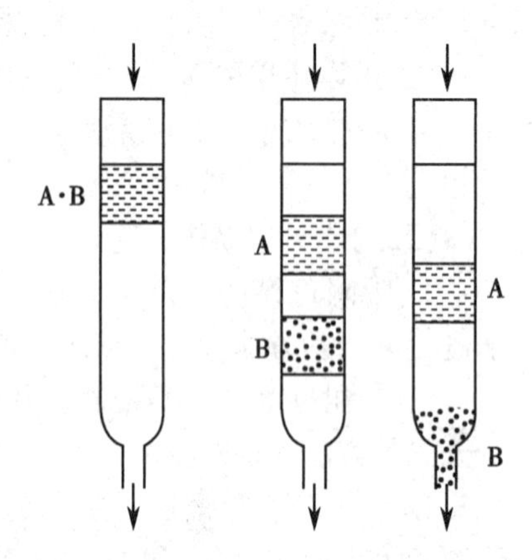


图 14-1 柱色谱分离顺式偶氮苯和反式偶氮苯色谱过程示意图

### （二）分配系数

色谱过程的实质是混合物中各组分不断在固定相与流动相间进行分配平衡的过

程，分配的程度，可利用分配系数 $K$ 表示。

分配系数 $K$ 是指在一定的温度和压力下，溶质在两相间的分配达到平衡时的浓度比，即

$$K=\frac{\text{组分 A 在固定相中的浓度}}{\text{组分 A 在流动相中的浓度}} \tag{14-1}$$

分配系数不仅与被分离组分的性质有关，而且与温度、固定相和流动相的性质也有关。一般情况下，分配系数在低浓度时为一常数，随着温度的升高分配系数会有所下降。

### （三）保留时间

保留时间是指某一组分从开始洗脱到从色谱柱中被洗脱下来所需要的时间，一般用 $t_R$ 表示。

### （四）分配系数与保留时间的关系

一般来讲，组分的分配系数越小，在色谱柱中的移动速度越快，保留时间越短；反之，组分的分配系数越大，在色谱柱中的移动速度越慢，则保留时间越长。因此，分配系数 $K$ 不相等是各组分分离的前提，$K$ 相差越大，各组分越容易分离。$t_R$ 与 $K$ 有关，$K$ 与组分的性质、环境的温度、固定相和流动相的性质有关。当实验条件一定时，$t_R$ 只取决于组分的性质，可用于定性分析。

# 第二节　柱 色 谱 法

柱色谱法是建立最早的色谱法，也是最传统的色谱方法。根据色谱原理不同，又可分为吸附柱色谱法、分配柱色谱法、离子交换柱色谱法和凝胶柱色谱法等。

## 一、液 - 固吸附柱色谱法

液 - 固吸附柱色谱法中固定相是固体吸附剂，流动相为液体溶剂（称洗脱剂），利用吸附剂对不同组分的吸附能力的差异进行分离的一种色谱方法。

### （一）吸附作用与吸附平衡

1. 吸附作用　固体吸附剂是一些多孔性物质，如氧化铝、硅胶等。吸附剂之所以具有吸附作用，主要靠吸附剂表面的吸附点位，例如硅胶吸附剂就是利用其表面上的吸附点位硅醇基而起到吸附作用的。

2. 吸附平衡　吸附平衡是指在一定温度和压力下，样品中的组分分子与流动相分子竞争性占据吸附剂吸附点位的过程，是一种竞争性吸附过程，而吸附平衡就是指这种竞争性吸附达到平衡时的状态。吸附平衡常数 $K$ 表示为：

$$K=\frac{\text{组分 A 在固定相中的浓度}(c_s)}{\text{组分 A 在流动相中的浓度}(c_m)} \tag{14-2}$$

吸附平衡常数 $K$ 通常称为吸附系数。吸附系数 $K$ 与吸附剂的活性（吸附能力）、组分的性质及流动相的性质有关。组分的吸附系数 $K$ 越小，表示越不易被吸附，流出色谱柱就越快，保留时间越短。反之，组分的 $K$ 越大，表示越易被吸附，$t_R$ 越长，流出色谱柱的速度越慢。因此在一定的条件下，各组分的 $K$ 值只有具备一定的差异才能被有效分离。

（二）吸附剂的种类和性质

常用的吸附剂有硅胶、氧化铝、聚酰胺、大孔吸附树脂、活性炭、纤维素、硅藻土、葡聚糖凝胶、多孔玻璃微球、反相键合硅胶等。

1. 硅胶　色谱法用的硅胶呈酸性，使用最为广泛，一般适用于酸性和中性物质的分离，例如有机酸、氨基酸、萜类、甾体等成分。硅胶具有多孔性的硅氧交联（—Si—O—Si—）结构，其骨架表面有许多硅醇基（—Si—OH）。这些硅醇基能与极性化合物或不饱和化合物形成氢键，使得硅胶具有吸附能力，因此硅胶能吸收大量的水，水能与硅胶表面的羟基结合成水合硅醇基（—Si—OH·$H_2O$）使硅胶失去活性，丧失吸附性能。由于硅胶表面吸附的水为“自由水”，只要在 110℃左右加热，这些“自由水”就能被可逆性地除去。利用这一原理可以对吸附剂进行活化（去水）和脱活化（加水）处理，以控制吸附剂的活性，可见，硅胶的活性与含水量的多少有关。硅胶的活性与含水量的关系见表 14-2。

表 14-2　硅胶、氧化铝的含水量与活性级别

| 活性级别 | 硅胶含水量 % | 氧化铝含水量 % |
|---|---|---|
| Ⅰ | 0 | 0 |
| Ⅱ | 5 | 3 |
| Ⅲ | 15 | 6 |
| Ⅳ | 25 | 10 |
| Ⅴ | 38 | 15 |

常用的硅胶活度为Ⅱ~Ⅲ级。如果硅胶的活度太大，可在干粉中加入 4%~6% 的水充分混匀，使活度降低一级。

由表 14-2 可知，含水量增加，活性级别增大，吸附性能减弱。当硅胶上吸附的“自由水”的含量大于 17% 时，硅胶的吸附性能极弱，其吸附的大量水分可以作为液 - 液分配色谱的固定相来看待。硅胶的结构内部还含有一种水，称为“结构水”，当加热至 170℃以上时就有部分结构水失去，当加热到 500℃时，硅胶的硅醇基（—Si—OH）会不可逆地脱水变成硅氧烷结构，而使硅胶的吸附能力显著下降。

$$\text{—Si(OH)—Si(OH)—} \xrightarrow{-H_2O} \text{—Si—O—Si—}$$

2. 氧化铝　氧化铝的吸附能力稍高于硅胶。色谱用的氧化铝按制备方法的不同可分为碱性（pH=9.0~10.0），中性（pH≈7.5）和酸性（pH=5.0~4.0）三种，其中以中性氧化铝使用最多。表 14-3 是常见的两种氧化铝吸附剂市售商品。

表 14-3　两种氧化铝吸附剂

| 商品名称 | 粒度 μm | 比表面积 $m^2/g$ | 孔径 mm | 形状 | 生产厂家 |
|---|---|---|---|---|---|
| LiChrosorb Alox-7 | 5，10 | 7~90 | 15 | 非球形 | E.Merck |
| Spherisorb-A | 1，10，20 | 95 | 15 | 球形 | Phase separations |

对于氧化铝的吸附机制，通常认为是氧化铝吸附了外界的水分后在表面形成了铝羟基（Al—OH）。由于这些羟基的氢键作用而能吸附其他物质。氧化铝颗粒表面的

吸附活性与含水量密切相关，见表 14-2。

常用氧化铝的活度为Ⅱ~Ⅲ级。如果氧化铝的活度太大，可在干粉中加入 4%~6% 的水充分混匀，使活度降低一级。

3. 聚酰胺　是一类由酰胺聚合而成的高分子化合物。由于其分子上存在着许多酚羟基，所以可与酚类（包括黄酮类、蒽醌类、鞣质等）的羟基和羧酸类的羧基形成氢键吸附，因此它在中药有效成分的分离上，有着十分广泛的应用。

4. 大孔吸附树脂　是一种不含交换基团，具有大孔网状结构的高分子化合物，粒度一般为 20~60 目。理化性质稳定，不溶于酸、碱及有机溶剂。大孔吸附树脂可分为非极性和中等极性两类，在水中吸附力较强且有良好的吸附选择性，而在有机溶剂中吸附力较弱。大孔吸附树脂是一种吸附性和筛选性原理相结合的分离材料，所以它既不同于活性炭、聚酰胺，又有别于凝胶分子筛。它所具有的吸附性是由于范德华引力或氢键吸附的结果，而筛选性分离则是它的多孔性网状结构所决定的。

5. 活性炭　属于非极性吸附剂，有着较强的吸附能力，活性炭在有机溶剂中的吸附能力较弱，而在水溶液中的吸附能力最强，因此应用活性炭作固定相时，洗脱能力以水最强，有机溶剂次之。活性炭适用于水溶性物质的分离，现在用于色谱分离的活性炭分为粉末状活性炭、颗粒状活性炭和锦纶活性炭。

6. 其他类　纤维素分子中带有很多的羟基，因此其亲水性很强，能够吸收的水分可达自身重量的 22%，其中大约 6% 的水分与其自身形成复合物，当纤维素铺成薄层后，其中的水分就形成了薄层的固定液，而流动相因毛细管作用在薄层上移动，各组分因在两相中的不同分配而分离。

### （三）洗脱剂的选择

在液 - 固吸附色谱法中，洗脱剂（流动相）的选择对样品的洗脱起着极其重要的作用。一般情况下，被分离组分的性质和吸附剂的活性均已固定，样品中各组分能否分离，关键就在于如何选择洗脱剂。洗脱剂的选择应从以下三方面考虑。

1. 被分离组分的极性与被吸附力的关系　被分离组分的结构不同，其极性就有差异。常见官能团的极性由小到大的顺序是：烷烃 < 烯烃 < 醚类 < 硝基化合物 < 酯类 < 酮类 < 醛类 < 硫醇 < 胺类 < 酰胺 < 醇类 < 酚类 < 羧酸类。

在判断被分离组分极性大小时，有下述规律可循：

(1) 分子中官能团的极性越大或极性官能团越多，则整个分子的极性越大，被吸附力越强。

(2) 在同系物中，分子量越小，极性越大，被吸附力越强。

(3) 分子中取代基的空间排列对被吸附性有影响，当形成分子内氢键时，其被吸附力弱于羟基不能形成分子内氢键的化合物。

(4) 分子中双键越多、共轭双键链越长，被吸附力亦越强。

2. 吸附剂的活性与被分离组分极性的关系　分离极性小的组分，一般选择吸附性能大的吸附剂，以免组分流出太快，难以分离。分离极性大的组分，宜选用吸附性能小的吸附剂，以免吸附过牢，不易洗脱。

3. 洗脱剂的极性与被分离组分极性的关系　一般按照“相似相溶”原则来选择洗脱剂。因此，当分离极性较小的组分时，则宜选择极性较小的溶剂作洗脱剂，而分离极性较大的组分时，则选择极性较大的溶剂作洗脱剂。常用溶剂的极性由弱到强

的顺序为:石油醚<环己烷<四氯化碳<苯<甲苯<乙醚<氯仿<乙酸乙酯<正丁醇<丙酮<乙醇<甲醇<水。

在选择色谱分离条件时,应从被分离组分的极性、吸附剂的活性和洗脱剂的极性这三方面综合考虑。被分离组分的极性较小时,选择吸附活性较大的吸附剂和极性较小的洗脱剂;被分离组分的极性较大时,选择吸附活性较小的吸附剂和极性较大的洗脱剂。

(四) 操作方法

1. 装柱　在填充吸附剂之前,先将色谱柱垂直固定于支架上,下端的管口处垫以少许脱脂棉或玻璃棉,最好在上面加 5mm 左右洗过而干燥的砂子,以保持一个平整的表面,有助于分离时色层边缘整齐,加强分离效果。柱的长度与直径比一般为 20∶1。色谱柱的装填要均匀,不能有气泡,否则影响分离效果。装柱方法有下列两种:

(1) 湿法装柱:将吸附剂与适当的洗脱剂调成糊状,然后缓慢地连续不断地加入柱内,尽量避免气泡的产生,过剩洗脱剂则让它流出。从顶端再加入一定量的洗脱剂,使其保持一定液面,让吸附剂自由沉降而填实。

(2) 干法装柱:将已过筛(80~120 目)左右活化后的吸附剂经漏斗均匀加入柱内,中间不要间断,装完后轻轻敲打色谱柱,使填充均匀并在吸附剂上面加少许脱脂棉压紧,然后沿管壁轻轻倒入洗脱剂不断洗脱,使吸附剂中空气全部排除(此时整根色谱柱显半透明状),如有气泡能使柱中形成小沟或裂缝,会影响分离效率,甚至导致实验失败。

上述两种装柱方式中,湿法装柱是目前实际操作中经常使用的装柱方法。

2. 加样　将样品溶于一定体积的溶剂中,选用的溶剂应可以完全溶解样品中各组分。加到柱上的样品溶液要求体积小,浓度高。将样品溶液小心地加入吸附剂顶端(此时吸附剂表面多余的洗脱剂应正好流到吸附剂表面)。注意不可让样品溶液把吸附剂冲松浮起。样品溶液加完后,打开下端活塞,使液体缓缓流至液面与吸附剂面相齐,再用少量溶剂冲洗原来样品溶液的容器 2~3 次,一并加入色谱柱内。

3. 洗脱　加样完毕后,即可加洗脱剂。在洗脱时应不断添加洗脱剂,并保持一定高度的液面,不能使色谱柱表面的洗脱剂流干。控制洗脱剂的流速,流速过快,达不到柱中吸附平衡,影响分离效果。随着洗脱的不断进行,各组分先后流出色谱柱。可采用分段定量收集洗脱液,用薄层色谱进行组分分析,合并相同组分的洗脱液,即可对单一组分进行定性与定量分析。

## 二、液-液分配柱色谱法

在实际应用中,有些极性强的组分,如多元醇、有机酸等能被吸附剂强烈吸附,甚至用极性很强的洗脱剂也很难洗脱下来。可见,采用吸附色谱法分离此类强极性组分是很困难的,而采用液-液分配柱色谱法则可获得良好的效果。

(一) 分离原理

液-液分配柱色谱法中的流动相是液体,固定相也是液体(又称固定液)。其分离原理是:利用混合物中各组分在两相互不相溶的溶剂中溶解性的不同(即分配系数不同),当流动相携带样品流经固定相时,各组分在两相间不断地进行溶解、萃取、再溶解、再萃取……(称连续萃取),其色谱过程与用分液漏斗萃取很相似。当样品在色谱

柱内经过无数次分配之后，就能够将分配系数稍有差异的组分进行有效分离。

分配色谱法有正相色谱法和反相色谱法两种，其分类的依据是固定相和流动相极性的相对强弱。正相色谱法流动相极性小而固定相极性大，极性小的化合物保留时间短。反相色谱法流动相的极性大而固定相极性小，极性大的化合物保留时间短。反相色谱法在现代液相色谱中的应用最为普遍。

（二）载体和固定液

载体又称担体，也称填充料，它是一种惰性物质，不具有吸附作用。在分配色谱法中，固定液不能单独存在，须涂布在惰性物质的表面上，因此载体仅起负载或支持固定液的作用。例如硅胶，通常作为吸附剂使用，但当其含水量超过 17% 时，其吸附力会降到极弱，此时的硅胶可视为载体，其上面所吸附的水分可视为固定液，其分离机理属于分配色谱。

载体本身必须纯净，颗粒大小适宜。常用的载体有吸水硅胶（含水量 >17%）、烷基化硅胶（ODS）、多孔硅藻土、纤维素粉、滤纸等。

在正相分配色谱中，载体上涂渍极性固定液除水以外，还可用稀硫酸、甲醇、甲酰胺等强极性溶剂，反相分配色谱中则相反，固定液为石蜡油、硅油等非极性或弱极性液体。

（三）流动相

分配色谱中的流动相与固定相的极性应相差很大。否则，在色谱过程中分配平衡难以建立。选择流动相的一般方法是：根据色谱方法和组分性质改变流动相的组成，即以混合溶剂作流动相，以改变各组分被分离的效果与洗脱速率。

正相色谱中常用的流动相有：石油醚、醇类、酮类、酯类、卤代烷及苯或它们的混合物。反相色谱中常用的流动相有：水、稀醇等。

（四）操作方法

液 - 液分配柱色谱的操作方法与液 - 固吸附柱色谱基本相似，分为装柱、加样和洗脱三个步骤。其主要不同点有：

1. 装柱要求不同　装柱前需先将固定液与载体充分混合，因此只能采用湿法装柱。

2. 洗脱剂必须事先用固定液饱和　为了防止洗脱剂不断流经色谱柱时逐渐溶解载体上的固定液而将其带出色谱柱，从而造成色谱失败，洗脱剂需先用固定液饱和才能用于洗脱。

## 三、离子交换柱色谱法

离子交换柱色谱法的固定相是离子交换树脂，流动相常用水、酸或碱。分离的对象为离子型化合物或在一定条件下能转化为离子的化合物。离子交换色谱的原理是样品离子和离子交换树脂上的带固定电荷的活性交换基团之间进行离子交换。由于不同样品的离子对于离子交换树脂的亲和力不同，使不同结构的组分通过离子交换柱得以分离。

该法的操作方法与吸附色谱法相似。当被分离的离子随着流动相流经色谱柱时，便与交换树脂上能交换的离子连续地进行竞争性交换。由于不同物质离子化程度不同，与交换树脂的竞争交换能力就不同，因而在柱内的移动速度就不同。难以转化为离子的组分，交换能力弱，则不易被树脂吸附，移动速度快，保留时间短，先流出色谱柱；易转化为离子的组分，交换能力强，易被树脂吸附，移动速度慢，保留时间长，后流出色谱柱。

### （一）离子交换树脂的分类

离子交换树脂是一类具有网状结构的高分子聚合物，性质一般很稳定，不溶于有机溶剂，与酸、碱、某些有机溶剂及较弱的氧化剂都不会起反应，也不会溶于流动相中，同时对热也比较稳定。离子交换树脂的种类很多，最常用的是聚苯乙烯型离子交换树脂，它是以苯乙烯为单体，二乙烯苯为交联剂聚合而成的球形网状结构。如果在网状骨架上引入不同的可以被交换的活性基团，即成为不同类型的离子交换树脂。根据所引入的活性基团不同，可以将离子交换树脂分为两大类：

1. 阳离子交换树脂　如果在树脂骨架上引入的是酸性基团，如磺酸基（$-SO_3H$）、羧基（$-COOH$）、酚羟基（$Ar-OH$）等。这些酸性基团上的 $H^+$ 可以和溶液中阳离子发生交换，故称为阳离子交换树脂。由于不同酸性基团的树脂其电离度不同，故阳离子交换树脂又分为强酸型阳离子交换树脂和弱酸型阳离子交换树脂。阳离子交换反应为：

$$R\text{-}SO_3H^+ + M^+Cl^- \rightleftharpoons R\text{-}SO_3M^+ + H^+Cl^-$$

反应式中，$M^+$ 为金属离子，当样品溶液加入色谱柱中，溶液中阳离子便和氢离子交换，阳离子被树脂吸附，氢离子进入溶液。由于交换反应是可逆过程，已经交换的树脂，如果以适当浓度的酸溶液处理，反应逆向进行，阳离子就被洗脱下来，树脂又恢复原状，这一过程称为洗脱或树脂的再生，再生后树脂可继续使用。

2. 阴离子交换树脂　如果在树脂骨架上引入的是碱性基团，如季铵基（$-N(CH_3)_3$）、伯胺基（$-NH_2$）、仲胺基（$-NHCH_3$）等，则这些碱性基团上的 $OH^-$ 可以和溶液中的阴离子发生交换反应，故称为阴离子交换树脂。同样，阴离子交换树脂也可分为强碱型阴离子交换树脂和弱碱型阴离子交换树脂。阴离子交换反应为：

$$RN(CH_3)_3OH^- + X^- \rightleftharpoons RN(CH_3)_3X^- + OH^-$$

### （二）离子交换平衡

如果将离子交换反应用下面通式表示：

$$R^-B^+ + A^+ \rightleftharpoons R^-A^+ + B^+$$

当反应达到平衡时，可用交换平衡常数 $K_{A/B}$ 表示：

$$K_{A/B} = \frac{[A^+]_R[B^+]_W}{[B^+]_R[A^+]_W} = \frac{[A^+]_R[A^+]_W}{[B^+]_R[B^+]_W} = \frac{K_A}{K_B} \qquad (14\text{-}3)$$

$[A^+]_R$、$[B^+]_R$ 分别代表固定相树脂中 $A^+$、$B^+$ 离子浓度；$[A^+]_W$、$[B^+]_W$ 分别代表流动相水溶液中 $A^+$、$B^+$ 离子浓度。$K_A$、$K_B$ 分别为 $A^+$、$B^+$ 离子的交换系数。

### （三）离子交换树脂的性能

1. 交联度　交联度是指离子交换树脂中交联剂（二乙烯苯）的含量，常以质量百分比表示。树脂的孔隙大小与交联度有关，交联度大，形成的网状结构紧密，网眼就小，因而选择性就好。但是交联度也不宜过大，否则，网眼过小，会使交换速度变慢，甚至还会使交换容量下降。

2. 交换容量　理论交换容量是指每克干树脂中所含有的酸性或碱性基团的数目。实际交换容量是指在一定的实验条件下，每克干树脂参加交换反应的酸性或碱性基团的数目，表示树脂交换能力的实际大小，单位以 mmol/g 表示。实际交换容量往往低于理论值，交换容量的大小可用酸碱滴定法测定。

## 四、凝胶柱色谱法

凝胶色谱法又称分子排阻色谱法，是 20 世纪 60 年代发展起来的一种分离分析技术，具有设备简单、操作方便、结果准确的特点，主要用于蛋白质和其他高分子化合物的分离。

凝胶色谱法所用固定相为凝胶，凝胶是一种由有机物制成的具有化学惰性的分子筛，其中应用最为广泛的是葡聚糖凝胶。葡聚糖凝胶是由葡聚糖（右旋糖酐）和甘油，通过醚桥键相交而成的多孔性网状结构物质。它不溶于水及盐溶液，在碱性或弱酸性溶液中稳定，在强酸中遇高温时，可使部分糖苷键水解。葡聚糖凝胶 LH-20（SephadexLH-20），则是在葡聚糖凝胶 G-25 的分子中，引入羟丙基以代替分子中羟基上的氢而形成的新型凝胶。它不仅具有亲水性，而且也有一定程度的亲脂性，这样就大大扩展了凝胶色谱法的应用范围，既可用于强极性水溶性化合物的分离，也可用于一些难溶于水或有一定程度亲脂性化合物的分离。

凝胶色谱的分离原理与吸附色谱法、分配色谱法、离子交换色谱法完全不同，它只取决于凝胶颗粒的孔径大小与被分离物质分子的大小。操作时首先将凝胶颗粒用适宜的溶剂浸泡，使其充分溶胀，然后装入色谱柱中，加样后，再用同一溶剂洗脱，在洗脱过程中，各组分在柱中的保留时间取决于分子的大小。由于小分子可以完全渗透进入凝胶内部孔穴中而被滞留，中等分子可以部分的进入较大的一些孔穴中，大分子则完全不能进入孔穴中，而只能沿凝胶颗粒之间的空隙随流动相向下流动。于是样品中各组分即按大分子在前，小分子在后的顺序依次从色谱柱中流出，从而得到分离。其分离原理见图 14-2 所示。

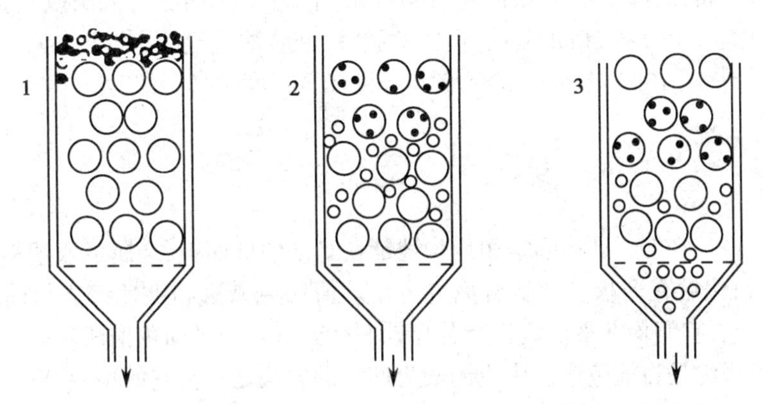


图 14-2　凝胶色谱原理示意图

○代表凝胶颗粒　○代表大分子组分　·代表小分子组分

1. 待分离混合物在色谱柱顶端　2. 洗脱过程　小分子进入凝胶颗粒内部，大分子随洗脱液流动　3. 大分子组分保留时间短，先流出色谱柱

现将几种柱色谱法归纳如下表 14-4。

表 14-4　几种柱色谱法比较

| | 吸附柱色谱 | 分配柱色谱 | 离子交换柱色谱 | 分子排阻柱色谱 |
|---|---|---|---|---|
| 分离原理 | 吸附 - 解吸 | 两相溶剂萃取 | 离子交换 | 分子筛 |
| 固定相 | 吸附剂 | 与洗脱剂不相混溶的溶剂 | 离子交换树脂 | 凝胶 |
| 流动相 | 各种极性不同的溶剂 | 与固定相不相混溶的溶剂 | 酸、碱性溶剂 | 水或有机溶剂 |
| 主要分离对象 | 极性小的组分 | 极性较大的组分 | 离子性组分 | 大分子组分 |

### 五、柱色谱法的应用

在科研实验中柱色谱法通常采用内径为 1~5cm，长度为 0.1~1.0m 玻璃柱。柱色谱法仪器简单，操作方便，柱容量大，适宜于组分的分离和纯化。它已成为天然药化、生化等领域里必备的分离手段之一。

在中药有效成分的分离提纯中，有些混合物中的成分结构类似，理化性质相似，用一般的化学方法难以分离，使用柱色谱法分离可以获得纯品。

例 14-1　苦参中的氧化苦参碱及苦参碱含量测定　苦参中主含生物碱，2015 年版《中国药典》规定按干燥品计算，含苦参碱（$C_{15}H_{24}N_2O$）和氧化苦参碱（$C_{15}H_{24}N_2O_2$）的总量不得少于 1.2%。

供试品溶液的制备　取本品粉末（过三号筛）约 0.3g，精密称定，置具塞锥形瓶中，加浓氨试液 0.5ml，精密加入三氯甲烷 20ml，密塞，称定重量，超声处理（功率 250W，频率 33kHz）30 分钟，放冷，再称定重量，用三氯甲烷补足减失的重量，摇匀，滤过。精密量取续滤液 5ml，通过中性氧化铝柱（100~200 目，5g，内径 1cm），依次以三氯甲烷、三氯甲烷 - 甲醇（7 : 3）各 20ml 洗脱，收集洗脱液，回收溶剂至干，残渣加无水乙醇适量使溶解，并转移至 10ml 量瓶中，加无水乙醇稀释至刻度，摇匀，即得。

## 第三节　薄层色谱法

薄层色谱法（TLC）是将固定相均匀地铺在光洁的玻璃板、金属板或塑料板的表面上形成薄板，然后在薄板上进行分离的方法。薄层色谱法和纸色谱法与前面讨论的柱色谱法不同，它们均在平面上进行分离，因此，又被称为平面色谱法。

薄层色谱法是目前色谱法中应用最为广泛的方法之一。它的主要特点是：

1. 快速　展开一次只需几分钟到几十分钟。
2. 灵敏　通常只需几微克至几十微克的物质就能检出。
3. 高选择性　能分离结构相似的同系物、异构体，且斑点集中。
4. 简便　所用仪器简单，操作方便。一般实验室均能开展工作。
5. 显色方便　展开后可直接喷洒具有腐蚀性的显色剂。
6. 应用广泛　在中药有效成分的分析中，可用来分离和测定有效成分的含量。

## 一、基本原理

薄层色谱法按分离机制的不同可分为吸附色谱法、分配色谱法、离子交换色谱法和凝胶色谱法等。但应用最多的是吸附色谱，本节重点介绍吸附薄层色谱。

### （一）分离原理

铺好薄层的玻璃板简称为薄板。如将含有A、B两组分的试样溶液点在薄板的一端，然后在密封的容器中（色谱槽或色谱缸）用适当的展开剂（流动相）展开。由于吸附剂对A、B两组分有着不同的吸附能力，当展开剂携带样品通过吸附剂时，A、B两组分就在吸附剂和展开剂之间不断发生吸附、解吸附（溶解）、再吸附、再解吸附……。易被吸附的组分移动得慢一些，而难被吸附组分相对来说移动得快一些。经过一段时间后，A、B两组分的距离逐渐拉开，形成互相分离的两个斑点。

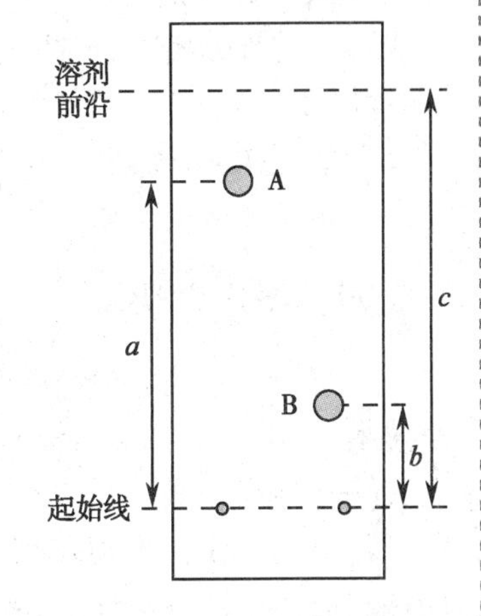


图14-3　$R_f$的测量示意图

### （二）比移值与相对比移值

1. 比移值（$R_f$）　样品展开后各组分斑点在薄板上的位置可用比移值$R_f$来表示，见图14-3所示。

$$R_{f(B)}=\frac{b}{c}\quad R_{f(A)}=\frac{a}{c}$$

$$R_f=\frac{原点到斑点中心的距离}{原点到溶剂前沿的距离}\tag{14-4}$$

$R_f$值是薄层色谱法的基本定性参数。当色谱条件一定时，组分的$R_f$值是一常数，其值在0~1之间，可用范围是0.2~0.8。物质不同，结构和极性各不相同，其$R_f$值不同。因此，利用$R_f$值可以对物质进行定性鉴别。

2. 相对比移值（$R_s$）　在薄层色谱中。由于影响$R_f$值的因素很多，很难得到重复的$R_f$值。如果采用相对比移值$R_s$来代替$R_f$值，则可以消除一些实验过程中的系统误差，使定性结果变得可靠。相对比移值是指试样中某组分的移动距离与参考物（对照品）移动距离之比，其关系式可以写成：

$$R_s=\frac{原点到样品组分斑点中心的距离}{原点到对照品斑点中心的距离}\tag{14-5}$$

$R_s$值与$R_f$值的取值范围不同，$R_f$值$<1$，而$R_s$值一般情况下等于1，但也可能小于1或大于1。用$R_s$定性时，必须有参考物作对照。参考物可以是另外加入的对照品，也可以直接以样品混合物中的某一组分来比较。

## 二、吸附剂的选择

薄层色谱法对所用的吸附剂的要求和柱色谱法所用的吸附剂基本相似，但是薄层色谱法所用的吸附剂要求颗粒更细些。普通薄层色谱用的吸附剂，如硅胶，其粒度范围常在10~40μm（200~500目）左右。高效薄层色谱（HPTLC）硅胶的粒度可小至5μm（500~1000目）。由于薄层色谱法所用的颗粒细，所以其分离效率比柱色谱要高得多。

## 三、展开剂的选择

展开剂选择的正确与否对薄层色谱来说是分离成败的关键。在吸附薄层色谱中，选择展开剂的一般原则和吸附柱色谱中选择流动相的原则相似。即极性大的组分需用极性大的展开剂，极性小的组分需用极性小的展开剂。对于物质极性相近或结构差异不大的难分离组分，往往需要采用二元、三元甚至多元溶剂作展开剂。

薄层色谱法中常用的溶剂，按极性由弱到强的顺序是：石油醚 < 环己烷 < 二硫化碳 < 四氯化碳 < 三氯乙烷 < 苯 < 甲苯 < 二氯甲烷 < 乙醚 < 氯仿 < 乙酸乙酯 < 丙酮 < 乙醇 < 甲醇 < 吡啶 < 水。

## 四、操作方法

薄层色谱法的一般操作程序可分为制板、点样、展开、斑点定位、定性定量分析五个步骤。

### (一) 制板

将吸附剂涂铺在玻璃板上使成厚度均一的薄层，这一过程称为制板。制板所用的玻璃板必须表面光滑、平整清洁、不得有油污，否则，薄层板不易铺成。

薄层板分为软板和硬板两种类型。吸附剂中不加黏合剂制成的薄板叫软板。软板的制备叫干法铺板，该板制备方法简便、快速、随铺随用，展开速度快，缺点是所铺薄层不牢固，易被吹散，薄板也只能放于近水平位置展开，分离效果也较差。吸附剂中加黏合剂所制成的板称为硬板，所用的黏合剂有煅石膏$\left(CaSO_4 \cdot \frac{1}{2}H_2O\right)$和羧甲基纤维素钠，分别用符号“G”、“CMC-Na”表示。硬板的制备通常用湿法铺板，湿法铺板的方法有三种：倾注法、平铺法和机械涂铺法。硬板机械强度较好，可以用铅笔作标记，较为常用。

薄层板的活化可以获得适宜活性，从而提高色谱分离效率和选择性。具体活化方法为：将涂布好的薄层板在室温下阴干后(或使用前)，放在适当温度下烘烤一段时间，放至室温存入干燥器中备用，通常活化的条件为 110℃，2~3 小时。

### (二) 点样

点样就是将样品液和对照品液点到薄层上。点样时应注意以下几个问题：

1. 样品溶液的制备　溶解样品的溶剂，对点样非常重要。尽量避免用水为溶剂，因为水溶液点样时，水不易挥发，易使斑点扩散。一般都用甲醇、乙醇、丙酮、氯仿等挥发性有机溶剂，最好用与展开剂相似的溶剂。

2. 点样量　点样量的多少与薄层的性能及显色剂的灵敏度有关。一般分析型薄层，点样量为几至几十微克，而制备型薄层可以点到数毫克。点样用的仪器常用管口平整的毛细管或平口微量注射器，条件好的可用各种自动点样装置。

3. 点样方法　点样时必须小心操作。首先用铅笔在距薄层底边 1.5~2cm 处画一条起始线，然后在起始线上作好点样记号，用点样管吸取一定量的样品液，轻轻接触薄板起始线上的点样记号，毛细管内溶液就自动渗到薄层上。当一块薄板上需点几个样品时，点样用的毛细管不能混用，既每点一种样品需更换一根毛细管。原点与原点间距离约 1~1.5cm。如果样品溶液较稀，可分数次点完，每点一次，应待溶剂挥干后再点。

如连续点样，会使原点扩散。点样后所形成的原点直径越小越好，一般为 2~3mm 为宜。

## （三）展开

展开的过程就是混合物分离的过程，它必须在密闭的展开槽（多数是长方形展开槽）或直立型的单槽色谱缸或双槽色谱缸中进行。见图 14-4。

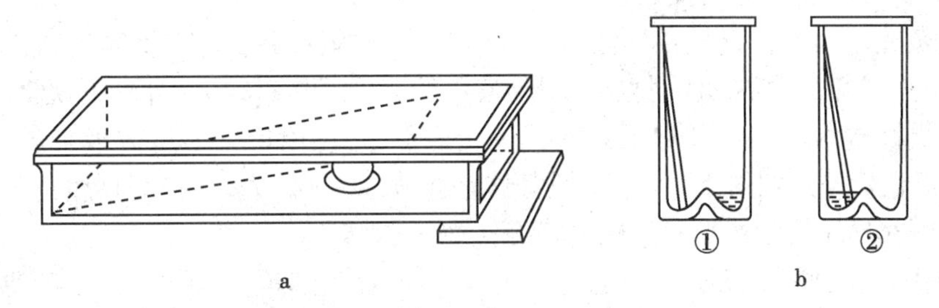


图 14-4　色谱槽（缸）与展开方式

a. 色谱槽　近水平展开　b. 双底色谱缸　上行展开

①展开剂蒸气预饱和过程　②展开过程

1. 展开方式

(1) 近水平展开：近水平展开应在长方形展开槽内进行，如图 14-4（a）所示，将点好样的薄板下端浸入展开剂约 0.5cm（注意：样品原点不能浸入展开剂中），把薄板上端垫高，使薄板与水平角度适当，约为 15°~30°。展开剂借助毛细管作用自下而上进行。该方式展开速度快，适合于不含黏合剂的软板的展开。

(2) 上行展开：是目前薄层色谱法中最常用的一种展开方式。将点好样的薄板放入已盛有展开剂的直立型色谱缸中，斜靠于色谱缸的一边壁上，展开剂沿下端借毛细管作用缓慢上升，待展开距离达薄板长度的 $\frac{4}{5}$ 或 $\frac{9}{10}$ 时，取出薄板，画出溶剂前沿，待溶剂挥干后进行斑点定位，这种展开方式适合用于硬板的展开。

(3) 多次展开：取经展开一次后的薄板让溶剂挥干，再用同一种展开剂或改用一种新的展开剂按同样的方法进行第二次，第三次展开……以达到增加分离度的目的。

(4) 双向展开：即经第一次展开后，取出，挥去溶剂，将薄板转 90°后，再改用另一种展开剂展开。双向展开所用的薄板规格一般为 20cm×20cm。这种方法常用于分离成分较多，性质比较接近的难分离混合物。

(5) 除上述方法外还有圆形离心展开、圆形向心展开以及其他的特殊展开方式，不过这些展开方式多采用特殊的展开装置，在平时的实验过程中使用很少。

2. 注意事项

(1) 色谱槽或色谱缸必须密闭良好：为使色谱槽内展开剂蒸汽饱和并维持不变，应检查玻璃槽口与盖的边缘磨砂处是否严实。否则，应该涂甘油淀粉糊（展开剂为脂溶性时）或凡士林（展开剂为水溶性时）使其密闭。

(2) 注意防止边缘效应：边缘效应是指同一组分的斑点在同一薄板上出现的两边缘部分的 $R_f$ 值大于中间部分的 $R_f$ 值的现象。产生该现象的主要原因是由于色谱缸内溶剂蒸气未达到饱和，造成展开剂的蒸发速度在薄板两边与中间部分不等。因此，在展开之前，通常将点好样的薄板置于盛有展开剂的色谱缸内饱和约一刻钟（此时薄板不得浸入展开剂中)。待色谱缸内的空间以及内面的薄板被展开剂蒸气完全饱和后,再将薄板浸入展开剂中展开。见图 14-4(b)所示。

### (四) 斑点定位

对于有色物质斑点的定位可在日光下直接观察测定。而对于无色物质斑点,则必须采用以下的辅助方法使其显色。

1. 荧光检出法　该检出法是在紫外灯照射下,观察薄板上有无荧光斑点或暗斑的一种定位方法。如果被测物质本身能发射荧光,则可直接在紫外灯下观察其斑点。如果被测物质本身在紫外灯下观察无荧光斑点,则可以借助 F 型薄板来进行检出。荧光薄板在紫外灯照射下,整个薄板背景呈现黄 - 绿色荧光,而被测物质由于吸收了 254nm 或 365nm 的紫外光而呈现出暗斑。

2. 化学检出法　该检出法是利用化学试剂(显色剂)与被测物质反应,使斑点产生颜色而定位的方法。该法主要是针对无色又无紫外吸收的物质,是斑点定位应用最多的方法。显色剂可分为通用型显色剂和专属型显色剂两种。

显色剂的显色方式,通常采用直接喷雾法或浸渍显色法。硬板可将显色剂直接喷洒在薄板上,喷洒的雾点必须微小、致密和均匀。软板则采用浸渍法显色,是将薄板的一端浸入到显色剂中,待显色剂扩散到整个薄层后,取出,晾干或吹干,即可显现斑点的颜色。

3. 其他方法　还包括碘蒸气法、水斑点显示方法、放射显影法等不常用的方法。

在实际工作中,应根据被分离组分的性质及薄板的状况来选择合适的显色剂及显色方法,各类组分所用的显色剂可从有关手册或色谱法专著中查阅。

### (五) 定性分析

薄板上斑点位置确定之后,便可计算 $R_f$ 值。然后,将该 $R_f$ 值与文献记载的 $R_f$ 值相比较来鉴定各组分。影响 $R_f$ 值的因素很多,主要外因有:

1. 吸附剂的性质　吸附剂的种类和活度对物质的 $R_f$ 值有较大影响。由于吸附剂表面性质,表面积,颗粒大小及含水量的多少,都会给吸附性能带来种种差异,从而影响 $R_f$ 值的重现性。

2. 展开剂的性质　展开剂的极性直接影响物质的移动距离和速度,故对 $R_f$ 值影响很大。例如在流动相中增加极性溶剂的比例,则亲水性物质的 $R_f$ 值就会增大。在色谱缸中,溶剂蒸气的饱和程度对 $R_f$ 值也有影响。如果在展开前未预先让蒸气饱和,则在展开过程中溶剂将不断从表面蒸发,造成展开剂比例改变,致使 $R_f$ 值发生变化。

3. 展开时的温度　一般来讲,温度对吸附色谱的 $R_f$ 值影响不大,但对分配色谱则直接影响分离效果。此外,展开方式、展开距离等因素也会给 $R_f$ 值带来不同程度的影响。

因此,要使测定的条件与文献规定的条件完全一致比较困难。通常的方法是用对照法,即在同一块薄层板上分别点上样品和对照品进行展开、定位。如果样品的 $R_f$ 值与对照品的 $R_f$ 值相同,即 $R_s$ 值 =1,则可认为该组分与对照品为同一物质。有时为了进一步可靠起见,还应采用多种不同的展开系统进行展开,如果所得到的 $R_f$ 值与对照品均一致,才可基本认定是同一物质。

### (六) 定量分析

薄层色谱法的定量分析采用仪器直接测定较为方便、准确。也有采用薄层分离后再洗脱,得到洗脱液用紫外分光光度法或其他仪器分析法进行定量。但也有其他

一些简易的定量或半定量的方法。

1. 目视比较法　将对照品配成浓度已知的系列标准溶液，同样品溶液一起分别点在同一块薄板上展开，显色后，目视比较样品色斑的颜色深度和面积大小与对照品中的哪一个最为接近，即可求出样品含量的近似值。本法的精度为 ±10%，适合于半定量分析或药物中杂质的限度检查。

2. 斑点洗脱法　将样品液以线状点在薄板的起始线上，展开后，用一块稍窄一点的玻璃板盖着薄板的中间，用以上定位方法定位出薄板两边斑点。拿开玻璃板将待测组分斑点中间条状部分的吸附剂定量取下（如采用刀片刮下或捕集器收集），用合适的溶剂将待测组分定量洗脱，然后按照比色法或分光光度法测定其含量（图 14-5）。

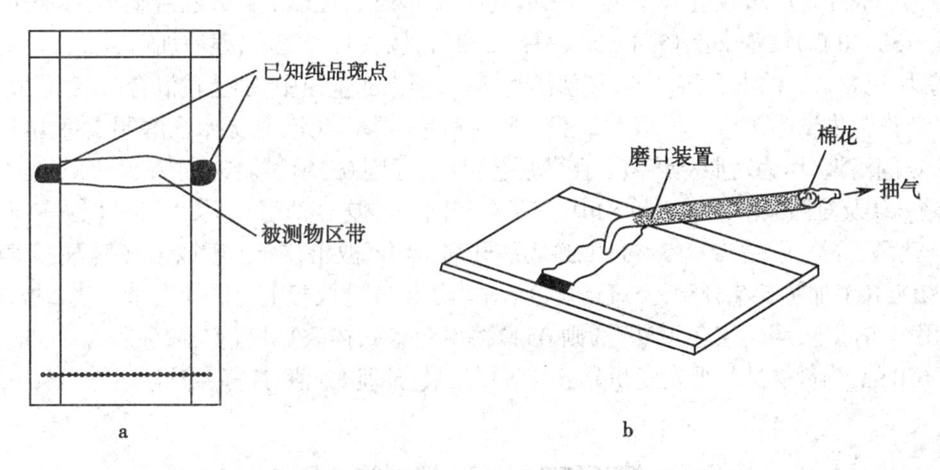


图 14-5　薄层色谱样品斑点定位法及斑点的捕集方法
a. 样品斑点定位　b. 斑点的捕集方法

3. 薄层扫描法　近年来，由于分析仪器的不断发展和完善，用薄层扫描仪直接测定斑点的含量已成为薄层色谱定量的主要方法。薄层扫描仪是为适应薄层色谱和纸色谱的要求而专门对斑点进行扫描的一种双波长分光光度计。该仪器种类很多，双波长薄层扫描仪是目前较为常用的一种。双波长薄层扫描仪的光学系统与双波长分光光度计相类似，其原理也相同。

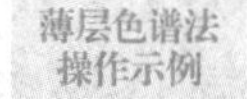

如图14-6，从光源L（氘灯、钨灯或氙灯）发射出来的光，通过单色光器 MC 分成两束不同波长的光 $\lambda_1$ 和 $\lambda_2$。斩光器（CH）交替地遮断这两束光，最后合在同一光路上，通过狭缝，照射在薄层板 P 上。如采用反射法测定，则斑点表面的反射光由光电倍增管 $PM_R$ 接收，如采用透射法测定，则由光电倍增管 $PM_T$ 所接收。光电倍增管将光能量变为电讯号输出，再由对数放大器转换为吸收度讯号，此信号由记录仪记录，即可得到轮廓曲线或峰面积。在进行测量时，仪器先自动转到预先设定的参比波长处测出数据，并将此数据储存起来，再自动转到预先设定的样品波长处测

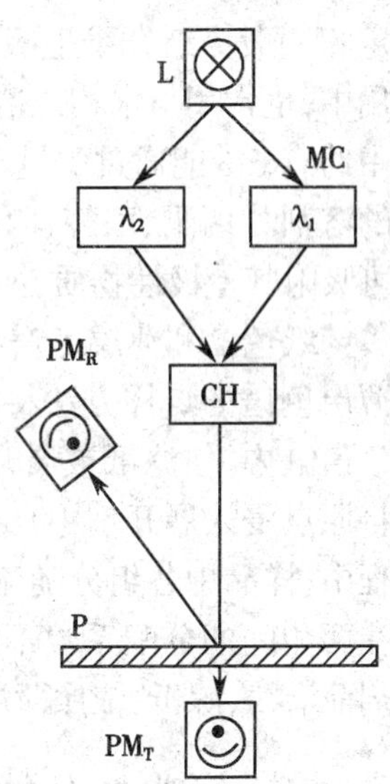


图 14-6　CS-910 双波长双光束薄层扫描仪的简明图

定，然后自动计算出两个波长的吸收度差值。该仪器自动化程度高，所有操作和测量参数都由操作者事先编好程序，然后由计算机自动控制。

薄层色谱法具有技术简单，操作容易，分析速度快，高分辨能力，结果直观，不需要昂贵的仪器设备就可以分离较复杂混合物等特点。该法在药典收录的药材主成分含量测定方法中占据重要的地位。

例 14-2　2015 年版《中国药典》要求山楂丸中每丸含山楂以熊果酸（$C_{30}H_{48}O_3$）计，不得少于 4.5mg。

取重量差异项下的本品，剪碎，混匀，取 3g，精密称定，加水 10ml，放置使溶散，滤过；药渣再用水 10ml 洗涤，在室温干燥到呈松软的粉末状，在 100℃烘干，连同滤纸一并置索氏提取器内，加乙醚适量，低温加热回流提取 4 小时，提取液回收乙醚至干，残渣用石油醚（30~60℃）浸泡 2 次（5ml，5ml），每次 2 分钟，倾去石油醚液，残渣加适量无水乙醇 - 三氯甲烷（3∶2）的混合溶液，微热使溶解，转移至 5ml 量瓶中，加上述混合溶液至刻度，摇匀，作为供试品溶液。另取熊果酸对照品适量，精密称定，加无水乙醇制成每 1ml 含 0.5mg 的溶液，作为对照品溶液。照薄层色谱法（通则 0520）试验，分别精密吸取供试品溶液 6μl 及对照品溶液 4μl 与 84μl，交叉点于同一硅胶 G 薄层板上，以环己烷 - 三氯甲烷 - 乙酸乙酯 - 甲酸（20∶5∶8∶0.1）为展开剂，展开，取出，晾干，喷以 10% 硫酸乙醇溶液，在 110℃加热 5~7 分钟，至斑点显色清晰，放冷，在薄层板上盖同样大小的玻璃板，周围用胶布固定，照薄层色谱法（通则 0520 薄层色谱扫描法）进行扫描，波长 $\lambda_S$=535nm，$\lambda_R$=650nm，测量供试品吸光度积分值与对照品吸光度积分值，计算，即得。

## 第四节　纸色谱法

### 一、纸色谱的原理

纸色谱法（PC）是以滤纸作为载体的色谱法，分离原理属于分配色谱的范畴。固定相一般为纸纤维上吸附的水，流动相为与水不相混溶的有机溶剂。但在目前的应用中，也常用与水相混溶的溶剂作为流动相。因为滤纸纤维所吸附的 20~60% 的水分中约有 6% 能通过氢键与纤维上的烃基结合成复合物。所以这一部分水与水相混溶的溶剂如丙酮、乙醇、丙醇等仍能形成类似不相混溶的两相。纸除了吸附水以外，也可吸附其他极性物质，如甲酰胺，缓冲溶液等作为固定相。

纸色谱和薄层色谱都属于平面色谱，其操作方法基本相似。取色谱滤纸一条，按薄层色谱的点样方法将样品点在滤纸条上，然后将滤纸条悬挂在装有展开剂的密闭色谱缸内，使滤纸被展开剂蒸气饱和后，再将滤纸点有样品的底端浸入展开剂中（勿将原点浸入展开剂中），展开剂借助滤纸纤维毛细管作用缓缓流向另一端。在展开过程中，样品中各组分随流动相向前移动，即在两相间连续进行分配萃取。由于各组分在两相间的分配系数不同，经过一段时间后，各组分便被分开。取出滤纸条，画出溶剂前沿线，晾干，依照薄层斑点的检出方法进行定位后，便可进行定性与定量分析。

### 二、影响 $R_f$ 值的因素

平面色谱（薄层色谱和纸色谱）上的 $R_f$ 值如同柱色谱法的保留时间 $t_R$ 一样，在一

定条件下为一定值，可以作为鉴定物质的参数。物质 $R_f$ 值的大小，主要由物质本身的结构和色谱的外因条件所决定。

### （一）$R_f$ 值与物质化学结构的关系（内因）

不同物质其分子结构不同，一般说来，物质的极性大或亲水性强，在水中的分配量就多，则在以水为固定相的纸色谱中 $R_f$ 就小。相反，如果物质的极性小或亲脂性强，则 $R_f$ 值就大。例如，葡萄糖、鼠李糖、洋地黄毒糖、葡萄糖醛酸都属于六碳糖类，但由于分子中所含极性官能团数目不同，极性也就不同，因而 $R_f$ 值也不同。它们的 $R_f$ 值与结构的关系见表 14-5。

表 14-5　物质的结构与 $R_f$ 值的关系

| | 葡萄糖醛酸 | 葡萄糖 | 鼠李糖 | 洋地黄毒糖 |
|---|---|---|---|---|
| 分子中羟基数 | 4 | 5 | 4 | 3 |
| 分子中羧基数 | 1 | 0 | 0 | 0 |
| 亲脂性基团数 | 0 | 0 | $CH_3$ | $CH_2CH_3$ |
| 分子极性 | 最大 | 大 | 小 | 最小 |
| $R_f$ 值 | 最小 | 小 | 大 | 最大 |

它们的化学结构如下：

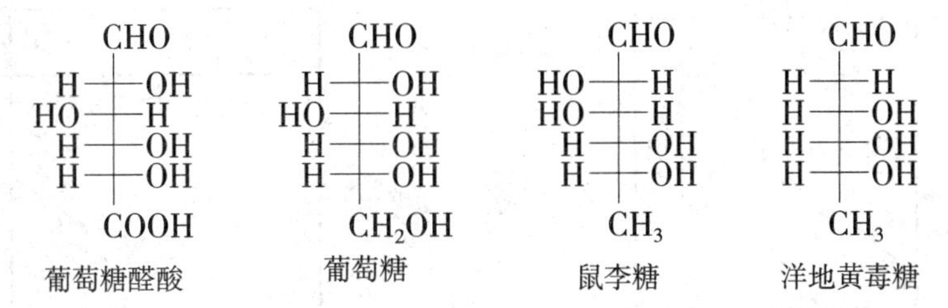


从表 14-5 可以看出，只要知道物质的化学结构就可以判断其极性大小，根据极性大小，便可推测 $R_f$ 值大小顺序。

### （二）色谱外因条件对 $R_f$ 值的影响

关于这部分内容已在薄层色谱中进行了详细叙述，这里就不再赘述了。

总之，在色谱过程中，必须考虑上述各因素，尽可能保持恒定的色谱条件，以获得重现性好的 $R_f$ 值。

## 三、操作方法

纸色谱的操作方法与薄层色谱法相似，主要有色谱滤纸的选择、点样、展开、斑点定位、定性与定量分析。

### （一）色谱滤纸的选择

1. 对色谱滤纸的要求　(1) 色谱滤纸杂质含量要少，无明显的荧光斑点；(2) 色谱滤纸应质地均匀，平整无折痕，边缘整齐，有一定的机械强度；(3) 纸纤维应松紧适宜，过于疏松易使斑点扩散，过于紧密则展开速度太慢；(4) 有一定的机械强度，不易断裂；(5) 纯度高，不含填充剂，灰分在 0.01% 以下。

2. 对滤纸选择　应结合分离对象、分离目的、展开剂的性质来考虑。(1) 混合物中各组分间 $R_f$ 值相差很小，宜选用慢速滤纸，反之，则宜选用快速或中速滤纸；(2) 用于定性鉴别，应选用薄型滤纸；用于定量或制备，则选用厚型滤纸；(3)展开剂是正丁醇等较黏稠的溶剂，可选用疏松的薄型快速滤纸，反之宜选用结构紧密的厚型滤纸。

### （二）点样

点样方法基本上与薄层色谱相似，点样量一般是几到几十微克。

### （三）展开

1. 展开剂的选择　纸色谱所用的展开剂与吸附薄层色谱有很大不同。主要根据待测组分在两相中的溶解度和展开剂的极性来考虑。多数情况下是采用含水的有机溶剂，最常用的是 BAW 展开系统：正丁醇：醋酸：水(4：1：5 上层)。必须注意的是，展开剂应预先用水饱和，否则，展开过程中，会把固定相中的水夺去，使分配过程难以进行。

2. 展开方式　应根据色谱纸的形状、大小，选用合适的密封容器。先用展开剂蒸气饱和容器内部，或预先浸有展开剂的滤纸条贴在容器的内壁上，下端浸入展开剂中，使容器内能很快为展开剂蒸气所饱和，然后，将点好样的色谱纸的一端浸入到展开剂中进行展开，见图 14-7。

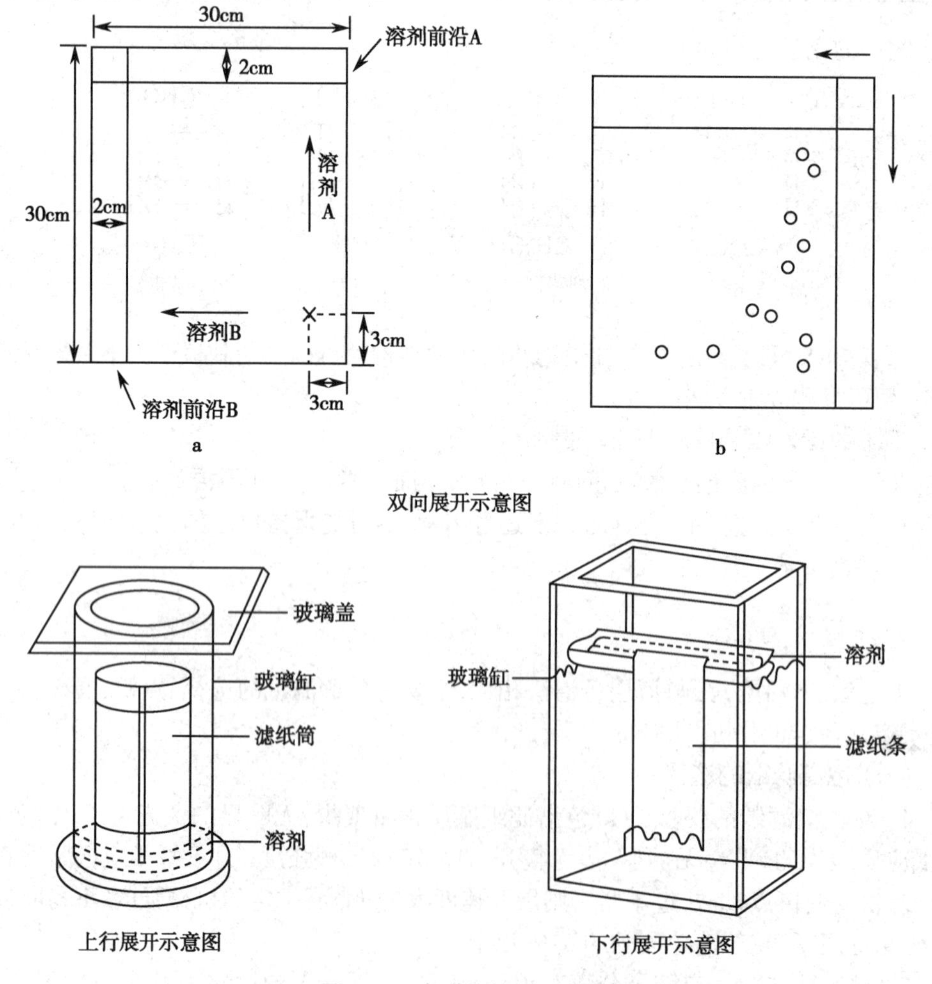


图 14-7　色谱纸的展开方式
a. 双向展开法　b. 双向纸层析显现斑点

纸色谱法通常采用上行法展开，让展开剂借助纸纤维毛细管效应向上扩散。该法应用广泛，但展开速度慢，一般要5~8小时。纸色谱法还可采用下行展开、多次展开、径向展开等多种方式。应注意的是，即使是同一物质，如果展开方式不同，其 $R_f$ 值也不一样。

### （四）斑点定位

纸色谱的斑点定位方法基本上和薄层色谱法相似，但纸色谱不能使用腐蚀性显色剂，也不能在高温下显色，可以观察荧光，喷以溶剂使斑点显色。

### （五）定性与定量分析

纸色谱的定性方法与薄层色谱完全相同，都是依据 $R_f$ 值来鉴定物质。而定量方法则有所不同。纸色谱法定量早期多采用剪洗法，与薄层色谱法的斑点洗脱法相似。先将定位后的斑点部分剪下，经溶剂洗脱，然后用适宜方法定量。近年来，由于分析仪器技术的发展，也可将滤纸上的样品斑点置于薄层扫描仪上直接进行扫描，根据扫描的积分值，计算出样品中某一组分的含量。

纸色谱比柱色谱操作简便。目前，其应用范围虽然不及薄层色谱广泛，但在生化、医药等方面仍不失为一个有用的方法。例如在分析水溶性成分、糖类、氨基酸类、无机离子等极性大的物质方面，其分离效果优于薄层色谱。经典液相色谱归纳如下表14-6。

表14-6　经典液相色谱法比较

| | 柱色谱法（CC） | 薄层色谱法（TLC） | 纸色谱法（PC） |
|---|---|---|---|
| 操作步骤 | 装柱<br>加样<br>洗脱<br>定性<br>定量 | 铺板与活化<br>点样<br>展开<br>斑点定位<br>定性与定量 | 色谱滤纸的选择<br>点样<br>展开<br>斑点定位<br>定性与定量 |
| 特点 | 适用于混合组分的分离与提纯 | 快速、灵敏、简便，常用于定性与定量分析 | 适用于极性大的组分的定性定量分析 |

此外，纸色谱法展开时间长，分离后斑点分散，灵敏度不如其他方法。

（张　艳）

## 复习思考题

1. 简述液相色谱如何进行分类。
2. 液－固吸附色谱常用吸附剂有哪些，它们的特点是什么？
3. 硅胶的活度如何划分？
4. 薄层色谱法、纸色谱法的基本原理、色谱条件的选择及操作是什么？
5. 化合物A在薄层板上从原点到斑点中心距离为8.3cm，而该板的起始线到溶剂前沿的距离为15.1cm，试求化合物A的 $R_f$ 值。

扫一扫
测一测

课件

15章PPT

# 第十五章

# 气相色谱法

扫一扫
知重点

学习要点

1. 气相色谱法的有关概念。
2. 气相色谱法的基本理论。
3. 气相色谱法的定性方法和定量方法。

气相色谱法(GC)是以气体为流动相的柱色谱法。20世纪50年代初期,这种分离分析方法在经典液相色谱法的基础上迅速发展起来,早期仅用于石油产品的分析,目前已广泛应用于石油化工、医药卫生、食品分析和环境监测等领域。在药物分析中,气相色谱已成为原料药和制剂的含量测定、中草药成分分析、有关杂质检查的重要方法。

## 第一节 基础知识

### 一、气相色谱法的分类和特点

#### (一) 气相色谱法的分类

1. 根据固定相的状态不同,可分为气 - 固色谱法和气 - 液色谱法。前者的固定相是固体吸附剂;后者的固定相也称为固定液,涂渍于载体(也叫担体)表面。其中最为常用的是气 - 液色谱法。

2. 根据分离机制不同,可分为吸附色谱法和分配色谱法。吸附色谱法其固定相是吸附剂,是利用吸附表面或吸附剂的某基团对不同组分吸附能力的差异来达到分离目的的方法;分配色谱法其固定相是液体,利用不同组分在固定相和流动相中溶解度的差异来实现分离的方法。气 - 固色谱法属于吸附色谱法,气 - 液色谱法属于分配色谱法。

3. 根据色谱柱的粗细不同,可分为填充柱色谱法和毛细管柱色谱法。填充色谱柱多用内径4~6mm的不锈钢管制成螺旋形管柱或U形柱,柱长2~4m。毛细管色谱柱常用内径0.1~0.5mm的玻璃或石英毛细管,柱长几十米至近百米。

（二）气相色谱法的特点

气相色谱法具有分离效能高、选择性高、灵敏度高（可检测 $10^{-13}$~$10^{-11}$g 的物质）、试样用量少、分析速度快（几秒至几十分钟）、用途广泛等优点。据统计，能用气相色谱法直接分析的有机物约占全部有机物的 20%。气相色谱法的不足之处在于其要受试样蒸气压限制，所以只适用于分析具有一定蒸气压且对热稳定性好的试样。

## 二、气相色谱仪的基本组成

气相色谱仪由载气系统、进样系统、分离系统、检测系统和记录系统等组成，如图 15-1 中的 A、B、C、D、E 所示。

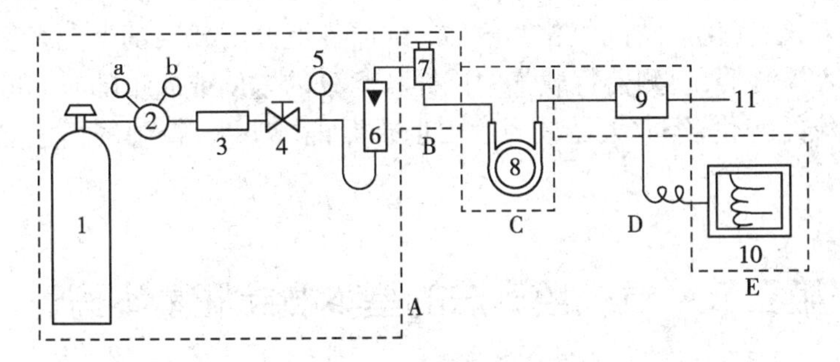


图 15-1 气相色谱仪示意图

1. 载气钢瓶 2. 减压阀 3. 净化器 4. 针型阀 5. 压力表 6. 转子流量计 7. 进样系统 8. 分离系统 9. 检测系统 10. 记录系统 11. 尾气出口

1. 载气系统 气相色谱仪的载气系统是一个连续运行的密闭管路系统，如图 15-1 所示。载气由高压钢瓶出来后，经减压阀、压力表、净化器、气体流量调节阀、转子流量计、气化室、色谱柱、检测器，然后放空。

知识链接

### 气体发生器

载气通常由高压钢瓶提供，但近年来经常使用气体发生器提供载气，$N_2$ 纯度为 $O_2$<2~3μl/L，$H_2$ 纯度为 99.99%；$H_2$ 和 $O_2$ 的流量为 0~300ml/min；空气的流量为 0~3000ml/min；工作压力为 0~0.4MPa。这些发生器可以满足一般气相色谱分析对气体的要求。

2. 进样系统 包括进样器、气化室和温控装置，如图 15-1B 所示。试样进入气化室瞬间气化后被载气带入色谱柱。

3. 分离系统 包括色谱柱和柱箱，如图 15-1C 所示，试样各组分经过色谱柱后被分离开。

4. 检测系统 检测系统由检测器、讯号转换与处理器组成，如图 15-1D 所示。试样各组分的浓度或质量变化被转换为电信号，传递到记录器系统。

5. 记录系统 包括放大器、记录仪或数据处理机，能够将检测器获得的电信号形

成色谱图，以备定性、定量分析用，如图 15-1E 所示。

气相色谱仪还具有对气化室、色谱柱室、检测室等加热、恒温和自动控温的功能。其中色谱柱和检测器是气相色谱仪的两个关键部件。前者能够将试样的各组分分离开，后者能够将分离后的各组分检测出来。现代气相色谱仪都配备计算机控制实验条件，配备相应的色谱软件处理检测数据。

### 三、气相色谱法的一般流程

其流程如图 15-1 所示，首先由高压钢瓶提供载气（其功能是载送试样，一般为惰性气体，如氢气、氮气等），经压力调节器降压，进入净化器脱水并净化，再由稳压阀调至适宜的流量，然后经气化室（气态试样则通过六通阀或注射器进样，液态试样用微量注射器注入，在气化室瞬间气化为气体），试样各组分由载气携带进入色谱柱，被分离后依次进入检测器，检测器将载气中试样各组分的浓度或质量随时间的变化，转变为电压或电流的变化，经放大器放大后由记录器记录下来，得到气相色谱图，最后载气放空。

## 第二节　气相色谱法的基本概念和基本理论

### 一、气相色谱法的基本概念

#### （一）气相色谱图

气相色谱图，又称色谱流出曲线，是指试样各组分经过检测器时所产生的电压或电流强度随时间变化的曲线，如图 15-2 所示。纵坐标为信号强度（毫伏、毫安），横坐标为保留时间（分钟或秒）。从色谱图中可观察到峰数、峰位、峰宽、峰高或峰面积等参数。

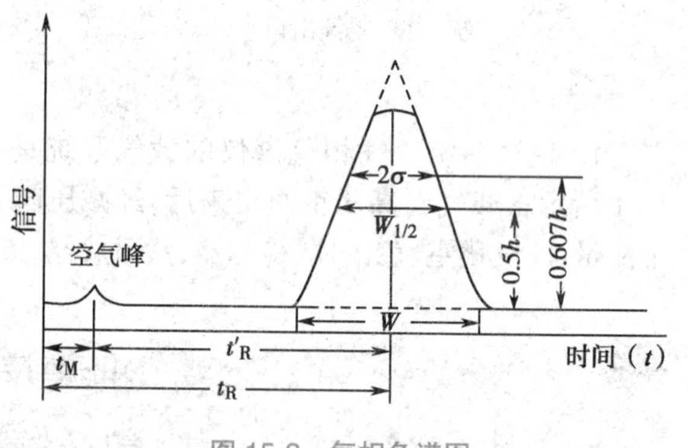

图 15-2　气相色谱图

1. 基线　在操作条件下，没有组分流出时的流出曲线。基线能反映气相色谱仪中检测器的噪音随时间的变化情况。稳定的基线应是一条平行于横轴的直线。

2. 色谱峰　色谱图上的凸起部分称为色谱峰。根据色谱峰的数目，可以初步判断样品中的组分数。正常色谱峰为对称形正态分布曲线。不正常色谱峰有两种：前延峰及拖尾峰。前延峰前沿平缓，后沿陡峭；拖尾峰前沿陡峭，后沿拖尾。峰的对称性可用对称因子 $f_s$（也称拖尾因子 T）来衡量，对称因子的求算见图 15-3 及式（15-1）。

$$f_s=\frac{W_{0.05h}}{2A}=\frac{A+B}{2A} \tag{15-1}$$

$f_s$=0.95~1.05，为对称峰；$f_s$<0.95，为前延峰；$f_s$>1.05，为拖尾峰。

3. 峰高($h$)　色谱峰的峰顶至基线的垂直距离称为峰高。

4. 峰面积($A$)　色谱峰与基线所包围的面积称为峰面积。峰高和峰面积常用于定量分析。

5. 标准差($\sigma$)　正态分布曲线上两拐点间距离的一半，正常峰的 $\sigma$ 为峰高的 0.607 倍处的峰宽之半。$\sigma$ 越小，区域宽度越小，说明流出组分越集中，柱效越高，越有利于分离。

6. 半峰宽($W_{1/2}$)　峰高一半处的宽度称为半峰宽。可用来评价色谱柱的分离效能。

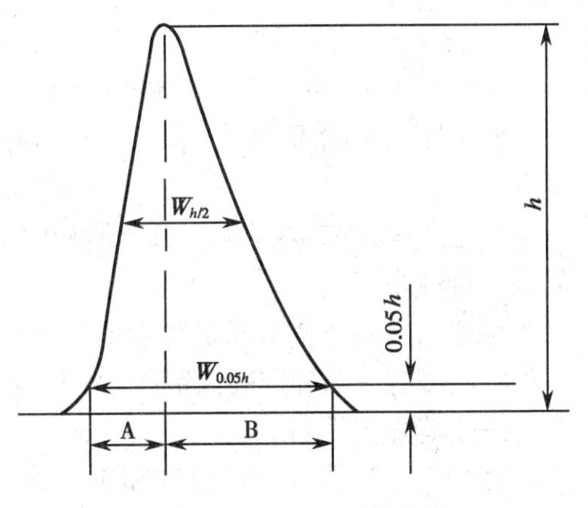


图 15-3　对称因子的求算

$$W_{1/2}=2.355\sigma \tag{15-2}$$

7. 峰宽($W$)　通过色谱峰两侧拐点作切线，在基线上的截距称为峰宽。

$$W=4\sigma \text{ 或 } W=1.699W_{1/2} \tag{15-3}$$

$W_{1/2}$ 与 $W$ 都是由 $\sigma$ 派生而来，除用于衡量柱效外，还用于计算峰面积。

一个组分的色谱峰可用峰高(或峰面积)、峰位和峰宽三个参数表达。

(二) 保留值

保留值是峰位的表达方式，是气相色谱法定性的参数，一般用试样中各组分在色谱柱中滞留的时间或各组分被带出色谱柱所需要载气的体积来表示，见图 15-2。

1. 保留时间($t_R$)　从进样开始到组分的色谱峰顶点所需要的时间称为该组分的保留时间。

2. 死时间($t_M$)　气相色谱中通常把出现空气峰或甲烷峰的时间称为死时间，也可以理解为不被固定相吸附或溶解的惰性气体(如空气、甲烷等)的保留时间。死时间与待测组分的性质无关。

3. 调整保留时间或校正保留时间($t_R'$)　保留时间与死时间之差称为调整保留时间。

$$t_R'=t_R-t_M \tag{15-4}$$

在实验条件(温度、固定相等)一定时，调整保留时间是固定相滞留组分的时间，只决定于组分的本性，故它们是色谱法定性的基本参数。

4. 保留体积($V_R$)　从进样开始到某个组分的色谱峰峰顶的保留时间内所通过色谱柱的载气体积称为该组分的保留体积。

$$V_R=t_R\times F_C \tag{15-5}$$

式中 $F_C$ 为校正到柱温、柱压下的载气流速($F_C$, ml/min)，$F_C$ 大时，$t_R$ 则变小，两者乘积不变，因此，$V_R$ 与载气流速无关。

5. 死体积($V_M$)　由进样器至检测器的路途中，未被固定相占有的体积称为死体积。它包括进样器至色谱柱间导管的容积、色谱柱中固定相颗粒间间隙、柱出口导管及检测器内腔容积，与被测物的性质无关，也可以理解为在死时间内流过的载气体积。

$$V_M=t_M \times F_C \tag{15-6}$$

死体积越大,说明色谱峰越扩张(展宽),柱效越低。

6. 调整保留体积($V'_R$)　保留体积与死体积之差称为调整保留体积。

$$V'_R=V_R-V_M=t'_R \times F_C \tag{15-7}$$

$V'_R$ 也与载气流速无关。保留体积中扣除死体积后,更能够合理地反映被测组分的保留特性。

保留值是由色谱分离过程中的热力学因素所控制的,在一定的实验条件下,任何一种物质都有一个确定的保留值,因此,保留值可用作定性参数。

### (三) 容量因子($k$)

容量因子是指在一定温度和压力下,组分在固定相与流动相之间的分配达到平衡时的质量之比。它与 $t'_R$ 的关系可用下式表示。

$$k=\frac{t'_R}{t_M} \tag{15-8}$$

可以看出,$k$ 值越大,组分在柱中保留时间越长。

### (四) 分配系数比($\alpha$)

分配系数比是指混合物中相邻两组分 A、B 的分配系数或容量因子或 $t'_R$ 之比,可用下式表示。

$$\alpha=\frac{K_A}{K_B}=\frac{k_A}{k_B}=\frac{t'_{R_A}}{t'_{R_B}} \tag{15-9}$$

从式(15-9)可以看出,$\alpha$ 越接近 1,两组分分离效果越差。

## 二、气相色谱法的基本理论

气相色谱法的基本理论主要有热力学理论和动力学理论。前者是用相平衡观点来研究分离过程,以塔板理论为代表;后者是用动力学观点来研究各种动力学因素对柱效的影响,以范第姆特(Van Deemter)速率理论为代表。

### (一) 塔板理论

1941 年,马丁(Martin)和辛格(Synge)提出了塔板理论。该理论假设把色谱柱看作一个具有许多塔板的分馏塔,就是将色谱柱分为许多个小段,在每块塔板的间隔内,试样混合物在气液两相中产生分配并达到平衡,经过多次的分配平衡后,分配系数小(即挥发性大)的组分先到达塔顶,即先流出色谱柱。只要色谱柱的塔板足够多,组分间的 $K$ 值即使有微小的差异,也可得到良好的分离效果。

1. 塔板理论的基本假设

(1) 色谱柱的每个塔板高度 $H$ 内,某组分可以很快达到分配平衡。$H$ 称为理论塔板高度($H$),简称板高。

(2) 载气间歇式通过色谱柱,每次进入量为一个塔板体积。

(3) 试样都加在第 0 号塔板上,且试样在色谱柱方向的扩散(纵向扩散)可以忽略不计。

(4) 组分在各塔板上的分配系数是常数,与该组分在某一塔板上的量无关。

2. 理论塔板数($n$)和塔板高度($H$)的计算　理论塔板数和塔板高度是衡量柱效的指标,由塔板理论可导出塔板数和峰宽度的计算公式:

$$n=\left(\frac{t_R}{\sigma}\right)^2 \quad 或 \quad n=5.54\left(\frac{t_R}{W_{1/2}}\right)^2=16\left(\frac{t_R}{W}\right)^2 \tag{15-10}$$

理论塔板高度($H$)可由色谱柱长($L$)和理论塔板数($n$)计算。

$$H=\frac{L}{n} \tag{15-11}$$

当用相对保留时间 $t_R'$ 代替 $t_R$ 保留时间进行计算时,则得到有效理论塔板数 $n_{eff}$ 和有效理论塔板高度 $H_{eff}$。

例 15-1　某色谱柱长 2m,在柱温为 100℃,记录纸速为 3.0cm/min 的实验条件下,测得苯的保留时间为 1.5min,半峰宽为 0.30cm,求理论塔板数和塔板高度。

解:由 $n=5.54\times\left(\frac{t_R}{W_{1/2}}\right)^2$

得:$n=5.54\times\left(\frac{1.50}{0.3/3.0}\right)^2=1.2\times10^3$

注:通常用 1.0cm/min 纸速衡量半峰宽。

$$H=\frac{2}{1.2\times10^3}=1.7\times10^{-3}\text{m}=1.7\text{mm}$$

答:其理论塔板数为 $1.2\times10^3$,塔板高度为 1.7mm。

塔板理论能够成功地解释色谱流出曲线的形状、浓度极大点的位置(保留值)以及对柱效的评价(塔板数)问题,但某些基本假设与实际色谱过程不完全相符,因此,它只能定性地给出塔板数和塔板高度的概念,不能解释柱效与载气流速的关系,更不能说明影响柱效的因素。

### (二) 速率理论

1956 年荷兰学者范第姆特等人吸取了塔板理论中塔板高度的概念,并对影响塔板高度的各种动力学因素进行了研究,导出塔板高度与载气流速的关系,成为速率理论的核心。速率方程也叫范第姆特方程式,简称范氏方程,即:

$$H=A+\frac{B}{u}+Cu \tag{15-12}$$

式中 $A$、$B$、$C$ 均为常数,其中 $A$ 为涡流扩散项,$B$ 为纵向扩散项,$C$ 为传质阻力项。$u$ 为载气线速度 $u\approx L/t\text{M}$(cm/s)。在 $u$ 一定时,$A$、$B$、$C$ 三个常数越小,则塔板高度($H$)越小,峰越锐,柱效越高。反之,峰越扩展,柱效越低。

现分别说明速率方程中各项的意义。

1. 涡流扩散项($A$)　组分分子通过色谱柱时,遇到填充物颗粒后会不断改变流动方向,形成类似"涡流"的运动,使试样中相同组分的分子经过不同长度的途径流出色谱柱,从而使色谱峰扩张,这种现象称为涡流扩散,如图 15-4 所示。因此,涡流扩散项也称多径项。

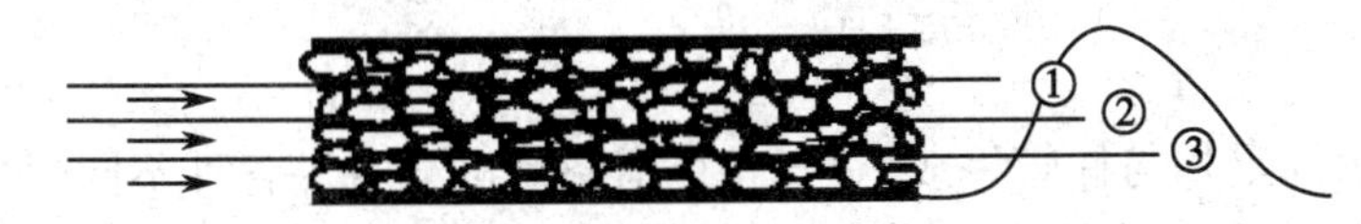


图 15-4　涡流扩散对柱效的影响

①组分在柱中移动慢　②组分在柱中移动快　③组分在柱中移动最快

$$A=2\lambda d_p \tag{15-13}$$

式(15-13)中,$\lambda$ 为填充不规则因子,填充越均匀,$\lambda$ 越小。$d_p$ 为填料(固定相)颗粒平均直径(单位是 cm)。只有采用粒度适当且颗粒均匀的填料,并尽量填充均匀,才是减少涡流扩散、提高柱效的有效途径。对开管(空心)毛细管柱来说,A 项为零。

2. 纵向扩散项($B$)　试样被载气带入色谱柱后,在柱中占据很小一段空间,各组分分子在色谱柱内产生纵向扩散,从而出现纵向(前后)浓度差,并延长在柱内的停留时间。使色谱峰扩张的现象称为纵向扩散。

$$B=2rD_g \tag{15-14}$$

式(15-14)中,$r$ 为扩散阻碍因子,填充柱 $r<1$,毛细管柱因无扩散障碍 $r=1$。$D_g$ 为组分在载气中的扩散系数。纵向扩散项与分子在载气中停留的时间及扩散系数成正比,扩散系数与载气分子量的平方根成反比,还受柱温和柱压的影响。

为了缩短组分分子在载气中的停留时间,常采用较高的载气流速。选择分子量大的载气(如 $N_2$),可降低 $D_g$,降低纵向扩散项,增加柱效。但是,分子量大的载气,黏度较大,柱压降大,反而增加纵向扩散项,降低柱效。一般情况下,流速较小时,选 $N_2$ 作载气,流速较大时,选 $H_2$ 或 He 作载气。

3. 传质阻力项($C$)　试样被载气带入色谱柱后,各组分分子在气 - 液两相中溶解、扩散、分配、平衡及转移的整个过程称为传质过程。影响该过程进行速度的阻力,称为传质阻力。由于传质阻力的存在,增加了组分在固定液中的停留时间,使色谱峰扩张。

课堂互动

速率方程中的 $A$、$B$、$C$ 分别叫什么名称?

传质阻力的大小常用传质系数来衡量。传质系数包括气相传质阻力系数 $C_g$ 和液相传质阻力系数 $C_l$,由于 $C_g$ 非常小,可以忽略。所以 $C\approx C_l$。

$$C_l=\frac{2k}{3(1+k)^2}\times\frac{d_f^2}{D_l} \tag{15-15}$$

式(15-15)中,$d_f$ 为固定液液膜厚度,$k$ 为容量因子,$D_l$ 为组分在固定液中的扩散系数。可见,适当减少固定相用量,降低固定液液膜厚度,增加组分在固定液中的扩散系数是减少传质阻力项的主要方法。但固定液不能太少,否则色谱柱寿命缩短。

从上述讨论可以看出,色谱柱填充均匀程度、载体粒度、载气种类、载气流速、柱温、固定液液膜厚度等,都能够影响柱效。因此,速率理论能够阐明使色谱峰扩展而降低柱效的因素,对于选择分离条件具有指导意义。

## 第三节　色　谱　柱

色谱柱由固定相与柱管组成,是气相色谱系统的核心。各种不同规格的色谱柱有专门厂家生产,用户可根据需要选购,也可自己制备。本节重点介绍气 - 液色谱填充柱。其分离机制是分配色谱法。

## 一、气 - 液色谱填充柱

将固定液涂渍在载体上作为固定相而制成的色谱柱称为气 - 液色谱填充柱。

### (一) 固定液

1. 对固定液的要求　固定液一般都是高沸点液体，在操作温度下为液态，室温下为液体或固体。其具体要求如下：

(1) 在操作温度下蒸气压低，流失慢，寿命长、检测信号本底低。

(2) 稳定性好，即自身稳定且不与试样各组分发生化学反应，高温下不分解。

(3) 对试样各组分有足够的溶解能力，且不同组分的分配系数的差别要足够大。

(4) 黏度要小，凝固点低。

(5) 选择性好，两个沸点或性质相近的组分的分配系数比不等于 1。

2. 固定液的分类　常用的分类方法有两种：化学分类法和极性分类法。

(1) 以固定液的化学结构为依据的分类方法称化学分类法，按官能团名称不同分为：烃类、聚硅氧烷类、醇类、酯类等，此种方法的优点是便于依据"相似相溶"的原则选择固定液。

(2) 以固定液的相对极性为依据的分类方法称极性分类法，这种方法在气相色谱法中应用更为广泛。此方法是 1959 年由罗胥耐德(Rohrschneider)首先提出。常用固定液的相对极性见表 15-1。

表 15-1　常用固定液的相对极性

| 固定液 | 相对极性 | 级别 | 最高使用温度(℃) | 应用范围 |
|---|---|---|---|---|
| 鲨鱼烷(SQ) | 0 | +1 | 140 | 标准非极性固定液 |
| 阿皮松(APL) | 7~8 | +1 | 300 | 各类高沸点化合物 |
| 甲基硅橡胶(SE-30，OV-1) | 13 | +1 | 350 | 非极性化合物 |
| 邻苯二甲酸二壬酯(DNP) | 25 | +2 | 100 | 中等极性化合物 |
| 三氟丙基甲基聚硅氧烷(QF-1) | 28 | +2 | 300 | 中等极性化合物 |
| 氰基硅橡胶(XE-60) | 52 | +3 | 275 | 中等极性化合物 |
| 聚乙二醇(PEG-20M) | 68 | +3 | 250 | 氢键型化合物 |
| 己二酸二乙二醇聚酯(DEGA) | 72 | +4 | 200 | 极性化合物 |
| β,β′- 氧二丙腈(ODPN) | 100 | +5 | 100 | 标准极性固定液 |

知识链接

**极性分类法**

该法规定，强极性的 β,β′- 氧二丙腈的相对极性为 100，非极性的鲨鱼烷的相对极性为 0，然后测得其他固定液的相对极性在 0~100 之间。从 0~100 分成五级，每 20 为一级，用"+"表示。0 或 +1 为非极性固定液；+2，+3 为中等极性固定液；+4，+5 为极性固定液。

3. 固定液的选择　选择固定液时一般遵循"相似相溶"原则，即组分的结构、极性与固定液相似时，在固定液中的溶解度大，保留时间长，分离的可能性大；反之溶解度小，保留时间短，分离的可能性小。因此，分离烃类化合物最好选择烃类固定液；分离极性化合物最好选择极性固定液。一般规律是：

(1) 分离非极性物质，选用非极性固定液，组分基本上按沸点顺序流出色谱柱，沸点低的组分先流出色谱柱。

(2) 分离中等极性物质，选用中等极性固定液，组分基本上仍按沸点顺序流出色谱柱，但对于沸点相同的组分，极性弱的组分先流出色谱柱。

(3) 分离强极性化合物，选用极性强的固定液，极性弱的组分先流出色谱柱。

(4) 分离能形成氢键的物质，选用氢键型固定液，形成氢键能力弱的组分先流出色谱柱。

(5) 对于一些难分离试样，可采用混合固定液。一般有混涂、混装及串联等三种方法。混涂是将两种固定液按一定比例混合后涂在载体上。混装是将涂有不同固定液的载体，按一定比例混匀后装入柱管中。串联是将装有不同固定液的色谱柱串联起来。无论哪种方法都是为了提高分离效果，达到分离的目的。

### (二) 载体

载体也叫担体，是一种化学惰性的多孔性固体微粒，其作用是提供一个较大的惰性表面，使固定液能以液膜状态均匀地分布其表面，构成气-液色谱的固定相。

1. 对载体的要求　比表面积大；表面没有吸附性能(或很弱)；不与试样或固定液起化学反应；热稳定性好；颗粒均匀，具有一定的机械强度。

2. 载体的类型　常用的是硅藻土型载体。先将天然硅藻土压成砖型，再经高温(900℃)煅烧后粉碎、过筛即可。根据制备方法不同，可分为红色载体和白色载体。

红色载体是天然硅藻土煅烧而成，由于含有氧化铁，载体呈淡红色，故称为红色载体。其特点是结构紧密，机械强度大，表面孔穴密集，孔径较小(约 1μm)，比表面积大(约为 $4.0m^2/g$)，涂固定液多，在同样大小柱中分离效率高。但表面有吸附活性中心，与极性固定液配合使用时，会造成固定液分布不均匀，分离极性化合物时，常有拖尾现象，故红色载体常与非极性固定液配合使用，分析非极性或弱极性物质。

白色载体是在煅烧时加入了助溶剂(碳酸钠)，煅烧后氧化铁生成了无色的铁硅酸钠配合物，载体呈白色，故称为白色载体。其特点是颗粒疏松，机械强度较差，表面孔径大(约 8~9μm)，比表面积小($1.0m^2/g$)，吸附性弱。常与极性固定液配合使用，分析极性物质。

3. 载体的钝化　载体应该是惰性的，其作用仅是负载固定液。但硅藻土表面具有某些活性作用点，会引起色谱峰拖尾，所以，使用前需要进一步处理，这种处理过程称为载体的钝化。常用的钝化方法有三种。

(1) 酸洗法：用 6mol/L 的盐酸浸泡 20~30 分钟，再用水洗至中性，烘干备用。酸洗能除去载体表面的铁等金属氧化物，酸洗载体用于分析酸类和酯类化合物。

(2) 碱洗法：用 5% 的氢氧化钾-甲醇溶液浸泡或回流数小时，再用水洗至中性，烘干备用。碱洗能除去载体表面的三氧化二铝等酸性作用点。碱洗载体用于分析胺类等碱性化合物。应该注意，酯类试样可被碱洗载体分解。

(3) 硅烷化法：让载体与硅烷化试剂反应，除去载体表面的硅醇及硅醚基，消除形成氢键的能力。硅烷化载体用于分析具有形成氢键能力较强的化合物，如醇、酸及胺类等。

（三）气-液填充柱的制备

1. 固定液的涂渍　选定固定液和载体后，根据固定液与载体的配比，固定液一般为载体的3%~20%，以能完全覆盖载体表面为下限，准确称取一定量的载体和固定液备用。先将固定液溶解于适宜的溶剂中，待完全溶解后，再将载体以旋转方式缓慢加入，仔细、迅速搅匀，置通风处，不定时搅拌，待溶剂完全挥发后，则涂渍完毕。在涂渍过程中，搅拌不能过猛，以免破坏载体；溶剂挥发不可太快，以免涂渍不匀。常用载体溶剂有氯仿、乙醚、丙酮、乙醇、苯等。

2. 色谱柱的填充　一般多采用抽气法填充，即用玻璃棉将空柱的出口一端塞牢，经缓冲瓶与真空泵连接。在入口一端（接气化室一端）装上漏斗，徐徐倒入涂有固定液的载体，边抽边轻敲柱管，直至装满为止。在填充时，应将固定相填充均匀、紧密，减少空隙和死体积，敲打柱管不能过猛，以免造成载体粉碎或柱管受损，降低柱效。

3. 色谱柱的老化　填充后的色谱柱需进行加热老化，目的是除去残留溶剂及固定液的低沸程馏分和易挥发性杂质，并使固定液更均匀地分布于载体或管壁上。色谱柱老化的方法是：将柱入口与进样室相连，接通载气，出口不接检测器，以免老化时排出的残余溶剂及挥发性杂质污染检测器。在低于固定液最高使用温度（20~30℃）的条件下加热4~8小时。然后，将出口与检测器连接，继续接通载气，至基线平直为止。

## 二、气-固色谱填充柱

气-固色谱填充柱的固定相可分为硅胶、氧化铝、高分子多孔微球及化学键合相等，在药物分析中应用较多的是高分子多孔微球。

高分子多孔微球（GDX）是一种人工合成的新型固定相，有时还可以作为载体，它是由苯乙烯（STY）或乙基乙烯苯（EST）与二乙烯苯（DVB）交联共聚而成，聚合物为非极性。高分子多孔微球的分离机制一般认为具有吸附、分配及分子筛三种作用。它具有如下特点：

（一）疏水性强

高分子多孔微球与羟基化合物的亲和力极小，并且基本按分子量顺序分离，即分子量较小的水分子，可在一般有机物出峰之前出峰，峰形对称，特别适合试样中痕量水分的测定。也可用于多元醇、脂肪酸等强极性物质的分析。

（二）热稳定性好

最高使用温度达200~300℃，且无流失现象，柱寿命长。

（三）比表面积大

一般为100~800$m^2/g$，故柱容量大，可用于制备色谱柱的填料。

（四）具有耐腐蚀和耐辐射性能

可用于分析酸碱性较强的物质，如HCl、$NH_3$等。

此外，高分子多孔微球的粒径、孔径和极性可以通过改变聚合工艺条件而改变，因此，能够制得不同分离功能的微球，以满足分析工作的需要。

## 三、毛细管色谱柱

1957年，戈雷（Golay）发明了毛细管柱，一种是将固定液直接涂于毛细管内壁上，称为涂壁毛细管柱(WCOT);另一种将硅藻土载体黏在厚壁玻璃管内壁上,再加热拉制成毛细管,称为载体涂层毛细管柱(SCOT)。目前,后者应用更广泛。与一般填充柱相比,毛细管柱克服了填充柱存在涡流扩散项、传质阻力大、柱效低的缺点,具有以下特点:

1. 柱渗透性好　毛细管柱是空心柱,柱阻力很小,可以适当增加柱长,还可用高载气流速进行快速分析。

2. 柱效高　一根填充柱的理论塔板数仅为几千,而毛细管柱最高可达 $10^6$。毛细管柱的柱效高,原因是无涡流扩散项、传质阻力小、色谱柱比较长等,适于异构体和复杂混合物的分析。

3. 柱容量小　由于色谱柱细,故固定液含量只有几十毫克,因此进样量不能多。

4. 易实现气相色谱 - 质谱联用。

## 第四节　检　测　器

检测器是将色谱柱分离后的各组分的浓度或质量的变化转换为电信号(电压、电流等)的装置,是气相色谱仪的关键部件之一。气相色谱仪的检测器有多种,按响应特性分为两大类:一是浓度型检测器,测量的响应值与载气中组分浓度的瞬间变化成正比。如热导检测器和电子捕获检测器等,其特点是不破坏被检组分。二是质量型检测器,检测的响应值与单位时间内进入检测器的组分质量成正比,如氢焰离子化检测器和火焰光度检测器等,其特点是破坏被检组分。

### 一、检测器的性能要求

对检测器性能的要求主要有:灵敏度高、稳定性好、噪音低、线性范围宽、死体积小等。

### 二、常用的检测器

#### (一) 热导检测器(TCD)

热导检测器是利用被检组分与载气的热导率不同来检测组分的浓度变化。其优点是结构简单,测定范围广、线性范围宽、易与其他仪器联用且试样不被破坏;缺点是灵敏度低、噪音较大。

1. 结构和检测原理　热导检测器主要组成部分是热导池。热导池由池体和热丝构成。池体多采用高热容量材料(如铜块或不锈钢块)制成;热丝常用钨丝或铼钨丝作为热敏元件。热导池具有大小相同、形状对称的两个池槽,将两根材质、电阻完全相同的热丝装入池槽即构成双臂热导池,如图 15-5 所示。其中,一臂作为参考臂接在色谱

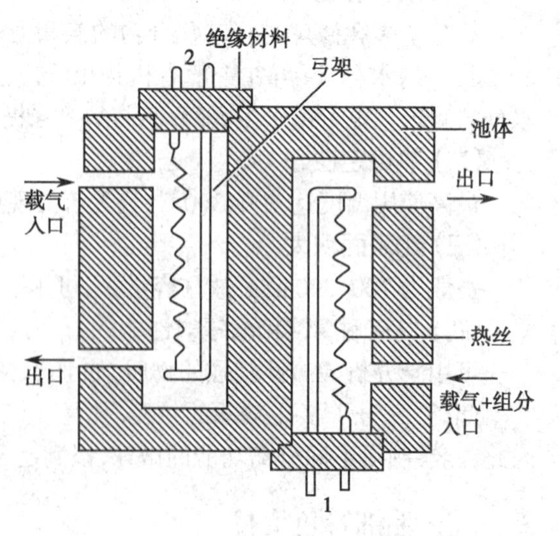


图 15-5　双臂热导池检测器结构示意图
1. 测量臂　2. 参考臂

柱前，仅让载气通过，另一臂作为测量臂接在色谱柱后，让载气和待测组分通过。两臂的电阻分别为 $R_1$ 和 $R_2$。将 $R_1$、$R_2$ 与两个阻值相等的固定电阻 $R_3$、$R_4$ 组成惠斯登电桥，如图 15-6 所示。当电流通过热丝时，热丝发热而温度升高，热丝温度升高所产生的热量，与热导池中因载气的传导等因素散失的热量达到相对平衡时，热丝的温度恒定电阻值恒定。如果只有载气进入，则两热丝的温度相同，因而电阻值也相同，电桥处于平衡状态，此时检流计中无电流通过，记录器显示为基线。当载气携带组分进入测量池时，由于组分与载气的热导率不同，使测量池中热丝的温度发生变化，其阻值随之改变，而参比池中的热丝阻值仍保持不变，因此，电桥平衡被破坏，检流计指针发生偏转。当组分完全通过测量臂后，其热丝的阻值恢复到组分进入之前的状态，电桥的检流计指针恢复至零。将电桥电流的变化过程放大后输出给记录器，即得到色谱流出曲线。

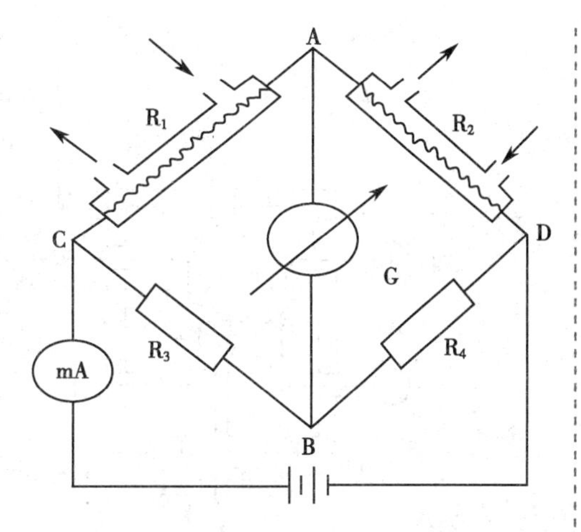


图 15-6　双臂热导池检测器电桥原理示意图
$R_1$：测量臂　$R_2$：参考臂　mA：桥电流

2. 操作条件的选择　增加桥路电流是提高 TCD 灵敏度的主要途径，但桥路电流过大，会引起噪音增大及热丝氧化。因此，在灵敏度允许的情况下，应尽量采取较低的桥路电流；载气与组分的热导率差别越大，TCD 灵敏度越高，因此，最好选择热导率较大的氢气或氦气作载气，但氢气不安全，氦气价格高。选用氮气作载气，除灵敏度较低以外，当温度或载气流速较高时，可能出现不正常色谱峰（倒峰）；TCD 对池温的稳定性要求很高，一般温控精度应为 ±1℃，先进的 TCD 温控精度为 ±0.01℃。

### （二）氢焰离子化检测器（FID）

氢焰离子化检测器简称氢焰检测器，是利用有机物在氢焰的作用下，化学电离而形成离子，并在电场作用下形成离子流，通过测定离子流强度而进行检测。具有灵敏度高、噪音小、响应快、稳定性好、死体积小、线性范围宽等优点，是目前常用的检测器之一。缺点是一般只能测定含碳有机物，且检测时试样被破坏。

1. 结构和检测原理　氢焰检测器的主要部件是离子室。离子室一般用不锈钢制成，室内主要有火焰喷嘴、极化极（负极）和收集极（正极）组成，极化极和收集极之间加有 150~300V 的极化电压，如图 15-7 所示。

经色谱柱分离后的组分随载气一起与氢气混合进入离子室，氢气在空气的助燃下燃烧，火焰温度可达 2100℃，使有机物电离成正负离子，并在极化电场中形成离子电流，当没有组分通过检测器时，氢气在空气中燃烧，也能产生极微弱的离子流，称为检测器的本底又称基流。当有组分通过检测器时，离子流强度急剧增加，离子流的大小与单位时间内进入检测器组分的质量及其含碳量有关。因此，利用电子放大系统测量离子流的强度，即可得到气体组分质量变化的信号。

2. 操作条件的选择

(1) 氢焰检测器要使用三种气体，载气常用氮气，燃气用氢气，空气为助燃气。三种气体流量的比例直接影响仪器的灵敏度和稳定性。通常氮气、氢气、空气的比例约

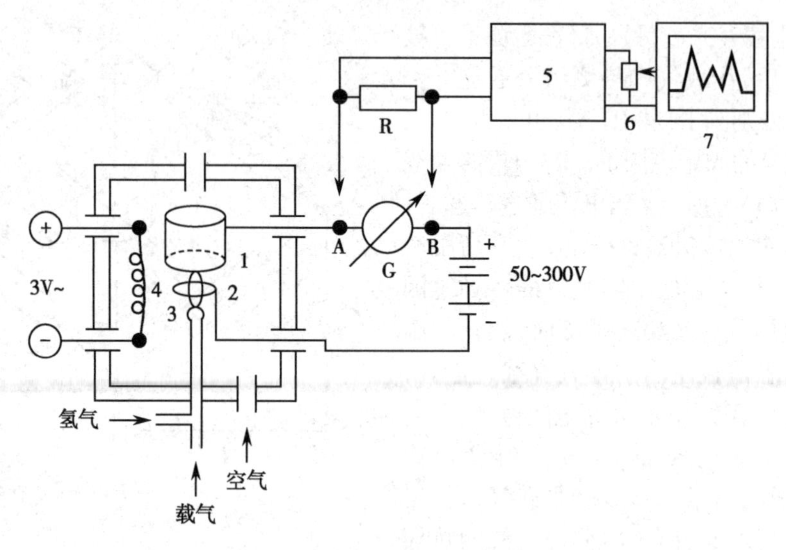


图 15-7　氢焰离子化检测器原理示意图

1. 收集极　2. 极化杯　3. 氢火焰　4. 点火线圈　5. 微电流放大器　6. 衰减器　7. 记录器

为:1 ∶ 1.5 ∶ 10。

(2) 氢火焰中生成的离子只有在电场作用下向两极定向移动,才能产生电流。因此,极化电压的大小直接影响 FID 的响应值,极化电压一般选 100~300V 之间。

(3) 对于质量型检测器,峰高取决于单位时间内进入检测器中组分的质量。当进样量一定时,峰高与载气流速成正比。因此,如用峰高定量,需保持载气流速恒定;如用峰面积定量,则与载气流速无关。

课堂互动

热导检测器与氢焰离子化检测器的特点是什么?

## 第五节　分离操作条件的选择

气相色谱分离效果的主要影响因素有固定相、柱温、载气等。无论是定性鉴别还是定量分析,均要求待测峰与其他峰、内标峰或特定的杂质对照峰之间能够有效分离,常用分离度(R)来衡量评价分离效果和色谱系统效能。为了获得最佳分离效果,需要选择合适的操作条件。

### 一、分离度

分离度又称分辨率,定义为相邻两组分色谱峰的保留时间之差与两组分色谱峰基线宽度总和之半的比值,计算公式为:

$$R=\frac{t_{R_2}-t_{R_1}}{\frac{1}{2}(W_1+W_2)}=\frac{2(t_{R_2}-t_{R_1})}{W_1+W_2} \tag{15-16}$$

式(15-16)中，$t_{R_1}$、$t_{R_2}$分别为组分A、B的保留时间，$W_1$、$W_2$分别为组分A,B色谱峰的基线宽度，见图15-8。从式(15-16)可看出，两个组分的保留时间相差越大，两组分的峰宽度越窄，则分离度越高，两组分分离越完全。当$R$=1.0时，峰基稍有重叠，可认为基本分离。当$R$=1.5时，峰基基本不重叠，可认为分离完全。在进行定量分析时，为了能获得较好的精密度和准确度，应使R≥1.5。

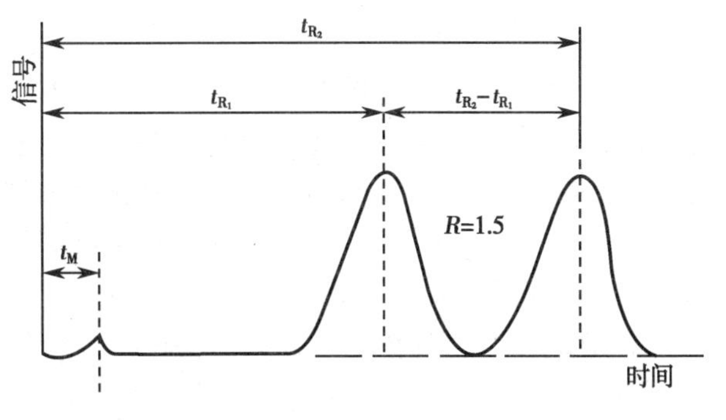


图15-8　分离度(R)示意图

## 二、操作条件的选择

### (一)色谱柱的选择

色谱柱的选择主要是固定相、柱长和柱径的选择。选择固定相时，应该注意极性和最高使用温度，一般可按相似性原则和主要差别(如沸点)选择固定相，如分析高沸点化合物，可选择高温固定相。

分析难分离试样时，可选用毛细管柱。增加柱长能增加塔板数，使分离度提高。但柱长过长，峰变宽，柱阻增加，分析时间延长。因此在达到一定分离度的条件下应尽可能使用短柱，一般填充柱柱长为1~5m。色谱柱的内径增加会使柱效下降，一般柱内径常用2~4mm。

### (二)柱温的选择

柱温对分离度影响很大，是选择操作条件的关键。首先要考虑柱温不能超过固定液的最高使用温度，以免固定液流失。

提高柱温，可增加分析速度，但分配系数会降低，加剧分子扩散，使柱效降低，不利于分离。降低柱温，传质阻力项增加而使峰变宽，甚至产生拖尾峰。因此，选择柱温的基本原则是：在使最难分离的组分有符合要求的分离度前提下，以保留时间适宜及不拖尾为度，尽可能采用较低柱温。

### (三)载气及其流速的选择

1. 载气种类的选择　当流速较小时，纵向扩散项是色谱峰扩张的主要因素，故此时应采用分子量较大的载气，如氮气；当流速较大时，传质项为主要因素，则宜采用分子量较小的载气，如氢气或氦气。

2. 载气流速的选择　载气流速对柱效和分析时间有明显影响，在实际工作中，为缩短分析时间，载气流速常高于最佳流速。$H_2$最佳线速度为15~20cm/s；$N_2$为10~12cm/s。

## 三、色谱系统适用性试验

根据2015年版《中国药典》规定，用气相色谱法及高效液相色谱法进行定性或定量分析之前，应按要求对仪器进行适用性试验，即用规定的对照品或系统适用性试验溶液对仪器进行调试，使分析状态下色谱柱的最小理论塔板数、分离度、重复性和拖尾因子等达到规定的要求。

1. 色谱柱的理论塔板数（$n$）　在选定的条件下，注入供试品溶液或各品种项下规定的内标物质溶液，记录色谱图，测量出供试品主要成分或内标物质的保留时间和半峰宽，按 $n=5.54(t_R/W_{1/2})^2$ 计算色谱柱的理论塔板数，如果测得理论板数低于各品种项下规定的最小理论板数，应改变色谱柱的某些条件（如柱长、载体性能、色谱柱充填的优劣等），使理论板数达到要求。

2. 分离度定量分析时，为便于准确测量，要求定量峰与其他峰或内标峰之间有较好的分离度。除另有规定外，分离度应大于 1.5。

3. 重复性　取各品种的对照品溶液，连续进样 5 次，除另有规定外，其峰面积测量值的相对标准偏差应不大于 2.0%。也可按各品种校正因子测定项下，配制相当于 80%、100% 和 120% 的对照品溶液，加入规定的内标溶液，配成三种不同浓度的溶液，分别进样 3 次，计算平均校正因子，其相对标准偏差也应不大于 2.0%。

4. 拖尾因子（$T$）　也称为对称因子（$f_s$），用于评价色谱峰的对称性。为保证测量精度，在采用峰高法测量时，应检查待测峰的拖尾因子是否符合各品种的规定，或不同浓度进样的校正因子误差是否符合要求。除另有规定外，T 应在 0.95~1.05 之间。

知识链接

**色谱系统适用性试验**

用气相色谱仪检测药品时，药典常常要求进行色谱系统适用性试验，即用规定的对照品溶液或系统适用性试验溶液在规定的色谱系统进行试验，包括理论塔板数、分离度、灵敏度、重复性和拖尾因子等五个参数，必要时，可对色谱系统进行适当调整，使之符合要求。其中，分离度和重复性最为重要。

## 第六节　定性与定量分析方法

### 一、定性分析方法

气相色谱法的定性分析是鉴定试样各组分的组成，即每个色谱峰代表的是何种化合物。其依据是：在一定固定相和一定操作条件下，每种物质都有各自确定的保留值或确定的色谱数据，并且不受其他组分的影响，其保留值具有特征性。气相色谱法通常只能鉴定范围已知的未知物，对未知混合物的定性常需结合其他方法来进行，常见的定性方法有四种。

#### （一）已知物对照法定性

在完全相同的色谱分析条件下，同一物质应具有相同的保留值。考察试样色谱峰和纯组分色谱峰的保留值是否一致，或将纯组分加入试样后进行色谱分析，考察色谱峰高度的变化，均可以进行定性判断。

#### （二）相对保留值定性

相对保留值表示某组分（i）与标准物（s）的调整保留值的比值，用 $r_{is}$ 表示：

$$r_{is}=\frac{t'_{Ri}}{t'_{Rs}}=\frac{V'_{Ri}}{V'_{Rs}}=\frac{k_i}{k_s} \quad (15\text{-}17)$$

相对保留值只与组分性质、柱温和固定相性质有关，与其他操作条件无关。因此，根据色谱手册或文献提供的实验条件和标准物进行实验，然后将测得的相对保留值与手册或文献报道的相对保留值对比，即可进行定性判断。

### （三）保留指数定性

保留指数，又叫科瓦兹（Kovats）指数，是以两个相邻的正构烷烃为标准物质来测定待测组分的保留指数，用 $I_x$ 表示。

$$I_x=100\left[z+n\frac{\lg t'_{R(x)}-\lg t'_{R(z)}}{\lg t'_{R(z+n)}-\lg t'_{R(n)}}\right] \quad (15\text{-}18)$$

式（15-18）中，x 为待测组分，$z$ 与 $z+n$ 分别表示正构烷的碳原子数目。$n$=1，2……通常 $n$=1。人为规定，正构烷烃的保留指数等于其碳原子数乘以 100。如正己烷、正庚烷、正辛烷的保留指数分别为 600、700 和 800。因此，欲求某物质的保留指数，只需将其与相邻的两个正构烷烃混合在一起，在给定条件下进行色谱分析，按式（15-18）计算其保留指数，然后，就可以按色谱手册或其他文献的保留指数数据进行定性判定。保留指数是一种重现性很好的参数。

### （四）两谱联用定性

气相色谱的分离效率很高，但定性能力明显不足。质谱、红外吸收光谱及核磁共振谱是定性的有力工具，但对试样纯度要求高。因此，把气相色谱仪作为分离手段，把质谱仪、红外光谱仪或核磁共振波谱仪等作为检测手段，对组分进行分离和定性，称为两谱联用定性。如气相色谱 - 质谱联用仪（GC-MS）和气相色谱 - 红外光谱联用仪(GC-IR)等，都是比较成熟的技术，为解决复杂试样的分离与定性提供了快速、有效、可靠的现代分析手段。

## 二、定量分析方法

### （一）定量分析的依据

气相色谱法定量分析可以测定出样品中各组分的含量，其依据是，在恒定的色谱条件下，被测组分的质量或载气中组分的浓度与检测器的响应值（峰面积 $A$）成正比。因此，峰面积测量的准确度直接影响定量结果，对称色谱峰峰面积计算式为：

$$A=1.065h\times W_{1/2} \quad (15\text{-}19)$$

式（15-19）中，$h$ 为峰高，$W_{1/2}$ 为半峰宽，用读数显微镜测量半峰宽，其测量误差可控制在 1% 以下。不对称峰，用平均峰宽代替半峰宽，其计算式：

$$A=1.065h\times\frac{(W_{0.15}+W_{0.85})}{2} \quad (15\text{-}20)$$

式（15-20）中，$W_{0.15}$ 与 $W_{0.85}$ 分别为 0.15h 及 0.85h 处的峰宽度。

目前的气相色谱仪都带有数据处理机或色谱工作站，能自动打印并显示出峰面积或峰高，其准确度为 0.2%~1%。

### （二）定量校正因子（$f$）

在实际测定工作中，由于同一种物质在不同类型检测器上所测得的响应灵敏度不同，而不同物质在同一检测器上的响应灵敏度也不同，导致相同质量的不同物质所产生的峰面积(峰高或峰宽)不同。因此必须引入定量校正因子$f$。

定量校正因子分为绝对校正因子和相对校正因子,在实际工作中常采用相对校正因子,其定义为:待测物质的质量与峰面积比值除以标准物质的质量与峰面积比值,即:

$$f_{mi}=\frac{m_i/A_i}{m_s/A_s}=\frac{m_i\times A_s}{m_s\times A_i} \tag{15-21}$$

式(15-21)中,$A_i$、$A_s$、$m_i$、$m_s$分别代表物质i和标准物质s的峰面积和重量。在2015年版《中国药典》四部“0512 高效液相色谱法”中,用浓度$c$代替质量$m$。组分的定量校正因子可以自己测定,也可以从有关手册或文献中查到。

### (三) 定量计算方法

气相色谱常用的定量计算方法有:归一化法、外标法、内标法、内标对比法等。

1. 归一化法　只适用于样品中所有组分全部流出色谱柱,并能被检测器检测,得到相应的色谱峰,且都在线性范围内。则可按下式计算各组分的含量。

$$c_i\%=\frac{A_if_i}{A_1f_1+A_2f_2+\cdots+A_nf_n}\times100\% \tag{15-22}$$

式(15-21)中,$f_i$、$A_i$分别表示为待测组分的相对质量校正因子和峰面积。

2. 外标法　用待测组分的纯品作对照物,以对照物和试样中待测组分的响应信号相比较进行定量的方法称外标法。此法分为标准曲线法及外标一点法。

标准曲线法是用对照品配制一系列浓度不同的标准溶液,以峰面积或峰高对浓度绘制标准曲线。再按相同的操作条件进行试样测定,根据待测组分的峰面积或峰高,从标准曲线上查出其对应的浓度。

外标一点法是用一种浓度的i组分的标准溶液,与试样溶液在相同条件下多次进样,测得峰面积的平均值,用下式计算试样溶液中i组分含量:

$$c_i=\frac{c_sA_i}{A_s} \tag{15-23}$$

式(15-23)中,$c_i$与$A_i$分别为试样溶液中i组分的浓度及峰面积的平均值。$c_s$与$A_s$分别为标准溶液的浓度及峰面积的平均值。

3. 内标法　在一个分析周期内,试样中所有组分不能全部出峰,或检测器不能对每个组分产生响应,或只需测定试样中某些组分的含量,则可采用内标法。所谓内标法,是以一定量的纯物质作内标物,加到准确称取的试样中,以待测组分和纯物质的响应信号对比,测定待测组分含量的方法。其计算公式为:

$$c_i\%=\frac{f_iA_i}{f_sA_s}\times\frac{m_s}{m}\times100\% \tag{15-24}$$

式(15-24)中,$m$为试样的质量,$m_s$为加入内标物的质量,$f_i$、$A_i$分别为待测组分的相对质量校正因子和峰面积,$f_s$、$A_s$分别为加入内标物的相对质量校正因子和峰面积。

内标法的优点是定量结果较准确,只要被测组分及内标物出峰,就可以定量。因此,特别适合微量组分或杂质的含量测定。其缺点是每次分析都要准确称取试样和内标物的质量,而且内标物不易寻找。

4. 内标对比法　先称取一定量的内标物(S),加入到标准溶液中,组成标准品溶

液。再将相同量内标物，加入到同体积的试样液中，组成试样溶液。将标准品溶液和试样溶液分别进样，按下式计算出试样溶液中待测组分的含量：

$$(c_i\%)_{样品}=\frac{(A_i/A_s)_{试样}}{(A_i/A_s)_{标准}}\times(c_i\%)_{标准} \tag{15-25}$$

2015 年版《中国药典》规定，可用此法测定药品中某个杂质或主成分的含量。

## 第七节　应用与示例

在药学领域中，气相色谱法应用比较广泛，包括药物的含量测定、杂质检查及微量水分和有机溶剂残留量的测定、中药挥发性成分测定以及体内药物代谢分析等方面。下面列举两个实例。

### 一、无水乙醇中微量水分的测定

2015 年版《中国药典》规定，用气相色谱法测定乙醇中的挥发性杂质。现以内标法测定无水乙醇中的微量水分为例说明之。

色谱条件：色谱柱用 401 有机载体（或 GDX-203），柱长为 2 米，柱温为 120℃，气化室温度为 160℃，载气为 $H_2$，流速为 40~50ml/min，热导池检测器温度（160℃）。

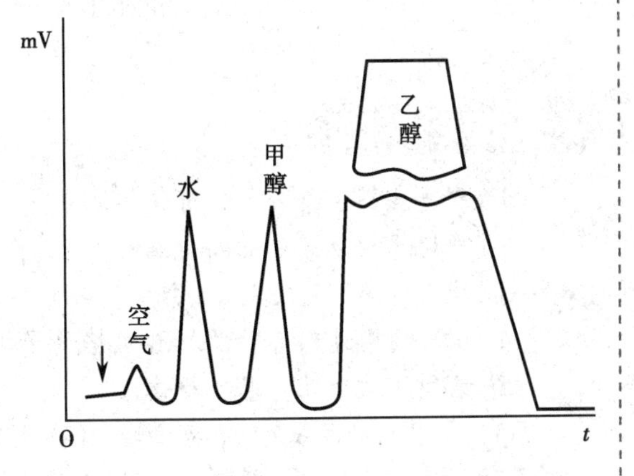

图 15-9　无水乙醇中微量水分的测定

试样配制：准确量取被检无水乙醇 100.0ml，称重为 79.37g。用减重法加入无水甲醇（内标物）约 0.25g，精密称定为 0.2572g，混匀，进样。实验所得色谱图如图 15-9 所示。

测得数据　水：$h$=4.60cm，$W_{1/2}$=0.130cm。

甲醇：$h$=4.30cm，$W_{1/2}$=0.187cm。

用峰面积进行计算质量百分含量：（以峰面积表示的相对质量较正因子 $f_水$=0.55，$f_{甲醇}$=0.58）

$$H_2O\%=\frac{1.065h_i\times(W_{1/2}f)_i}{1.065h_s\times(W_{1/2}f)_s}\times\frac{m_i}{m_s}\times100\%$$

$$H_2O\%=\frac{1.065\times4.60\times0.130\times0.55}{1.065\times4.30\times0.187\times0.58}\times\frac{0.2572}{79.37}\times100\%=0.23\%(W/W)$$

峰形正常时，用峰高进行计算质量百分含量：（以峰高表示的相对质量较正因子 $f_水$=0.224，$f_{甲醇}$=0.340）

$$H_2O\%=\frac{(h_水 f)_i}{(h_{甲醇}f)_s}\times\frac{m_i}{m_s}\times100\%$$

$$H_2O\%=\frac{4.60\times0.224\times0.2572}{4.30\times0.340\times79.37}\times100\%=0.23\%(W/W)$$

## 二、曼陀罗酊剂含醇量的测定

2015年版《中国药典》规定，酊剂应检查乙醇含量(40%~50%)。现以内标对比法测定曼陀罗酊剂的含醇量为例说明之。

色谱条件：毛细管柱SE30，柱温90℃，气化室和检测器温度均为160℃，载气$N_2$($9.8\times10^4$Pa)，采用氢焰离子化检测器(FID)，进样量2μl。

标准溶液的制备：精密取无水乙醇5ml及无水丙醇(作内标)5ml，置100ml量瓶中，加纯化释至刻度，摇匀。

试样溶液的制备：精密量取酊剂样品10ml及无水丙醇(作内标)5ml，置100ml量瓶中，加纯化水稀释至刻度，摇匀。

测峰高比平均值：将标准溶液和试样溶液分别进样三次，分别测定标准溶液及试样溶液中待测组分和内标物的峰高比，平均值分别为13.3/6.1及11.4/6.3。

根据(15-25)计算，即：

$$乙醇\% = \frac{(11.4/6.3)\times10}{13.3/6.1}\times5.00\% = 41.50\%(V/V)$$

（张文智）

### 复习思考题

1. 简述气相色谱分析的分离原理。
2. 简述气相色谱法的特点。
3. 写出速率理论方程式，并简述各项的物理意义。
4. 试分别简述热导检测器和氢焰离子化检测器的结构及检测原理。
5. 请叙述如下几个基本概念。

(1) 色谱流出曲线　(2) 色谱峰　(3) 死时间　(4) 保留时间

(5) 保留体积　(6) 调整保留时间　(7) 调整保留体积　(8) 峰面积

(9) 峰宽　(10) 分离度　(11) 容量因子　(12) 塔板高度

6. 已知某色谱峰保留时间$t_R$为220秒，溶剂峰保留时间为$t_M$为14秒，色谱峰半峰宽$W_{1/2}$为2mm，记录纸走纸速度为10mm/min，色谱柱长2m，求此色谱柱总有效塔板数？

7. 当色谱峰的半峰宽为2mm，保留时间为4.5分钟，死时间为1分钟，色谱柱长为2m，记录仪纸速为2.0cm/min，计算色谱柱的理论塔板数，塔板高度及有效理论塔板数，有效塔板高度。

8. 在某色谱分析中得到如下数据：保留时间$t_R$=5.0分钟，死时间$t_M$=1.0分钟，载气流速$F_c$=50ml/min。计算：容量因子、死体积以及保留体积分别为多少？

# 第十六章

# 高效液相色谱法

学习要点

1. 高效液相色谱法的分类。
2. 高效液相色谱法的洗脱方式。
3. 高效液相色谱法的基本原理。
4. 高效液相色谱仪的构造及工作原理。
5. 高效液相色谱法在有机化合物分析中的应用。
6. 毛细管电泳法原理

高效液相色谱法(HPLC)是20世纪70年代初发展起来的一种液相色谱技术。高效液相色谱法以经典液相色谱法为基础,引入气相色谱法的理论和实验技术,采用高效固定相、高压输液泵及高灵敏度在线检测手段,是一种现代分离分析方法。高效液相色谱法具有分析速度快、分离效能高、检出限低、流动相选择范围宽、色谱柱可重复使用、流出组分易收集、操作自动化和应用范围广等特点。在近代化学、生物学、药物分析和中药研究等领域,高效液相色谱法已经成为不可缺少的一种分离分析手段。

## 第一节 基础知识

### 一、高效液相色谱法与经典液相色谱法的比较

经典液相色谱法采用普通规格的固定相及常压输送的流动相,柱效低、分离周期长,不能在线检测,通常作为分离手段使用;高效液相色谱法采用高效固定相及高压输液泵输送的流动相,流动相可以很快地通过色谱柱,流量可以精确控制,分离效能高,分析速度快。两者之间的比较,如表16-1所示。

表16-1 高效液相色谱法与经典液相色谱法性能比较

| 特点 | 经典液相色谱法 | 高效液相色谱法(分析型) |
|---|---|---|
| 固定相 | 普通规格 | 特殊规格 |
| 固定相粒度(μm) | 75~500(30~200目) | 3~20(500~2000目) |

续表

| 特点 | 经典液相色谱法 | 高效液相色谱法（分析型） |
| --- | --- | --- |
| 柱长(cm) | 10~100 | 7.5~30 |
| 柱内径(cm) | 2~5 | 0.2~0.5 |
| 柱入口压强(MPa) | 0.001~0.1 | 2~40 |
| 柱效(每米理论塔板数) | 10~100 | $10^4$~$10^5$ |
| 样品用量(g) | 1~10 | $10^{-7}$~$10^{-2}$ |
| 分析所需时间(h) | 1~20 | 0.05~0.5 |
| 装置 | 非仪器化 | 仪器化 |

## 二、高效液相色谱法与气相色谱法的比较

高效液相色谱法与气相色谱法均具有快速、分离效能高、灵敏度高、试样用量少等特点。但是气相色谱法要求样品能够气化，从而常受样品挥发性的约束；高效液相色谱法只要求样品能制成溶液而不需要气化，因此不受样品挥发性的限制。高效液相色谱法特别适合那些沸点高、极性强、热稳定性差、分子量大的化合物及离子型化合物的分析，如生物碱、氨基酸、蛋白质、核酸、甾体、类脂、维生素、抗生素等。两者之间的比较，如表16-2所示。

表16-2　高效液相色谱法与气相色谱法特点的比较

| 特点 | 气相色谱 | 高效液相色谱 |
| --- | --- | --- |
| 填充柱内径 | 0.4~0.6cm | 0.6~2cm(制备型) |
| 毛细管柱内径 | 0.1~0.5mm | 0.2~0.46cm(分析型) |
| 填充柱长 | 2~4m | 10~30cm(制备型) |
| 毛细管柱长 | 30~100m | 分析型同上 |
| 柱温 | 室温~350℃ | 室温 |
| 柱内压 | 低压 | 高压 |
| 流动相 | 选择范围小，只限于几种气体 | 使用液体溶剂，选择范围广 |
| 选择性 | 只能通过改变固定相和调节柱温来提高选择性 | 既能通过改变固定相，又能通过改变流动相来提高选择性 |
| 馏分的收集 | 不易收集，只能用于定性定量分析 | 易收集，既可用于定性定量分析，又可用于分离提纯 |
| 应用对象 | 只适用分析低沸点、分子量小、对热稳定易气化的化合物 | 应用范围广，用于绝大多数化合物 |

## 三、高效液相色谱法的分类

高效液相色谱法的分类方法有多种，按固定相的聚集状态可分为液-固色谱法和液-液色谱法两类。按分离原理可分为吸附色谱法、分配色谱法、离子交换色谱法、分子排阻色谱法、化学键合相色谱法等。以下主要介绍药物分析中常用的液-固吸附色谱法和化学键合相色谱法。

### （一）液 - 固吸附色谱法

液 - 固吸附色谱法的固定相为具有吸附活性的固体吸附剂。因为强极性分子或离子型化合物在液 - 固吸附色谱柱上会发生不可逆吸附而无法得到分离，所以液 - 固吸附色谱法适用于分离具有中等分子量的脂溶性样品。虽然液 - 固吸附色谱法的应用远不如化学键合相色谱法，但是它在异构体的分离方面有较高的选择性以及具有成本低的特点，因而该色谱法在制备色谱方面仍有一定的应用。

液 - 固吸附色谱法常用的吸附剂有硅胶、氧化铝、聚酰胺、分子筛及高分子多孔微球等。

1. 硅胶　硅胶分为无定形全多孔硅胶、球形全多孔硅胶、堆积硅珠等，如图 16-1 所示。全多孔硅胶的优点是表面积大、容量大；缺点是孔径深、传质阻力大。全多孔硅胶可分为球形全多孔硅胶和无定形全多孔硅胶。堆积硅珠为全多孔型微粒硅珠，是由二氧化硅溶胶加凝结剂聚结而成的。

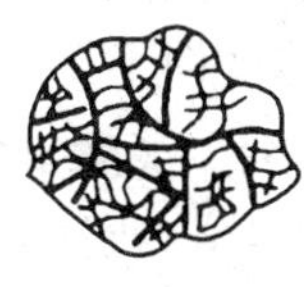

图 16-1　各种类型硅胶示意图
a. 无定型全多孔硅胶　b. 球形全多孔硅胶
c. 堆积硅胶

2. 高分子多孔微球　高分子多孔微球也称有机胶，选择性好，峰形好，但柱效低。该固定相可用于分离芳烃、杂环、甾体、生物碱、脂溶性维生素、芳胺、酚、酯、醛、醚等化合物。有机胶的表面基团为芳烃官能团，流动相为极性溶剂，相当于反相洗脱。常用的有机胶是由苯乙烯和二乙烯苯交联而成的。

现代液 - 固吸附色谱法广泛采用粒度为 5~10μm 的全多孔微粒硅胶作为固定相。在选择硅胶固定相时，应主要考虑硅胶的比表面积、平均孔径和含水量。一般而言，分析分子量较大的样品应选择大孔硅胶。为保证分离的重复性，硅胶的含水量必须保持恒定。

液 - 固吸附色谱法中，可供选择的流动相种类很多，常用低极性溶剂如烷烃，并加入适量极性溶剂如氯仿、醇类以调节溶剂极性，改善分离选择性。

溶剂极性的强弱，可用介电常数 $\varepsilon$ 来表示。$\varepsilon$ 值越大说明溶剂的极性越大，溶剂的洗脱能力越强。

溶剂的选择性是指对各种组分的溶解性（洗脱能力）。在液 - 固吸附色谱法中，常用混合溶剂作为流动相，混合溶剂的介电常数 $\varepsilon$ 可由各纯溶剂的 $\varepsilon$ 和体积配比求得。具有相等 $\varepsilon$ 的不同溶剂组成的混合溶剂，其选择性可能有很大差异。故选用何种溶剂系统，直接影响到柱效的高低。

流动相的选择遵循“相似相溶”原则，即：分离极性大的样品选用极性强的溶剂，分离极性小的样品选用极性弱的溶剂。在液 - 固吸附色谱法中，常常采用二元或二元以上的混合溶剂系统，一是可找到适宜极性的溶剂系统，二是可保持溶剂的低黏度以降低柱压和提高柱效，此外还可提高分离的选择性。

### （二）化学键合相色谱法

化学键合相色谱法（BPC）是由液 - 液分配色谱法发展而来的。将固定液的官能团通过化学反应键合到载体表面，制得的固定相称为化学键合相，简称键合相。以化学键合相作为固定相的色谱法称为化学键合相色谱法。化学键合相色谱法的固定相耐溶剂冲洗，化学性能稳定，热稳定性好，并且可以通过改变键合有机官能团的类型来改变分离的选择性。

根据键合相与流动相极性的相对强弱，可将化学键合相色谱法分为正相键合相色谱法（NBPC）和反相键合相色谱法（RBPC）。正相键合相色谱法固定相的极性比流动相的强，适用于分离中等极性和强极性的化合物。反相键合相色谱法固定相的极性比流动相的弱，适用于分离非极性、弱极性至中等极性的化合物。反相键合相色谱法流动相的调整范围较大，应用较为广泛，约占整个高效液相色谱法应用的80%。

化学键合相色谱法的固定相有很多种，目前采用最多的是硅氧烷型键合相（Si—O—Si—C）。根据固定相的极性不同，可将化学键合相分为非极性键合相、中等极性键合相和极性键合相等三类。非极性键合相的表面基团为非极性烃基，如十八烷基（$C_{18}$）、辛烷基（$C_8$）、甲基、苯基等，其中以十八烷基键合相（ODS）应用最为广泛，通常用作反相色谱法的固定相。中等极性键合相可作为正相或反相色谱的固定相，具体视流动相的极性而定，如醚基键合相。极性键合相的表面基团为极性较大的基团，如氰基（—CN）、氨基（—$NH_2$）等，常作为正相色谱的固定相。

在化学键合相色谱法中，溶剂的洗脱能力直接与其极性相关。正相键合相色谱法中，由于固定相是极性的，所以溶剂的洗脱能力随着极性的增强而增强。在反相键合相色谱法中，由于固定相是非极性的，所以溶剂的洗脱能力随着极性的降低而增强。

分离中等极性和较强极性的化合物可选择极性的氨基或氰基键合相。氰基键合相对于双键异构体或含双键数不等的环状化合物的分离有较好的选择性，氨基键合相是分离糖类最常用的固定相。分离非极性和弱极性的化合物可选择非极性键合相。十八烷基键合相是应用最广泛的非极性键合相，对于各种类型的化合物都有很强的适应能力。短链烷基键合相能用于极性化合物的分离，而苯基键合相适用于分离芳香化合物。

正相键合相色谱法的流动相通常采用加入了适量极性调节剂的烷烃，或使用三元或四元溶剂系统。反相键合相色谱法中，流动相一般以极性最大的水为主体，并加入一定量与水互溶的甲醇、乙腈或四氢呋喃等极性调节剂。一般情况下，甲醇-水具有满足多数样品的分离要求，黏度小且价格低等优点，是反相键合相色谱法中最常用的流动相。

## 四、对流动相的要求

流动相应符合价廉、容易购得、使用安全、纯度高的要求。除此之外，流动相还应满足高效液相色谱法分析的下述要求：

1. 流动相应具有低的黏度和适当低的沸点。溶剂的黏度低，可减少组分的传质阻力，利于提高柱效。另外，从制备、纯化样品等方面考虑，低沸点的溶剂易用蒸馏方法从柱后收集液中除去，利于样品的纯化。

2. 流动相应与固定相不相溶，并能保持色谱柱的稳定性。流动相应有高纯度，以防所含微量杂质在柱中积累，引起柱性能的改变，保证分析结果的重现性。

3. 流动相应对样品有足够的溶解能力，以提高测定的灵敏度和精密度。

4. 流动相应与所使用的检测器相匹配。

## 五、洗脱方式

高效液相色谱法的洗脱方式主要有恒定组成溶剂洗脱和梯度洗脱两种。

### （一）恒定组成溶剂洗脱

采用恒定组成及配比的混合溶剂洗脱，是最常用的色谱洗脱方式。该法操作简便、柱易再生，但对于成分复杂的样品往往难以获得理想的分离结果。

### （二）梯度洗脱

又称梯度淋洗或程序洗脱，是指在一个分析周期内，按一定程序不断改变流动相的浓度配比或 pH 值而进行的洗脱方法。该法用于分析组分数目多、组分分配系数（$k$）值差异较小的复杂样品，以缩短分析时间、提高分离效能、改善色谱峰峰形、提高检测灵敏度；缺点是有时会引起基线漂移，重现性不好。

# 第二节　基本原理

高效液相色谱法的基本概念和理论基础，如分配系数、保留值、分离度、塔板理论、速率理论等，与气相色谱法相似；所不同的是高效液相色谱法的流动相为液体，其扩散系数仅为气体扩散系数的万分之一至十万分之一，液体黏度却比气体黏度大一百倍。

## 一、速率理论

高效液相色谱法的速率理论是利用动力学观点来研究动力学因素对柱效的影响，可依据范第姆特方程式$\left(H=A+\frac{B}{u}+Cu\right)$进行讨论：

### （一）涡流扩散项 A

因组分分子在色谱柱中运动路径不同而引起的扩散导致色谱峰扩展。

$$A=2\lambda d_p \tag{16-1}$$

此式含义与气相色谱法相同。在高效液相色谱法中，为了减小 $A$，一是采用小粒度固定相（常用 3~5μm 粒径），减少颗粒直径；二是采用球形、粒度分布小的固定相，并用匀浆法装柱，减小填充因子。

### （二）纵向扩散项 B

因组分分子本身的运动所引起的纵向扩散而使色谱峰扩展。因为液体的黏度要比气体的大得多，所以高效液相色谱法中组分分子在流动相中的扩散系数要比气相色谱法中的小 4~5 个数量级，而且高效液相色谱法的流动相流速通常是最佳流速的 3~5 倍。故此项对色谱峰扩展的影响可以忽略不计。

### （三）传质阻力项 C

因组分分子在两相间的传质过程中不能瞬间达到平衡而导致的色谱峰扩展，其含义亦与气相色谱法相同。

综上所述，高效液相色谱法中的速率方程可以简写为：

$$H=A+Cu \tag{16-2}$$

要想在高效液相色谱法中提高柱效，必须采用小而均匀的固定相颗粒，并填充均

匀,以减小涡流扩散;选用低黏度流动相如甲醇、乙腈等,并适当提高柱温,以减小传质阻力。

### 二、柱外展宽

速率理论研究的是色谱柱内各因素引起的色谱峰展宽,而影响色谱峰扩展的还有柱外因素。柱外因素包括进样系统、连接管路、接头、检测器以及色谱柱之外的其他各种因素等。死体积越大,色谱峰扩展越大。

为了减少柱外因素对峰宽的影响,应尽量减小柱外死体积,如采用进样阀进样,使用"零死体积接头"连接管路各部件,并尽可能使用内腔体积小的检测器。

**课堂互动**

高效液相色谱法中提高柱效的方法有哪些?

## 第三节 高效液相色谱仪

### 一、高效液相色谱仪的基本结构

高效液相色谱仪通常由高压输液泵、进样器、色谱柱和检测器及色谱工作站等组成,如图16-2所示。

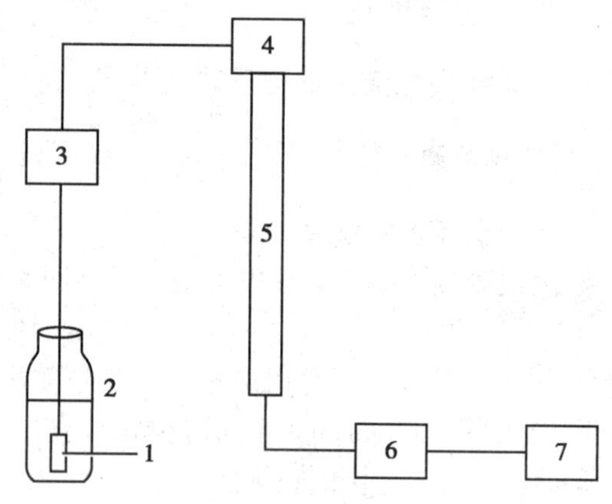


图16-2 高效液相色谱仪示意图

1. 过滤器 2. 储液瓶 3. 高压泵 4. 进样器 5. 色谱柱 6. 检测器 7. 色谱工作站

### 二、高压泵和梯度洗脱装置

#### (一) 高压输液泵

高压输液泵的功能是通过高压连续不断地将流动相输送到色谱柱,以保证试样在色谱柱中完成分离过程。输液泵性能的好坏直接影响到分析结果的可靠与否。对输液泵的要求是:无脉动、流量恒定、流量范围宽且可调节、耐高压、耐腐蚀、适于梯度洗脱等。目前广泛使用的是柱塞式往复泵,其结构如图16-3所示。

柱塞式往复泵的流量不受柱阻等因素影响,易于调节控制,便于清洗和更换流动相,适于梯度洗脱。但是其输液脉动较大,常用两个泵头并加脉冲阻尼器以克服脉冲。机械往复泵的泵压可达30MPa以上。现代仪器均有压力监测装置,待压力超过设定值时可自动停泵,以防止损坏仪器。

#### (二) 梯度洗脱装置

按多元流动相的加压与混合方式,可分为高压梯度与低压梯度两种洗脱装置。前

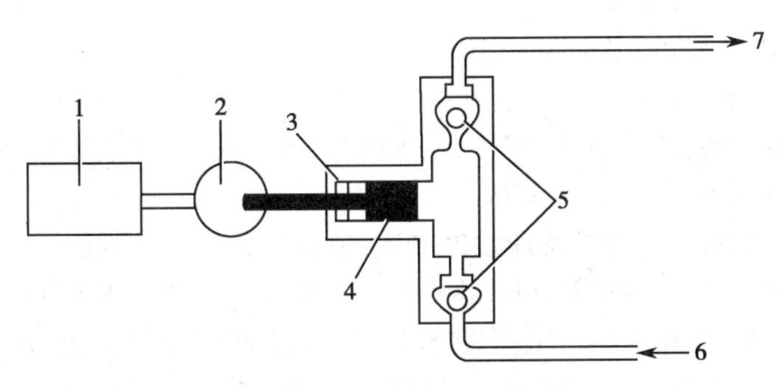

图 16-3　柱塞式往复泵示意图

1. 电动机　2. 偏心轮　3. 密封垫　4. 宝石柱塞　5. 球形单向阀
6. 常压溶剂　7. 高压溶剂

者是由两个输液泵分别吸入一种溶剂，加压后再混合，混合比由两个泵的速度决定。后者是用比例阀将多种溶剂按比例混合后，再由输液泵加压输送至色谱柱。现代的高效液相色谱仪，均由微机控制，可以指定任意形状（阶梯形、直线、曲线）的洗脱曲线进行灵活多样的梯度洗脱。

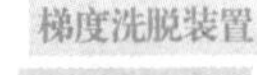

## 三、进样器

进样器安装在色谱柱的进口处，其作用是将试样带入色谱柱。目前一般采用六通进样阀，如图 16-4 所示。在状态（a），用微量注射器将试样注入定量管。进样后，转动六通阀手柄至状态（b），储样管内的试样被流动相带入色谱柱。储样管的体积固定，可按需更换。六通进样阀具有进样量准确、重复性好，可带压进样等优点。

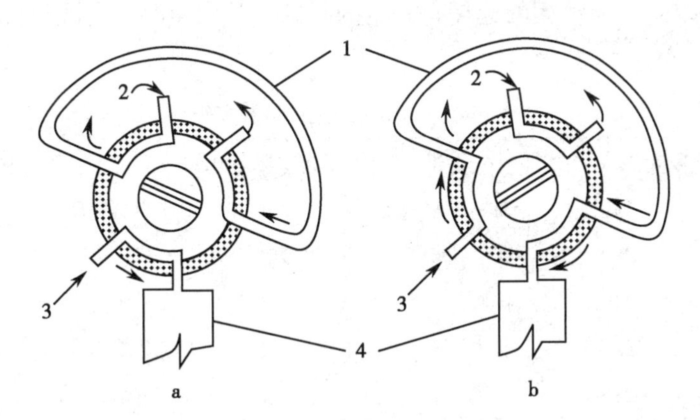

图 16-4　六通进样阀示意图

a. 载样位置（样品进入定量管）　b. 进样位置（将六通阀旋转 60°，样品进入色谱柱）
1. 定量管　2. 进样口　3. 流动相入口　4. 色谱柱

## 四、色谱柱

色谱柱由柱管和固定相组成，柱管通常为内壁抛光的不锈钢管，形状几乎全为直形。长为 10~30cm，能承受高压，对流动相呈化学惰性。按规格可分为分析型和制备型。常用分析型柱的内径为 2~5mm，实验室制备型柱的内径为 6~20mm，新型毛细管高效液相色谱柱的内径为0.2~0.5mm的石英管。

色谱柱常采用匀浆法高压（80~100MPa）装柱。具体操作是：将填料用等密度的有机溶剂（如二氧六环和四氯化碳的混合液）调成匀浆，装入与色谱柱相连的匀浆罐中，用泵将顶替液打进匀浆罐，把匀浆压入柱管中。

色谱柱的保养与维护

装填好或购进的色谱柱，均应检查柱效，以评价色谱柱的质量。硅胶柱可用苯、萘和联苯的己烷混和液为样品，以无水己烷或庚烷作为流动相测定其柱效；ODS柱可用尿嘧啶、硝基苯、萘和芴（或甲醇配制的苯、萘、菲试样），以甲醇-水（85∶15，V/V）或乙腈-水（60∶40，V/V）为流动相测定其柱效。填料的粒径为3、4、5、7及10μm时，柱效每米理论塔板数应分别大于8万、6万、5万、4万及2.5万，分离度应大于1.5。

## 五、检测器

检测器是将色谱柱分离后的各组分的浓度变化转化为电信号的装置，是反映色谱过程中组分浓度随时间变化的部件。检测器应具备灵敏度高、噪音低、线性范围宽、重复性好、适用检测化合物的种类广等特点。目前，应用最广泛的是紫外检测器（UVD），其次是荧光检测器（FLD）、示差折光检测器（RID）、电化学检测器和蒸发光散射检测器（ELSD）等。

### （一）紫外检测器

测定原理是基于被分析组分对特定波长紫外光的选择性吸收，其吸收度与组分浓度的关系服从光的吸收定律。紫外检测器的灵敏度、精密度及线性范围都较好，不易受温度和流速的影响，可用于梯度洗脱。

由于紫外检测器只能检测有紫外吸收的组分，因此检测波长必须大于流动相的波长极限，所以对于流动相的选择有一定的限制。常用纯溶剂的波长极限如表16-3所示。

表16-3　常用纯溶剂的波长极限

| 溶剂 | 波长极限（nm） | 溶剂 | 波长极限（nm） | 溶剂 | 波长极限（nm） |
|---|---|---|---|---|---|
| 水 | 190 | 对-二氧六环 | 220 | 四氯化碳 | 260 |
| 甲醇 | 200 | 四氢呋喃 | 225 | 苯 | 280 |
| 正丁醇 | 210 | 甘油 | 230 | 甲苯 | 285 |
| 异丙醇 | 210 | 氯仿 | 245 | 吡啶 | 305 |
| 乙醇 | 215 | 乙酸乙酯 | 260 | 丙酮 | 330 |

### （二）荧光检测器

测定原理是基于某些物质吸收一定波长的紫外光后能发射出一种比吸收波长更长的光波，即荧光。荧光强度与荧光物质浓度的关系服从光的吸收定律。

荧光检测器的优点是灵敏度高，检测限可达$10^{-10}$g/ml，选择性好，其缺点是并非所有的物质都能产生荧光，因此其应用范围较窄。

### （三）示差折光检测器

一种通用检测器，利用样品池和参比池之间折光率的差别来对组分进行检测，折光率差值与样品组分浓度成正比。每种物质的折射率不同，原则上都可以用示差折光

检测器来检测。该检测器的主要缺点是折光率受温度影响较大，且检测灵敏度较低，也不能用于梯度洗脱。

（四）电化学检测器

一种选择性检测器，利用组分在氧化还原过程中产生的电流或电压变化来对样品进行检测。该检测器只适于测定具有氧化还原活性的物质，测定的灵敏度较高，检测限可达 $10^{-9}$g/ml。

（五）蒸发光散射检测器

通过三个步骤对任何非挥发性样品成分进行检测。步骤一：雾化。洗脱液通过雾化器针管，在针的末端与氮气混合形成均匀的雾状液滴。步骤二：流动相蒸发。液滴通过加热的漂移管，其中的流动相被蒸发，而样品形成雾状颗粒悬浮在溶剂的蒸汽之中。步骤三：检测。样品颗粒通过流动池时受激光束照射，其散射光被硅晶体光电二极管检测并产生电信号。

课堂互动

高效液相色谱仪与气相色谱仪的构造有哪些异同？由哪几部分构成？

知识链接

**蒸发光散射检测器**

第一台蒸发光检测器是由澳大利亚的 Union Carbide 研究实验室的科学家研制开发的，并在20世纪80年代初转化为商品，80年代以激光为光源的第二代产品面世。此后，通过不断完善，提高了其操作性能。蒸发光检测器不同于紫外和荧光检测器，其响应不依赖于样品的光学特性，响应值与样品的质量成正比，因而能用于测定样品的纯度或者检测未知物。任何挥发性低于流动相的样品均能被检测，不受其官能团的影响。该检测器已被广泛应用于碳水化合物、类脂、脂肪酸和氨基酸、药物以及聚合物等的检测。

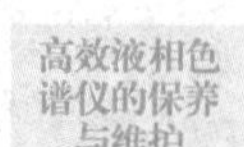

## 六、高效液相色谱仪的操作规程

（一）检查仪器各部件的电源线、数据线和输液管道是否连接正常。

（二）准备所需流动相，用合适的 0.45μm 滤膜过滤，超声脱气 10~20 分钟。

（三）接通电源，依次开启不间断电源、脱气机、输液泵、进样器、柱温箱、检测器等，待仪器自检结束后，再打开色谱工作站在线登陆。

（四）设定各实验参数。

（五）进样，采集数据，打印报告。

（六）测定完毕，退出色谱工作站，关闭检测器电源，用适当溶剂冲洗色谱柱 20~30 分钟，确保冲洗干净后，关闭仪器各部分电源。

（七）填写仪器使用记录和操作记录，由负责人签字。

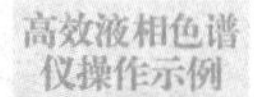

# 第四节　应用与示例

高效液相色谱法主要用于复杂成分混合物的分离、定性分析与定量分析，其定性分析与定量分析方法与气相色谱法相同。目前，高效液相色谱法已广泛应用于合成药物中微量杂质的检查，有机药物包括中药及中成药中有效成分的分离、鉴定与含量测定，药物稳定性试验，体内药物分析，药理研究及临床检验等。

## 一、分离方法的选择

根据样品的相对分子质量、化学结构、溶解度等特性来选择合适的分离方法，如图 16-5 所示。

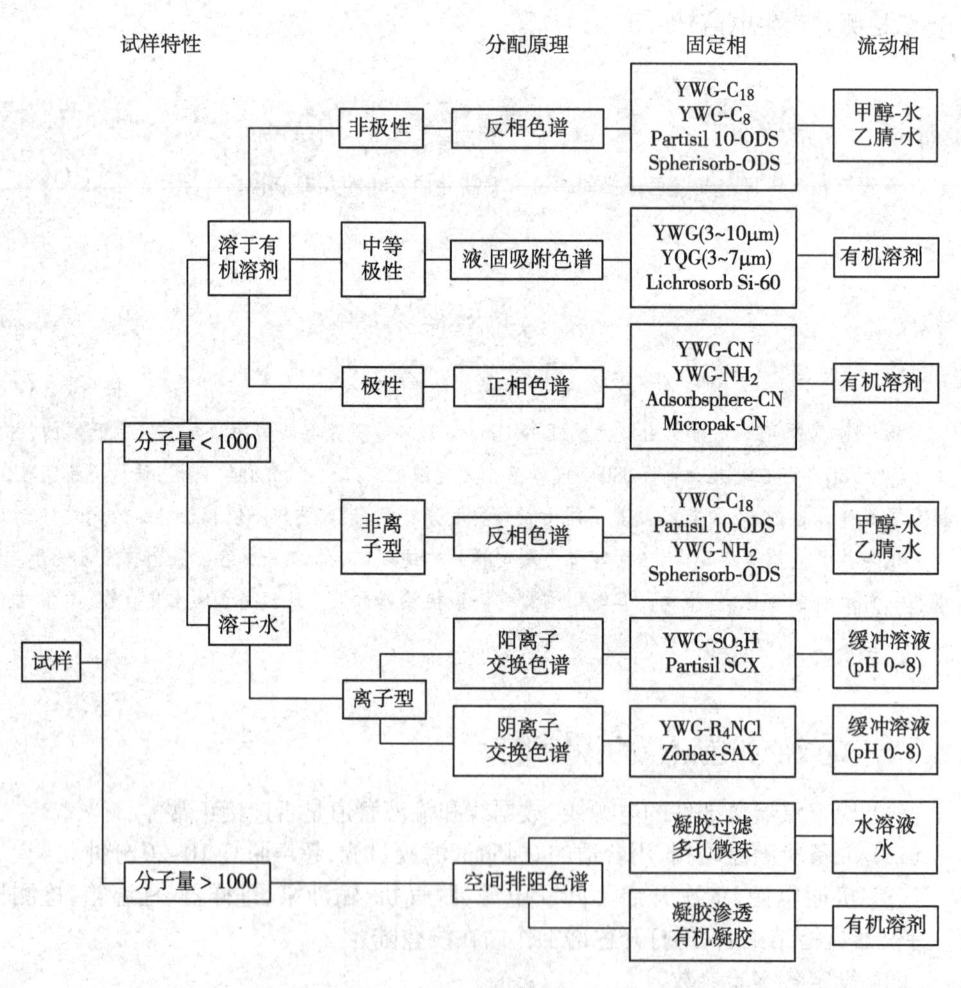


图 16-5　HPLC 分离方法示意图

## 二、应用与示例

### （一）香连丸中小檗碱、黄连碱和巴马汀的测定

1. 色谱条件　色谱柱：μ-Bondapak $C_{18}$（3.9mm×30cm）；以 0.02mol/L 磷酸溶液 - 乙

腈(68∶32)为流动相;流速为 1.0ml/min;检测波长为 346nm。

2. 样品处理　将香连丸粉碎后,过 60 目筛,65℃烘干至恒重,精密称取一定量置沙氏提取器中,加 50ml 甲醇 90℃提取至无色。回收甲醇,残留物用 95% 甲醇溶解,上氧化铝净化纸滤过,回收部分甲醇,定容于 50ml 量瓶中,进样 5μl,进行色谱分析。色谱图见图 16-6。

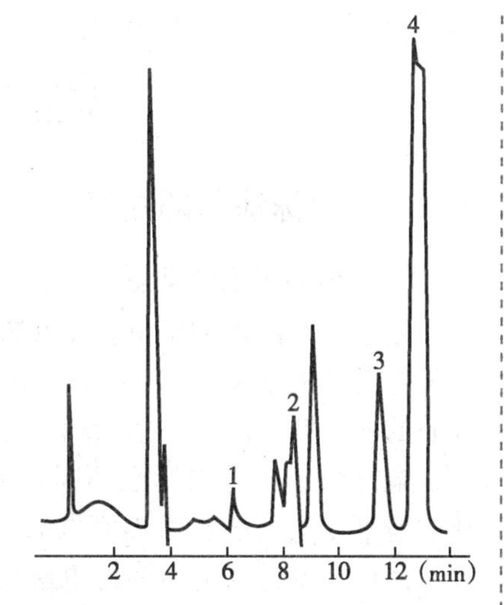


图 16-6　香连丸中生物碱的色谱图

1. 药根碱　2. 黄连碱　3. 巴马汀　4. 小檗碱

### (二) 复方丹参片中丹参酮 $Ⅱ_A$ 的含量测定

复方丹参片主要由丹参、三七、冰片制成。2015 年版《中国药典》规定本品每片含丹参以丹参酮 $Ⅱ_A$($C_{19}H_{18}O_3$)计,规格(1)、规格(3)不得少于 0.20mg;规格(2)不得少于 0.60mg。

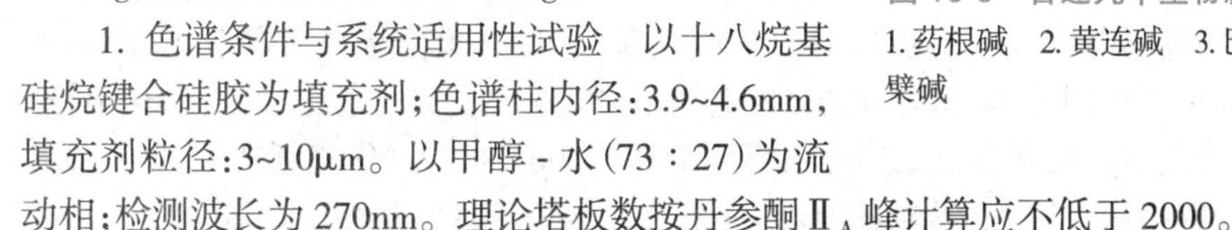

1. 色谱条件与系统适用性试验　以十八烷基硅烷键合硅胶为填充剂;色谱柱内径:3.9~4.6mm,填充剂粒径:3~10μm。以甲醇 - 水(73∶27)为流动相;检测波长为 270nm。理论塔板数按丹参酮 $Ⅱ_A$ 峰计算应不低于 2000。

2. 对照品溶液的制备　精密称取丹参酮 $Ⅱ_A$ 对照品 10mg,置 50ml 棕色量瓶中,加甲醇溶解并稀释至刻度,摇匀。精密量取 5ml,置 25ml 棕色量瓶中,加甲醇至刻度,摇匀,即得(每 1ml 中含丹参酮 $Ⅱ_A$ 40μg)。

3. 供试品溶液的制备　取本品 10 片,糖衣片除去糖衣,精密称定。研细,取约 1g,精密称定,置具塞棕色瓶中,精密加入甲醇 25ml,密塞,称定重量。超声处理(功率 250W,频率 33kHz)15 分钟,放冷,再称定重量。用甲醇补足减失的重量,摇匀,滤过,取续滤液,置棕色瓶中,即得。

4. 测定法　分别精密吸取对照品溶液与供试品溶液各 10μl,注入高效液相色谱仪,测定,即得。

数据记录与计算:

| | 保留时间 | 半峰宽 | 峰高 | 理论塔板数 | 分离度 | 拖尾因子 | 峰面积 |
|---|---|---|---|---|---|---|---|
| 对照品 | 10.965 | 0.355 | 238 99 | 5285 | 6.873 | 0.400 | 547 286 |
| 供试品 | 10.832 | 0.337 | 197 94 | 5734 | | 0.477 | 465 916 |

采用外标法进行计算,由公式 $m_i=\dfrac{A_i\ (m_i)_s}{(A_i)_s}$

得 $m_i=\dfrac{465\ 916\times40\times\dfrac{10}{1000}}{(A_i)_s}$

$$m_i=\frac{465\ 916\times40\times\dfrac{10}{1000}}{547\ 286}=0.34\mu g$$

每片含丹参酮 $Ⅱ_A$ 为:每片含量 $=\dfrac{0.34\times0.3152\times10^6}{400}=267.9\mu g=0.27mg$

# 第五节　毛细管电泳法

## 一、电泳法基础知识

### (一) 电泳法主要类型

电解质溶液中的带电离子在外加电场力的作用下向与其所带电荷相反的电极方向发生迁移的现象，称为电泳。由于不同带电粒子的大小、形状、所带的静电荷多少、介质的pH、粒子强度、黏度等不同，导致迁移速率不同，从而实现分离。

电泳法按照分类标准不同有多种类型。如按分离原理不同分为：在没有支持介质的溶液中进行的自由界面电泳(最早建立的电泳技术)、有支持介质的区带电泳(目前常用的电泳系统)、用两性电解质在电场中形成pH梯度，使生物大分子移动、聚集到各自等电点的pH处的等电聚焦电泳等。区带电泳按照支持介质不同分为：纸电泳、醋酸纤维薄膜电泳、淀粉凝胶电泳、琼脂糖凝胶电泳、聚丙烯酰胺凝胶电泳等；按照支持介质形状不同分为：薄层电泳、板电泳、柱电泳。按所用电压分为：低压电泳：100~500V(分离蛋白质等生物大分子)、高压电泳：1000~5000V(分离氨基酸、核苷酸等小分子)。根据用途不同分为：制备电泳、分析电泳、定量电泳、免疫电泳等。

经典电泳法在很多方面获得了应用，但是最大的局限性在于难以克服由高电压引起的焦耳热，这种影响随电场强度的增大而迅速加剧，因此限制了高电压的应用。毛细管电泳由于具有很大的侧面/截面积比，散热效率很高，可以应用高压，极大地改善了分离效果，因此获得了更广泛的应用。

### (二) 毛细管电泳法

毛细管电泳(CE)又称高效毛细管电泳(HPCE)，是以毛细管为分离通道、以高压直流电场为驱动力，分离待测物质的技术。毛细管电泳法具有操作简单、分离效率高、样品用量少、运行成本低等优点，已成为分析化学领域发展最快的技术之一。近年来新技术、新方法不断出现，如芯片毛细管电泳和阵列毛细管电泳等，使毛细管电泳法在药品质量分析、单细胞分析、疾病早期诊断、组学分析和药物研发等方面得到广泛的应用。

1. 毛细管电泳基本原理　在电场作用下带电粒子在缓冲溶液中的定向移动速度取决于其所带电荷及粒子的形状、大小等性质，对于球形离子来说其运动速度可用下式表示：

$$\nu=\frac{q}{6\pi\gamma\eta}E \tag{16-3}$$

其中：$\nu$为球形离子在电场中的迁移速度；$q$为离子所带的有效电荷；$E$为电场强度；$\gamma$为球形离子的表观液态动力学半径；$\eta$为介质的黏度。

非球形离子(如线状DNA)在电泳过程中则会受到更大的阻力。物质离子在电场中迁移速度的差别是电泳分离的基础。

2. 电渗　当固体与液体接触时会在液-固界面形成双电层，当在液体两端施加电压时，就会发生液体相对于固体表面的移动，这种现象叫电渗。电渗现象中整体移动着的液体叫电渗流(EOF)。电渗流的方向取决于毛细管内表面电荷的性质：内表面带负电荷，溶液带正电荷，电渗流流向阴极；内表面带正电荷，溶液带负电荷，电渗流流向阳极。在使用石英毛细管柱时，由于石英的等电点约为1.5左右，当内充缓冲液pH>3时，石英管内壁表面覆盖一层硅醇基阴离子（$—SiO^-$）带负电荷吸引溶液中的阳离子，形成双电层。在高电场的作用下，带正电荷的溶液表面及扩散层向阴极移动，引起柱中的溶液整体产生电渗流，如图16-7所示。可通过毛细管表面键合改性或加电渗流反转剂等方法改变电渗流方向。

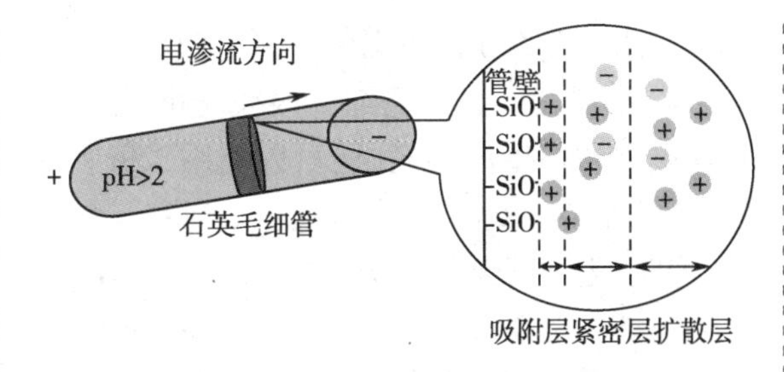

图16-7　石英毛细管中的电渗流的产生

3. 毛细管电泳时各种电性离子的运动　由于电渗流的速度约等于一般离子电泳速度的5~7倍，以石英毛细管为例，对于阳离子，由于其运动方向与电渗流一致，因此最先流出毛细管柱，且由于离子之间的电泳速度不同可以产生分离；对于中性离子，只随电渗流而移动，将在阳离子之后流出，如无其他作用机制则不同中性离子无法分离；对于阴离子，其运动方向与电渗流相反，则最后流出毛细管柱，并可以产生分离效果。

因此通过毛细管电泳法可一次完成阳离子、阴离子、中性粒子的分离，选择适当的方法如胶束电动毛细管色谱法（MECC）则中性粒子也可以被分离，通过改变电渗流的大小和方向（类似高效液相中的流速）可改变分离效率和选择性，电渗流的波动导致毛细管电泳结果的重现性受影响。

影响电泳的外界因素有电场强度、溶液的pH值、溶液的离子强度、电渗作用、粒子的迁移率、吸附作用等。

### （三）毛细管电泳仪基本结构

毛细管电泳仪的基本结构包括进样系统、两个缓冲液槽、高压电源（可达30kV）、检测器、控制系统和数据处理系统等，如图16-8所示。

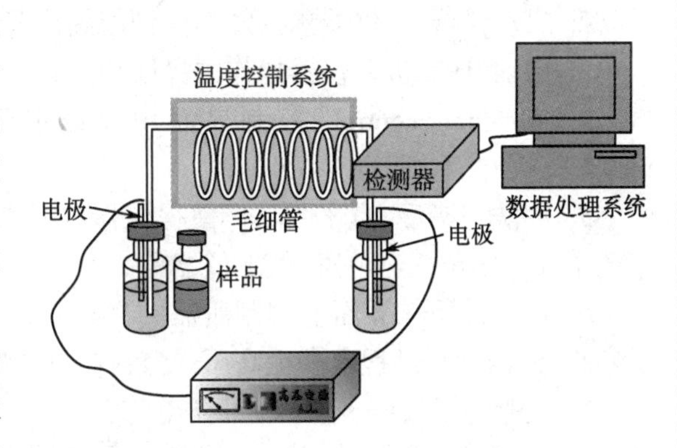

图16-8　毛细管电泳仪器简图

各部分在使用中需要注意的要点简要介绍如下：

1. 进样系统　毛细管电泳仪的常规进样方式有两种：电迁移和流体力学进样。电迁移进样是在电场作用下，依靠样品离子的电迁移或电渗流将样品注入。流体力学进样则是通过虹吸、在进样端加压或检测器端抽空等方法来实现，是普适方法，但选择性差。如果进样时间过短，峰面积太小，分析误差大；如果进样时间过长，样品超载，进样区带扩散，引起峰之间的重叠，分离效果变差。

2. 缓冲液　毛细管电泳中常用的缓冲试剂有：磷酸盐、硼砂或硼酸、醋酸盐等，应根据实验结果来确定所用缓冲溶液的种类和pH值。

3. 分离电压　升高分离电压可以缩短分析时间但增大焦耳热，基线稳定性降低，灵敏度降低；反之则时间延长，峰形变宽，分离效率降低。需选择适合的分离电压，在非水介质中允许使用更高的分离电压。

4. 检测器　由于毛细管内径很小导致光学方法检测的光程太短，因此常用的紫外检测方法灵敏度不高，还可以使用二极管阵列检测器、荧光检测器、激光诱导荧光检测器、安培检测器、电导检测器、质谱检测器等。

### （四）毛细管电泳类型

毛细管电泳法的类型主要有：毛细管区带电泳（CZE）、毛细管等速电泳（CITP）、毛细管等电聚焦（CIEF）、胶束电动毛细管色谱（MECC）、微乳液毛细管电动色谱（MEEKC，在缓冲液加入水包油乳液高分子离子交换）、亲和毛细管电泳（ACE，在缓冲液或管内加入亲和作用试剂）、非胶毛细管电泳（NGCE，在缓冲液中加入高分子构成筛分网络）、毛细管凝胶电泳（CGE，管内填充凝胶介质）、聚丙烯酰胺毛细管凝胶电泳（PA-CGE，管内填充聚丙烯酰胺凝胶）、琼脂糖毛细管凝胶电泳（Agar-CGE，管内填充琼脂糖凝胶）、填充毛细管电色谱（PCCEC，管内填充色谱填料）以及阵列毛细管电泳（CAE）、芯片式毛细管电泳（CCE）等。

此外，毛细管电泳法可以和多种设备联用形成联用技术，如毛细管电泳 / 质谱联用（CE/MS）、毛细管电泳 / 核磁共振（CE/NMR）、毛细管电泳 / 激光诱导荧光（CE/LIF）等。

## 二、毛细管电泳操作方法

### （一）毛细管电泳的一般操作

毛细管电泳仪有手动、半自动及全自动型等不同类型，且国内外的生产厂家很多，相应的软件操作各有不同，但是其中一些基础性的操作还是比较类似，现以 CL-1030 型毛细管电泳仪的操作为例，将毛细管电泳的一般操作简单描述如下：

1. 开启稳压电源和继电器。
2. 启动仪器，让仪器预热及归位到起始位置。
3. 启动电脑，进入仪器操作主界面（32kara），选择检测器。
4. 在“direct control”控制界面用双蒸水于 40psi（Pounds per square inch，1psi=6.895kPa）冲洗毛细管 10~15 分钟。
5. 冲洗完毕后，点击“load”使得仪器内托盘退出，将配制好的缓冲溶液、样品及双蒸水放入固定托盘位置，关上仪器盖。
6. 在软件操作界面上编制所需的“method”（方法），存盘设置好数据存储路径开始实验，仪器运行过程中产生高压，严禁打开托盘盖。
7. 实验完毕按照步骤“4”冲洗毛细管。
8. 冲洗完毕在“direct control”控制界面点击灯的图标，关掉灯。
9. 点击“load”推出托盘，打开仪器盖让冷却液回流约 1 分钟后关闭仪器开关。
10. 关闭 32kara 软件、电脑。
11. 关闭继电器和稳压电源。

### （二）商品化毛细管的处理

在进行实验前对新购买的商品化毛细管要进行处理，其方法如下：

1. 毛细管的切割　在使用时需将购买的毛细管切割到适合的长度，应将刀片与桌面以一定角度（45 度左右），一次性将毛细管切割开，切割时用力不能过大，不可压断毛细管，不可来回切割。

2. 毛细管使用前的预处理　新毛细管在使用前应该严格按照前处理步骤进行清洁和活化处理。

非涂层毛细管应按如下步骤处理：

甲醇（色谱纯）　20psi，5 分钟（去除毛细管中的脂类物质）

0.1mol/L NaOH　20psi，30 分钟（平滑毛细管内壁，再生硅羟基）

双蒸水　20psi，5 分钟（去除 NaOH）

运行缓冲液　20psi，10 分钟（平衡毛细管）

涂层毛细管应按如下步骤处理：

0.1mol/L HCl　20psi，2 分钟（再生毛细管）

双蒸水　20psi，2 分钟（去除 HCl，保持毛细管内的湿润）

运行缓冲液　20psi，5 分钟（平衡毛细管）

3. 毛细管窗口的制作　对于使用光学方法进行检测的毛细管（如 CL-1030 型毛细管电泳仪采用的紫外检测器）应该制作出毛细管上的窗口以便检测。对非涂层毛细管的窗口可使用明火烧、电阻丝烧、强酸腐蚀、刀刮等方式制作。窗口的大小以 2~3mm 左右最佳，最好不要超过 5mm，窗口过大时导致毛细管易折断。涂层毛细管的窗口只可采用强酸腐蚀、刀刮的方式制作，切勿用火。

## 三、毛细管电泳仪的维护与保养

### （一）毛细管清洁处理

毛细管的性能对毛细管电泳仪结果的重现性影响很大，在操作时应注意每次运行间要对毛细管进行清洁处理，如果实验条件相同，每个样品之间的冲洗步骤应只以运行缓冲液冲洗 2~5 分钟为佳，避免 NaOH、水等物质的冲洗，如重现性不佳，可提高冲洗压力或延长时间来尝试提高实验的重复性。如出现实验重复性差且每次出峰时间后移的情况，则是因为样品中有物质在毛细管内壁发生了吸附，需用 0.1mol/L NaOH 冲洗 2 分钟左右，以去除毛细管内壁上的吸附物，再用水和运行缓冲液较长时间冲洗，确保缓冲液与毛细管内壁之间的平衡稳定形成后才能继续操作。

如实验中使用表面活性剂，这些表面活性剂与毛细管表面之间的平衡对实验重复性至关重要，因此一般不宜用 NaOH 冲洗毛细管，而是采用缓冲液长时间冲洗和预电泳进行清洗。当实验进行到一定次数以后再用 NaOH 来清洁毛细管，并用运行缓冲液长时间冲洗获得平衡。

对于涂层毛细管来说，由于涂层管消除了电渗流和物质在毛细管内壁的吸附，通常来说重复性较好，如果出现重复性不佳的情况，则很有可能是由于涂层的损坏。

### （二）毛细管的储存

1. 非涂层毛细管的储存　次日或短期内就会继续使用的毛细管不需吹干处理，应以缓冲液清洁处理为主。

实验结束，将长期保存的毛细管需要用水将毛细管冲洗干净，再用空气吹干，以保持毛细管内壁的干燥，处理后的毛细管（干净且干燥）可保存相当长的时间，再次使用前应按新毛细管的处理方法重新清洁。

2. 涂层毛细管的储存　次日或短期内就会继续使用的毛细管用缓冲液或水冲洗，然后将毛细管两端用缓冲液或水封上，防止毛细管内溶液蒸发干。

实验结束，将长期保存的毛细管应用纯水冲洗干净，然后从仪器上拆下，连带卡盒放入卡盒盒中，两端浸泡在事先装满水的 2ml 缓冲溶液瓶中，放入 4℃冰箱保存。

### （三）电极的拆卸和清洗

毛细管电泳仪的电极如果使用久了会有物质在其表面吸附，将会导致谱图基线不稳，所以应定期清洁。普通实验每月清洗；如果是凝胶电泳实验，需要每天清洗电极。

清洗方法：先采用湿水绵擦拭，再用酒精棉擦拭以确保其导电性。

### （四）电泳仪灯的使用和维护

电泳仪使用的氘灯的寿命约 2000 小时，一般可以通过仪器软件查看灯的使用时间，如果更换了新的灯应重新输入使用时间，在使用时不应频繁开关灯，一般 4 小时以上不使用才关灯，关仪器前先关灯，备用的氘灯应放在干燥器中或用硅胶袋包好，避免潮湿和高温。

### （五）主机的维护

长时间不使用的试剂，特别是腐蚀性的试剂如盐酸等不得存放于仪器托盘中，以免造成仪器部件的腐蚀和仪器内湿度增加。

仪器要注意防尘和防潮。可在仪器中放入一定量的干燥剂来防潮，但是开机运行之前必须将其取出，否则会影响托盘导轨的正常运行。

当灯箱部分和卡盒冷却管出现黑色脏迹后可用酒精棉擦拭清除。

1~2 年需要工程师做一次仪器的保养，包括除去灰尘、校准缓冲盘和样品盘位置、托盘轨道上油、检查高压系统等。

（李志华　李　洁）

## 复习思考题

1. 高效液相色谱法与经典液相色谱法及气相色谱法相比，有哪些主要异同点？

2. 高效液相色谱法中常用的吸附剂有哪些？各适合于分离哪些类型的物质？

3. 什么是化学键合相？常用的化学键合相有哪几种？分别用于哪些液相色谱法中？

4. 什么叫正相色谱？什么叫反相色谱？各适用于分离哪些组分？

5. 高效液相色谱法仪的基本构造是怎样的？各个部件具有什么作用？

6. 什么是毛细管电泳电渗流？

7. 用 ODS 柱（4.6mm×25cm）分析苯与萘的混合样品，以甲醇 - 水（8：2）为流动相，记录纸速为 1.0cm/min，测得数据如下：苯的保留时间为 279 秒，半峰宽为 0.16cm，萘的保留时间为 442 秒，半峰宽为 0.23cm。计算：(1) 以苯和萘求理论塔板数。(2) 分离度 $R$。

8. 用 20cm 长的 ODS 柱分离 A、B 两个组分，已知在实验条件下，柱效 $n=3.7\times10^4m^{-1}$。用苯磺酸钠溶液测得死时间 $t_M=1.6$ 分钟，测得组分的 $t_{RA}=5.1$ 分钟及 $t_{RB}=5.4$ 分钟。计算：$k_A$、$k_B$、$\alpha$ 各为多少？

9. 什么是毛细管电泳电渗流？

课件

17章PPT

# 第十七章

# 核磁共振波谱法和质谱法简介

扫一扫
知重点

1. 核磁共振波谱法与质谱法的概念。
2. 核磁共振波谱法与质谱法的基本原理。
3. 核磁共振波谱仪与质谱仪的基本结构。
4. 核磁共振波谱法与质谱法的应用。

## 第一节　核磁共振波谱法简介

### 一、概述

自旋原子核在外磁场作用下，用波长 10~100m 的无线电频率区域的电磁波照射分子，可引起分子中核的自旋能级发生裂分，当照射的电磁波能量与能级差相等时，便可引起核自旋能级的跃迁，这种现象即为核磁共振。核磁共振信号强度（纵坐标）对照射波频率（即照射电磁波，又称射频）或外磁场强度（横坐标）作图所得图谱称为核磁共振波谱。利用核磁共振波谱进行有机化合物结构测定、定性及定量分析的方法称为核磁共振波谱法（NMR）。

核磁共振波谱主要有氢核磁共振波谱简称氢谱（$^{1}$H-NMR）和碳核磁共振波谱简称碳谱（$^{13}$C-NMR），其次还有 $^{15}$N-NMR、$^{19}$F-NMR 和 $^{31}$P-NMR。目前氢谱应用更为广泛，主要可给出三个方面的结构信息：①化合物中氢核的种类及化学环境；②各类氢的数目；③氢核之间的关系。随着核磁共振仪的发展，虽然碳谱的相对灵敏度远低于氢谱，但其应用技术得到了发展，目前碳谱已可给出丰富的碳骨架信息。尤其是较为复杂的有机物结构，碳谱和氢谱可以相互补充，对化合物的结构鉴定工作的迅速发展起到了非常重要的作用。$^{15}$N-NMR 主要用于含氮有机物的研究，如生物碱、蛋白质等化合物，是生命科学研究的有力工具。氢核磁共振谱是基础，本章主要介绍氢谱。

核磁共振波谱应用广泛，主要包括结构测定、定性与定量分析及在生命科学、代谢组学中的应用等。

1. 测定有机化合物的化学结构及立体结构,研究互变异构现象等。

2. 测定某些药物含量及纯度检查,但由于NMR仪器价格昂贵,一般不作为常用方法。

3. 在物理化学方面,研究氢键、分子内旋转,测定反应速度常数,跟踪化学反应进程等。

4. 生物活性测定及药理研究。由于核磁共振法具有深入物体内部而不破坏样品的特点,因而在活体动物、活体组织及生化药品研究中广泛应用,如研究酶活性、生物膜的分子结构、药物与受体间的作用机制等。

5. 在医疗诊断中用于人体疾病诊察,癌组织与正常组织鉴别等。

知识链接

核磁共振波谱法简史

1946年,美国哈佛大学的E. M. Purcell和斯坦福大学的F. Bloch宣布他们发现了核磁共振NMR。两人因此获得了1952年诺贝尔物理学奖。1953年出现第一台商品核磁共振仪。50多年来,核磁共振波谱法取得了极大的进展和成功,检测的核从$^{1}H$到几乎所有的磁性核。核磁共振波谱法在化学化工、环境科学、医学影像检测、生命科学等方面,发挥着越来越多的作用。

## 二、基本原理

### (一) 原子核的自旋及其在磁场中的自旋取向数

原子核为带电粒子,由于核电荷围绕轴自旋,则产生磁偶极矩(图17-1),简称磁矩。原子核是否有自旋现象是由其自旋量子数$I$决定的。自旋量子数与核的质量数和其所带的电荷数有关,通常$I$值分为三类:

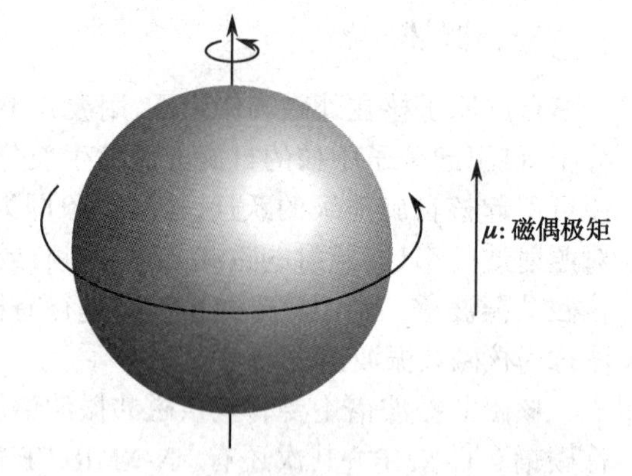


图17-1　磁场中原子核的自旋

1. $I$=0　此类核质量数和核电荷数(原子序数)均为偶数,不自旋,在磁场中磁矩为零,不产生核磁共振信号。如$^{12}_{6}C$、$^{16}_{8}O$等。

2. $I$=1,2……等整数　此类核质量数为偶数,电荷数为奇数,如$^{14}_{7}N$、$^{2}_{1}H$等,有自旋,有磁矩,但其在外磁场中的核磁矩空间量子化较为复杂,目前研究较少。

3. $I$=1/2(或3/2、5/2)　此类核质量数为奇数,核电荷数为奇数或偶数,如$^{1}_{1}H$、$^{31}_{15}P$、$^{13}_{6}C$等,它们有自旋、有磁矩。在磁场中能产生核磁共振信号,且波谱较为简单,是主要研究对象。

### (二) 核磁共振的产生

1. 自旋取向与能级　自旋量子数$I$不为零的核,自旋产生核磁矩。在无外磁场时,核自旋是无序的。当有外磁场作用时,核自旋具有一定的取向,其自旋取向的数目为

$2I+1$ 个。例如 ${}_1^1H$，自旋量子数 $I=1/2$，核自旋取向数 $=2\times\frac{1}{2}+1=2$，即有2个取向，也就是两个能级。其中一个取向的自旋轴与外磁场方向一致，为稳定的低能级；另一个取向的自旋轴与外磁场方向相反，为不稳定的高能级。

2. 共振吸收　在外加磁场中，氢核绕自旋轴运动的同时还要在垂直于外磁场的平面上作旋进运动。其运动形式类似于旋转的陀螺。这种旋转（回旋）称为进动，也称拉莫尔（Larmor）进动。

自旋核的进动频率 $\nu$ 与外加磁场强度 $B_0$ 的关系用拉莫尔方程表达为：

$$\nu=\frac{\gamma}{2\pi}B_0 \tag{17-1}$$

$\gamma$ 为磁旋比，不同的原子核有不同的磁旋比，它是原子核的一个特征常数。如氢核的 $\gamma=2.67\times10^8T^{-1}S^{-1}$。式17-1表明自旋核的进动频率与外加磁场强度成正比。

当电磁辐射波的能量等于核的两个能级差时，原子核就会吸收电磁波的能量（$E=h\nu_0$），从低能级跃迁至高能级，即发生能级的跃迁（能级间的能量差为 $\Delta E$），核磁矩对 $B_0$ 的取向发生反转，这种现象就是核磁共振。其频率称为共振频率。

$$\nu_0=\nu=\frac{\gamma}{2\pi}B_0 \tag{17-2}$$

根据核磁共振原理，产生核磁共振吸收必须具备三个条件：

（1）核具有自旋，即为磁性核。

（2）必须将磁性核放入强磁场中才能使核的能级差显示出来。

（3）电磁辐射的照射频率必须等于核的进动频率，即 $\nu_0=\nu$。

以 ${}^1H$ 为例，在磁场强度 $B_0=2.35T$ 时，发生核磁共振的照射频率为：

$$\nu=\frac{\gamma}{2\pi}B_0=\frac{2.67\times10^8T^{-1}S^{-1}\times2.35T}{2\times3.14}=100\times10^6S^{-1}=100\text{MHz}$$

## 三、波谱图与分子结构

大多数有机物都含有氢原子，从公式（17-1）可见，在 $B_0$ 一定的磁场中，若分子中的所有 ${}^1H$ 都是一样的性质，即 $\gamma$ 都相等，则共振频率 $\nu$ 一致，这时只将出现一个吸收峰，这对NMR来说，将毫无意义。

事实上，质子的共振频率不仅与 $B_0$ 有关，而且与核的磁矩或 $\gamma$ 有关，而磁矩或 $\gamma$ 与质子在化合物中所处的化学环境有关。换句话说，处于不同化合物中的质子或同一化合物中不同位置的质子，其共振吸收频率会稍有不同，即产生了化学位移。化学位移的差异来源于核外电子的屏蔽效应。通过测量或比较质子的化学位移就可以了解分子结构，这使NMR方法的存在有了意义。

### （一）屏蔽效应

在有机化合物中，质子以共价键与其他各种原子相连，各个质子在分子中所处的化学环境不尽相同（原子核附近化学键和电子云的分布状况称为该原子核的化学环境）。实验证明，氢核核外电子及与其相邻的其他原子核外电子在外磁场的作用下，能产生一个与外磁场相对抗的第二磁场，称为感生磁场。对氢核来讲，等于增加了一种免受外磁场影响的防御措施，使核实际所受的磁场强度减弱，电子云对核的这种作用

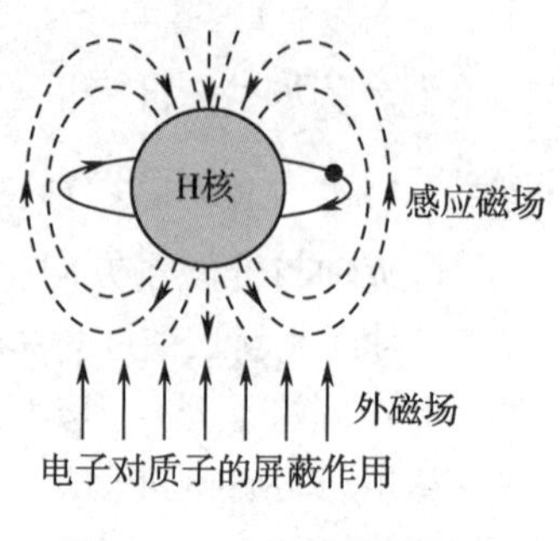

图 17-2　电子的屏蔽效应

称为电子的屏蔽效应，如图 17-2 所示。此时，核的共振频率为 $\nu=\dfrac{\gamma}{2\pi}B_0(1-\sigma)$（$\sigma$：屏蔽常数，其与原子核所处的化学环境有关）。

若固定射频频率，由于电子的屏蔽效应，则必须增加磁场强度才能达到共振吸收；若固定外磁场强度，则必须降低射频频率才能达到共振吸收。这样，通过扫场或扫频使处在不同化学环境中的质子依次产生共振信号。

（二）化学位移

1. 化学位移的表示方法　核外电子的屏蔽效应大小与外磁场强度成正比。因受核外电子屏蔽效应的影响，而使吸收峰在核磁共振图谱中的横坐标（磁场强度或照射频率）发生位移，即吸收峰的位置发生移动。核因所处化学环境不同，屏蔽效应的大小不同，在共振波谱中横坐标的位移值就不同。把核因受化学环境影响，其实际共振频率与完全没有核外电子影响时共振频率的差值，称为化学位移。因绝对值测定非常困难，且屏蔽效应引起的化学位移的大小与外加磁场强度成正比，使用不同的仪器测得的数据有差异。所以，用相对值来表示化学位移，符号为 $\delta$，单位为 ppm。即以四甲基硅烷（TMS）为标准，$\delta$ 值按下式计算：

$B_0$ 固定时：

$$\delta=\frac{\nu_{样品}-\nu_{标准}}{\nu_{标准}}\times10^6(\text{ppm})=\frac{\Delta\nu}{\nu_{标准}}\times10^6(\text{ppm}) \tag{17-3}$$

$\nu_0$ 固定时：

$$\delta=\frac{B_{标准}-B_{样品}}{B_{标准}}\times10^6(\text{ppm}) \tag{17-4}$$

2. 标准物四甲基硅烷（TMS）　TMS 的 12 个氢化学环境相同，在 NMR 中表现为有一个尖锐的单峰，易辨认。与大部分化合物相比，TMS 氢核外围的电子屏蔽效应较大，其信号较一般化合物中各类质子的磁场高，不会造成干扰。规定 TMS 的化学位移为零（即图谱的最右端），大多数化合物出峰在 0~15ppm 处，化学位移值为正。

课堂互动

1. 核磁共振波谱法产生的条件是什么？
2. 什么是化学位移？常用表达方式是什么？

## 四、核磁共振波谱仪

核磁共振波谱仪的种类较多。按扫描方式分为连续波（CW）方式和脉冲傅氏变换（PFT）方式两种；按磁场来源分为永久磁铁、电磁铁和超导磁铁三种；按照射频率（或磁感强度）分为 60MHz（1.4092T）、90MHz（2.1138T）、100MHz（2.3487T）……等。超导 NMR 仪可达 800MHz。照射频率越高，分辨率和灵敏度越高，且简化了图谱，便于解析。

一般核磁共振波谱仪结构如图17-3所示。其主要部件有磁铁、射频发生器、信号接收器、扫描发生器、样品管、记录系统等。

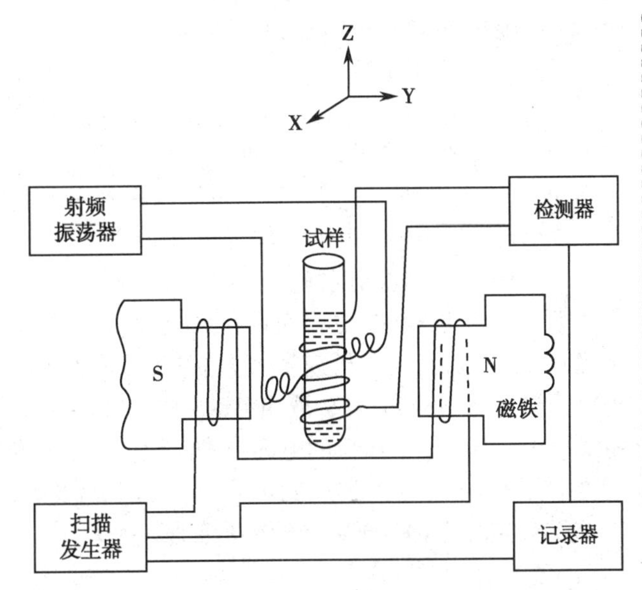


图 17-3　核磁共振波谱仪结构示意图

### 五、核磁共振的应用

氢核磁共振应用广泛。从一张氢核磁谱图上可以得到三方面的结构信息：①化合物中相同质子的种类；②每类质子的数目；③相邻碳原子上氢的数目。虽然不能仅仅靠一张NMR谱来鉴定有机化合物的结构，但可以认为NMR谱是结构分析的有力工具，即从NMR谱上得到的信息，配合红外吸收光谱上得到的关于官能团的信息，加上从质谱上得到的分子量、分子式和碎片结构的信息结合在一起，常常可以完成一个有机化合物的结构分析。

## 第二节　质谱法简介

### 一、概述

质谱法（MS）是采用一定手段使被测样品产生各种离子，在电场和磁场的作用下，这些离子按照离子质量大小依次排列而成的图谱被记录下来，称为质谱图，然后以此为基础来进行分析的一种方法。所用仪器是质谱仪。质谱图中的每个峰表示一种质荷比（$m/z$）的离子，峰的强度表示该种离子的多少，所以，可以根据质谱峰的位置、强度等信息进行定性、定量和结构分析。

为了形象地说明质谱的形成，设想用气枪向着一个花瓶射击，结果玻璃瓶被子弹击碎。假若把这些碎片小心地收集起来，按照这些碎片之间的相互联系就可以拼构成原来的瓶子。在此设想中，花瓶代表分子，子弹代表轰击电子，而花瓶碎片大小的有序排列就如同分子裂解得到的各碎片离子按质量与电荷之比的有序排列。质谱分析的基本过程为：

1. 将样品气化，然后导入离子源，样品分子在离子源中被电离成分子离子，分子离子再进一步裂解，生成各种碎片离子；

2. 各种离子在电场和磁场的综合作用下，按照其质荷比（$m/z$）的大小依次进入检测器检测；

3. 记录各离子质量及强度信号即可得质谱图；

4. 根据质谱图对有机物进行解析。

以上过程可简单概括为：离子源轰击样品→带电荷的碎片离子→电场加速（$z$获

得动能→磁场分离（$m/z$）→检测器记录

质谱法具有以下特点

1. 样品用量少　一般分析样品仅需 1μg 甚至更少，检出限可达 $10^{-14}$g。这为中药提取物的分析带来了极大的方便。

2. 分析速度快　一般几秒钟就可以完成一个复杂样品的分析。

3. 分析范围广　可对气体、液体、固体进行分析。

4. 灵敏度高，精密度好。

质谱的发展很快，主要表现在三个方面：一是普遍和计算机相连，由计算机控制操作和处理数据，使分析速度大大提高；二是出现了各种各样的联用仪器，如气相色谱 - 质谱（GC-MS）联用仪，液相色谱 - 质谱（LC-MS）联用仪，质谱 - 质谱（MS-MS）联用仪等；三是出现了很多新的电离技术。使质谱法在化学化工、环境科学、石油化工、医药检测、食品科学、地质等方面，发挥着越来越多的作用。研究质谱图所提供的信息已成为确定化合物分子结构的重要手段。

知识链接

**质谱法简史**

早在 1913 年，J.J. 汤姆生就确定了质谱方法，然后经英国科学家弗朗西斯·阿斯顿等人改进完善后，于 1919 年制成了世界上第一台质谱仪。弗朗西斯·阿斯顿用这台质谱仪发现了多种元素的同位素，同时研究了 53 个非放射性元素，发现了天然存在的 287 种核素中的 212 种，第一次证明原子质量亏损。他为此荣获 1922 年诺贝尔化学奖。

近年来，生物质谱分析（Biological mass spectrometry）开始得以发展，它是以质谱分析技术为基础，能够精确测量生物大分子，如蛋白质，核苷酸和糖类等的分子量，并提供分子结构信息。同时也能够对存在于生命复杂体系中的微量或痕量小分子生物活性物质进行定性或定量分析。

## 二、质谱仪及其工作原理

超高效液质联用仪

质谱仪主要有单聚焦和双聚焦两大类型。一般由进样系统、离子源、质量分析器、检测器、记录及计算机系统等部分构成。进样系统把被测物送入离子源；离子源把样品分子电离成离子；质量分离器把这些离子按质荷比大小顺序分离开来；检测系统按其质荷比（$m/z$）的大小顺序检测离子流强度；记录及计算机系统将信号记录并打印。图 17-4 是一种单聚焦质谱仪结构示意图。

## 三、质谱图

质谱仪记录下来的仅是各种正离子的信号，而负离子及中性碎片离子由于不受磁场的作用，或在电场中往相反方向运动，所以在质谱图中均不出峰。常见的质谱图如图 17-5 所示，称为棒图。这是以摄谱方式获得的质谱图，以质荷比 $m/z$（因为 $z$ 一般为 1，故 $m/z$ 多为离子质量）为横坐标，离子的相对丰度为纵坐标。相对丰度又称为相对强度。其中最强离子的强度定为 100%，称为基峰。以此最强峰的高度去除其他各峰的高度，所得分数百分比即为各离子的相对丰度（相对强度）。一定的化合物，各离

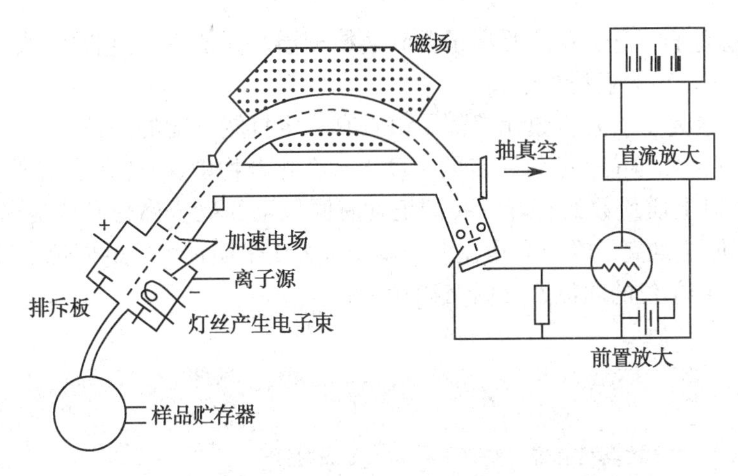


图 17-4　质谱仪结构示意图

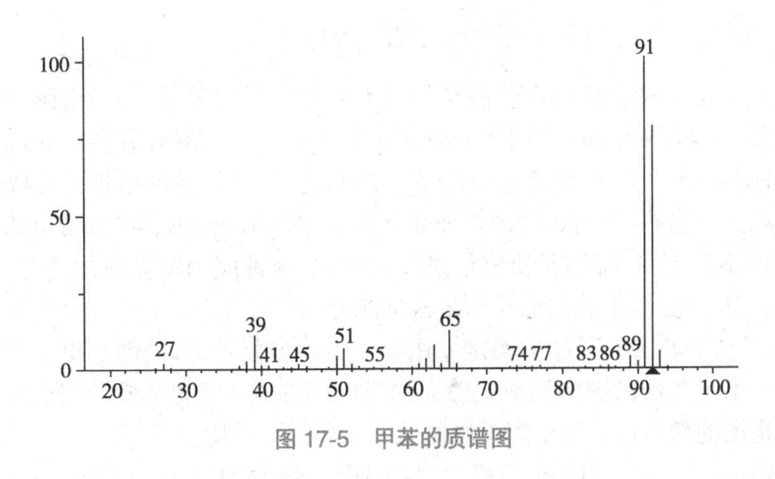


图 17-5　甲苯的质谱图

子强度是一定的，因此，质谱具有化合物的结构特征。

质谱图主要用来确定分子量、鉴定化合物、推测未知物的结构、测定分子中 Cl 和 Br 等的原子个数等。

## 四、离子类型

质谱中出现的离子类型主要包括分子离子、碎片离子、亚稳离子、同位素离子、复合离子、多电子离子等。识别和了解这些离子的形成规律对质谱的解析十分重要。下面介绍几种常见的离子。

1. 分子离子　有机化合物分子在电子轰击下失去一个电子所形成的离子称为分子离子，相应质谱峰称为分子离子峰。分子中不含 Cl、Br、S 时，分子离子峰一般出现在质谱图的最右侧。分子离子是化合物失去一个电子形成的，因此，分子离子的质量就是化合物的分子量。所以，分子离子在化合物质谱解析中具有特殊的意义。

2. 碎片离子　质谱图中低于分子离子质量的离子都是碎片离子。其产生是由于分子离子在离子源中进一步裂解，发生化学键的断裂和重排，其相对丰度随其稳定性的增强而增大。例如图 17-5 甲苯的质谱图中 $m/z$ 92 为分子离子峰，$m/z$ 27~91 的峰为碎片离子峰。

3. 亚稳离子　离子在离开离子源到达检测器之前的飞行过程中，发生分解而形成低质量的离子称为亚稳离子。

4. 同位素离子　大多数元素都是由具有一定自然丰度的同位素组成，这些元素形成化合物后，其同位素就以一定的丰度出现在化合物中，因此在质谱图中会出现比主峰高 1 个以上质量数的小峰。我们把含有同位素的离子称为同位素离子，相应的质谱峰称为同位素离子峰。质量比分子离子峰大 1 个质量单位的同位素峰用 M+1 表示，大 2 个质量单位的同位素峰用 M+2 表示。

课堂互动

质谱法中，离子的类型有哪些？分别是如何形成的？

## 五、质谱法在有机化合物分析中的应用

运用质谱法分析有机化合物的结构首先要解析质谱图，因为质谱图可以给出有机化合物结构的若干信息，质谱图的解析一般从高质量数的峰开始。先确定分子离子峰，以便确定分子量，然后用计算法等方法确定分子式，最后根据主要碎片离子推测分子结构式。当然，结构式的最终确证要采用 UV、IR、NMR、MS 综合分析。随着标准质谱图的不断丰富，特别是质谱信息库的建立，这种应用将会更加方便、快速。现就质谱法在分子量、分子式的测定和结构推测方面作简要介绍：

1. 分子离子峰与分子量的确定　用质谱图确定分子量，关键是识别和解析分子离子峰。一般说来质谱图中质荷比最大的峰（注意：不一定为基峰）为分子离子峰，常出现在质谱图的最右边。分子离子峰的质荷比即为分子量。

分子式的确定

2. 分子式的确定　当知道有机化合物的分子量后，可根据质谱图所提供的信息，来确定其分子式。确定分子式有三种方法，分别为精密质量法、查表法和计算法。

3. 由碎片离子峰推测分子结构　有机化合物种类很多，受到电子轰击发生裂解的过程较复杂。只有对各种裂解规律有所了解，才能正确推断化合物的分子结构。

（鲍　羽）

扫一扫 测一测

复习思考题

1. 什么是氢核磁共振波谱？其在化合物结构解析方面主要可提供哪些信息？

2. 核磁共振波谱法产生的条件是什么？

3. 什么是质谱法，其在有机化合物分析中有哪些应用？

4. 简述质谱法分析样品的过程。

5. 什么是分子离子峰？什么是同位素离子峰？有什么特点和作用？

# 实 训 指 导

## 实训基本知识

### 一、实训操作规则

分析化学实训是分析化学课程的重要组成部分，是中药学及相关专业学生的必修课。通过实训教学，使学生加深对分析化学的基础理论知识的理解，训练学生正确、熟练地掌握分析化学实训的基本操作技能及各种分析仪器的使用，建立“量”的概念，培养分析问题和解决问题的能力，树立理论联系实际、实事求是的科学态度和良好的工作作风，为今后的学习和工作奠定良好的基础。作为一个实训工作者应该具有严肃认真的工作态度，科学严谨、精密细致、实事求是的工作作风和整齐、清洁的良好实训习惯。

为了保证实训的顺利进行和获得准确的分析结果，必须了解和掌握分析化学实训操作规则。

#### （一）充分作好实训前准备工作

实训是否成功，开始于实训前的充分准备。没有准备就到实训室去现看现做，一定不会获得很好的实训效果。实训前的准备工作包括：

1. 认真预习实训指导，明确实训目的、任务，领会实训原理。

2. 熟识实训步骤和注意事项，做到心中有数。

3. 做好实训预习笔记，必要时画出记录实训数据的表格，才能使实训有条不紊地顺利进行。

4. 了解实训所需仪器、试剂是否齐全。

#### （二）养成良好的实训习惯及严谨细致的科学作风

实训的成败和工作效率的高低，同实训者的科学习惯与操作技术水平是紧密相关的。因此，在实训中应做到：

1. 清洁整齐、有条不紊　所用的仪器、药品放置要合理、有序，实训台面要清洁、整齐。实训告一段落后要及时整理。实训完毕后一切仪器、药品、用具等都要放回原处。

2. 细致观察、深入思考　细致的观察，是掌握和积累知识的重要手段。在实训中一定要认真细致的观察实训现象，有了问题就要深入思考，实事求是地去解决。

3. 尊重事实、做好记录　做好实训记录是实训工作中的一项基本功。实训记录应记在专用的记录本上，记录时要如实反映实训中的客观事实，注意及时、真实、齐全、清楚、整洁、规范。应该用钢笔或中性笔记录，如有记错应划掉重写，不得涂改、刀刮或补贴。

4. 注意卫生、勤于洗手　实训前后都应洗手。实训前如手不干净，就可能沾污仪器、试剂和样品，从而引入实训误差。实训后如不认真洗手，就可能将有毒物质带出，甚至误入口中而引起中毒。

5. 认真做好结束工作　实训完毕应及时清洗仪器、整理药品，将仪器、药品放回原来的位置。实训台要擦拭干净，清扫实训室。认真检查水、电、煤气开关，关好门窗。及时认真地完成实训报告。

## 二、实训室安全知识

### （一）一般安全知识

在分析化学实训中，经常使用腐蚀性的、易燃的、有毒的化学试剂，使用水、电、气和各种仪器等，如不遵守操作规程或粗心大意，就有可能造成中毒、着火、烫伤及仪器设备的损坏等各种事故，给学生和老师的生命安全造成危险，给国家财产造成损失。因此，必须高度重视实训室的安全工作，严格遵守操作规程。为了保证实训人员人身安全和实训工作的正常进行，必须遵守以下实训室安全守则。

1. 实训室内严禁饮食、吸烟。严禁化学药品入口，用实训器皿作餐具使用。实训完后必须认真洗手。

2. 一切试剂、试样均应有标签，绝不可在容器内装与标签不相符的物质。

3. 浓酸、浓碱具有强烈的腐蚀性，使用时切勿溅在皮肤和衣服上。稀释浓硫酸时，必须在烧杯等耐热容器中进行，且只能将浓硫酸在不断搅拌下缓缓注入水中，温度过高时应冷却降温后再继续加入。配制氢氧化钠等浓溶液时，也必须在耐热容器中溶解。如需将浓酸或浓碱中和则必须先进行稀释。

4. 在开启易挥发的试剂（如浓盐酸、浓硝酸、高氯酸、氨水等），均应在通风橱内进行，开启时瓶口不要对准人。在夏天取用浓氨水时，应先将试剂瓶放在自来水中冷却数分钟后再开启。

5. 配制的药品有毒或反应能产生有毒或有腐蚀性气体的试剂（如 HCN、NO、CO、$SO_2$、$H_2S$、$Br_2$、HF 等）时，均应在通风橱内进行。

使用汞盐、砷化物、氰化物等剧毒药品时，要特别小心，并采取必要的防护措施。氰化物不能接触酸，否则产生剧毒的 HCN 气体。实训残余的毒物应采取相应的方法加以处理，切勿随意丢弃或倒入水槽。

6. 使用易燃的有机试剂（如甲醇、乙醇、乙醚、苯、丙酮、石油醚等）时，一定要远离火源，使用完毕后及时将试剂瓶塞严。不能用明火加热易燃溶剂，而应采用水浴或沙浴加热。

7. 使用煤气灯时，应先将空气调小再点燃火柴，然后开启煤气阀点火并调节好火焰。禁止用火焰在煤气管道上查找漏气处，而应该用肥皂水检查。

8. 使用电器设备时，要注意防止触电，不可用湿手或湿物接触电闸和电器开关。凡是漏电的仪器设备不要使用，以免触电。使用完毕后应及时切断电源。

9. 试剂瓶的磨口塞粘连打不开时，可将瓶塞在实训台边缘轻轻磕碰，使其松动；或用电吹风稍许加热瓶颈部分使其膨胀；或在粘固的缝隙间加入几滴渗透力强的液

体(如乙酸乙酯、煤油、稀盐酸、水等);或将瓶口放入热水中浸泡。严禁用重物敲击,以防瓶子破裂。

10. 将玻璃棒、玻璃管、温度计插入或拔出胶塞或胶管时,应垫有垫布,且不可强行插入或拔出。切割玻璃管、玻璃棒,装配或拆卸玻璃仪器装置时,要防止造成刺伤。

11. 使用分析天平、分光光度计、酸度计等精密仪器时,应严格遵守操作规程。仪器使用完毕后要切断电源,并将各旋钮恢复到原来位置。

### (二) 实训室常见紧急情况的处理

1. 浓酸灼伤时,用大量水冲洗后再用2%碳酸氢钠(或氨、肥皂水)溶液冲洗;碱灼烧伤时,用水冲洗后,再用2%的硼酸溶液冲洗。最后再用水冲洗,严重者应立即送往医院治疗。

2. 如遇烫伤但未破皮时,可采用大量的自来水洗伤处,再用饱和的碳酸氢钠溶液涂擦。

3. 如因酒精、苯、乙醚等易燃物引起火灾,应立即用沙土或湿布等扑灭,如火势较大,可用灭火器扑灭。如火源危及通电线路,应首先切断电源再灭火。

4. 如遇触电,应首先切断电源,再将伤员送往医院抢救。

## 三、化学试剂使用与保管规则

化学试剂有一定的级别与规格,不同级别与规格的化学试剂,纯度不同,用途各异。化学试剂的纯度对分析结果准确度的影响很大,不同的分析工作对试剂纯度的要求也不同。因此,必须了解化学试剂的性质、类别、用途等方面的知识,以便合理选择,正确使用,妥善管理。

### (一) 实验室用水

分析化学实验使用的纯化水,一般是指蒸馏水或去离子水。药典中明确指出纯化水为饮用水经蒸馏法、离子交换法、反渗透法或其他适宜的方法制备的制药用水。有的实验要求用二次蒸馏水或更高规格的纯化水(如:电分析化学、液相色谱等实验)。

1. 蒸馏水　通过蒸馏方法、除去水中非挥发性杂质而得到的纯水称为蒸馏水。同是蒸馏所得纯水,其中含有的杂质种类和含量也不同。用玻璃蒸馏器蒸馏所得纯水含有微量的 $Na^{+}$ 和 $SiO^{2-}$ 等离子;而用铜蒸馏器所制得的纯水则可能含有微量的 $Cu^{2+}$ 离子。

2. 去离子水　利用离子交换剂除去水中的阳离子和阴离子后所得到的纯水,称之为离子交换水或“去离子水”。未进行处理的去离子水可能含有微生物和有机物杂质,使用时应注意。

3. 纯水质量的检验　纯水的质量检验指标很多,分析化学实验室主要对实验用水的电阻率、酸碱度、钙镁离子、氯离子的含量等进行检测。

### (二) 化学试剂的级别

化学试剂的级别是以所含杂质多少来划分的,一般可分为四个等级。其级别和适用范围如实训表1所示。

实训表 1　化学试剂的级别

| 等级 | 中文标志 | 符号 | 标签颜色 | 适用范围 |
| --- | --- | --- | --- | --- |
| 一级品 | 优级纯<br>保证试剂 | G.R | 绿色 | 纯度很高，适用于精密的分析工作和科研工作。 |
| 二级品 | 分析纯<br>分析试剂 | A.R | 红色 | 纯度较高，适用于一般的分析工作和科研工作。 |
| 三级品 | 化学纯 | C.P | 蓝色 | 纯度较低，适用于一般化学试验。 |
| 四级品 | 化学用<br>实训试剂 | L.R | 黄、棕色 | 纯度低，用于实训辅助试剂。 |

此外，还有高纯试剂、基准试剂、光谱纯试剂、色谱纯试剂、生化试剂、微量分析试剂等。高纯试剂杂质含量比优级或基准试剂都低，用于微量或痕量分析；基准试剂是用于滴定分析中的基准物，也可用于直接配制标准溶液；色谱纯试剂主要用于色谱分析中的试剂；光谱纯试剂主要用于光谱分析中的试剂；生化试剂用于配制生物化学检验试液和生化合成。

### （三）化学试剂的选用

化学试剂的纯度越高，价格越贵。应根据分析任务、分析方法和对分析结果准确度的要求等，选用不同等级的化学试剂，既不超级别而造成不必要的浪费，也不随意降低级别而影响分析结果的准确度。例如，滴定分析中常用的滴定液，一般应选用分析纯试剂配制，再用基准试剂进行标定。在某些情况下（例如对分析结果要求不很高的实训）也可用优级纯或分析纯试剂代替基准试剂。滴定分析所用的其他试剂一般为分析纯试剂。

### （四）化学试剂的使用和保管

化学试剂使用不当或保管不善，极易变质或沾污，从而导致分析结果引起误差甚至造成失败；因此，必须按要求使用和保管化学试剂。

1. 使用前要认清标签，取用时不可将瓶盖随意乱放，应将瓶盖反放在干净的地方，取完试剂后随手将瓶盖盖好。

2. 试剂不能与手接触。固体试剂应当用干净的牛角勺从试剂瓶中取出，液体试剂应当使用干净的量筒或烧杯倒取，倒取时标签朝上。多余的试剂不准放回到原试剂瓶中，以防污染。

3. 易氧化的试剂（如氯化亚锡、低价铁盐等）、易风化或潮解的试剂（如 $AlCl_3$、NaOH 等），使用过后应重新用石蜡密封瓶口。易受光分解的试剂（如 $KMnO_4$、$AgNO_3$ 等），应保存在暗处。易受热分解的试剂和易挥发的试剂应保存在阴凉处。

4. 剧毒试剂（如 NaCN、$As_2O_3$、$HgCl_2$ 等）必须安全使用和按规定妥善保管。

5. 实验室配制或分装的各种试剂都必须贴上标签。标签上应表明试剂的名称、浓度、纯度、标定日期、有效期、配制标定人等信息。

## 四、分析化学实训报告基本格式

在分析化学实训中，为了得到准确的测量结果，不仅要准确地测量各种数据，而且还要正确的记录和计算。实训结果不仅表示试样中待测组分的含量多少，而且还反映了测定的准确程度。因此，及时地记录实训数据和实训现象，正确认真地写出实训报告，是分析化学实训中很重要的一项任务，也是分析工作者应具备的基本知识。为此，应注意以下问题：

### （一）实训数据的记录

实训数据的记录应注意以下几个方面：

1. 应使用专门的实训记录本，其篇页都应编号，不得撕去任何一页。严禁将数据记录在小纸片上或随意记录在其他地方。

2. 实训数据的记录必须做到及时、准确、清楚。坚持实事求是的科学态度，严禁随意拼凑和伪造数据，因实训记录上的每一个数据都是测量的结果，应检查记录的数据与测定结果是否完全相同，记录的一切数据的准确度都应做到与分析的准确度相适应（即注意有效数字的位数）。

3. 实验中的每一个数据都是实验测量的结果，因此重复观察时即使数据完全相同也应记录下来。

4. 记录内容力求简明，如能用列表记录的则尽可能采用列表法记录。当数据记录有误时，应将数据用一横线划去，并在其上方写上正确的数字。

### （二）实训报告

实训完毕后，对实训数据及时进行整理、计算和分析，认真写出实训报告（使用专门的实训报告本或报告纸）。分析化学的实训报告一般包括以下内容：

1. 实训名称和实训日期。
2. 实训目的要求。
3. 实训用仪器、试剂。
4. 实训方法原理：用文字或化学反应式简要说明。
5. 实训内容及方法步骤：简要描述实训过程（用文字或箭头流程式表示）。
6. 实训数据记录及计算分析结果：用文字、表格或图形将实训结果报告出来。
7. 问题与讨论：对实训中出现的现象与问题加以分析和讨论，总结经验教训，以提高分析问题和解决问题的能力。

### （三）实训数据记录和处理示例

1. 数据记录

实训表 2　多次称量法标定滴定液实训数据记录和处理示例

年　月　日

| 项目 \ 编号 | | 1 | 2 | 3 |
|---|---|---|---|---|
| 基准物质称量记录 $m$(g) | $m_1$ | | | |
| | $m_2$ | | | |
| | $m$ | | | |
| 滴定记录 $V$(ml) | $V_{终}$ | | | |
| | $V_{初}$ | | | |
| | $V_{消}$ | | | |

续表

| 项目 \ 编号 | | | 1 | 2 | 3 |
|---|---|---|---|---|---|
| 滴定液浓度(mol/L) | | $c$ | | | |
| | | $\bar{c}$ | | | |
| 精密度 | 绝对偏差 $d$ | | $d_1$= | $d_2$= | $d_3$= |
| | 平均偏差 $\bar{d}$ | | | | |
| | 相对平均偏差 $R\bar{d}$ | | | | |

实训表 3　移液管法标定滴定液实训数据记录和处理示例

年　月　日

| | | | | | |
|---|---|---|---|---|---|
| 基准物质称量记录(g) | | $m_1$ | | | |
| | | $m_2$ | | | |
| | | $m$ | | | |
| 定容至体积(ml) | | | | | |
| 测定份数 | | | 1 | 2 | 3 |
| 移取溶液的体积 | | | | | |
| 滴定记录 | | $V_{终}$ | | | |
| | | $V_{初}$ | | | |
| | | $V_{消}$ | | | |
| 滴定液浓度(mol/L) | | $c$ | | | |
| | | $\bar{c}$ | | | |
| 精密度 | 绝对偏差 $d$ | | $d_1$= | $d_2$= | $d_3$= |
| | 平均偏差 $\bar{d}$ | | | | |
| | 相对平均偏差 $R\bar{d}$ | | | | |

实训表 4　固体试样的含量测定实训数据记录和处理示例

年　月　日

| 项目 \ 编号 | | 1 | 2 | 3 |
|---|---|---|---|---|
| 称量记录 $m$(g) | $m_1$ | | | |
| | $m_2$ | | | |
| | $m$ | | | |
| 滴定液消耗体积记录 $V$(ml) | $V_{终}$ | | | |
| | $V_{初}$ | | | |
| | $V_{消}$ | | | |
| 含量 | % | | | |

续表

| 项目 \ 编号 | | 1 | 2 | 3 |
|---|---|---|---|---|
| 平均含量(%) | | | | |
| 精密度 | 绝对偏差 | $d_1$= | $d_2$= | $d_3$= |
| | 绝对平均偏差 $\bar{d}$ | | | |
| | 相对平均偏差 $R\bar{d}$ | | | |

2. 数据处理

(1) $$R\bar{d}=\frac{\frac{1}{n}\sum_{i=1}^{n}|x_i-\bar{x}|}{\bar{x}}\times 100\%$$

(2) $$RSD=\frac{\sqrt{\frac{\sum_{i=1}^{n}(x_i-\bar{x})^2}{n-1}}}{\bar{x}}\times 100\%$$

# 实验一　分析天平称量操作

## 一、实验目的

1. 熟悉分析天平的构造。
2. 学会分析天平的正确使用方法。
3. 学会用直接称量法和减重称量法称取物质的质量。

## 二、实验用品

1. 仪器　电子天平(或分析天平)、烧杯(500ml)、称量瓶、表面皿、锥形瓶、药匙。

2. 试剂　$Na_2CO_3$ 固体试剂。

## 三、实验原理

分析天平是精确称取物质质量的精密仪器。分析天平按结构特点,可将天平分为等臂双盘电光天平、不等臂单盘减码式电光天平和电子天平。电子天平是最新一代的天平,它根据电磁力或电磁力矩平衡物质重力原理,直接称量,具有体积小、使用寿命长、性能稳定、操作简便、称量速度快(因能自动校正、自动去皮,自动显示重量)和精度高等特点。电子天平如实训图 1 所示。

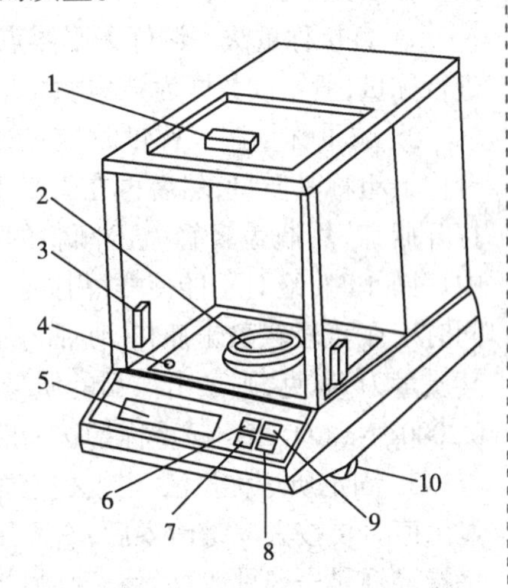


实训图 1　电子天平

1. 顶门　2. 天平盘　3. 边门　4. 水准仪　5. 显示器　6. 打印键　7. 模式键　8. 去皮键　9. 开关键　10. 水平调节螺丝

这里介绍该电子天平操作面板上按键的主要

功能。

1. 开关键 控制电子天平的开 / 关，打开天平后，天平进行自我校正，当出现 off 提示时，校正完毕。

2. 打印键 可和打印设备链接，打印出测定结果。

3. 模式键 按该键，可以根据不同需要，选择合适的称量模式。

4. 去皮键 该键具有去皮功能，按下该键，显示屏显示为 0.0000g，可进行下一步称量，此时能直接测出新加入的待称物质的质量。

## 四、实验内容

### （一）准备

1. 调水平 天平开机前，应观察天平水平仪内的水泡是否位于圆环的中央，否则应调节天平的水平调节螺丝。

2. 预热 天平在初次接通电源或长时间断电后开机时，至少需要 30 分钟的预热时间。因此，为保证称量效果，天平最好保持在待机状态，不要时刻拔断电源。

3. 校准 使用天平前必须校准，电子天平的校准一般分为内校与外校两种。外校准时，根据天平显示器显示的砝码质量，添加相应的校正砝码，待稳定后，天平显示读数为校正砝码的质量；移走砝码，显示器应出现 0.0000g。若出现不是为零，则再清零，再重复以上校准操作。自动内校的电子天平，电子天平可直接自动校准，不用砝码。当电子天平显示器显示为零位时，说明电子天平已经内校准完毕。

需要说明的是，电子天平开机显示 0 点，不能说明天平称量的数据准确度符合测试标准，只能说明天平零位稳定性合格。

### （二）称量练习

分析天平常用的称量方法有直接称量法、减重称量法和固定质量称量法等。其操作方法如下：

1. 直接称量法 调好天平零点后，将被称物直接放在天平盘上，按天平使用方法进行称量，所得读数即为被称物质量。直接称量法一般用于称量未知质量的样品。

2. 减重称量法 称量时，在洁净干燥的称量瓶内放入适量 $Na_2CO_3$ 样品后，先在台称上粗称其质量，然后再在天平上准确称得 $Na_2CO_3$ 总质量为 $m_1$ 克。取出称量瓶，打开瓶盖，用瓶盖轻轻敲击倾斜的称量瓶口，使部分样品落入事先备好的洁净容器中。操作时，绝对不能使样品撒落到盛接的容器外。敲出样品后，缓缓直立称量瓶，同时用瓶盖轻轻敲击瓶口，使沾在瓶口的样品落回瓶内，盖好瓶盖，再在天平上称得其质量为 $m_2$ 克，则敲出样品的质量为 $p_1=m_1-m_2$ 克。依照同样的方法，可以称出三份 0.2000g $Na_2CO_3$ 来。减重称量法一般用于需要平行测试的多份样品或基准物质。

3. 固定质量称量法 按去皮键清零后，将表面皿置于天平盘中，记录表面皿质量显示值。再按去皮键清零后，右手用药匙取无水碳酸钠置于表面皿上方，同时用右手食指轻轻敲击药匙手柄，使药品慢慢落入表面皿中，至显示的读数在 0.2000g，取出表面皿。再重复练习一次。固定质量称量法一般用于称取指定质量的样品。

## 五、实验注意事项

1. 电子天平应置于稳定的工作台上。

2. 称量时应保持安静，读数前应关好天平门。
3. 实验完成后，应及时搞好天平箱内外的清洁工作。

## 六、实验数据记录与处理

1. 直接称量法称取指定物品的质量记录

空称量瓶的质量(g)　$m =$

2. 减重称量法称样品 $Na_2CO_3$ 质量记录

| 质量 \ 编号 | 1 | 2 | 3 |
|---|---|---|---|
| 倾出样品前称量(g) | $m_1 =$ | $m_2 =$ | $m_3 =$ |
| 倾出样品后称量(g) | $m_2 =$ | $m_3 =$ | $m_4 =$ |
| 倾出样品的质量(g) | $P_1 =$ | $P_2 =$ | $P_3 =$ |

3. 固定质量称量法称量记录

(1) 表面皿的质量(g)　$m_1=$
表面皿 + 样品总质量(g)　$m_2=$
样品质量(g)　$P_1=m_2-m_1$
(2) 表面皿的质量(g)　$m_3=$
表面皿 + 样品总质量(g)　$m_4=$
样品质量(g)　$P_2=m_4-m_3$

## 七、实验思考

1. 同一批次中称量几份药品时，最适宜的称量方法是什么？
2. 称量或校准天平时，为什么要轻拿轻放所称物及标准砝码？

## 附：电子天平的使用方法

1. 调水平　天平开机前，应观察天平水平仪内的水泡是否位于圆环的中央，否则应调节天平的水平调节螺丝。

2. 预热　天平在初次接通电源或长时间断电后开机时，至少需要 30 分钟的预热时间。因此，为保证称量效果，天平最好保持在待机状态，不要时刻拔断电源。

3. 校准　使用天平前必须校准，电子天平的校准一般分为内校与外校两种。外校准时，根据天平显示器显示的砝码质量，添加相应的校正砝码，待稳定后，天平显示读数为校正砝码的质量；移走砝码，显示器应出现 0.0000g。若出现不是为零，则再清零，再重复以上校准操作。自动内校的电子天平，电子天平可直接自动校准，不用砝码。当电子天平显示器显示为零位时，说明电子天平已经内校准完毕。

需要说明的是，电子天平开机显示 0 点，不能说明天平称量的数据准确度符合测试标准，只能说明天平零位稳定性合格。

4. 称量　待称样品应放在称量纸或称量容器中称量。称量时先将称量纸或称量容器放在天平内的秤盘中央，待读数稳定后，按去皮键去皮，显示器显示零。然后在称量纸或称量容器中加所要称量的试剂称量，此时显示的数值即为待测样品质量。

（曾明慧）

# 实验二　滴定分析仪器的基本操作及滴定练习

## 一、实验目的

1. 掌握滴定分析仪器的洗涤方法。

2. 学会滴定分析仪器的正确使用方法。

## 二、实验用品

1. 仪器　酸式滴定管(50ml)、碱式滴定管(50ml)、锥形瓶(250ml)、移液管(25ml)、容量瓶(100ml)、洗耳球、烧杯。

2. 试剂　NaOH溶液(0.1mol/L)、HCl溶液(0.1mol/L)、酚酞指示剂(0.1%)、甲基橙指示剂(0.1%)、铬酸洗液。

## 三、实验原理

滴定分析法是将滴定液滴加到被测物质的溶液中,直到反应完全为止,根据滴定液的浓度和消耗的体积,计算被测组分含量的分析方法。准确测量溶液的体积是获得良好分析结果的重要条件之一,因此,必须掌握滴定管、移液管和容量瓶等常用滴定分析仪器的洗涤和使用方法。本次实验是按照滴定分析仪器的使用操作规范,进行滴定操作和移液管、容量瓶的使用练习。

## 四、实验内容

### (一)滴定分析仪器的洗涤

滴定分析仪器在使用前必须洗涤干净,洗净的器皿,其内壁被水润湿而不挂水珠。其洗涤方法是:

一般的器皿如锥形瓶、烧杯、试剂瓶等可用自来水冲洗或用刷子蘸取肥皂水或洗涤剂刷洗。滴定管、容量瓶、移液管等量器为避免容器内壁磨损而影响量器测量的准确度,一般不用刷子刷洗。可先用自来水冲洗或洗涤剂冲洗。如上述方法仪器仍不能洗涤干净,可用洗液(一般用铬酸洗液)洗涤,洗液对那些不易用刷子刷到的器皿进行洗涤更为方便。用铬酸洗液洗涤仪器方法如下:

1. 酸碱滴定管的洗涤　向滴定管中倒入铬酸洗液10ml左右(碱式滴定管下端的乳胶管可换上旧橡皮乳头再倒入洗液)。然后将滴定管倾斜并慢慢转动滴定管,使其内壁全部被洗液润湿,再将洗液倒回原洗液瓶中,如仪器内部沾污严重,可将洗液充满仪器浸泡数分钟或数小时后,将洗液倒回原瓶,用自来水把残留在仪器上的洗液冲洗干净。

2. 容量瓶的洗涤　容量瓶的洗涤方法与滴定管基本相同,一般是先倒出瓶内残留的水,再倒入适量洗液(一般250ml容量瓶倒入10~20ml洗液即可),倾斜转动容量瓶,使洗液润湿内壁(必要时可用洗液浸泡),然后将洗液倒回原洗液瓶中,再用自来水冲洗容量瓶及瓶塞。

3. 移液管的洗涤　用自来水冲洗沥干水后,再将移液管插入铬酸洗液瓶中,吸取

洗液数毫升，倾斜移液管，让洗液布满全管。然后将洗液放回原洗液瓶中。如内壁油污严重，可把移液管放入盛有洗液的量筒或高型玻璃筒中浸泡，取出沥尽洗液后用自来水冲洗干净。

### （二）常用仪器的基本操作

1. 滴定管的基本操作

（1）练习滴定管活塞涂凡士林操作：将酸式滴定管玻璃活塞取下，用滤纸将活塞和活塞套的水吸干，涂凡士林。

（2）练习滴定管的试漏操作。

（3）练习滴定管的洗涤：按前述方法洗净滴定管后，再用少量蒸馏水淋洗 2~3 次。

（4）练习向滴定管装溶液和赶出气泡的操作：先用水练习装溶液，然后将 HCl 溶液由试剂瓶直接倒入滴定管中（待装液不能用其他容器转移），每次倒入不超过量器总容量的 1/5，冲洗 2~3 次。然后装满溶液，除去管内气泡，在滴定管下端尖嘴放出管内多余的溶液，使管内滴定液弯月面下缘最低点与“0”刻度相切。用同样的方法，练习向碱式滴定管中装加 NaOH 溶液。

（5）练习滴定操作：右手摇动锥形瓶，左手控制活塞，练习溶液由滴定管逐滴连续滴加，由滴出一滴及液滴悬而未落即半滴的操作。

（6）练习滴定管正确读数的方法。

2. 移液管的使用练习

（1）练习移液管的洗涤：洗干净的移液管用少量蒸馏水润洗 2~3 次，再用少量待装液润洗 2~3 次方可使用。

（2）练习用移液管移取溶液并注入锥形瓶的操作。

3. 容量瓶的使用练习

（1）练习检查容量瓶是否漏水的操作。

（2）练习容量瓶的洗涤：洗干净的容量瓶，使用前用少量蒸馏水淋洗 2~3 次。

（3）练习向容量瓶中转移溶液的操作，可用水代替溶液做练习。

### （三）滴定练习

1. NaOH 溶液滴定 HCl 溶液　将碱式滴定管检漏、洗净后，用少量 0.1mol/L NaOH 溶液洗涤 2~3 次，装入 0.1mol/L NaOH 溶液至刻度“0”以上，排除气泡，调整至 0.00 刻度。

取洗净的 25ml 移液管 1 支，用少量 0.1mol/L HCl 溶液洗涤 2~3 次，移取 0.1mol/L HCl 溶液 25.00ml，置于洁净的 250ml 锥形瓶中，加 2 滴酚酞指示剂。用 0.1mol/L NaOH 溶液滴定至溶液由无色变浅红色，半分钟内不褪色，即为终点，记录 NaOH 溶液的用量。重复以上操作 3 次，每次消耗的 NaOH 溶液体积相差不得超过 0.04ml。

2. HCl 溶液滴定 NaOH 溶液　将酸式滴定管的活塞涂油、检漏、洗净后，用少量 0.1mol/L HCl 溶液洗涤 2~3 次，装入 0.1mol/L HCl 溶液至刻度“0”以上，排除气泡，调整至 0.00 刻度。

以甲基橙为指示剂，用 HCl 溶液滴定 NaOH 溶液，终点时溶液由黄色变为橙色，其他操作同上。

## 五、实验注意事项

1. 滴定管、移液管和容量瓶的使用，应严格按有关要求进行操作。

2. 洗液具有很强的腐蚀性，能灼烧皮肤和腐蚀衣物，使用时应特别小心，如不慎把洗液洒在皮肤、衣物和实验台上，应立即用水冲洗。洗液的颜色如已变为绿色，已不再具有去污能力，不能继续使用。

3. 滴定管、移液管和容量瓶是带有刻度的精密玻璃量器，不能用直火加热或放入干燥箱中烘干，也不能装热溶液，以免影响测量的准确度。

4. 滴定仪器使用完毕，应立即洗涤干净，并放在规定的位置。

## 六、实验数据处理与记录

滴定练习记录　　　　年　月　日

| 滴定次数 | 1 | 2 | 3 |
|---|---|---|---|
| $V_{(NaOH)初}$(ml) | | | |
| $V_{(NaOH)终}$(ml) | | | |
| $V_{(NaOH)}$(ml) | | | |
| $V_{(HCl)初}$(ml) | | | |
| $V_{(HCl)终}$(ml) | | | |
| $V_{(HCl)}$(ml) | | | |
| 相对平均偏差 | | | |

## 七、实验思考

1. 滴定管、移液管在装入溶液前为何需用少量待装液冲洗 2~3 次？用于滴定的锥形瓶是否需要干燥？是否需用待装液洗涤？为什么？

2. 为什么同一次滴定中，滴定管溶液体积的初、终读数应由同一操作者读取？

## 附：常用容量仪器的使用方法和注意事项

### 一、容量仪器的洗涤方法

常用的容量仪器包括容量瓶、滴定管和移液管等。在使用前，必须将容量仪器洗涤干净。

仪器洗涤干净的基本要求是内壁用水湿润时不挂水珠，否则说明内壁有粘污。如果油污不明显，可以先用自来水冲洗，再用管刷蘸肥皂或洗涤液刷洗。如有明显油污，则需用铬酸洗液浸泡后洗涤。洗涤时先去掉容量仪器中的水分，直接倒入铬酸洗液浸泡 20 分钟至数小时，然后将铬酸洗液倒回原瓶，再用自来水冲洗干净，最后还要用少量纯化水淋洗 2~3 次。碱式滴定管必须先卸下橡皮管换上橡皮胶头，下端用烧杯承接并顶住橡皮胶头，再用铬酸洗液浸泡。

二、容量仪器的使用和注意事项

1. 滴定管　滴定管为细长具有精密刻度的玻璃管，用来盛放和测量滴定液的体积，按容量大小可分为常量、半微量和微量滴定管；按构造和用途可分为酸式滴定管和碱式滴定管。

常量滴定管有 25ml、50ml 和 100ml 三种规格，最小刻度为 0.1ml，读数时估计到 0.01ml；半微量滴定管总容量为 10ml，最小刻度 0.05ml；微量滴定管有 1ml、2ml 和 5ml 三种规格，最小刻度 0.005ml 或 0.01ml。

酸式滴定管和碱式滴定管如实训图 2 所示。

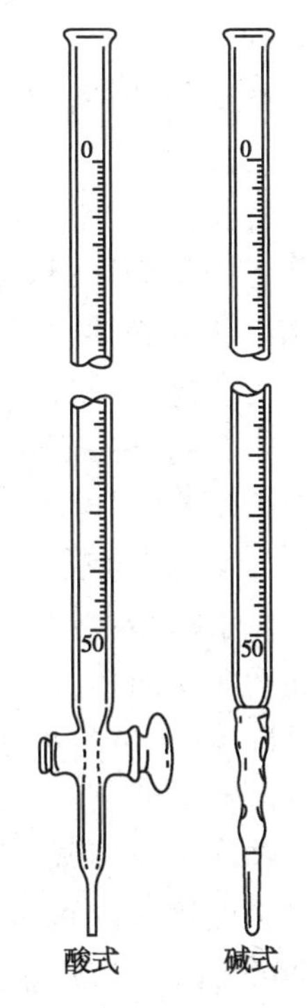

实训图 2　酸碱滴定管

酸式滴定管带有磨口玻璃塞，可盛装酸性、中性和氧化性溶液，不能盛放碱液，否则将腐蚀玻璃塞导致难以转动。

碱式滴定管带有玻璃珠塞的橡皮管，可盛放碱性溶液、中性和非氧化性溶液。不能盛放氧化性溶液。

(1) 滴定前的准备：滴定管在使用前要检查是否漏水。对于酸式滴定管，关闭活塞后将滴定管用自来水充满，直立几分钟，如不漏水再将活塞旋转 180° 观察，仍不漏水则可以使用。如果漏水或活塞转动不灵活则要在活塞上涂抹凡士林。其方法是先取下活塞，用滤纸擦干活塞和塞套中的水分，再在塞孔的两边各涂一层薄薄的凡士林，注意不要把塞孔堵住(实训图 3)，然后将活塞重新安装好，压紧并缓慢旋转使凡士林分布均匀，最后用橡皮圈套住活塞防止脱落。碱式滴定管如漏水需检查橡皮管是否老化破裂或玻璃珠大小是否合适，如有以上情况应及时更换。

(2) 装滴定液与排气：洗涤干净的滴定管在装滴定液之前，还必须用待装溶液淋洗 2~3 次，每次用量是滴定管容量五分之一，以免滴定管内残留水分对溶液浓度产生影响。淋洗时应倾斜并转动滴定管，最后从管口和活塞下端排出。滴定液必须直接从储液瓶中加入滴定管内，应加至“0” 刻度以上，不能借助其他容器。

滴定管下端玻璃管内有气泡时必须排出，否则将影响溶液的体积。酸式滴定管迅速打开活塞使气泡从管尖冲出。碱式滴定管可将橡皮管向上弯曲后挤压玻璃珠，利用液体压强差排出气泡。见实训图 4。

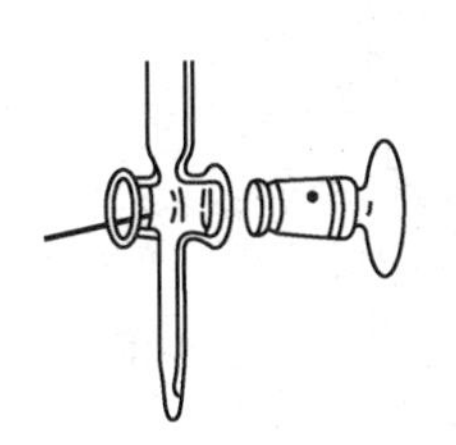
实训图 3　涂凡士林

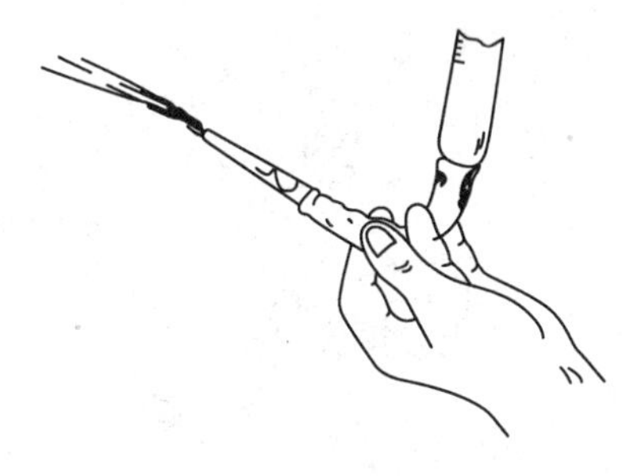
实训图 4　碱式滴定管排气

(3)滴定管的读数:滴定管的读数不准是造成滴定误差的主要原因之一。读数时滴定管应保持垂直,视线要与液面平行,以液面最凹处和刻度线相切为准。见实训图5。初读数应控制在0.00ml或0.00ml附近的整刻度;每次滴定的初读数和末读数必须由同一人读取,避免人为误差;在平行滴定中必须使用滴定管的同一部位;深色溶液可读取液面的最上沿。

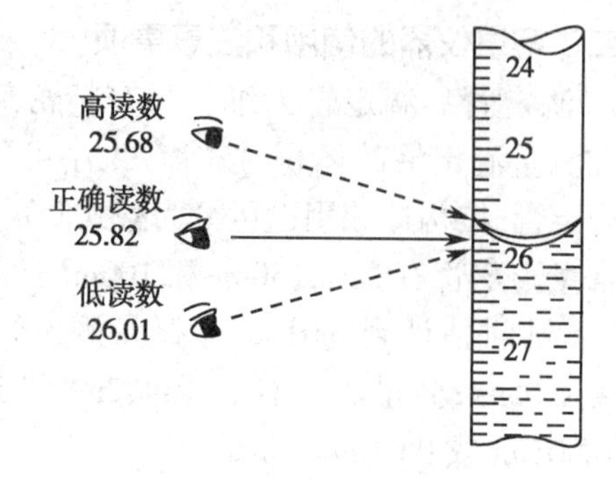


实训图5 滴定管读数

(4) 滴定操作:对于酸式滴定管左手拇指在活塞前,食指和中指在后握住塞柄,注意手心不能抵住活塞尾部,以免将活塞顶出造成漏夜。转动活塞时,手指稍弯轻轻向里扣住。使用碱式滴定管时,可用左手捏挤橡皮管内的玻璃珠,溶液即可流出。见实训图6。

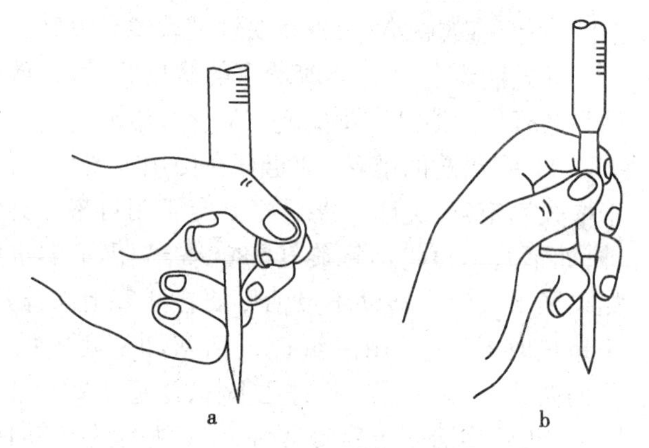


实训图6 滴定管操作

a. 酸式滴定管操作 b. 碱式滴定管操作

滴定时,右手用拇指、食指和中指夹住锥形瓶颈部,同时注意观察瓶底部的反应变化。将滴定管管口插入锥形瓶内少许,不能使管尖和锥形瓶口相碰。滴定时,可将锥形瓶朝一个方向做圆周运动,使滴定液和待测液尽快混合均匀。滴定也可在烧杯中进行,但需用玻璃棒不断搅拌溶液。滴定速度一般为先快后慢,近终点时要一滴一滴甚至要半滴半滴地进行。如需半滴可将悬在管口的液滴与锥形瓶内壁接触,再用洗瓶内纯化水冲下锥形瓶内壁溶液。滴定完毕后,将滴定管中剩余溶液倒入回收瓶。最后用水冲洗滴定管,将洗净的滴定管倒夹在滴定管架上。滴定操作见实训图7。

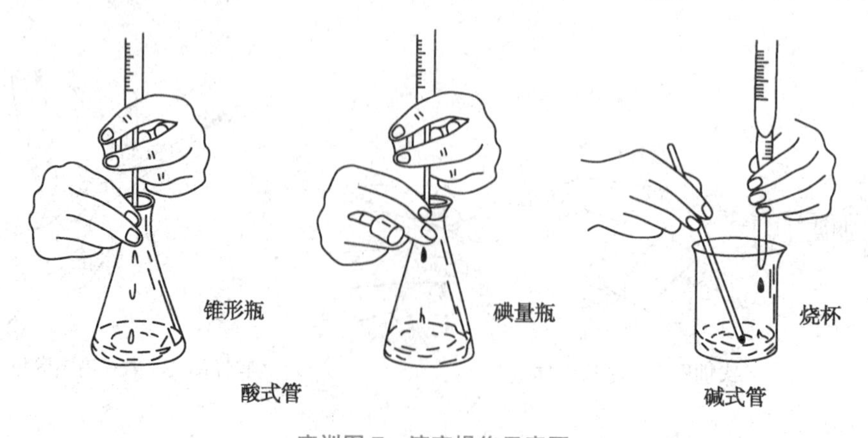


实训图7 滴定操作示意图

2. 移液管　移液管是用于准确移取一定体积溶液的量器，也称吸量管，分为腹式吸管和刻度吸管。见实训图 8。腹式吸管是中间有膨胀玻璃球并且仅有一个刻度的玻璃管，只适用于对固定体积溶液的移取，有 10ml、20ml、25ml 和 50ml 等几种规格；刻度吸管则是有很多精细刻度的直形玻璃管，有 1ml、2ml、5ml 和 10ml 等规格，可以移取所需容量的溶液。使用刻度吸管时必须注意刻度的标示，一种是刻度一直刻到管尖，另一种则只刻到管尖上端某处，不能混淆。

移取溶液前将移液管洗涤干净，再用待吸溶液润洗 2~3 次，降低残留水分对溶液浓度的影响，见实训图 9。吸取时，将移液管插入溶液至一定深度，左手拿洗耳球将溶液吸至标线以上，立即用右手食指按住移液管上端管口，同时拿起贮液瓶，管尖靠近瓶口内壁，稍松食指让溶液缓慢流下至凹液面与刻度相切，立即按紧食指。小心将移液管转移至稍倾斜的承受容器内，管尖与内壁接触，移液管垂直后松开食指使溶液流出，待溶液完全流出后，等 15 秒方可拿出移液管，见实训图 10。使用完毕后须将移液管洗净放在移液管架上。

3. 容量瓶　容量瓶简称为量瓶，为一细长颈梨型平底玻璃瓶，用来准确配制一定体积溶液，常用的有 50ml、100ml、250ml、500ml、1000ml 等多种型号。瓶上注明了体积和使用温度（一般为 20℃），瓶口带有磨口玻璃塞或塑料塞，瓶颈刻有标线标明容量。磨口玻璃塞必须用线系在瓶颈上以免丢失或沾污。使用时用手夹住向外，不能搁在手中。

容量瓶在使用前除洗涤外，还要检查是否漏水。将容量瓶盛满水后盖紧瓶塞，用手按住并倒置 1~2 分钟，如不漏水，可将瓶塞旋转 180°后再倒置 1~2 分钟，仍不漏水就可以使用。塑料塞一般不漏水。

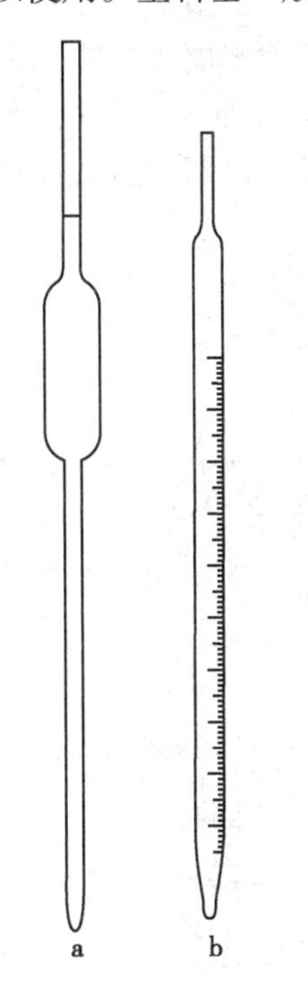


实训图 8　腹式吸管和刻度吸管
a. 腹式吸管　b. 刻度吸管

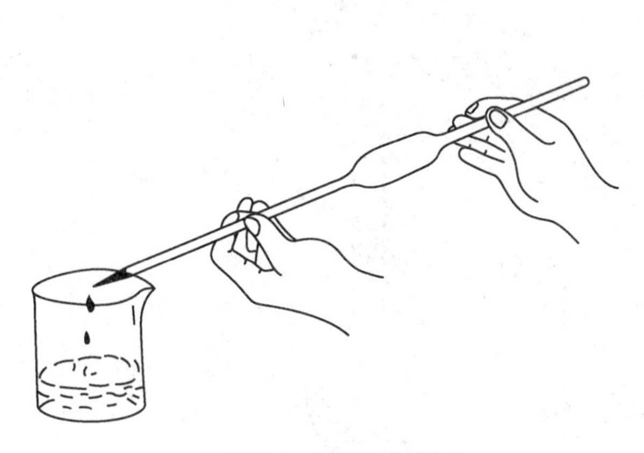

实训图 9　移液管的润洗

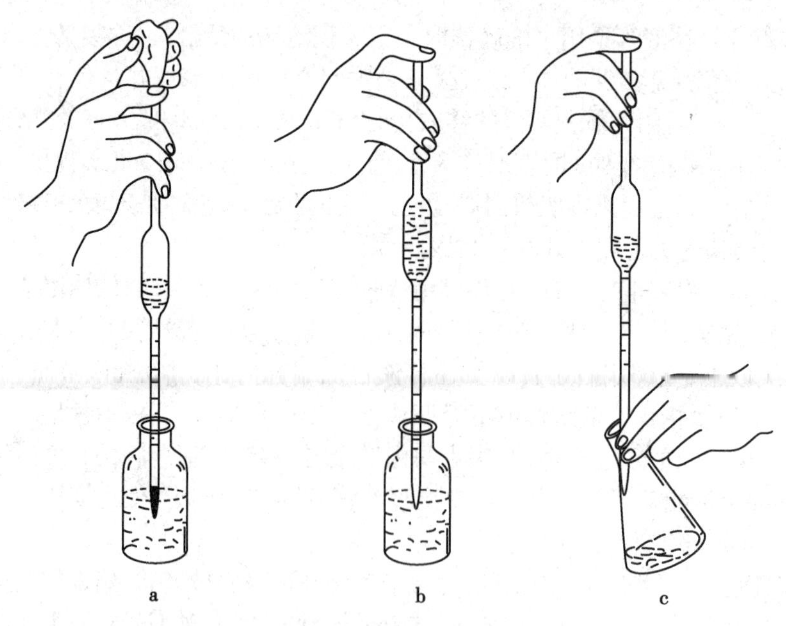


实训图 10 腹式吸管的使用方法
a. 吸取溶液 b. 调节液面 c. 放出溶液

用容量瓶配制溶液时，如果溶质为液体，先准确吸取一定体积的液体移入容量瓶内，再加水至瓶的标线，溶液的凹面应与标线相切。如果溶质为固体，则先要将准确称量的固体物质在烧杯中用适量纯化水溶解，再用一干净的玻璃棒置于容量瓶内并靠内壁，烧杯嘴紧靠玻璃棒下端，然后慢慢倾倒溶液，见实训图 11。溶液流完后要将玻璃棒和烧杯同时直立，使剩余的少许溶液流回烧杯。将烧杯和玻璃棒用纯化水淋洗 2~3 次，淋洗液一并倒入容量瓶中，旋转容量瓶使溶液初步混匀，加水至标线。要注意溶液的总体积不能超过标线，否则浓度将偏低。最后要盖紧瓶盖，将容量瓶反复倒转 10~20 次，使溶液充分混匀，见实训图 12。

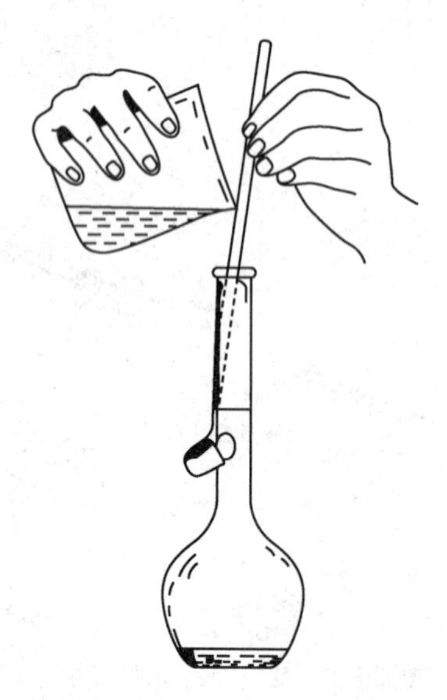

实训图 11 溶液移入容量瓶

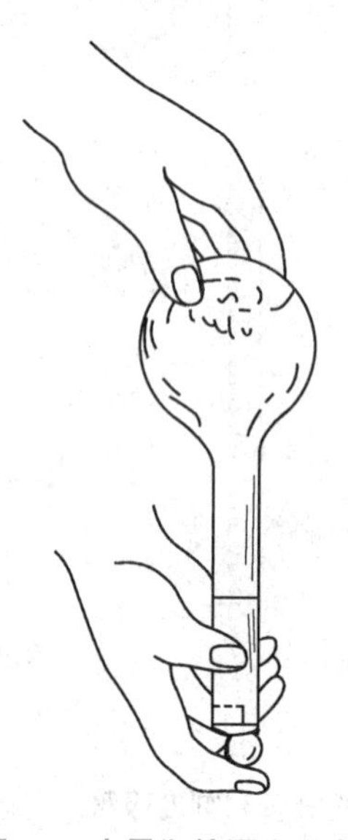

实训图 12 容量瓶检漏和混匀操作

配制好的溶液，应转入干净的干燥试剂瓶或用该溶液淋洗过 2~3 次的试剂瓶存装。

容量仪器都带有刻度或标线，不允许加热使用，也不能装热溶液，以免造成量度的不准确。

（曾明慧）

# 实验三　移液管和容量瓶的配套校准

## 一、实验目的

1. 掌握滴定分析仪器的校准方法。
2. 了解滴定分析仪器的误差。

## 二、实验用品

1. 仪器　分析天平、滴定管（50ml）、容量瓶（250ml）、移液管（25ml）、锥形瓶（50ml）。
2. 试剂　蒸馏水。

## 三、实验原理

目前我国生产的滴定分析仪器的准确度，基本可以满足一般分析工作的要求，无需校准。但是，为了提高滴定分析的准确度，尤其是在要求较高的分析工作中，必须对所用的量器进行校准。滴定管、移液管和容量瓶常用绝对校准法校准，当滴定管和容量瓶配套使用时，常采用相对校准法。

## 四、实验内容

1. 滴定管的绝对校准操作步骤

(1) 将蒸馏水装入已洗净的滴定管中，调节至 0.00 刻度，然后按照滴定速度放出一定体积的水到已称重的 50ml 锥形瓶（最好是有玻璃塞的）中，再在分析天平上称重（准确到 0.01g），两次质量之差，即为水的质量。记录放出纯水的体积 $V_{读}$（准确到 0.01ml）。

(2) 按一定体积间隔放出纯水、称重。

(3) 根据称得的水的质量除以该温度下水的校正密度 $d'_t$（见实训表 5），即可得到水的实际体积 $V_{实}$，最后计算出校正值。按上述步骤重复校准一次，两次校准值应不大于 0.02ml。

实训表 5　不同温度下水的 $d'_t$（g/ml）值

| t℃ | $d'_t$ | t℃ | $d'_t$ | t℃ | $d'_t$ |
|---|---|---|---|---|---|
| 5 | 0.99853 | 9 | 0.99845 | 13 | 0.99815 |
| 6 | 0.99853 | 10 | 0.99839 | 14 | 0.99804 |
| 7 | 0.99852 | 11 | 0.99833 | 15 | 0.99792 |
| 8 | 0.99849 | 12 | 0.99824 | 16 | 0.99778 |

续表

| t℃ | $d'_t$ | t℃ | $d'_t$ | t℃ | $d'_t$ |
|---|---|---|---|---|---|
| 17 | 0.99764 | 22 | 0.99676 | 27 | 0.99566 |
| 18 | 0.99749 | 23 | 0.99655 | 28 | 0.99539 |
| 19 | 0.99733 | 24 | 0.99634 | 29 | 0.99512 |
| 20 | 0.99715 | 25 | 0.99612 | 30 | 0.99485 |
| 21 | 0.99695 | 26 | 0.99588 | 31 | 0.99464 |

2. 移液管和容量瓶的相对校准操作步骤　将250ml容量瓶洗净并使其干燥，用25ml移液管移取蒸馏水10次置于上述容量瓶中，如发现液面与原标线不吻合，可在液面处作一新记号。两者配套使用时，则以新的记号作为容量瓶的标线。

移液管若需进行体积绝对校准，可参考滴定管校准的方法进行。容量瓶的绝对校准，可先将容量瓶洗净干燥，称重，然后加入蒸馏水至标线，再称重。由瓶内水重除以该温度下水的校正密度 $d'_t$，算出容量瓶的实际体积。

## 五、实验注意事项

1. 进行滴定管校准时，物品的多次称量应使用同一架分析天平。
2. 进行移液管和容量瓶的相对校准时，必须注意，在放水时不要沾湿瓶颈。

## 六、实验数据记录与处理

滴定管校准记录表

水温 t(　　　)，$d'_t$(　　　)　　　　　　年　　月　　日

| 滴定体积读数(ml) | 瓶加水重(g) | 水重(g) | 实际体积(ml) | 校正值($V_{实}-V_{读}$)(ml) |
|---|---|---|---|---|
| 0.00 | | | | |
| 10.00 | | | | |
| 20.00 | | | | |
| 30.00 | | | | |
| 40.00 | | | | |
| 50.00 | | | | |

## 七、实验思考

1. 校准滴定管时，为何锥形瓶和水的质量只须准确到0.01g？

2. 为何在同一滴定分析实验中，要用同一支滴定管或移液管？为何滴定时每次都应从零刻度或零刻度以下(附近)开始？

（曾明慧）

# 实验四　0.1mol/L HCl 滴定液的配制和标定

## 一、实验目的

1. 掌握盐酸标准溶液的配制与标定方法。

2. 熟悉甲基红 - 溴甲酚绿混合指示剂确定终点的方法。

3. 巩固分析天平的称量和滴定分析的基本操作。

## 二、实验用品

1. 仪器　分析天平、托盘天平、酸式滴定管(50ml)、称量瓶、移液管(25ml)、玻璃棒、量筒、锥形瓶、试剂瓶(500ml)、水浴锅。

2. 试剂　浓盐酸、基准无水碳酸钠、甲基红 - 溴甲酚绿混合指示液。

## 三、实验原理

市售浓盐酸为无色透明溶液，HCl 含量为 36~38%(w/w)，相对密度约为 1.19。由于浓盐酸易挥发，不能直接配制，应采用间接法配制盐酸滴定液。

标定盐酸的基准物有无水碳酸钠和硼砂等，本实验用基准无水碳酸钠进行标定，以甲基红 - 溴甲酚绿混合指示剂指示终点，终点颜色由绿色变暗紫色。标定反应为：

$$2HCl+Na_2CO_3 = 2NaCl+H_2O+CO_2\uparrow$$

反应过程产生的 $H_2CO_3$ 会使滴定突跃不明显，致使指示剂颜色变化不够敏锐。所以，在滴定接近终点时，将溶液加热煮沸，并摇动以驱走 $CO_2$，冷却后再继续滴定至终点。

## 四、实验内容

1. 0.1mol/L HCl 滴定液的配制　用洁净小量筒量取浓 HCl 约 5ml，再加蒸馏水稀释至 500ml，摇匀，即得。

2. 0.1mol/L HCl 滴定液的标定　用减重法精密称取在 270~300℃干燥至恒重的基准无水 $Na_2CO_3$ 三份，每份约 0.12~0.15g，分别置于 250ml 锥形瓶中加蒸馏水 50ml 溶解后，加甲基红 - 溴甲酚绿混合指示剂 10 滴，用待标定的 HCl 滴定液滴定至溶液由绿变紫红色，煮沸约 2 分钟，冷却至室温，继续滴定至暗紫色，记下所消耗的滴定液的体积。平行测定 3 次。根据所消耗的 HCl 体积及 $Na_2CO_3$ 的质量，计算 HCl 滴定液的浓度。

## 五、实验注意事项

1. 无水碳酸钠经过高温烘烤后，极易吸水，故称量瓶一定要盖严；称量时，动作要快些，以免无水碳酸钠吸水。

2. 实验中所用锥形瓶不需要烘干，加入蒸馏水的量不需要准确。

3. $Na_2CO_3$ 在 270~300℃加热干燥，目的是除去其中的水分及少量 $NaHCO_3$。但若温度超过 300℃则部分 $Na_2CO_3$ 分解为 $Na_2O$ 和 $CO_2$。加热过程中(可在沙浴中进行)，要翻动几次，使受热均匀。

4. 近终点时，由于形成 $H_2CO_3$-$NaHCO_3$ 缓冲溶液，pH 变化不大，终点不敏锐，故需要加热或煮沸溶液。

## 六、实验数据记录与处理

1. HCl 滴定液的标定记录

年　月　日

| 项目＼编号 | | Ⅰ | Ⅱ | Ⅲ |
|---|---|---|---|---|
| $m(Na_2CO_3)$ g | | | | |
| $V$(HCl) ml | $V_{终}$ | | | |
| | $V_{初}$ | | | |
| | $V_{用}$ | | | |
| $c$(HCl) mol/L | | | | |
| 平均值 mol/L | | | | |
| $R\bar{d}$ | | | | |
| $RSD$ | | | | |

2. 数据处理

$$c_{HCl}=2\times\frac{m_{Na_2CO_3}}{V_{HCl}\times M_{Na_2CO_3}}\times 10^3$$

## 七、实验思考

1. 为什么称取经高温烘烤后的无水 $Na_2CO_3$ 要快速进行，并且称量瓶盖一定要盖严？

2. 无水 $Na_2CO_3$ 作为基准物标定 HCl 滴定液，近终点时为什么应将溶液煮沸，同时要用力振摇溶液？

（接明军）

# 实验五　0.1mol/L NaOH 滴定液的配制和标定

## 一、实验目的

1. 掌握氢氧化钠标准溶液的配制与标定方法。
2. 熟悉酚酞指示剂确定终点的方法。
3. 继续巩固分析天平的称量和滴定分析的基本操作。

## 二、实验用品

1. 仪器　分析天平、托盘天平、碱式滴定管(50ml)、称量瓶、移液管(25ml)、玻璃棒、量筒、锥形瓶、试剂瓶(500ml)、水浴锅。

2. 试剂　氢氧化钠、基准邻苯二甲酸氢钾、酚酞指示液。

## 三、实验原理

NaOH 易吸收空气中的 $CO_2$，使得溶液中含有 $Na_2CO_3$。

$$2NaOH+CO_2 = Na_2CO_3+H_2O$$

经标定后的含有碳酸钠的标准碱溶液，用它测定酸含量时，若使用与标定时相同的指示剂，则含碳酸盐对测定并无影响，若测定与标定不是用相同的指示剂，则将发生一定的误差。因此应配制不含碳酸盐的标准溶液。

由于 $Na_2CO_3$ 在饱和 NaOH 溶液中不溶解，因此可用饱和 NaOH 溶液[含量约为 52%（W/W），相对密度约 1.56]，配制不含 $Na_2CO_3$ 的 NaOH 溶液。待 $Na_2CO_3$ 沉淀后，量取一定量上清液，稀释至所需浓度。用来配制氢氧化钠溶液的蒸馏水，应加热煮沸放冷，除去其中的 $CO_2$。

标定碱溶液的基准物质很多，如草酸（$H_2C_2O_4 \cdot 2H_2O$），苯甲酸（$C_7H_6O_4$），邻苯二甲酸氢钾（$KHC_8H_4O_4$）等。最常用的是邻苯二甲酸氢钾，滴定反应如下：

$$C_6H_4(COOH)(COOK) + NaOH \longrightarrow C_6H_4(COONa)(COOK) + H_2O$$

## 四、实验内容

1. NaOH 标准溶液的配制　称取 NaOH 约 120g，倒入装有 100ml 蒸馏水的烧杯中，搅拌使之溶解成饱和溶液。冷却后，置于塑料瓶中，静置数日，澄清后备用。直接吸取 NaOH 上清液 3ml，加新煮沸过的蒸馏水 500ml，摇匀。

2. NaOH 溶液（0.1mol/L）的标定　用减量法精密称取 105~110℃干燥至恒重的基准物邻苯二甲酸氢钾三份，每份约 0.5g。分别盛放于 250ml 锥形瓶中，各加新煮沸冷却蒸馏水 50ml，小心振摇使之完全溶解。加酚酞指示剂 2 滴，用 NaOH 溶液（0.1mol/L）滴定至溶液呈现浅红色，记录所消耗的 NaOH 溶液的体积。平行测定 3 次。根据所消耗的 NaOH 体积及邻苯二甲酸氢钾的质量计算 NaOH 的浓度。

## 五、实验注意事项

1. 固体氢氧化钠应在表面皿上或在小烧杯中称量，不能在称量纸上称量。
2. 滴定之前，应检查橡皮管内和滴定管管尖处是否有气泡，如有气泡应予以排除。
3. 盛装基准物的 3 个锥形瓶应编号，以免张冠李戴。

## 六、实验数据记录与处理

1. NaOH 滴定液的标定记录　　　　年　月　日

| 项目 \ 编号 | | Ⅰ | Ⅱ | Ⅲ |
|---|---|---|---|---|
| $m(KHC_8H_4O_4)$　g | | | | |
| $V(NaOH)$　ml | $V_{终}$ | | | |
| | $V_{初}$ | | | |
| | $V_{用}$ | | | |

续表

| 项目 \ 编号 | Ⅰ | Ⅱ | Ⅲ |
|---|---|---|---|
| $c$(NaOH)　mol/L | | | |
| 平均值　mol/L | | | |
| $R\bar{d}$ | | | |
| $RSD$ | | | |

2. 数据处理

$$c_{NaOH}=\frac{m_{KHC_8H_4O_4}}{V_{NaOH}\times M_{KHC_8H_4O_4}}\times 10^3$$

## 七、实验思考

1. 配制标准溶液时,用台秤称取固体 NaOH 是否会影响浓度的准确度?能否用纸称取固体 NaOH ?为什么?

2. 用邻苯二甲酸氢钾为基准物质标定 NaOH 溶液的浓度,若希望消耗 NaOH 溶液(0.1mol/L)约 25ml,问应称取邻苯二甲酸氢钾多少克?

(接明军)

# 实验六　混合碱的含量测定

## 一、实验目的

1. 掌握用双指示剂法测定混合碱中 NaOH、$Na_2CO_3$ 的含量。
2. 了解测定混合碱中 NaOH、$Na_2CO_3$ 含量的原理和方法。

## 二、实验用品

1. 仪器　酸式滴定管、容量瓶(250ml)、移液管(25ml)、电子天平。
2. 试剂　0.1% 甲基橙指示剂、0.1% 酚酞指示剂、混合碱样品。

## 三、实验原理

碱液易吸收空气中的 $CO_2$ 形成 $Na_2CO_3$,苛性碱实际上往往含有 $Na_2CO_3$,故称为混合碱,在标定时,反应如下:

$$NaOH+HCl = NaCl+H_2O$$
$$Na_2CO_3+HCl = NaHCO_3+H_2O$$
$$NaHCO_3+HCl = NaCl+CO_2+H_2O$$

可用酚酞及甲基橙来分别作指示剂,当酚酞变色时,NaOH 全部被中和,而 $Na_2CO_3$ 只被中和到一半,在此溶液中再加甲基橙指示剂,继续滴加到终点,则滴定完成。

## 四、实验内容

1. 准确称取 2g 混合碱样品，溶解并定量于 250ml 容量瓶中，用蒸馏水稀释到刻度，摇匀。

2. 用移液管从容量瓶中吸取 25.00ml 试液于锥形瓶中，加入酚酞指示剂 1~2 滴，用 HCl 溶液滴定至红色刚刚褪去，记录消耗 HCl 滴定液的体积 $V_1$，然后加入甲基橙指示剂 1 滴，继续用 HCl 滴定液滴定至溶液由黄色变为橙色为终点，记录消耗 HCl 滴定液的体积 $V_2$，平行测定 3 次。

## 五、实验注意事项

1. 本实验为平行测定，容易产生主观误差，读取滴定管体积时应实事求是，不要受到前次读数的影响。

2. 酚酞由红色到无色不敏锐，过程较长，应缓慢耐心滴定，认真仔细地观察现象，若选用百里酚蓝、甲酚红混合指示剂则效果较好。

3. 如果待测试样为混合碱溶液，则直接用移液管准确吸取 25.00ml 试液 3 份，分别加新煮沸的冷却蒸馏水，按同法进行测定。测定结果以 g/L 表示。

4. 滴定速度宜慢，近终点每加 1 滴后摇匀，至颜色稳定后再加第 2 滴。否则，因为颜色变化较慢，容易过量。只要认真的对待，严谨的作风是可以完成的。

## 六、实验数据记录及处理

1. HCl 滴定液消耗记录　　　　年　月　日

| 项目＼编号 | | Ⅰ | Ⅱ | Ⅲ |
|---|---|---|---|---|
| 酚酞变色时 $V_1$(HCl)　ml | $V_{终}$ | | | |
| | $V_{初}$ | | | |
| | $V_{用}$ | | | |
| $V_2$(HCl)　ml | $V_{终}$ | | | |
| | $V_{初}$ | | | |
| | $V_{用}$ | | | |
| NaOH% | | | | |
| 平均值 | | | | |
| $R\bar{d}$ | | | | |
| *RSD* | | | | |
| $Na_2CO_3$% | | | | |
| 平均值 | | | | |
| $R\bar{d}$ | | | | |
| *RSD* | | | | |

2. 数据处理

(1) $NaOH\%=\frac{c_{HCl}(V_1-V_2)_{HCl}M_{NaOH}\times10^{-3}}{m_s\times\frac{25.00}{250.0}}\times100\%$

(2) $Na_2CO_3\%=\frac{\frac{1}{2}c_{HCl}(2V_2)_{HCl}M_{Na_2CO_3}\times10^{-3}}{m_s\times\frac{25.00}{250.0}}\times100\%$

## 七、实验思考

1. 什么叫双指示剂法？
2. 在滴定混合碱的实验操作中，近终点时为什么滴定速度宜慢？

（接明军）

# 实验七　硼砂样品中 $Na_2B_4O_7 \cdot 10H_2O$ 的含量测定

## 一、实验目的

1. 学会用酸碱滴定法测定硼砂的含量。
2. 会用甲基红指示剂确定硼砂的终点。
3. 会正确计算及表示硼砂的含量和测定结果的相对平均偏差。

## 二、实验用品

1. 仪器　分析天平、托盘天平、酸式滴定管(50ml)、称量瓶、移液管(25ml)、玻璃棒、量筒、锥形瓶。
2. 试剂　硼砂固体试样、0.1mol/L 盐酸标准溶液、甲基红指示剂。

## 三、实验原理

$Na_2B_4O_7 \cdot 10H_2O$ 是一个强碱弱酸盐，其滴定产物硼酸是一很弱的酸($K_{a1}=5.81\times10^{-10}$)，并不干扰盐酸标准溶液对硼砂的测定。在计量点前，酸度很弱，计量点后，盐酸稍过量时溶液 pH 值急剧下降，形成突跃。反应式如下：

$$Na_2B_4O_7+2HCl+5H_2O = 2NaCl+4H_3BO_3$$

计量点时 pH=5.1，可选用甲基红为指示剂。

## 四、实验内容

用减重法精密称取硼砂样品约 0.4g，加蒸馏水 50ml 使之溶解，加 2 滴甲基红指示剂，用 0.1mol/L HCl 标准溶液滴定至溶液由黄变为橙色即为终点，记录消耗的 HCl 标准溶液的体积。平行测定 3 次。计算 $Na_2B_4O_7 \cdot 10H_2O$ 的含量。

## 五、实验注意事项

1. 硼砂量大，不易溶解，必要时可在电炉上加热使溶解，放冷后再滴定。

2. 终点应为橙色，若偏红，则滴定过量，使结果偏高。

## 六、实验数据记录与处理

1. 硼砂样品量、百分含量和HCl滴定液消耗量记录　　　　年　月　日

| 项目＼编号 | | Ⅰ | Ⅱ | Ⅲ |
|---|---|---|---|---|
| $m(Na_2B_4O_7\cdot 10H_2O)$　g | | | | |
| $V(HCl)$　ml | $V_{终}$ | | | |
| | $V_{初}$ | | | |
| | $V_{用}$ | | | |
| $Na_2B_4O_7\cdot 10H_2O\%$ | | | | |
| 平均值 | | | | |
| $R\bar{d}$ | | | | |
| $RSD$ | | | | |

2. 数据处理

$$Na_2B_4O_7\cdot 10H_2O\%=\frac{c_{HCl}V_{HCl}M_{Na_2B_4O_7\cdot 10H_2O}\times 10^{-3}}{2m_s}\times 100\%$$

## 七、实验思考

1. 硼砂是强碱弱酸盐，可用盐酸标准溶液直接滴定，醋酸钠也是强碱弱酸盐，是否能用盐酸标准溶液直接滴定？

2. 若$Na_2B_4O_7\cdot 10H_2O$部分风化失去结晶水，则测得的百分含量是偏高还是偏低？

（接明军）

# 实验八　食醋中总酸量的测定

## 一、实验目的

1. 熟练掌握移液管、容量瓶的使用方法。
2. 熟悉强碱滴定弱酸的原理及指示剂的选择。
3. 学会食醋中总酸量的测定方法。

## 二、实验用品

1. 仪器　碱式滴定管、10ml及20ml移液管、100ml容量瓶、锥形瓶。
2. 试剂　NaOH标准溶液、酚酞指示剂、食醋样品。

## 三、实验原理

食醋中主要成分是$CH_3COOH$，此外还有少量的其他弱酸，如乳酸等。用NaOH

滴定时，凡 $cK_a>10^{-8}$ 的弱酸都可被滴定，故测得的是总酸量，习惯上用 g/100ml 来表示。

## 四、实验内容

精密吸取食醋样品 10ml 于 100ml 容量瓶中，加蒸馏水稀释到刻度，混匀。

精密移取上述溶液 20ml 于锥形瓶中，加入 1~2 滴酚酞指示剂，用 NaOH 标准溶液滴定至终点（微红），记录消耗的 NaOH 体积。平行测定 3 次，计算 $CH_3COOH$ 含量。

## 五、实验注意事项

1. 吸取食醋样品前应将食醋充分混匀。
2. 终点时由于受到食醋本身颜色的干扰，不易判定，应仔细鉴别。

## 六、实验数据记录与处理

1. 食醋中总酸量的测定记录　　　　年　月　日

| 项目＼编号 | | Ⅰ | Ⅱ | Ⅲ |
|---|---|---|---|---|
| $V$(NaOH)　ml | $V_{终}$ | | | |
| | $V_{初}$ | | | |
| | $V_{用}$ | | | |
| $CH_3COOH\%$ | | | | |
| 平均值 | | | | |
| $R\bar{d}$ | | | | |
| $RSD$ | | | | |

2. 数据处理

$$CH_3COOH\% = \frac{c_{NaOH}V_{NaOH}M_{HAc}}{1000} \times \frac{100}{10} \times \frac{100}{20}\ (g/100ml)$$

## 七、实验思考

1. 容量瓶在使用前是否用待装液润洗？为什么？
2. 移液管在移取溶液前是否用待移液润洗？为什么？

（接明军）

# 实验九　苯甲酸含量测定

## 一、实验目的

1. 熟练掌握碱式滴定管的滴定操作。
2. 熟悉苯甲酸含量的测定原理。
3. 学会用酚酞指示剂判断滴定终点。

## 二、实验用品

1. 仪器　分析天平、称量瓶、碱式滴定管、锥形瓶、量筒。

2. 试剂　氢氧化钠标准溶液、苯甲酸、中性乙醇(95%的乙醇53ml加水至100ml，用0.1mol/L NaOH标准溶液滴至酚酞指示剂显微粉色)、酚酞指示剂(0.1%乙醇溶液)。

## 三、实验原理

苯甲酸属于芳香羧酸药物，其 $K_a=6.3\times10^{-3}$，故可用碱标准溶液直接滴定，其滴定反应为：

$$C_6H_5COOH + NaOH \longrightarrow C_6H_5COONa + H_2O$$

计量点时，由于生成苯甲酸钠(强碱弱酸盐)，溶液呈微碱性，应选用碱性区域变色的指示剂，本实验选用酚酞作指示剂。

## 四、实验内容

精密称取苯甲酸样品约0.27g，加中性乙醇溶液25ml使之溶解，加酚酞指示剂3滴，用0.1mol/L NaOH标准溶液滴定至溶液呈淡红色即为终点。记录消耗的NaOH标准溶液的体积。平行测定3次，计算苯甲酸的重量百分含量。

## 五、实验注意事项

滴定终点的颜色应为淡红色，不可太深。

## 六、实验数据记录与处理

1. 苯甲酸样品量、百分含量和NaOH滴定液消耗量记录　　　　年　月　日

| 项目 \ 编号 | | Ⅰ | Ⅱ | Ⅲ |
|---|---|---|---|---|
| $m(C_7H_6O_2)$　g | | | | |
| $V(NaOH)$　ml | $V_{终}$ | | | |
| | $V_{初}$ | | | |
| | $V_{用}$ | | | |
| $C_7H_6O_2\%$ | | | | |
| 平均值 | | | | |
| $R\bar{d}$ | | | | |
| $RSD$ | | | | |

2. 数据处理

$$C_7H_6O_2\%=\frac{c_{NaOH}V_{NaOH}M_{C_7H_6O_2}}{m_s\times 1000}\times 100\%$$

## 七、实验思考

1. 测定苯甲酸的操作步骤中,每份样品重约 0.27g 是如何求得的?
2. 若实验需要 50%(V/V)稀乙醇 75ml,需 95%(V/V)乙醇多少毫升?

(接明军)

# 实验十　高氯酸滴定液的配制与标定

## 一、实验目的

1. 熟练掌握配制、标定高氯酸滴定液的基本操作。
2. 熟悉非水溶液酸碱滴定法原理。
3. 学会用结晶紫指示剂确定滴定终点。

## 二、实验用品

1. 仪器　微量滴定管(10ml)、锥形瓶(50ml)、量杯(10ml)等。
2. 试剂　高氯酸(AR70~72%,比重 1.75)、醋酐(AR97%,比重 1.08)、醋酸(AR)、基准邻苯二甲酸、结晶紫指示剂(0.5% 的冰醋酸溶液)。

## 三、实验原理

常见的无机酸在冰醋酸中以高氯酸的酸性最强,并且高氯酸的盐易溶于有机溶剂,故在非水溶液酸碱滴定中常用。

高氯酸滴定液通常采用间接法配制,用邻苯二甲酸氢钾为基准物,结晶紫为指示剂标定高氯酸滴定液的浓度。根据邻苯二甲酸氢钾的质量和消耗高氯酸滴定液的体积,即可求得高氯酸滴定液的浓度。其滴定反应为:

$$C_6H_4(COOK)(COOH) + HClO_4 \longrightarrow C_6H_4(COOH)_2 + KClO_4$$

由于溶剂和指示剂要消耗一定量的滴定液,故需做空白试验校正。

## 四、实验内容

### (一) 0.1mol/L 高氯酸滴定液的配制

取无水冰醋酸(按含水量计算,每 1g 水加醋酐 5.22ml)750ml,加入高氯酸(70~72%)85ml,摇匀,在室温下缓缓滴加醋酐 23ml,边加边摇,加完后再振摇均匀,放冷,再加无水醋酸配成 1000ml,摇匀,放置 24 小时。若所供试品易乙酰化,则需用水分测定法测定本液的含水量,再用水和醋酐调节至本液的含水量为 0.01%~0.02%。

（二）0.1mol/L 高氯酸滴定液的标定

精密称取在105℃干燥至恒重的基准邻苯二甲酸氢钾约0.16g，加无水冰醋酸20ml使之溶解，加结晶紫指示剂1滴，用高氯酸滴定液缓缓滴至蓝色即为滴定终点，并将滴定结果用空白试验校正。平行测定3次，根据邻苯二甲酸氢钾的质量和消耗高氯酸滴定液的体积，计算出高氯酸滴定液的浓度。

## 五、实验注意事项

1. 在配制高氯酸滴定液时，应先用冰醋酸将高氯酸稀释后在缓缓加入醋酐。
2. 使用的仪器应预先洗净烘干。
3. 高氯酸、冰醋酸能腐蚀皮肤，刺激黏膜，应注意防护。
4. 冰醋酸有挥发性，应将配好的高氯酸滴定液置棕色瓶中密闭保存。
5. 结晶紫指示剂指示终点颜色的变化为紫→紫蓝→纯蓝，其中紫→紫蓝的变化比较长，而紫蓝→纯蓝的变化较短，应注意把握好终点。
6. 微量滴定管的读数可读至小数点后3位，最后一位为“5”或“0”。
7. 近终点时，用少量的溶剂荡洗玻壁。
8. 实验结束后应回收溶剂。

## 六、实验数据记录与处理

1. $HClO_4$ 滴定液消耗量记录　　　　年　月　日

| 编号 / 项目 | | Ⅰ | Ⅱ | Ⅲ |
|---|---|---|---|---|
| $m(C_8H_5O_4K)$　g | | | | |
| $V(HClO_4)$　ml | $V_{终}$ | | | |
| | $V_{初}$ | | | |
| | $V_{用}$ | | | |
| $c(HClO_4)$　mol/L | | | | |
| 平均值 | | | | |
| $R\bar{d}$ | | | | |
| $RSD$ | | | | |

2. 数据处理

$$c_{HClO_4}=\frac{m_{C_8H_5O_4K}}{(V-V_{空白})_{HClO_4}M_{C_8H_5O_4K}}\times 10^3$$

## 七、实验思考

1. 为什么醋酐不能直接加入高氯酸溶液中？
2. 如果锥形瓶中有少量水会带来什么影响，为什么？

3. 为什么要做空白试验？怎样做空白试验？

4. 为什么邻苯二甲酸氢钾既可作为标定碱（NaOH），还可以作为标定酸（$HClO_4$）的基准物质？

5. 室温对高氯酸标准溶液的浓度影响如何？

（接明军）

## 实验十一　枸橼酸钠的含量测定

### 一、实验目的

1. 掌握用非水溶液酸碱滴定法测定有机酸碱金属盐含量的方法。
2. 进一步巩固非水滴定的操作。

### 二、实验用品

1. 仪器　微量滴定管。
2. 试剂　高氯酸滴定液（0.1mol/L）、枸橼酸钠溶液、冰醋酸（AR）、醋酐（AR、97%、比重 1.08）、结晶紫指示剂。

### 三、实验原理

枸橼酸钠在水溶液中碱性很弱，不能直接进行酸碱滴定。由于醋酸的酸性比水的酸性强，将枸橼酸钠溶解在冰醋酸溶剂中，其碱性可大大增强，便可用结晶紫作指示剂，用高氯酸作滴定液直接滴定。其滴定反应为：

$$\begin{array}{c}CH_2COONa\\|\\OH-CCOONa\\|\\CH_2COONa\end{array} + 3HClO_4 \rightleftharpoons \begin{array}{c}CH_2COOH\\|\\OH-CCOOH\\|\\CH_2COOH\end{array} + 3NaClO_4$$

### 四、实验内容

精密称取枸橼酸钠样品 80mg，加冰醋酸 5ml，加热使之溶解，放冷，加醋酐 10ml，结晶紫指示剂 1 滴，用 0.1mol/L 高氯酸滴定液滴定至溶液显蓝绿色即为终点，用空白试验校正。平行测定 3 次，根据高氯酸滴定液的用量计算取枸橼酸钠的含量。

### 五、实验注意事项

1. 使用的仪器均需预先洗净干燥。
2. 若测定时的室温与标定时的室温相差较大时（一般在 ±2℃以上）需加以校正。
3. 对终点的观察应注意其变色过程，近终点时滴定速度要恰当。

## 六、实验数据记录与处理

1. 枸橼酸钠样品量和高氯酸滴定液消耗量记录　　　　年　月　日

| 项目＼编号 | | Ⅰ | Ⅱ | Ⅲ |
|---|---|---|---|---|
| $m(C_6H_5O_7Na_3)$　g | | | | |
| $V(HClO_4)$　ml | $V_{终}$ | | | |
| | $V_{初}$ | | | |
| | $V_{用}$ | | | |
| $C_6H_5O_7Na_3\%$ | | | | |
| 平均值 | | | | |
| $R\bar{d}$ | | | | |
| $RSD$ | | | | |

2. 数据处理

$$C_6H_5O_7Na_3\%=\frac{(V_s-V_{空})_{HClO_4}\,c_{HClO_4}\,M_{C_6H_5O_7Na_3}\times 10^{-3}}{3m_s}\times 100\%$$

## 七、实验思考

1. 为什么枸橼酸钠在水中不能直接滴定而在冰醋酸中能直接滴定？
2. 枸橼酸钠的称取量是以什么为依据计算出的？

（接明军）

# 实验十二　高锰酸钾滴定液的配制与标定

## 一、实验目的

1. 熟练掌握高锰酸钾滴定液的配制和保存的方法。
2. 熟练掌握 $Na_2C_2O_4$ 基准物质标定 $KMnO_4$ 滴定液的方法。
3. 理解自身指示剂的作用原理，并能正确判断滴定终点。

## 二、实验用品

1. 仪器　恒温水浴锅、分析天平、酸式滴定管(50ml)、锥形瓶(250ml)、称量瓶、垂熔玻璃漏斗。

2. 试剂　$KMnO_4$(固体，AR)、基准 $Na_2C_2O_4$、3mol/L $H_2SO_4$ 溶液。

## 三、实验原理

市售高锰酸钾中常含有少量二氧化锰、氯化物、硫酸盐、硝酸盐等杂质，纯化水和空气中也常含有微量还原性物质，高锰酸钾的氧化能力很强，容易和水及空气中的还

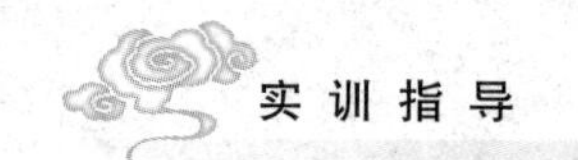


原性物质作用。另外，$KMnO_4$ 还能自行分解：

$$4KMnO_4+2H_2O \rightleftharpoons 4KOH+4MnO_2\downarrow+3O_2\uparrow$$

分解的速率与溶液的酸度有关，在中性溶液中分解较慢，见光则分解加快。可见高锰酸钾溶液不稳定，特别是配制初期溶液的浓度容易发生改变。因此 $KMnO_4$ 滴定液不能用直接法配制。一般要提前将溶液配制好，贮存于棕色瓶中，密闭保存 7~8 天后再用基准物质进行标定。

标定高锰酸钾的基准物质很多，其中因 $Na_2C_2O_4$ 不含结晶水，性质稳定，容易精制而最为常用。其标定反应如下：

$$2MnO_4^- + 5C_2O_4^{2-} + 16H^+ \rightleftharpoons 2Mn^{2+}+10CO_2\uparrow+8H_2O$$

此反应速度较慢，可采用增大反应物浓度和加热的方法来提高反应速度。$KMnO_4$ 溶液本身有色，因此可作为自身指示剂使用。终点前 $MnO_4^-$ 被还原成 $Mn^{2+}$，溶液一直是无色的，稍过量的高锰酸钾使溶液呈现浅红色，指示终点到达。

为了防止温度过高使草酸分解，一般在水浴锅中加热至 65℃，用待标定的高锰酸钾滴定液滴定至溶液出现淡红色即为终点。

## 四、实验内容

1. 0.02mol/L $KMnO_4$ 滴定液的配制　用托盘天平称取 1.6g $KMnO_4$ 置于大烧杯中，加纯化水 500ml，煮沸 15 分钟，冷却后置于棕色瓶中，于暗处静置 2 天以上，用垂熔玻璃滤器过滤，摇匀，存于另一棕色玻璃瓶中，贴上标签，备用。

2. 0.02mol/L $KMnO_4$ 滴定液的标定　精密称取于 105℃干燥至恒重的基准草酸钠约 0.2g，加入新煮沸过的冷纯化水 25ml 和 3mol/L $H_2SO_4$ 溶液 10ml，搅拌使其溶解，然后从滴定管中迅速加入待标定的高锰酸钾滴定液约 25ml，放在 65℃水浴锅中加热，待褪色后，继续滴定至溶液显淡红色且 30 秒内不褪色即为终点。滴定结束时，溶液温度应不低于 55℃。记录消耗的 $KMnO_4$ 滴定液的体积。

3. 平行测定三次，计算 $KMnO_4$ 滴定液的浓度和三次结果的相对平均偏差和相对标准偏差。

## 五、实验注意事项

1. $KMnO_4$ 的氧化能力很强，容易被水中的微量还原性物质还原产生 $MnO_2$ 沉淀。另外，$KMnO_4$ 还能自行分解：

$$4KMnO_4+2H_2O \rightleftharpoons 4KOH+4MnO_2\downarrow+3O_2\uparrow$$

该分解反应的速率较慢，但能被 $MnO_2$ 加速，见光分解得更快。为了得到稳定的 $KMnO_4$ 溶液，须将溶液中析出的 $MnO_2$ 沉淀滤掉，并置于棕色瓶中于冷暗处保存。

2. 由于 $KMnO_4$ 在酸性溶液中是强氧化剂，易与空气中的还原剂发生反应。当滴定到达终点时，稍微过量一滴 $KMnO_4$ 使溶液呈粉红色，但在空气中放置时，很容易被空气中的还原性气体或还原性灰尘作用而逐渐褪色。滴定至终点时溶液刚好出现均匀的淡红色，应将锥形瓶静置一会儿，观察淡红色消失的时间。如 30 秒内不褪色，才可认为到达终点。

3. 高锰酸钾为深色溶液，凹液面不易看清，读数时应以液面上缘为准。

4. 实验结束后，应立即用自来水将滴定管冲洗干净，避免产生 $MnO_2$ 沉淀堵塞滴定管活塞和管尖。

## 六、实验数据记录与处理

1. $KMnO_4$ 滴定液配制与标定的数据记录　　　　年　月　日

| 项目＼编号 | | Ⅰ | Ⅱ | Ⅲ |
|---|---|---|---|---|
| 基准 $Na_2C_2O_4$ 的质量(g) | | | | |
| $KMnO_4$ 消耗的体积(ml) | $V_{终}$ | | | |
| | $V_{初}$ | | | |
| | $V_{用}$ | | | |
| $KMnO_4$ 的浓度(mol/L) | | | | |
| $KMnO_4$ 浓度平均值(mol/L) | | | | |
| $R\bar{d}$ | | | | |
| $RSD$ | | | | |

2. 数据处理 $m$

$$c_{KMnO_4}=\frac{2\times m_{Na_2C_2O_4}}{5\times M_{Na_2C_2O_4}\times V_{KMnO_4}\times 10^{-3}}\quad (M_{Na_2C_2O_4}=134.00g/mol)$$

## 七、实验思考

1. 高锰酸钾滴定液能否装在碱式滴定管中，为什么？

2. 用基准草酸钠标定高锰酸钾滴定液时，酸度对滴定反应有无影响？如果滴定前未加酸，会产生什么后果？

3. 长时间盛放高锰酸钾滴定液的滴定管，管壁常呈棕褐色，管尖也易堵塞的原因是什么？

（白亚蒙）

# 实验十三　$H_2O_2$ 含量的测定

## 一、实验目的

1. 熟练掌握高锰酸钾法测定 $H_2O_2$ 含量的方法。
2. 熟练掌握高锰酸钾法测定 $H_2O_2$ 时对滴定速度的控制方法。
3. 学会腐蚀性液体药品的取用方法。

## 二、实验用品

1. 仪器　刻度吸管(5ml)、腹式吸管(25ml)、容量瓶(100ml)、酸式滴定管(50ml)、锥形瓶(250ml)。

2. 试剂　0.02mol/L $KMnO_4$ 滴定液、3%$H_2O_2$ 溶液、3mol/L $H_2SO_4$ 溶液。

## 三、实验原理

在室温、酸性条件下，$H_2O_2$ 能被高锰酸钾定量地氧化成 $O_2$ 和 $H_2O$，因此，可以用 $KMnO_4$ 滴定液直接测定 $H_2O_2$ 的含量。其反应式为：

$$2MnO_4^- + 5H_2O_2 + 6H^+ \rightleftharpoons 2Mn^{2+} + 5O_2\uparrow + 8H_2O$$

滴定开始时，反应较慢，滴入第一滴溶液不易褪色，待有少量 $Mn^{2+}$ 生成后，由于 $Mn^{2+}$ 的催化作用，反应速率逐渐加快，此时滴定速率可适当加快。滴定至终点时，溶液呈淡红色且 30 秒内不褪色。

## 四、实验内容

1. 用刻度吸管吸取 $H_2O_2$ 样品液 5.00ml，置于 100ml 容量瓶中，加纯化水稀释至标线，充分摇匀。

2. 用腹式吸管从容量瓶中吸取上述稀释后的 $H_2O_2$ 样品溶液 25.00ml，置于干净的锥形瓶中，加入 3mol/L $H_2SO_4$ 溶液 10ml，用高锰酸钾滴定液滴定至溶液刚好由无色转变为淡红色且 30 秒内不褪色即为终点。记录消耗的高锰酸钾滴定液的体积。

3. 平行测定三次，计算 $H_2O_2$ 样品液的含量和三次结果的相对平均偏差和相对标准偏差。

## 五、实验注意事项

1. 市售的双氧水有两种规格：一种是含 $H_2O_2$ 为 30% 的溶液，另一种是含 $H_2O_2$ 为 3% 的溶液。对于 30% 的浓双氧水，稀释后方可测定。

2. 在强酸性介质中，$KMnO_4$ 可按下式分解：

$$2MnO_4^- + 12H^+ \rightleftharpoons 4Mn^{2+} + 5O_2\uparrow + 6H_2O$$

所以，滴定开始时，滴定速度不能过快，防止来不及与双氧水反应的 $KMnO_4$ 在酸性溶液中分解。

3. 开始时反应速度率较慢，高锰酸钾滴定液应逐滴加入，每加入一滴，应充分摇匀，待溶液的红色消失后，再继续加入第二滴。若滴定速率过快，易生成棕色的 $MnO_2$ 沉淀。

4. 滴定时应控制滴定速度与滴定反应的速率一致。用 $KMnO_4$ 滴定液测定 $H_2O_2$ 时，开始反应速率较慢，由于反应产物 $Mn^{2+}$ 对反应有催化作用，故随着 $Mn^{2+}$ 的生成，反应速率逐渐加快。当接近终点时，溶液中的 $H_2O_2$ 的浓度很低，反应速率变慢。

## 六、实验数据记录与处理

1. 3%$H_2O_2$ 溶液含量的数据记录　　　　年　月　日

| 编号<br>项目 | | Ⅰ | Ⅱ | Ⅲ |
|---|---|---|---|---|
| $H_2O_2$ 溶液样品体积 | | | | |
| $KMnO_4$ 滴定液消耗的体积（ml） | $V_{终}$ | | | |
| | $V_{初}$ | | | |
| | $V_{用}$ | | | |

续表

| 编号<br>项目 | Ⅰ | Ⅱ | Ⅲ |
|---|---|---|---|
| $KMnO_4$ 滴定液的浓度(mol/L) | | | |
| $H_2O_2$ 含量(W/V)% | | | |
| $H_2O_2$ 含量(W/V)平均值 % | | | |
| $R\bar{d}$ | | | |
| $RSD$ | | | |

2. 数据处理

$$H_2O_2\%=\frac{\frac{5}{2}\times(c\cdot V)_{KMnO_4}\times M_{H_2O_2}\times 10^{-3}}{V_s\times\frac{25.00}{100.0}}\times 100\% \quad (M_{H_2O_2}=34.015g/mol)$$

## 七、实验思考

1. 用高锰酸钾法测定 $H_2O_2$ 含量时,能否用加热的方法提高反应速率?为什么?

2. 市售 $H_2O_2$ 溶液中含有少量乙酰苯胺或尿素做稳定剂,它们也有还原性,能还原 $KMnO_4$ 而引入误差。为了消除此类误差,可以改用什么方法测定?

3. 若改用碘量法测定 $H_2O_2$ 的含量,应怎样做?

(白亚蒙)

# 实验十四　环境污水的 COD 测定

## 一、实验目的

1. 熟练掌握环境污水的 COD 测定原理。

2. 熟练掌握环境污水的 COD 测定方法。

## 二、实验用品

1. 仪器　酸式滴定管(50ml)、碱式滴定管(50ml)、锥形瓶(250ml)、量筒、石棉网、酒精灯。

2. 试剂　污水样品液、0.002mol/L $KMnO_4$ 滴定液、0.005mol/L $Na_2C_2O_4$ 滴定液、3mol/L $H_2SO_4$ 溶液。

## 三、实验原理

化学耗氧量(简称 COD)是指水体中易被强氧化剂氧化的还原性物质所消耗的氧化剂的量,折算成氧的量,以 mg/L 计。它是表征水体中还原性物质的综合性指标。除特殊水样外,还原性物质主要是有机物。在自然界的循环中,有机化合物在生物降解过程中不断消耗水中的溶解氧而造成氧的损失,破坏水环境和生物群落的生态平衡,并带来不良影响。环境污水中 COD 的含量是国家环保部门规定的污染物总量控制主

要指标之一。但耗氧量多少不能完全表示水被有机物质污染的程度，因此不能单纯地靠耗氧量的数值来确定水源污染的程度，而应结合水的色度、有机氮或蛋白性氮等影响因素来判断。

在酸性条件下，先往水样中加入过量的 $KMnO_4$ 滴定液，加热使水中有机物质充分作用后，再加入过量的 $Na_2C_2O_4$ 滴定液，使之与未作用完的 $KMnO_4$ 滴定液充分作用，剩余的 $C_2O_4^{2-}$ 再用 $KMnO_4$ 滴定液回滴。反应式如下：

$$4KMnO_4+6H_2SO_4+5C \rightleftharpoons 2K_2SO_4+4MnSO_4+5CO_2\uparrow+6H_2O$$

$$2MnO_4^- +5C_2O_4^{2-} +16H^+ \rightleftharpoons 2Mn^{2+}+10CO_2\uparrow+8H_2O$$

水样中含 $Cl^-$ 的量大于 300mg/L 时，将影响测定结果。加水稀释降低 $Cl^-$ 浓度可消除干扰，如不能消除其干扰可加入 $Ag_2SO_4$。通常加入 1g $Ag_2SO_4$ 可消除 200mg $Cl^-$ 的干扰。$Fe^{2+}$、$H_2S$、$NO_2^-$ 等还原性物质也能干扰测定。必要时，应取与水样同量的纯化水，做空白实验加以校正。

## 四、实验内容

1. 精密吸取水样 100ml，置于干净的锥形瓶中，加入 3mol/L $H_2SO_4$ 溶液 10ml，再用滴定管准确加入约 10ml $KMnO_4$ 滴定液，此时消耗 $KMnO_4$ 的体积记为 $V_1$，并投入几根清洁的毛细管以防暴沸，立即在石棉网上用大火迅速加热至沸，从冒第一个大气泡时起，沸腾 10 分钟（此时溶液应仍为高锰酸钾的紫红色，若溶液的红色消失，说明水中有机物质含量较多，应补加适量的 $KMnO_4$ 滴定液）。取下锥形瓶，趁热自滴定管中加入 10m l$Na_2C_2O_4$ 滴定液，充分摇匀，此时溶液应由红色转为无色。再自滴定管中滴入 $KMnO_4$ 滴定液回滴至溶液由无色变为淡红色（30 秒不褪色）即为终点。回滴 $KMnO_4$ 的体积记为 $V_2$。

2. 平行测定三次，计算水样的耗氧量和三次结果的相对平均偏差和相对标准偏差。

## 五、实验注意事项

1. 取水样后应立即进行分析，如需放置可加入少量的硫酸铜以抑制微生物对有机物的分解。

2. 取水样的量可视水质污染程度而定，洁净透明的水样可取水样 100ml。污染严重的混浊水样取 10~30ml，然后加纯化水至 100ml。纯化水的耗氧量采用测定水样耗氧量同样的方法测定并加以扣除。

3. 此法要准确掌握煮沸时间，加试剂顺序必须一致。煮沸 10 分钟从冒第一个大气泡算起，否则精密度很差。

## 六、实验数据记录与处理

1. 环境污水耗氧量的数据记录　　　　年　月　日

| 编号<br>项目 | | Ⅰ | Ⅱ | Ⅲ |
|---|---|---|---|---|
| 水样体积(ml) | | | | |
| $KMnO_4$ 滴定液用量(ml) | $V_1$ | | | |
| | $V_2$ | | | |

续表

| 项目＼编号 | Ⅰ | Ⅱ | Ⅲ |
|---|---|---|---|
| $KMnO_4$ 滴定液的浓度(mol/L) | | | |
| $Na_2C_2O_4$ 滴定液用量(ml) | | | |
| $Na_2C_2O_4$ 滴定液的浓度(mol/L) | | | |
| 水的耗氧量(mg/L) | | | |
| 水的耗氧量(mg/L)的平均值 | | | |
| $R\bar{d}$ | | | |
| $RSD$ | | | |

2. 数据处理

$$\text{耗氧量}(O_2\text{mg}\cdot L^{-1})=\frac{\left[c_{KMnO_4}(V_1+V_2)-\frac{2}{5}(c\cdot V)_{Na_2C_2O_4}\right]\times 40\times 1000}{V_{\text{水样}}}$$

式中 40 为 1mol $KMnO_4$ 相当氧的质量。

## 七、实验思考

1. 水样耗氧量的测定是属于哪种滴定方式?

2. 水样中氯离子含量高时,为什么会对测定有干扰? 如有干扰应采取什么措施消除?

(白亚蒙)

# 实验十五　硫代硫酸钠滴定液的配制与标定

## 一、实验目的

1. 熟练掌握 $Na_2S_2O_3$ 滴定液的配制和标定方法。
2. 熟练掌握使用淀粉指示剂(置换滴定法)判断滴定终点。
3. 学会正确使用碘量瓶。
4. 了解标定 $Na_2S_2O_3$ 滴定液的反应条件。

## 二、实验用品

1. 仪器　分析天平、碘量瓶(250ml)、碱式滴定管(50ml)、量筒、大烧杯、称量瓶。

2. 试剂　$Na_2S_2O_3\cdot 5H_2O$(固体)、$Na_2CO_3$(固体)、$K_2Cr_2O_7$(基准物质)、KI(固体)、3mol/L $H_2SO_4$ 溶液、5g/L 淀粉指示剂。

## 三、实验原理

$Na_2S_2O_3\cdot 5H_2O$ 晶体易风化和潮解,一般还含有少量 S、$Na_2SO_3$、$Na_2SO_4$ 等杂质,因此不能用直接法配制。

新配制的$Na_2S_2O_3$溶液不稳定，容易受空气中$CO_2$、$O_2$和微生物等的影响而分解。为了减少溶解在水中的$CO_2$、$O_2$和杀死水中的微生物，应使用新煮沸放冷的纯化水配制溶液，并加入少量$Na_2CO_3$，使溶液呈弱碱性，以防止$Na_2S_2O_3$分解。

$Na_2S_2O_3$在中性或碱性溶液中较稳定，在酸性溶液中易分解而析出S。

日光也能促使$Na_2S_2O_3$溶液分解。因此$Na_2S_2O_3$应贮存于棕色瓶中，放置暗处7~10天后再标定。长期使用的溶液，应定期标定。

标定硫代硫酸钠滴定液的基准物质有$I_2$、$KIO_3$、$KBrO_3$和$K_2Cr_2O_7$等。由于$K_2Cr_2O_7$价格低廉，性质稳定，易提纯，故最为常用。标定反应如下：

$$Cr_2O_7^{2-}+6I^-+14H^+ \longrightarrow 2Cr^{3+}+3I_2+7H_2O$$

$$I_2+2S_2O_3^{2-} \rightleftharpoons 2I^-+S_4O_6^{2-}$$

## 四、实验内容

1. 0.1mol/L $Na_2S_2O_3$滴定液的配制　用托盘天平称取$Na_2S_2O_3 \cdot 5H_2O$约26g，无水$Na_2CO_3$约0.2g于烧杯中，加新煮沸放冷纯化水溶解，转移至1000ml量筒中，加纯化水稀释至刻度，混匀，贮于棕色试剂瓶中，置暗处7~10天，过滤，备用。

2. 0.1mol/L $Na_2S_2O_3$滴定液的标定　精密称取120℃干燥至恒重的基准$K_2Cr_2O_7$约0.15g，置于碘量瓶中，加纯化水50ml使其溶解，加KI 2.0g，轻轻振摇使其溶解，加3mol/L $H_2SO_4$溶液10ml，摇匀，用水密封，置暗处放置10min后，加纯化水100ml稀释，用待标定的$Na_2S_2O_3$滴定液滴定至近终点（浅黄绿色）时，加入淀粉溶液1ml，继续滴定至蓝色消失而显亮绿色，5分钟内不返蓝即为终点，记录消耗的$Na_2S_2O_3$滴定液的体积。

3. 平行测定三次，计算$Na_2S_2O_3$滴定液的浓度和三次结果的相对平均偏差和相对标准偏差。

## 五、实验注意事项

1. $K_2Cr_2O_7$和$Na_2S_2O_3$反应较慢，增加溶液的酸度，可加快反应速率，但酸度过高，会加速$I^-$被空气中的氧气氧化的速度。酸度以氢离子浓度为0.2~0.4mol/L为宜。在这样的酸度下，必须放置10分钟，该反应才能定量完成。为了防止碘单质在放置过程中挥发，应将溶液放置在碘量瓶中。

2. 加液顺序应为水→碘化钾→酸。

3. $I_2$容易挥发损失，在反应过程中要及时盖好碘量瓶瓶盖，水封并放置暗处。第一份滴定完后，再取出下一份。

4. 用$Na_2S_2O_3$溶液滴定置换出的碘单质时，淀粉指示液不能加入过早，否则大量$I_2$被淀粉牢固吸附，难于很快地与$Na_2S_2O_3$反应，使终点延后，产生误差。另外滴定开始时要快滴慢摇，以减少碘单质的挥发，近终点时，要慢滴，用力旋摇，以减少淀粉对碘单质的吸附。

5. 滴定结束，溶液放置后可能会返蓝，若溶液在5分钟内返蓝，说明$K_2Cr_2O_7$与KI反应不完全，应重新标定。若在5分钟后返蓝，那是因为受空气氧化所致，对实验结果没有影响。

## 六、实验数据记录与处理

1. $Na_2S_2O_3$ 滴定液的配制与标定数据记录　　　　年　月　日

| 项目 \ 编号 | | Ⅰ | Ⅱ | Ⅲ |
|---|---|---|---|---|
| 基准 $K_2Cr_2O_7$ 的质量(g) | | | | |
| 消耗 $Na_2S_2O_3$ 的体积(ml) | $V_{终}$ | | | |
| | $V_{初}$ | | | |
| | $V_{用}$ | | | |
| $Na_2S_2O_3$ 滴定液的浓度(mol/L) | | | | |
| $Na_2S_2O_3$ 滴定液浓度平均值(mol/L) | | | | |
| $R\bar{d}$ | | | | |
| $RSD$ | | | | |

2. 数据处理

$$c_{Na_2S_2O_3}=\frac{6\times1000\times m_{K_2Cr_2O_7}}{M_{K_2Cr_2O_7}\times V_{Na_2S_2O_3}}\quad (M_{K_2Cr_2O_7}=294.18\text{g/mol})$$

## 七、实验思考

1. 配制 $Na_2S_2O_3$ 溶液为什么要用新煮沸过的冷纯化水溶解？加入 $Na_2CO_3$ 的目的是什么？

2. 碘量瓶中的溶液在暗处放置 10 分钟后，滴定前为何要加纯化水稀释？如果过早稀释会产生什么后果？

3. 间接碘量法中，加入过量 KI 的作用是什么？

4. 为什么要在滴定至近终点时才加入淀粉指示剂？过早加入会造成什么后果？

（白亚蒙）

# 实验十六　硫酸铜样品液含量的测定

## 一、实验目的

1. 熟练掌握运用置换滴定法测定硫酸铜含量的方法。
2. 熟悉掌握置换滴定法中实验数据的处理方法。
3. 学会置换滴定法滴定操作的要点和滴定终点的判定方法。

## 二、实验用品

1. 仪器 分析天平、移液管(10ml)、碱式滴定管(50ml)、锥形瓶(250ml)。

2. 试剂 0.1mol/L $Na_2S_2O_3$ 滴定液、20%KI 溶液、$CuSO_4$ 样品液、6mol/L $CH_3COOH$ 溶液、5g/L 淀粉指示剂溶液。

## 三、实验原理

在弱酸性溶液中,$Cu^{2+}$ 与过量 $I^-$ 的反应,能定量地析出 $I_2$。析出的 $I_2$ 可用 $Na_2S_2O_3$ 滴定液滴定,反应式如下:

$$2Cu^{2+}+4I^- \rightleftharpoons I_2+2CuI\downarrow \text{(乳白色)}$$

$$2Na_2S_2O_3+I_2 \rightleftharpoons Na_2S_4O_6+2NaI$$

$Cu^{2+}$ 与 $I^-$ 的反应具有可逆性,为了使反应向右进行完全,加入的 KI 必须过量。为了防止铜盐水解,反应必须在酸性溶液中进行。酸度过低,$Cu^{2+}$ 氧化 $I^-$ 的反应进行不完全,会使测定结果偏低;酸度过高,$I^-$ 易被空气中的 $O_2$ 氧化为 $I_2$,会使测定结果偏高。所以通常用 $CH_3COOH$ 调节溶液的酸性(pH 值约为 3.5~4.0)。

## 四、实验内容

1. 用移液管准确吸取 $CuSO_4$ 样品液 10.00ml 置于锥形瓶中,加纯化水 20ml,再加 6mol/L $CH_3COOH$ 溶液 4ml、20%KI 溶液 10ml,立即用 $Na_2S_2O_3$ 滴定液滴定至近终点(浅黄色),加淀粉溶液 1ml,继续滴定至蓝色消失(溶液为米色悬浊液)即为终点,记录消耗的 $Na_2S_2O_3$ 滴定液的体积。

2. 平行测定三次。计算 $CuSO_4$ 样品液含量和三次结果的相对平均偏差和相对标准偏差。

## 五、实验注意事项

1. 用置换滴定法测定铜盐的含量时,溶液的 pH 以 3.5~4 为宜,可用 $CH_3COOH$~$CH_3COONa$ 缓冲溶液控制溶液的 pH 值。若在碱性条件下,由于 $Cu^{2+}$ 的水解作用,使 $Cu^{2+}$ 氧化 $I^-$ 的反应进行的不完全,滴定结果偏低,且反应速率较慢。同时,在碱性溶液中,生成的 $I_2$ 还会发生歧化反应。

2. 由于沉淀 CuI 能强烈地吸附 $I_3^-$,会使测定结果偏低。加入 KSCN 使 CuI($K_{SP}=5.06\times10^{-12}$)转化为溶解度更小的 CuSCN($K_{SP}=4.8\times10^{-15}$),反应式如下:

$$CuI+SCN^- \rightleftharpoons CuSCN\downarrow+I^-$$

这样可以释放出被 CuI 吸附的 $I_3^-$。

3. 为了防止 $I_2$ 挥发,应将滴定液装入滴定管后再取样品液。KI 应在滴定前再加入,切忌三份同时加入 KI 后再进行滴定。

4. 加液顺序应为水→酸→碘化钾。

5. 滴定时,溶液由棕红色变为土黄色,再变为淡黄色,表示已接近终点。

6. 滴定开始要快滴慢摇,以减少 $I_2$ 的挥发。近终点要慢滴用力旋摇,以减少淀粉对 $I_2$ 的吸附。

## 六、实验数据记录与处理

1. $CuSO_4$ 样品液含量的数据记录　　　　年　月　日

| 项目 \ 编号 | | Ⅰ | Ⅱ | Ⅲ |
|---|---|---|---|---|
| $CuSO_4$ 样品液体积(ml) | | | | |
| $Na_2S_2O_3$ 滴定液消耗的体积(ml) | $V_{终}$ | | | |
| | $V_{初}$ | | | |
| | $V_{用}$ | | | |
| $Na_2S_2O_3$ 滴定液浓度(mol/L) | | | | |
| $CuSO_4$ 的含量 % | | | | |
| $CuSO_4$ 含量平均值 % | | | | |
| $R\bar{d}$ | | | | |
| $RSD$ | | | | |

2. 数据处理

$$CuSO_4\%=\frac{(c \cdot V)_{Na_2S_2O_3} \times M_{CuSO_4}}{10.00 \times 1000} \times 100\% \quad (M_{CuSO_4}=159.69g/mol)$$

## 七、实验思考

1. 用碘量法测定铜盐含量时，为什么要在弱酸性溶液中进行？能否在强酸性或强碱性溶液中进行？

2. 滴定至终点的溶液放置 5 分钟后变蓝的原因是什么？对测定结果有无影响？

3. 已知 $Cu^{2+}/Cu^{+}$ 电对的标准电极电位值比 $I_2/I^-$ 电对的低，为什么本实验中的 $Cu^{2+}$ 却能把 $I^-$ 氧化成 $I_2$？

（白亚蒙）

# 实验十七　漂白粉有效氯含量的测定

## 一、实验目的

1. 熟悉漂白粉中有效氯含量的测定方法。
2. 掌握间接碘量法的操作步骤。
3. 熟悉混悬液的取样操作。

## 二、实验用品

1. 仪器　分析天平、乳钵、容量瓶(250ml)、腹式移液管(25ml)、碘量瓶、托盘天平、碱式滴定管(50ml)、量筒。

2. 试剂　漂白粉样品、0.1mol/L $Na_2S_2O_3$ 滴定液、KI(固体)、3mol/L $H_2SO_4$ 溶液、5g/L

淀粉指示剂溶液。

## 三、实验原理

漂白粉的主要成分是 $Ca(ClO)_2$ 和 $CaCl_2$，它与酸作用可产生 $Cl_2$。$Cl_2$ 有漂白和杀菌作用。漂白粉有效氯含量一般在 28%~35%，低于 16% 即不能使用，因此，通常用有效氯的含量来衡量漂白粉的质量优劣。

测定漂白粉有效氯的含量，可在酸性液中加入过量的 KI，此时溶液中能定量地析出 $I_2$，析出的 $I_2$ 可用 $Na_2S_2O_3$ 滴定液滴定：

$$Ca(ClO)_2+CaCl_2+2H_2SO_4 \rightleftharpoons 2CaSO_4+2Cl_2\uparrow+2H_2O$$

$$Cl_2+2I^- \rightleftharpoons I_2+2Cl^-$$

$$2Na_2S_2O_3+I_2 \rightleftharpoons Na_2S_4O_6+2NaI$$

## 四、实验内容

1. 精密称取漂白粉样品约 2g，置乳钵中，加入少量纯化水研磨均匀，定量转入 250ml 容量瓶中，用纯化水稀释到标线，密塞摇匀后，立即精密吸取混悬液 25.00ml，置于碘量瓶中，加入 3mol/L $H_2SO_4$ 溶液 10ml 和 1g 固体碘化钾，此时立即产生 $I_2$，密塞水封放置 5 分钟，用 0.1mol/L $Na_2S_2O_3$ 滴定液滴定到溶液呈淡黄色，加入淀粉溶液 1ml，继续滴定至蓝色消失为终点。记录消耗的 $Na_2S_2O_3$ 滴定液的体积。

2. 平行测定三次。计算漂白粉中有效氯的含量和三次结果的相对平均偏差和相对标准偏差。

## 五、实验注意事项

1. 用移液管移取混悬液样品时一定要充分摇匀后立即移取。
2. 三份样品液应使用同一支移液管移取，这样可以减小仪器误差。
3. 当滴定到溶液呈淡黄色时，表示已接近终点，淀粉指示剂要在近终点时加入。

## 六、实验数据记录与处理

1. 漂白粉中有效氯含量的数据记录　　　　年　月　日

| 项目 \ 编号 | | Ⅰ | Ⅱ | Ⅲ |
|---|---|---|---|---|
| 漂白粉的质量(g) | | | | |
| $Na_2S_2O_3$ 滴定液消耗的体积(ml) | $V_{终}$ | | | |
| | $V_{初}$ | | | |
| | $V_{用}$ | | | |
| $Na_2S_2O_3$ 滴定液的浓度(mol/L) | | | | |
| 漂白粉中有效氯的含量 % | | | | |
| 漂白粉中有效氯的含量平均值 % | | | | |
| $R\bar{d}$ | | | | |
| $RSD$ | | | | |

2. 数据处理

$$Cl\% = \frac{\frac{1}{2} \times (cV)_{m_{Na_2S_2O_3}} M_{Cl_2} \times 10^{-3}}{m \times \frac{25.00}{250.0}} \times 100\% \quad (M_{Cl_2}=70.90g/mol)$$

## 七、实验思考

1. 漂白粉的有效成分是什么？其为什么具有漂白作用？
2. 移取混悬液时应注意什么问题？

（白亚蒙）

# 实验十八　维生素 C 含量的测定

## 一、实验目的

1. 熟练掌握直接碘量法的基本原理。
2. 熟练掌握运用直接碘量法测定维生素 C 含量的方法。
3. 学会淀粉指示剂的使用及终点（直接碘量法）的判断方法。

## 二、实验用品

1. 仪器　分析天平、酸式滴定管（50ml）、锥形瓶（250ml）、量筒、称量瓶。

2. 试剂　维生素 C 样品、0.05mol/L $I_2$ 滴定液、2mol/L $CH_3COOH$ 溶液、5g/L 淀粉指示剂。

## 三、实验原理

维生素 C（$C_6H_8O_6$）分子中的烯二醇基具有较强的还原性，能被弱氧化剂 $I_2$ 定量氧化成二酮基，其反应如下：

（维生素 C 结构式：O=, O, HO, OH, CH(OH)—$CH_2OH$） $+ I_2 \rightleftharpoons$ （脱氢维生素 C 结构式：O=, O, O, O, CH(OH)—$CH_2OH$） $+2HI$

从上式可知，1mol 维生素 C 可与 1mol $I_2$ 完全反应，且在碱性条件下更有利于反应向右进行。由于维生素 C 在中性或碱性溶液中很容易被空气中的 $O_2$ 氧化。所以，滴定常在稀 $CH_3COOH$ 溶液中进行，以减弱空气对维生素 C 的氧化。

## 四、实验内容

1. 精密称取维生素 C 样品约 0.2g 于锥形瓶中，加新煮沸冷却的纯化水 100ml 和 2mol/L 的 $CH_3COOH$ 溶液 10ml，待样品完全溶解后，加入 1ml 淀粉溶液，用 $I_2$ 滴定液滴定至溶液恰好由无色变为浅蓝色（30 秒内不褪色）即为终点。记录消耗的 $I_2$ 滴定液的体积。

2. 平行测定三次，计算维生素 C 的含量和三次结果的相对平均偏差和相对标准偏差。

## 五、实验注意事项

1. 碱性条件有利于碘氧化维生素 C 的反应向右进行，但在中性或碱性条件下，维生素 C 易被空气中的 $O_2$ 氧化而产生误差，尤其在碱性条件下，误差更大。同时，由于维生素 C 的还原性很强，即使在弱酸性条件下，此反应也进行得相当完全，因此，该滴定反应应在弱酸性溶液中进行，以减慢副反应的速度。

2. $I_2$ 具有挥发性，取用 $I_2$ 滴定液后应立即盖好瓶塞。

3. 接近终点时应充分振摇，并放慢滴定速率。

4. 注意节约 $I_2$ 滴定液，润洗滴定管或未滴完的 $I_2$ 滴定液应倒入回收瓶中。

5. 维生素 C 溶解后，易被空气中的 $O_2$ 氧化，应溶解一份滴定一份，不要三份同时溶解。

## 六、实验数据记录与处理

1. 维生素 C 含量的数据记录　　　　年　月　日

| 项目＼编号 | | Ⅰ | Ⅱ | Ⅲ |
|---|---|---|---|---|
| 维生素 C 样品的质量(g) | | | | |
| $I_2$ 滴定液消耗的体积(ml) | $V_{终}$ | | | |
| | $V_{初}$ | | | |
| | $V_{用}$ | | | |
| $I_2$ 滴定液的浓度　mol/L | | | | |
| 维生素 C 含量 % | | | | |
| 维生素 C 含量平均值 % | | | | |
| $R\bar{d}$ | | | | |
| $RSD$ | | | | |

2. 数据处理

$$Vc\%=\frac{(c\cdot V)_{I_2}\times M_{Vc}\times 10^{-3}}{m_s}\times 100\% \quad (M_{Vc}=176.12g/mol)$$

## 七、实验思考

1. 测定维生素 C 的含量时为什么要在 $CH_3COOH$ 溶液中进行？
2. 为什么要用新煮沸冷却的纯化水溶解维生素 C 样品？为何要逐份加入？
3. 淀粉指示剂应什么时候加入？终点颜色如何变化？
4. 本实验若在碱性条件下测定，分析结果是偏高还是偏低？

（白亚蒙）

# 实验十九　EDTA 滴定液的配制与标定

## 一、实验目的

1. 掌握 EDTA 滴定液的配制和标定。
2. 掌握金属指示剂的变色原理及确定滴定终点。
3. 理解配位滴定的原理。

## 二、实验用品

1. 仪器　托盘天平、分析天平、锥形瓶（250ml）、酸式滴定管（50ml）、烧杯（500ml）、量筒（10ml、100ml）、量杯（1000ml）、电炉、硬质玻璃瓶（1000ml）、标签。

2. 试剂：乙二胺四乙酸二钠盐（EDTA-2Na·$2H_2O$，AR）、基准 ZnO、铬黑 T 指示剂、稀盐酸(3mol/L)、0.025% 甲基红指示剂、氨试液(3mol/L)、氨 - 氯化铵缓冲液(pH ≈ 10.0)。

## 三、实验原理

EDTA 滴定液常用乙二胺四乙酸的二钠盐（M=372.2）配制。EDTA-2Na·$2H_2O$ 是白色结晶或结晶性粉末。2015 年版《中国药典》规定用 EDTA-2Na·$2H_2O$ 先配制成近似浓度（0.05mol/L）的溶液，然后以基准物质 ZnO 标定其浓度。在 pH≈10，以铬黑 T 为指示剂进行滴定，终点时，溶液由紫红色变为纯蓝色。滴定反应为：

滴定前：$Zn^{2+}+HIn^{2-} \rightleftharpoons ZnIn^{-}+H^{+}$（溶液显紫红色）

终点前：$Zn^{2+}+H_2Y^{2-} \rightleftharpoons ZnY^{2-}+2H^{+}$（溶液显紫红色）

终点时：$ZnIn^{-}+H_2Y^{2-} \rightleftharpoons ZnY^{2-}+HIn^{2-}+H^{+}$（溶液由紫红变纯蓝色）

## 四、实验内容

1. 0.05mol/L EDTA 滴定液的配制　用托盘天平称取 EDTA 约 19g，置 500ml 烧杯中，加纯化水适量，加热搅拌使之溶解，冷却至室温，转移至 1000ml 量杯中，加纯化水稀释至刻度，混匀，装入试剂瓶中，待标定。

2. 0.05mol/L EDTA 滴定液的标定　精密称取于约 800℃灼烧至恒重的基准氧化锌 0.12g，置于锥形瓶中，加稀盐酸 3ml 使其溶解，加纯化水 25ml，0.025% 甲基红的乙醇溶液 1 滴，滴加氨试液至溶液显微黄色，再加纯化水 25ml 与氨 - 氯化铵缓冲液 10ml，铬黑 T 指示剂少许，用待标定的 EDTA 滴定液滴定至溶液由紫红色变为纯蓝色。记录消耗的 EDTA 滴定液的体积。

3. 平行测定三次，计算 EDTA 滴定液的浓度和三次结果的相对平均偏差。

## 五、实验注意事项

1. EDTA 在冷水中溶解较慢，加热可加快其溶解，放冷后稀释至刻度。

2. 贮存 EDTA 滴定液应选用带玻璃塞的硬质玻璃瓶。长期贮存应选用聚乙烯塑料瓶。

3. 必须用稀盐酸把氧化锌溶解完全后，才能加纯化水稀释。

4. 甲基红乙醇溶液只需要加 1 滴，如多加会在滴加氨试液后溶液呈较深的黄色，影响滴定终点观察。

5. 配位滴定反应速度较慢，滴定时加入 EDTA 溶液的速度不宜过快，近终点时，应逐滴加入，并充分振摇。

## 六、实验数据记录与处理

1. EDTA 滴定液的标定记录　　　　年　月　日

| 项目＼编号 | | Ⅰ | Ⅱ | Ⅲ |
|---|---|---|---|---|
| $m$(ZnO)　g | | | | |
| $V$(EDTA)　ml | $V_{初}$ | | | |
| | $V_{终}$ | | | |
| | $V_{用}$ | | | |
| $c$(EDTA)　mol/L | | | | |
| 平均值　mol/L | | | | |
| $R\bar{d}$ | | | | |
| $RSD$ | | | | |

2. 数据处理

$$c_{EDTA}=\frac{m_{ZnO}\times 10^3}{M_{ZnO}V_{EDTA}}(mol/L)\quad (M_{ZnO}=81.390g/mol)$$

## 七、实验思考

1. 配制 EDTA 滴定液时，为什么不用乙二胺四乙酸而用其二钠盐？

2. 标定 EDTA 滴定液时，已经用氨试液将溶液调为碱性了，为什么还要加氨 - 氯化铵缓冲液？

3. 标定中加甲基红指示剂和氨试液的目的是什么？

4. 中和标准物质中的 HCl 时，能否用酚酞取代甲基红，为什么？

（魏荷琳）

# 实验二十　水的硬度测定

## 一、实验目的

1. 掌握用配位滴定法测定水硬度的原理和方法。

2. 了解水的硬度的表示方法，掌握其计算公式。

3. 掌握用铬黑 T 指示剂确定滴定终点。

## 二、实验用品

1. 仪器　酸式滴定管(50ml)、容量瓶(250ml)、移液管(50ml、100ml)、锥形瓶(250ml)。

2. 试剂　0.05mol/L EDTA 滴定液、铬黑 T 指示剂、氨 - 氯化铵缓冲液(pH≈10.0)、水样。

## 三、实验原理

水中钙、镁盐的总量称为水的硬度,是水质的一项重要指标。在我国主要采用两种计量法表示水的硬度。

1. 以 CaO 含量计　以每升水中含 10mg CaO 为 1 度(1° =10ppmCaO)。这种硬度的表示方法称为德国度。

2. 以 $CaCO_3$ 含量计　以每升水中含 $CaCO_3$ 的毫克数表示。1L 水中含 1mg 的 $CaCO_3$ 可表示为 1ppm。即 1mg/L=1ppm。

调节水样的 pH 约为 10,以铬黑 T 为指示剂,用 EDTA 滴定液滴定水样中的 $Ca^{2+}$、$Mg^{2+}$,终点时,溶液由酒红色变为纯蓝色。其滴定反应为:

滴定前:　$Mg^{2+}+HIn^{2-} \rightleftharpoons MgIn^{-}+H^{+}$

终点前:　$Mg^{2+}+H_2Y^{2-} \rightleftharpoons MgY^{2-}+2H^{+}$

　　　　$Ca^{2+}+H_2Y^{2-} \rightleftharpoons CaY^{2-}+2H^{+}$

终点时:　$MgIn^{-}+H_2Y^{2-} \rightleftharpoons MgY^{2-}+HIn^{2-}+H^{+}$

## 四、实验内容

1. 0.01mol/L EDTA 滴定液的配制　精密吸取 0.05mol/L EDTA 滴定液 50ml,置于 250ml 容量瓶中,加纯化水稀释至刻度,摇匀,即得。

2. 水的硬度测定　精密吸取水样 100ml 置锥形瓶中,加氨 - 氯化铵缓冲液 10ml,铬黑 T 指示剂少许,用 0.01mol/L EDTA 滴定液滴定至溶液由酒红色变为纯蓝色,即为终点。记录所消耗的 EDTA 滴定液的体积。

3. 平行测定三次,计算水样的硬度和三次结果的相对平均偏差。

## 五、实验注意事项

1. 本实验的取样量适用于以 CaO 计算硬度不大于 280mg/L 的水样,大于 280mg/L,应适当减小取样量。

2. 当水的硬度较大时,在 pH≈10.0 会析出 $MgCO_3$、$CaCO_3$ 沉淀使溶液变浑,使滴定终点不稳定,常出现返回现象,难以确定终点。为防止钙、镁离子生成沉淀,可向所取的 100ml 水样中,投入一小块刚果红试纸,用 6mol/L 盐酸酸化至试纸变蓝,振摇 2 分钟,然后按前述步骤操作。

## 六、实验数据记录与处理

1. 水的硬度测定记录　　　　年　月　日

| 项目 \ 编号 | | Ⅰ | Ⅱ | Ⅲ |
|---|---|---|---|---|
| V(水样)　ml | | | | |
| V(EDTA)　ml | $V_{初}$ | | | |
| | $V_{终}$ | | | |
| | $V_{用}$ | | | |

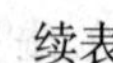

续表

| 项目 \ 编号 | Ⅰ | Ⅱ | Ⅲ |
|---|---|---|---|
| 水的硬度(以 CaO 计,度) | | | |
| 平均值(度) | | | |
| $R\bar{d}$ | | | |
| $RSD$ | | | |

2. 数据处理

$$硬度(CaO)=\frac{(cV)_{EDTA}M_{CaO}\times 10^3}{V_s}(mg/L)$$

$$硬度(CaCO_3)=\frac{(cV)_{EDTA}M_{CaCO_3}\times 10^3}{V_s}(mg/L)$$

$$(M_{CaCO_3}=100.09g/mol \quad M_{CaO}=56.077g/mol)$$

## 七、实验思考

1. 若只测定水中的 $Ca^{2+}$,应用何种指示剂？在什么条件下进行滴定？
2. 自来水经加热煮沸后,硬度会有怎样的变化？为什么？
3. 为什么在硬度较大的水样中加酸酸化,能防止钙、镁离子生成沉淀？

（魏荷琳）

# 实验二十一　硝酸银滴定液的配制与标定

## 一、实验目的

1. 掌握硝酸银滴定液的配制与标定方法。
2. 理解吸附指示剂的变色原理及使用条件。
3. 学会用荧光黄指示剂确定滴定终点。

## 二、实验用品

1. 仪器　分析天平、托盘天平、称量瓶、棕色试剂瓶(500ml)、棕色酸式滴定管(50ml)、量筒(50ml)、烧杯(250ml)、锥形瓶(250ml)、量杯(500ml)。

2. 试剂　基准 NaCl、$AgNO_3$(AR)、$CaCO_3$(AR)、糊精溶液(1→50)、荧光黄指示剂(0.1% 乙醇溶液)。

## 三、实验原理

硝酸银滴定液可采用间接法配制,然后用基准物质来标定其浓度。标定硝酸银滴定液一般采用基准 NaCl,用吸附指示剂法确定滴定终点。由于颜色的变化发生在 AgCl 胶粒的表面上,其表面积越大,到达滴定终点时,颜色的变化就越明显。为此,可将基准 NaCl 配成较稀的溶液,并加入糊精,以防止 AgCl 胶粒的凝聚。

用荧光黄(HFIn)作指示剂,标定 $AgNO_3$ 滴定液,其变色过程可表示为:

终点前: $HFIn \rightleftharpoons H^+ + FIn^-$(黄绿色)

$AgCl + Cl^- + FIn^- \rightleftharpoons AgCl \cdot Cl^- + FIn^-$(黄绿色)

终点时: $Ag^+$(稍过量)

$AgCl + Ag^+ \rightleftharpoons AgCl \cdot Ag^+$

$AgCl \cdot Ag^+ + FIn^- \rightleftharpoons AgCl \cdot Ag^+ \cdot FIn$(淡红色)

## 四、实验内容

1. 0.1mol/L $AgNO_3$ 滴定液的配制　用托盘天平称取分析纯 $AgNO_3$ 9g,置 250ml 烧杯中,加纯化水约 100ml 溶解后,转移到 500ml 量杯中,用纯化水稀释至刻度,混匀,置于棕色磨口瓶中,避光保存。

2. 0.1mol/L $AgNO_3$ 滴定液的标定　精密称取在 110℃干燥至恒重的基准 NaCl 三份,每份约 0.2g,分别置于 250ml 锥形瓶中,各加纯化水 50ml 使其溶解,再加糊精溶液(1→50)5ml,碳酸钙 0.1g 与荧光黄指示剂 8 滴,用 $AgNO_3$ 滴定液滴定至浑浊液由黄绿色变为淡红色,即为终点。记录消耗的 $AgNO_3$ 滴定液的体积。按下式计算 $AgNO_3$ 滴定液的浓度。

$$c_{AgNO_3} = \frac{m_{NaCl} \times 10^3}{M_{NaCl} V_{AgNO_3}} \text{(mol/L)}$$

平行标定三次,计算 $AgNO_3$ 滴定液浓度和三次结果的相对平均偏差。

## 五、实验注意事项

1. 为使 AgCl 保持溶胶状态,应先加糊精,再滴加 $AgNO_3$ 滴定液。

2. $AgNO_3$ 遇光可分解出金属银而使沉淀颜色变黑,影响终点的观察。因此,$AgNO_3$ 滴定液应贮存在棕色试剂瓶中,滴定时应避免强光直射。

3. 实验完毕,未用完的 $AgNO_3$ 滴定液及 AgCl 沉淀应及时回收。

## 六、实验数据记录与处理

1. $AgNO_3$ 滴定液的标定记录　　　　年　月　日

| 项目 \ 编号 | | Ⅰ | Ⅱ | Ⅲ |
|---|---|---|---|---|
| $m$(NaCl)　g | | | | |
| $V$(NaCl)　ml | | | | |
| $V(AgNO_3)$　ml | $V_{终}$ | | | |
| | $V_{初}$ | | | |
| | $V_{用}$ | | | |
| $c(AgNO_3)$　mol/L | | | | |
| 平均值　mol/L | | | | |
| $R\bar{d}$ | | | | |
| $RSD$ | | | | |

2. 数据处理

$$c_{AgNO_3}=\frac{m_{NaCl}\times10^3}{M_{NaCl}V_{AgNO_3}}(mol/L) \qquad M_{NaCl}=58.44g/mol$$

## 七、实验思考

1. $AgNO_3$ 滴定液应装在酸式滴定管还是碱式滴定管中？为什么？
2. 装 $AgNO_3$ 滴定液的试剂瓶没有用纯化水淋洗过，会出现什么现象？为什么？
3. 以荧光黄为指示剂，能否用 $AgNO_3$ 滴定液直接测定稀盐酸样品中 $Cl^-$ 的含量？

（张晓丹）

# 实验二十二　浓氯化钠注射液的含量测定（吸附指示剂法）

## 一、实验目的

1. 理解吸附指示剂法原理。
2. 掌握用吸附指示剂法测定样品的含量。
3. 学会用吸附指示剂确定滴定终点。
4. 进一步练习滴定分析仪器的基本操作。

## 二、实验用品

1. 仪器　移液管(10ml)、容量瓶(100ml)、酸式滴定管(棕色、50ml)、锥形瓶(250ml)、量筒(10ml、50ml)各一个。

2. 试剂　0.1mol/L $AgNO_3$ 滴定液、浓氯化钠注射液、2% 糊精溶液、荧光黄指示剂。

## 三、实验原理

本实验用 $AgNO_3$ 作滴定液，以荧光黄为指示剂测定浓 NaCl 注射液的含量。在化学计量点前，AgCl 胶粒吸附 $Cl^-$（$AgCl\cdot Cl^-$）使沉淀表面带负电荷，由于同性相斥，故不吸附荧光黄指示剂的阴离子，这时溶液显示指示剂阴离子本身的颜色，即黄绿色。当滴定至化学计量点后，稍过量的 $Ag^+$ 被 AgCl 胶粒吸附而带上正电荷（$AgCl\cdot Ag^+$），带正电荷的胶粒吸附荧光黄阴离子，使其结构发生变化，颜色变为淡红色，从而指示终点。其变色过程可表示为：

终点前：　$HFIn \rightleftharpoons H^+ + FIn^-$（黄绿色）

$AgCl + Cl^- + FIn^- \rightleftharpoons AgCl\cdot Cl^- + FIn^-$（黄绿色）

终点时：　$Ag^+$（稍过量）

$AgCl + Ag^+ \rightleftharpoons AgCl\cdot Ag^+$

$AgCl\cdot Ag^+ + FIn^- \rightleftharpoons AgCl\cdot Ag^+\cdot FIn$（淡红色）

## 四、实验内容

1. 供试液的制备　精密吸取浓氯化钠注射液 10.00ml，置于 100ml 容量瓶中，加

纯化水稀释至刻度，摇匀待测定。

2. 含量测定　精密吸取上述供试液 10.00ml 置于锥形瓶中，加纯化水 40ml，2% 糊精溶液 5ml，荧光黄指示剂 5~8 滴，用 0.1mol/L $AgNO_3$ 滴定液滴定至浑浊液由黄绿色变为淡红色即为终点。记录所消耗的 $AgNO_3$ 滴定液的体积，按下式计算氯化钠的含量。

$$NaCl\%=\frac{(cV)_{AgNO_3}M_{NaCl}\times 10^{-3}}{10.00\times\frac{10.00}{100.0}}\times 100\%\ (g/ml)$$

平行测定三次，计算氯化钠的含量和三次结果的相对平均偏差。

## 五、实验注意事项

1. 为防止 AgCl 胶粒聚沉，应先加入糊精溶液，再用 $AgNO_3$ 滴定液滴定。
2. 应在中性或弱碱性（pH=7~10）条件下滴定，一方面使荧光黄指示剂主要以 $FIn^-$ 形式存在，另一方面也避免了氧化银沉淀的生成。
3. 滴定操作应避免在强光下进行，以防止 AgCl 分解析出金属银，影响终点的观察。
4. 10.00ml 吸量管与 100.0ml 容量瓶应配套使用。

## 六、实验数据记录与处理

1. 浓氯化钠注射液的含量测定记录　　年　月　日

| 项目 \ 编号 | | Ⅰ | Ⅱ | Ⅲ |
|---|---|---|---|---|
| $c(AgNO_3)$　mol/L | | | | |
| $V(AgNO_3)$　ml | $V$ | | | |
| 浓氯化钠注射液的含量 | | | | |
| 平均含量 | | | | |
| $R\bar{d}$ | | | | |
| $RSD$ | | | | |

2. 数据处理

$$NaCl\%=\frac{(cV)_{AgNO_3}M_{NaCl}\times 10^{-3}}{10.00\times\frac{10.00}{100.0}}\times 100\%\qquad M_{NaCl}=58.44g/mol$$

## 七、实验思考

1. 测定 NaCl 溶液含量时可以选用曙红做指示剂吗？为什么？
2. 滴定前为什么要加糊精溶液？
3. 实验完毕，如何洗涤滴定管？

（张晓丹）

# 实验二十三　溴化钾的含量测定（铁铵矾指示剂法）

## 一、实验目的

1. 掌握用铁铵矾指示剂法测定样品的含量。

2. 熟悉用滴定法测定溴化钾样品含量的操作技术与计算方法。

3. 学会用铁铵矾指示剂确定滴定终点。

## 二、实验用品

1. 仪器　托盘天平、移液管、试剂瓶(500ml)、酸式滴定管(50ml)、烧杯(250ml)、锥形瓶(250ml)。

2. 试剂　$AgNO_3$(0.1mol/L)标准溶液、$NH_4SCN$(AR)、KBr样品、铁铵矾指示剂、稀硝酸(6mol/L)。

## 三、实验原理

铁铵矾指示剂法是以$NH_4Fe(SO_4)_2 \cdot H_2O$为指示剂的银量法。可分为直接滴定法和返滴定法。在酸性溶液中测定可溶性卤素化合物，采用返滴定法。在含有卤离子的$HNO_3$溶液中，加入已知过量的$AgNO_3$标准溶液，用铁铵矾作指示剂，以$NH_4SCN$或KSCN溶液为滴定液，回滴过量的$AgNO_3$，从而确定卤离子的含量。

用铁铵矾指示剂法测定KBr含量时，采用返滴定法滴定，其反应式为：

滴定前：$Ag^+$(过量)$+Br^- \rightleftharpoons AgBr\downarrow$

滴定时：$Ag^+$(剩余)$+SCN^- \rightleftharpoons AgSCN\downarrow$(白色)

终点时：$Ag^{3+}+SCN^- \rightleftharpoons [FeSCN]^{2+}$(淡棕红色)

溶液出现淡红棕色，即为滴定终点。

## 四、实验内容

1. 供试液的制备　用分析天平精密称取每份0.2g的KBr样品，共3份，分别置于3个锥形瓶中，各加纯化水50ml溶解，待滴定。

2. 含量的测定　KBr样品溶液中加入2ml稀硝酸和25.00ml $AgNO_3$标准溶液，充分振摇至反应完全，然后加入2ml指示剂，用标定好的$NH_4SCN$标准溶液滴定剩余的$AgNO_3$，至溶液呈现淡棕红色，经振摇后仍不褪色即为终点。

平行测定三次，计算溴化钾的含量和三次结果的相对平均偏差。

## 五、实验注意事项

1. 滴定时，应先在滴加$NH_4SCN$标准溶液前，加入已知过量的$AgNO_3$标准溶液，并充分振摇使样品KBr沉淀完全。

2. 在滴定过程中应充分振摇，使被沉淀吸附的$Ag^+$释放出来，以防终点提前，引起误差。

## 六、实验数据记录与处理

1. 溴化钾的含量测定记录　　　　年　月　日

| 项目＼编号 | Ⅰ | Ⅱ | Ⅲ |
|---|---|---|---|
| $m_{KBr}$　g | | | |
| $V(AgNO_3)$　ml | | | |
| $V(NH_4SCN)$　ml | | | |
| 样品 KBr 的含量 | | | |
| 平均含量 | | | |
| $R\bar{d}$ | | | |

2. 数据处理

$$KBr\%=\frac{(c_{AgNO_3}V_{AgNO_3}-c_{NH_4SCN}V_{NH_4SCN})M_{KBr}\times 10^{-3}}{m_s}$$

## 七、实验思考

1. 用沉淀滴定法测定 KBr 的含量,可选用哪些指示剂?
2. 用铁铵矾指示剂法滴定时,为什么要加入稀硝酸?

（张晓丹）

# 实验二十四　氯化钡中结晶水含量的测定

## 一、实验目的

1. 了解重量分析的基本操作
2. 巩固分析天平的称量方法。
3. 学会并掌握干燥失重法测定水分的原理和方法。
4. 明确恒重的意义,会进行恒重的操作。

## 二、实验用品

1. 仪器　分析天平、电热恒温干燥箱、干燥器、称量瓶、研钵。
2. 试剂　$BaCl_2·2H_2O$(AR)。

## 三、实验原理

干燥失重法常用于固体试样中水分、结晶水或其他易挥发组分的含量测定。结晶水是水合结晶物质结构内部的水,一般较稳定,在一定温度下可以失去。例如 $BaCl_2·2H_2O$ 在 125℃可有效地脱去结晶水:

$$BaCl_2·2H_2O = BaCl_2+2H_2O\uparrow$$

称取一定重量的结晶氯化钡，在125℃下加热到恒重。试样减轻的重量就是结晶水的重量。

## 四、实验内容

1. 空称量瓶的干燥恒重　取称量瓶3个，洗净，将瓶盖斜靠于瓶口上，置于电热干燥箱中125℃干燥1小时。取出置于干燥器中冷却至室温（约30分钟）。取出，盖好瓶盖，准确称其重量。重复操作，直至恒重（连续两次干燥后的重量差小于0.3mg即为恒重）。

2. 样品干燥失重的测定　取$BaCl_2·2H_2O$样品，在研钵中研成粗粉，分别精密称3份，每份约1.5g，平铺于已恒重的称量瓶中，将称量瓶盖斜放于瓶口，置电热干燥箱中125℃干燥1小时，取出，移至干燥器中冷却至室温（约30分钟），盖上称量瓶盖，称定其重量。重复操作，直至恒重。按下式计算$BaCl_2·2H_2O$结晶水含量百分比：

$$结晶水\%=\frac{m_{样}-m_{BaCl_2}}{m_{样}}\times 100\%$$

## 五、实验注意事项

1. 对于恒重称量，应在相同操作条件下进行，即称量瓶（或加样品后）加热干燥的温度及在干燥器中冷却的时间应保持一致。

2. 称量瓶烘干后置于干燥器中冷却时，勿将盖子盖严，以免冷却后盖子不易打开。但称量时应盖好瓶盖。

3. 称量操作速度要快，以防干燥样品久置空气中吸潮而影响恒重。

4. 加热干燥温度不宜过高，否则$BaCl_2$可能有部分损失。

## 六、实验数据记录与处理

1. 氯化钡中结晶水的含量测定数据记录　　　　年　月　日

| | | 1号称量瓶 | 2号称量瓶 | 3号称量瓶 |
|---|---|---|---|---|
| 空称量瓶恒重 $W_0$(g) | 1 | | | |
| | 2 | | | |
| | 3 | | | |
| 称量瓶加样品重 $W_1$(g) | | | | |
| 称量瓶加样品干燥后恒重 $W_2$(g) | 1 | | | |
| | 2 | | | |
| | 3 | | | |
| 样品重($W_1$-$W_0$)g | | | | |
| 干燥失重($W_1$-$W_2$)g | | | | |
| 结晶水含量 % | | | | |
| 平均值 | | | | |
| 相对平均偏差($R\bar{d}$) | | | | |
| 相对标准偏差($RSD$) | | | | |

2. 数据处理

$$结晶水\%=\frac{m_{样}-m_{BaCl_2}}{m_{样}}\times 100\%$$

## 七、实验思考

1. 本实验采用的干燥方式是什么？干燥方式还有哪些？
2. 什么是称量中的恒重？

（吴　剑）

# 实验二十五　直接电位法测定溶液的 pH 值

## 一、实验目的

1. 了解 pH 计的基本构造和性能。
2. 掌握直接电位法测定溶液 pH 的原理。
3. 掌握 pH 计测定溶液 pH 的操作方法。

## 二、实验用品

1. 仪器　pHs-3C 玻璃电极、饱和甘汞电极、小烧杯、洗瓶。

2. 试剂　邻苯二甲酸氢钾标准缓冲溶液（pH=4.00）、混合磷酸盐标准缓冲溶液（pH=6.86）、硼砂标准缓冲溶液（pH=9.18）、醋酸溶液（0.1mol/L）、氯化钾溶液（0.1mol/L）、醋酸钠溶液（0.1mol/L）。

## 三、实验原理

直接电位法测定溶液的 pH，常选用玻璃电极作指示电极，饱和甘汞电极作参比电极，浸入待测溶液中组成原电池，测其电动势（E），根据能斯特方程计算溶液的 pH：

原电池为：Ag｜AgCl，HCl｜玻璃膜｜待测液 ‖ KCl（饱和），$Hg_2Cl_2$｜Hg

在一定条件下，测得的 E 与 pH 呈直线函数关系：

其电动势为：

$$E = K' + 0.059\text{pH}$$

$K'$ 受诸多因素影响，既不能准确测定，也不易由理论计算求得，故采用两次测定法测定以消除 $K'$。其方法是：

先测已知 pH 的标准缓冲溶液（与待测液 pH 尽量接近）：

$$E_S = K' + 0.059\text{pH}_S$$

再测定待测溶液：

$$E_X = K' + 0.059\text{pH}_X$$

两式相减：

$$\text{pH}_X=\text{pH}_S-\frac{E_S-E_X}{0.059}$$

## 四、实验内容

1. 接通电源,使仪器预热20分钟。

2. 安装电极:将电极夹在复合电极杆上,将电极插头插在主机相应插口内,电极头保持清洁干燥。

3. 将pH计功能开关调到"pH"档。

4. 将温度补偿电位器调节到被测溶液的温度上。

5. 将斜率电位器顺时针旋转到底。

6. 定位:将电极冲洗干净,用滤纸把电极表面的水吸干,将电极插入标准缓冲溶液中,待数字显示温度后,调节定位旋钮,使所显示的数值和标准缓冲溶液的pH值相同。

7. 测量:用蒸馏水冲洗电极后,用滤纸吸干电极表面的水,再插入待测溶液中,稳定后,显示的数值即为待测溶液的pH值。分别测量醋酸钠溶液、醋酸钠溶液、氯化钾溶液的pH。

8. 测量完毕,清洗电极,并将玻璃电极浸泡在蒸馏水中。

## 五、实验注意事项

1. 新使用的玻璃电极用前应浸泡在蒸馏水中活化24小时。玻璃电极的球泡部位壁很薄,使用时应倍加保护。

2. 仪器校准时,应选择与待测溶液pH接近的标准缓冲溶液进行定位。校准后的电位调节器不能再转动,否则应重新校准。

3. 每次更换待测溶液,都必须将电极洗净、拭干,以免影响下一溶液测定结果的准确性。

4. 测量完毕后,必须先放开读数开关,再移去溶液,以免指针甩动过大,损坏仪器或影响测量准确度。

## 六、实验数据记录

直接电位法测定溶液的pH值　　　　年　月　日

| | 标准缓冲溶液 | | | 被测溶液 | | |
|---|---|---|---|---|---|---|
| | 酸性 | 中性 | 碱性 | HAc | KCl | NaAc |
| 温度/℃ | | | | | | |
| pH | | | | | | |

## 七、实验思考

采用定位法校准仪器时,应该用哪种标准缓冲溶液定位?为什么?

**附:酸度计的使用**

以PHs-2C型酸度计为例,其使用步骤如下:

1. 开机前准备　复合电极初次使用前在蒸馏水中浸泡24小时。

(1) 取下复合电极套;

(2) 用蒸馏水清洗电极，用滤纸吸干电极上残余蒸馏水。

2. 开机　按下电源开关，预热 20 分钟(短时间测量时，一般预热不短于 5 分钟；长时间测量时，最好预热在 20 分钟以上，以便使其有较好的稳定性)。

3. 校准　仪器在连续使用时，每天要校准一次，酸度计的校准方法有一点校准法和两点校准法两种，这里主要介绍两点校准法。

(1) 拔下电路插头，接上浸泡后并清洗干净的复合电极；

(2) 把选择开关旋钮调到 pH 档；

(3) 调节温度补偿旋钮，使温度与溶液温度值一致；

(4) 斜率调节旋钮调到 100% 位置；

(5) 把用纯化水清洗过的电极插入 pH=6.86(25℃)的标准缓冲溶液中，待读数稳定后按“定位”键(此时 pH 指示灯慢闪烁，表明仪器在定位标定状态)使读数为该标准缓冲溶液当时温度下的 pH 值；然后按“确认”键，仪器进入测量状态，pH 指示灯停止闪烁。

把用纯化水清洗过的电极插入 pH=4.01(25℃)[或 pH=9.18(25℃)]的标准缓冲溶液中，待读数稳定后按“斜率”键(此时 pH 指示灯闪烁，表明仪器在斜率标定状态)使读数为该溶液当时温度下的 pH 值，然后按“确认”键，仪器进入 pH 测量状态，pH 指示灯停止闪烁，标定完成。重复 5~6 次，直至不用再调节定位或斜率两调节旋钮，仪器显示数值与标准缓冲溶液 pH 值之差≤ ±0.02 为止。

仪器校准好之后，所有的旋钮将不能再动，否则仪器将重新校准。遇到下列情况之一仪器需要重新校准：溶液温度与 pH 标准缓冲溶液温度有较大的差异时；电极在空气中暴露过久，如半小时以上；定位或斜率调节器被误动；测量酸性较强(pH<2)或碱性较强(pH>12)的溶液后；换过电极后；当所测溶液的 pH 值与 pH 标准缓冲溶液差异较大时。

4. 测定溶液 pH 值　经过 pH 标准缓冲溶液校准后的仪器，即可用来测定样品的 pH 值。步骤如下：

(1) 先用蒸馏水清洗电极，再用被测溶液清洗一次。

(2) 用玻璃棒搅拌溶液，使溶液均匀，把电极浸入被测溶液中，待读数稳定后，读出溶液 pH 值。

测定结束后首先用蒸馏水清洗电极，用滤纸吸干，套上复合电极套，套内应放少量补充液；然后拔下复合电极，插入短路插头，以防止灰尘进入，影响测量准确性；最后关掉电源。

(李　洁)

## 实验二十六　永停滴定法测定磺胺嘧啶的含量

### 一、实验目的

1. 掌握永停滴定法的操作方法。
2. 掌握重氮化滴定中永停滴定法的原理。

## 二、实验用品

1. 仪器　分析天平、烧杯、滴定管、铂电极、灵敏电流计、电阻、电磁搅拌器。

2. 试剂　0.1mol/L $NaNO_2$ 标准溶液、磺胺嘧啶试样、浓氨水、6mol/L HCl、$KMnO_4$（AR）、$Na_2C_2O_4$（AR）、6mol/L $H_2SO_4$、KBr（AR）。

## 三、实验原理

磺胺嘧啶含有芳香伯胺基团，在盐酸酸性条件下可与亚硝酸钠标准溶液定量地生成重氮盐。

$$R-C_6H_4-NH_2 + NaNO_2 + 2HCl \rightleftharpoons [R-C_6H_4-\overset{+}{N}\equiv N]Cl + NaCl + 2H_2O$$

化学计量点前溶液中没有可逆电对，化学计量点后，溶液中少量的亚硝酸及其分解产物 NO 组成可逆电对，在铂电极上发生如下反应：

阴极：　$HNO_2 + H^+ + e \rightleftharpoons NO + H_2O$

阳极：　$NO + H_2O - e \rightleftharpoons HNO_2 + H^+$

因此到达化学计量点时，电路中由原来的无电流通过变为有电流通过。

## 四、实验内容

1. 精密称取干燥至恒重的磺胺嘧啶 0.5g，加 6mol/L HCl 溶液 1ml，蒸馏水 50ml，搅拌使磺胺嘧啶充分溶解，加入 1g KBr。

2. 安装好永停滴定法装置并使其与被测溶液相连，把两个铂电极插入到被测溶液中，开动电磁搅拌器，并保证灵敏电流计能正常工作。

3. 在 30℃以下用 $NaNO_2$ 标准溶液滴定磺胺嘧啶溶液，滴定时将管尖端插入液面下约 2/3 处，边滴定边搅拌，临近终点时，将滴定管尖端提出液面，用少量水冲洗尖端，并将洗液并入被测溶液中，继续缓缓滴定，至灵敏电流计指针突然偏转并不再回复即为终点，记录消耗 $NaNO_2$ 体积并进行数据处理。平行测定 2~3 次，计算平均值。

## 五、实验注意事项

1. 电极活化　铂电极在使用前浸泡于加有少量三氯化铁的硝酸溶液中 30 分钟，临用时用水冲洗。

2. 温度不宜过高，滴定管插入液面 2/3 处使滴定速度略快，使重氮化反应完全。

## 六、实验数据记录与处理

1. $NaNO_2$ 滴定液的标定记录　　　　年　月　日

| 编号 / 项目 | Ⅰ | Ⅱ | Ⅲ |
|---|---|---|---|
| $c(NaNO_2)$　ml | | | |
| $m(C_{10}H_{10}O_2N_4S)$　g | | | |

续表

| 项目 \ 编号 | | Ⅰ | Ⅱ | Ⅲ |
|---|---|---|---|---|
| $V(NaNO_2)$ ml | $V_{终}$ | | | |
| | $V_{初}$ | | | |
| | $V_{消}$ | | | |
| $\omega_{C_{10}H_{10}O_2N_4S}$ | | | | |
| 平均值 | | | | |
| $R\bar{d}$ | | | | |
| $RSD$ | | | | |

2. 数据处理

$$\omega_{C_{10}H_{10}O_2N_4S}=\frac{c_{NaNO_2}V_{NaNO_2}M_{C_{10}H_{10}O_2N_4S}}{m_s} \quad M_{C_{10}H_{10}O_2N_4S}=250.28$$

## 七、实验思考

1. 亚硝酸钠法测定磺胺类药物，用永停滴定法作终点指示，通常在试样溶解后，加入溴化钾 1g，这是为什么？
2. 滴定过程中若用过高的外电压会出现什么现象？

（李　洁）

# 实验二十七　吸收曲线的绘制（可见分光光度法）

吸收曲线的绘制

## 一、实验目的

1. 掌握测定及绘制药物吸收曲线的方法。
2. 掌握测定化合物吸收系数的方法。
3. 学会紫外 - 可见分光光度计的使用方法。

## 二、实验用品

1. 仪器　紫外 - 可见分光光度计、移液管（1ml、5ml）、容量瓶（10ml、100ml）。
2. 试剂　丹皮酚纯品、95% 乙醇（AR）。

## 三、实验原理

溶液对光具有选择性吸收，即同一种溶液对不同波长的光的吸收程度不同，但溶剂等测定条件一定时，化合物吸收曲线所出现的 $\lambda_{max}$、$\varepsilon_{max}$ 或 $E_{max}$ 为一定值，从而为鉴别化合物提供了有力的依据。

通过测量一定浓度的溶液对不同波长单色光的吸光度，以入射光波长（λ）为横坐标，对应的吸光度（$A$）为纵坐标，在坐标系中找出对应的点描绘吸收光谱曲线。在吸

收曲线中，吸收峰最高处所对应的波长称为最大吸收波长（$\lambda_{max}$）。测定此溶液浓度时，应选择该溶液的 $\lambda_{max}$ 作为入射光。

## 四、实验内容

称取丹皮酚纯品 0.1000g，用 95% 乙醇溶解，定容至 100.0ml，摇匀。吸取 5.00ml 于 100ml 容量瓶内，用 95% 乙醇定容至刻度，作为母液备用，此溶液中丹皮酚的含量为 0.005%。

1. 吸收曲线的测绘　吸取母液 1.00ml 于 10ml 容量瓶内，用 95% 乙醇定容至刻度线。此时丹皮酚含量为 0.0005%。将此溶液与空白溶液（95% 乙醇）分别用两个相同厚度的比色皿盛装后，放置在仪器的比色架上，按仪器使用方法进行操作。从仪器波长范围的上限（或下限）开始，每隔 2nm 测量一次，在吸收峰和吸收谷处，每隔 1 或 0.5nm 测量一次，每次测量均需用空白调节 100.0% 透光度，然后读取测定溶液的透光度（或吸光度），记录不同波长处的测得值。以波长为横坐标，不同波长处吸光度值为纵坐标作图，并连成光滑的曲线，即得吸收曲线。

2. 吸收系数的测定　利用上述溶液，在 274.0nm 波长处测定其吸光度，计算百分吸收系数。

## 五、实验注意事项

1. 每变换一次波长，应用空白溶液调 T（100%）。
2. 绘制曲线的坐标标度大小适中，应符合要求。
3. 及时记录测定时所选择光和对应的吸光度。
4. 要标明曲线名称，坐标单位，箭头要规范。

## 六、实验数据记录与处理

1. 丹皮酚标准溶液在不同波长的吸光度

| λ（nm） | | | | | | | | |
|---|---|---|---|---|---|---|---|---|
| *A* | | | | | | | | |
| λ（nm） | | | | | | | | |
| *A* | | | | | | | | |

2. 绘制丹皮酚乙醇溶液的吸收光谱曲线（*A*-λ 曲线）。
3. 丹皮酚乙醇溶液的最大吸收波长 $\lambda_{max}$=　　　。

## 七、实验思考

1. 怎样选择空白溶液？

2. 利用测定的百分吸收系数与丹皮酚的实际百分吸收系数 862 相比，试讨论产生误差的原因。

## 附：常用分光光度计的使用方法

1. 721 型紫外 - 可见分光光度计的使用方法

(1) 未接通电源前，对仪器的安全性进行检查，电源线接线应牢固，旋钮的起始位置应该正确。

(2) 将灵敏度旋钮调至"1"挡(放大倍率最小)。

(3) 开启电源，指示灯亮，选择开关置于"T"，波长调至测试用波长，预热20分钟。

(4) 打开试样室盖(光门自动关闭)，调节"0"旋钮，使读数为"00.0"，盖上试样室盖，将比色皿架置于蒸馏水校正位置，使光电管受光，调节透过率"100%"旋钮，使读数为"100.0"。

(5) 如果显示不到"100.0"，则可适当增加微电流放大器的倍率档数，但尽可能置低倍率档使用，这样仪器会有更高的稳定性。要注意的是，改变倍率后必须按(4)重新校正"0"和"100%"。

(6) 预热后，按(4)连续几次调整"0"和"100%"，仪器即可进行测定工作。

(7) 按(4)调整仪器的"0"和"100%"，将选择开关置于"A"，调节吸光度调零旋钮，使得读数为"0"，然后将被测样品移入光路，显示值即为被测样品的吸光度值。

(8) 测定结束后，关闭开关，拔掉电源。将比色皿清洗干净，倒扣在吸水纸上。

(9) 仪器归位，登记仪器使用情况。

2. 752型紫外-可见分光光度计的使用方法

(1) 检查仪器样品室内是否有东西挡在光路上。

(2) 接通电源，打开开关(在仪器背面)，仪器进入自检状态。自检结束后，显示器上显示"546nm 100%"，测量方式自动设在透光率方式上(%T)，并自动调100%和0%T。

(3) 按"FUNC"键选择所需光源，按"△"或"▽"波长设定键调好测定波长，仪器预热20分钟。

(4) 仪器稳定后，将参比溶液和被测溶液分别倒入比色皿中，参比池放在比色皿架的第一个槽位，其余三个放样品池。比色皿光面置于光路中(若被测样品波长在340~1000nm范围内，则使用玻璃比色皿；若被测样品波长在190~340nm范围内，则使用石英比色皿。比色皿的光面部分不能留有指印或溶液痕迹)。

(5) 比色皿架的拉杆未拉出时，参比池被置于光路中。对参比溶液调透光率为100.0%(按"100%T"键)，此时参比溶液吸光度为0.000。

(6) 比色皿架的拉杆拉出第一格，此时是第一个槽位和第二个槽位之间的挡板置于光路中，显示屏上透光率应为00.0%T(按"0%T"键)(使用者在不进行测量操作时，将挡板置于光路中，保护检测器)。

(7) 测定样品吸光度时，方式设定选择"A"，将样品置于光路中，显示屏即显示其A值。

(8) 测定结束后，关闭开关，拔掉电源。将比色皿清洗干净，倒扣在吸水纸上。

(9) 仪器归位，登记仪器使用情况。

(何文涛)

# 实验二十八　高锰酸钾的比色测定(工作曲线法)

## 一、实验目的

1. 掌握测定有色物质含量的方法。
2. 熟练掌握绘制标准曲线(工作曲线)。
3. 学会721型分光光度计的使用方法。

## 二、实验用品

1. 仪器　紫外-可见分光光度计,50ml容量瓶,电子分析天平,吸量管,洗耳球等。
2. 试剂　$KMnO_4$(AR),0.05mol/L $H_2SO_4$溶液。

## 三、实验原理

$KMnO_4$溶液为紫红色,在525nm波长处有最大吸收,配制$KMnO_4$标准系列溶液,固定波长525nm,依次测定其吸光度$A$,再测定样品液的吸光度$A$值,根据$KMnO_4$标准系列溶液的吸光度和浓度绘制$A$-$c$曲线,从曲线上查出对应的浓度即可。

## 四、实验内容

1. 将仪器的波长调节525nm处。
2. $KMnO_4$标准溶液配制　精密称取$KMnO_4$试剂0.2500g,置于烧杯中,加少量蒸馏水和0.05mol/L的$H_2SO_4$溶液20ml,溶解后,置于1000ml容量瓶中加蒸馏水至刻度,摇匀,其浓度$c_{标}$为0.2500g/L。
3. 标准系列溶液的配制　取6个50ml的容量瓶,用吸量管分别依次加入$KMnO_4$标准溶液0.00、1.00、2.00、3.00、4.00、5.00ml,用蒸馏水稀释至50ml标线处,摇匀。所得标准系列的浓度依次为每ml含$KMnO_4$:0、5、10、15、20、25μg。
4. 样品液的配制　另取50ml量瓶,用吸量管准确加入5.00ml样品液,用蒸馏水稀释至50ml标线处,摇匀。
5. 测定用蒸馏水作空白,依次将空白溶液和标准系列溶液装入吸收池架上,在525nm波长处,调空白溶液的透光率为100%,依次测定标准系列溶液和样品溶液的吸光度$A$值。
6. 绘制标准曲线以标准系列溶液的浓度为横坐标,吸光度为纵坐标,绘制标准曲线。从标准曲线上查出与样品液吸光度相对应的浓度,即为样品比色液的浓度。
7. 计算:$c_{原样}$ = 样品液的浓度 × 样品稀释倍数。

## 五、实验注意事项

1. 配制标准系列和试样的容量瓶应及时贴上标签,以防混淆。
2. 测定标准系列的吸光度时,应按浓度由稀到浓的顺序依次测定。
3. 测定前,先用待测液润洗比色皿2~3次。不能用手捏比色皿的透光玻璃面。

4. 试液应加至比色皿高度的4/5处，加液时要尽量避免溢出，如果池壁上有液滴，应用滤纸吸干。

5. 及时记录测定的吸光度，根据实验数据在坐标纸上绘制标准曲线。

6. 绘制标准曲线时，单位取整数，间隔要适当。

## 六、实验数据记录与处理

1. 绘制标准曲线　　　　年　月　日

| 标准 $KMnO_4$ 溶液的体积(ml) | 0.0 | 1.0 | 2.0 | 3.0 | 4.0 | 5.0 |
|---|---|---|---|---|---|---|
| 标准系列溶液的浓度 c(μg/ml) | | | | | | |
| 对应的吸光度值 $A$ | | | | | | |

根据上表数据绘制 $KMnO_4$ 的标准曲线。

2. 工作曲线法测定待测溶液的吸光度

| 待测 $KMnO_4$ 的吸光度 | $A_1$ | $A_2$ | $A_3$ |
|---|---|---|---|
| | | | |
| 吸光度平均值 | | | |

3. 数据处理　根据试样溶液吸光度平均值，在上述标准曲线上查出待测试样的浓度：$C_x$=

则 $C_{原样}=C_x\times$ 稀释倍数 =

## 七、实验思考

1. 怎样选择测定波长？

2. 为什么绘制标准曲线和测定试样应在相同条件下进行？这里主要指哪些条件？

（何文涛）

# 实验二十九　邻二氮菲吸收光度法测定铁

## 一、实验目的

1. 理解邻二氮菲测定Fe(Ⅱ)的原理和方法。

2. 掌握用标准曲线法和对照法进行定量测定的原理及方法。

3. 学会使用可见分光光度计。

## 二、实验用品

1. 仪器　可见分光光度计、分析天平、容量瓶(50ml、500ml、1000ml)、移液管、烧杯、洗耳球。

2. 试剂　$(NH_4)_2SO_4\cdot FeSO_4\cdot 6H_2O$(AR)、HCl(6mol/L)、10%盐酸羟胺(新配制)、乙酸盐缓冲液、邻二氮菲溶液(0.15%，新配制)。

## 三、实验原理

邻二氮菲(1,10-邻二氮杂菲)是有机配合剂之一,与 $Fe^{2+}$ 能形成红色配离子。生成的配离子在 510nm 附近有一吸收峰,摩尔吸光系数达 $1.1\times10^4$L/(mol·cm),配离子的 $\lg\beta_3=21.3$,反应灵敏,适用于微量测定。在 pH 3~9 范围内,反应能迅速完成,且显色稳定,在含铁 0.5~8ppm 范围内,浓度与吸光度符合比尔定律。但 $Fe^{3+}$ 离子也能与邻二氮菲生成淡蓝色配合物,$\lg\beta_3=14.1$,故在显色前应先用盐酸羟胺将 $Fe^{3+}$ 还原为 $Fe^{2+}$,其反应式为:

$$2Fe^{3+}+2NH_2OH\cdot HCl=2Fe^{2+}+N_2\uparrow+4H^++2H_2O+2Cl^-$$

被测溶液用 pH=4.5~5 的缓冲液保持酸度。若用精密分光光度计测定,可用吸光系数计算法。用光电比色法测定,则设备较简便,可用标准曲线法,也可用对照法。

比色皿不配套,会影响吸光度的测量值,应检验其透光度与厚度的一致性,必要时加以校正。

## 四、实验内容

1. 试液制备

(1) 标准铁溶液的制备:精密称取 0.35g 左右的 $(NH_4)_2SO_4\cdot FeSO_4\cdot 6H_2O$,置于 150ml 烧杯中,加入 6mol/L HCl 溶液 20ml 和少量水,溶解后转移至 1L 容量瓶中,用水稀释至刻度,摇匀。

(2) 乙酸盐缓冲液的制备:取乙酸钠 136g 与冰醋酸 120ml 于 500ml 容量瓶中,加水至刻线,摇匀。

2. 标准曲线绘制　分别量取上述标准铁溶液 0.0、1.0、2.0、3.0、4.0、5.0ml 于 50ml 容量瓶中,依次加入乙酸盐缓冲液 5ml,盐酸羟胺 1ml,邻二氮菲溶液 5ml,用蒸馏水稀释至刻度,摇匀,放置 10 分钟。以第一份溶液作空白,用 1cm 比色皿在分光光度计上测定每份溶液的吸光度。测定前,先用中等浓度的一份在 490~510nm 之间选定 5~10 个波长测定其吸光度。然后选取吸光度最大处的波长为测定波长,分别测定各浓度溶液的吸光度,以测得的各溶液的吸光度为纵坐标,浓度(或含铁量)为横坐标,绘制成标准曲线,若线性好则用最小二乘法回归成线性方程。

3. 水样的测定　以自来水、井水或河水为样品,精密吸取澄清水样 5.00ml(或适量),置于 50ml 容量瓶中,依次加入乙酸盐缓冲液 5ml,盐酸羟胺 1ml,邻二氮菲溶液 5ml,用蒸馏水稀释至刻度,摇匀,放置 10 分钟,以不加样品的溶液作空白,用 1cm 比色皿在分光光度计上测定每份样品溶液的吸光度,根据测得的吸光度求出水中的总铁量。

## 五、实验注意事项

1. 操作上,注意吸收池的配对及遵守平行原则。
2. 盛装标准溶液和水样的容量瓶应做标记,以免混淆。
3. 在测定标准系列各溶液吸光度时,要从稀溶液至浓溶液进行测定。

## 六、实验数据记录与处理

1. 绘制标准曲线　　　　年　月　日

| 标准铁溶液的体积(ml) | 0.0 | 1.0 | 2.0 | 3.0 | 4.0 | 5.0 |
|---|---|---|---|---|---|---|
| 系列标准铁溶液的浓度 $c$(μg/ml) | | | | | | |
| 对应的吸光度值 $A$ | | | | | | |

根据上表数据绘制邻二氮菲亚铁配离子的标准曲线。

2. 工作曲线法测定水样中微量铁

| 待测试样中微量铁的吸光度 | $A_1$ | $A_2$ | $A_3$ |
|---|---|---|---|
| | | | |
| 吸光度平均值 | | | |

3. 数据处理　根据试样溶液吸光度平均值,在上述标准曲线上查出待测试样的浓度:$C_x$=

则 $C_{原样}=C_x\times$ 稀释倍数 =

## 七、实验思考

1. 根据邻二氮菲亚铁配离子的吸收光谱,其 $\lambda_{max}$ 为 510nm。本次实验中实际测得的最大吸收波长是多少?若有差别,试作解释。

2. 根据制备标准曲线测得的数据判断本次实验所得浓度与吸光度间线性关系的好坏?分析其原因。

3. 根据实验数据计算邻二氮菲亚铁配离子在最大吸收波长处的摩尔吸光系数,若与文献值[$1.1\times10^4$L/(mol·cm)]的差别较大,试作解释。

(何文涛)

# 实验三十　维生素 $B_{12}$ 注射液的含量测定(吸光系数法)

## 一、实验目的

1. 掌握吸收系数法的定量方法。
2. 掌握维生素 $B_{12}$ 注射液含量测定、标示量的百分含量及稀释度等计算方法。
3. 学会紫外 - 可见分光光度计的使用方法。

## 二、实验仪器与试剂

1. 仪器　紫外 - 可见分光光度计,5ml 移液管,10ml 容量瓶,洗耳球。
2. 试剂　维生素 $B_{12}$ 注射液(100μg/ml)、蒸馏水。

## 三、实验原理

维生素 $B_{12}$ 是一类含钴的卟啉类化合物,具有很强的生血作用,可用于治疗恶性贫血等疾病。维生素 $B_{12}$ 共有七种。通常所说的维生素 $B_{12}$ 是指其中的氰钴素，为深红色吸湿性结晶，制成注射液的标示含量有含维生素 $B_{12}$ 50μg/ml、100μg/ml 或 500μg/ml 等规格。

维生素 $B_{12}$ 的水溶液在 278±1nm、361±1nm 与 550±1nm 三波长处有最大吸收。361nm 处的吸收峰干扰因素少，药典（2010 年版）曾规定以 361nm±1nm 处吸收峰的百分吸收系数 $E_{1cm}^{1\%}$ 值（207）为测定注射液实际含量的依据。

## 四、实验内容

1. 维生素 $B_{12}$ 最大吸收波长扫描采用紫外 - 可见分光光度计对其进行扫描。

2. 比色皿的校正　将比色皿编号标记，装入蒸馏水，在 361nm 处比较各比色皿的透光率。以透光率最大的比色皿为 100% 透光，测定其余各比色皿的透光率，选择两只差值≤0.5% 的比色皿使用。若难以满足，则以透光率最大的比色皿为 100% 透光，测定出与其差值最小的比色皿的吸光度校正值。测定溶液时，以那只透光率最大的比色皿作空白，另一只比色皿装待测溶液，测定的吸光度减去其校正值。

3. 吸光系数法　精密吸取维生素 $B_{12}$ 注射液样品（100μg/ml）3.0ml，置于 10ml 容量瓶中，加蒸馏水至刻度，摇匀，得样品稀释液。装入比色皿中，以蒸馏水为空白，在 361nm 波长处测得吸光度 $A$ 值，与 48.31 相乘，即得样品稀释液中每毫升含维生素 $B_{12}$ 的 μg 数。

按照百分吸收系数的定义，每 100ml 含 1g 维生素 $B_{12}$ 的溶液（1%）在 361nm 的吸光度应为 207。即：

$$E_{1cm}^{1\%}(361nm)=207\times10^{-4}ml/(g\cdot cm)$$

$$c_{样}=\frac{A_{样}}{b\times E_{1cm}^{1\%}}=A_{样}\times48.31(\mu g/ml)$$

$$维生素B_{12}标示量(\%)=\frac{c_{样}(\mu g/ml)\times 样品稀释倍数}{标示量(100\mu g/ml)}\times100\%$$

## 五、实验注意事项

1. 仪器在不测定时，应随时打开暗箱盖，以保护光电管。
2. 为使比色皿中测定溶液与原溶液的浓度一致，需用原溶液荡洗比色皿 2~3 次。
3. 比色皿内所盛溶液以超过皿高的 2/3 为宜。过满溶液可能溢出，使仪器受损。
4. 比色皿使用后应立即取出，并用自来水及蒸馏水洗净，倒立晾干。

## 六、实验数据与处理

维生素 $B_{12}$ 注射液的含量测定　　　　年　月　日

| 维生素 $B_{12}$ 在 361nm 处的吸光度 | $A_1$ | $A_2$ | $A_3$ |
|---|---|---|---|
| | | | |
| 维生素 $B_{12}$ 稀释液的浓度（μg/ml） | | | |
| 维生素 $B_{12}$ 注射液的浓度（μg/ml） | | | |
| 注射液平均浓度（μg/ml） | | | |
| 维生素 $B_{12}$ 注射液的标示量（%） | | | |

## 七、实验思考

1. 什么是标准曲线法和吸光系数法？
2. 试比较用标准曲线法与吸收系数法定量的优缺点。
3. 根据测定时所有光的波长，应选择何种光源？为什么？

（何文涛）

# 实验三十一 双波长分光光度法测定复方磺胺甲噁唑片中磺胺甲噁唑的含量

## 一、实验目的

1. 掌握等吸收双波长分光光度法测定复方片剂组分含量的原理及方法。
2. 掌握紫外-标准对照法测定药物含量及计算方法。
3. 熟悉利用单波长分光光度计进行双波长法测定。

## 二、实验仪器与试剂

1. 仪器　紫外分光光度计，石英比色皿，100ml 容量瓶，移液管。

2. 试剂　磺胺甲噁唑（SMZ），甲氧苄啶（TMP）对照品，复方磺胺甲噁唑片，氢氧化钠（0.1mol/L）。

## 三、实验原理

对二元组分混合物中某一组分的测定，若干扰组分在某两个波长处具有相同的吸光度，且被测组分在这两个波长处的吸光度差别显著，则可以采用“等吸收双波长消去法”消除干扰组分的吸收，直接测定混合物在此两波长处的吸光度差值 $\Delta A$。在一定条件下，$\Delta A$ 与被测组分的浓度成正比，与干扰组分的浓度无关。其数学表达式如下：

$$\begin{aligned}\Delta A&=A_1^{a+b}-A_2^{a+b}=(A_1^a+A_1^b)-(A_2^a+A_2^b)=(A_1^a-A_2^a)+(A_1^b-A_2^b)\\&=(A_1^b-A_2^b)=E_1^b c_b L-E_2^b c_b L=(E_1^b L-E_2^b L)c_b=k\times c_b\end{aligned}$$

此处设 a 为干扰物质，在所选波长 $\lambda_1$ 和 $\lambda_2$ 处的吸光度相等。

复方磺胺甲噁唑片是含磺胺甲噁唑（SMZ）和甲氧苄啶（TMP）的复方制剂。两者在紫外区有较强的吸收。每片复方磺胺甲噁唑片中含 SMZ 0.4g 和 TMP 0.08g。SMZ 和 TMP 在 0.4% 氢氧化钠溶液中紫外吸收光谱图如实训图 13 所示。由图可见，噁 SMZ 的吸收峰（257~304nm）与 TMP 的吸收谷波长相近，而在 TMP 光谱上与 257nm 处吸光度相等的波长约在 304nm 处，此处 SMZ 吸收较低，因此可通过实验用 TMP 溶液选定 $\lambda_1$、$\lambda_2$（257nm、304nm 左右）两个波长，再用准确浓度的 SMZ 溶液测定浓度与 $\Delta A$（$A_1-A_2$）的比例常数 $\Delta E$，即可测定 SMZ 的含量。

## 四、实验内容

1. 对照品溶液和样品溶液的配制 TMP对照品溶液：精密称取105℃干燥至恒重的TMP约10mg，用乙醇溶解并定容到100ml，取上述溶液2ml加0.1mol/L氢氧化钠溶液定容到100ml，摇匀。

SMZ对照品溶液：精密称取105℃干燥至恒重的SMZ约50mg，用乙醇溶解并定容到100ml，取上述溶液2ml加0.1mol/L氢氧化钠溶液定容到100ml，摇匀。

样品溶液：准确称取片剂10片，研细，精密称取相当于SMZ 50mg与TMP 10mg的粉末，用乙醇溶解并定容到100ml，过滤，取滤液2ml加0.1mol/L氢氧化钠溶液定容到100ml，摇匀。

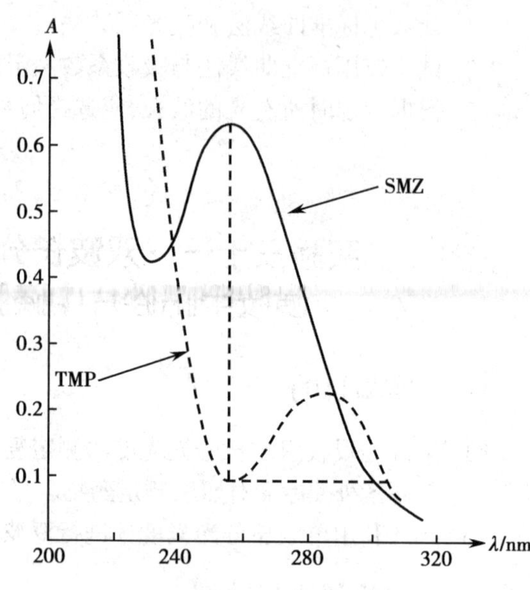


实训图13 SMZ和TMP在0.4%氢氧化钠溶液中紫外吸收光谱图

2. 复方磺胺甲噁唑片中SMZ含量的测定 以0.4%的氢氧化钠溶液为参比溶液，分别取SMZ、TMP标准溶液进行波长扫描(220~320nm)，可得到SMZ和TMP的吸收光谱。根据SMZ的吸收光谱寻找最大吸收波长作为测量波长$\lambda_1$，然后在TMP吸收光谱304nm附近寻找和$A_{TMP1}$值等吸收的波长，以此波长作为参比波长$\lambda_2$。若用双波长仪器，则只需将样品溶液置光路中，固定一个单色器的波长于$\lambda_1$处，用另一单色器作波长扫描即可找到$\lambda_2$。同法，在$\lambda_1$和$\lambda_2$处分别测定SMZ对照品溶液的$A_1$和$A_2$，用所得的吸光度和溶液的浓度计算$\Delta E$：

$$\Delta E=\frac{A_1-A_2}{C}=\frac{\Delta A}{C}$$

相同条件下在$\lambda_1$和$\lambda_2$波长处测定样品溶液的$A_1$和$A_2$值，以它们的差值$\Delta A$计算样品浓度。

$$C_{样品}=\frac{\Delta A}{\Delta E}\ (\text{g/100ml})$$

再换算成复方磺胺甲噁唑片剂中SMZ的标示含量。

$$标示量(\%)=\frac{测得量(\text{g/}平均每片)}{标示量(\text{g/}片)}\times 100\%$$

$$=\frac{c\times\dfrac{100\times 100}{100\times 2}}{称重量(\text{g})}\times\frac{平均片重(\text{g})}{标示量(\text{g})}100\%$$

$$=\frac{c\times 100}{称重量(\text{g})\times 2}\times\frac{平均片重(\text{g})}{标示量(\text{g/}片)}\times 100\%$$

## 五、实验注意事项

1. 注意药物是否完全溶解。

2. 参比波长对测定影响较大，此波长可因仪器不同而异，所以根据对照品来确定。

3. 配制好的浓、稀溶液应做好标签记号。

## 六、实验数据及数据处理

年　月　日

<table>
<tr><td></td><td colspan="3">波长 $\lambda_1$(257nm)</td><td colspan="3">波长 $\lambda_2$(304nm)</td></tr>
<tr><td rowspan="3">磺胺甲噁唑对照品</td><td></td><td></td><td></td><td></td><td></td><td></td></tr>
<tr><td colspan="3"></td><td colspan="3"></td></tr>
<tr><td colspan="6">△ $E$=</td></tr>
<tr><td rowspan="3">样品溶液</td><td></td><td></td><td></td><td></td><td></td><td></td></tr>
<tr><td colspan="3"></td><td colspan="3"></td></tr>
<tr><td colspan="6">$c_{样品}$=</td></tr>
<tr><td>标示量(%)</td><td colspan="6">标示量(%)=</td></tr>
</table>

## 七、实验思考

1. 如何选择合适的测量波长和参比溶液？

2. 如何只测定磺胺甲噁唑，甲氧苄啶对照品溶液的浓度是否需准确配制？

3. 如何用双波长法测定复方磺胺甲噁唑片中的甲氧苄啶含量？

（何文涛）

# 实验三十二　阿司匹林红外吸收光谱的测绘

## 一、实验目的

1. 溴化钾压片法制样。

2. 光栅型红外分光光度计绘制红外光谱的方法。

3. 标准图谱对比法鉴别药物真伪的方法。

## 二、实验用品

1. 仪器　光栅型红外分光光度计，标准抽气压模装置或钳式压片模具，玛瑙研钵，不锈钢角匙。

2. 试剂　阿司匹林样品，光谱纯 KBr，液体石蜡。

## 三、实验原理

红外光谱图是分子结构的反映，组成分子的各种官能团(或化学键)都有自己特

定的红外吸收区域。

在用红外光谱法鉴别原料药或已知物质时，可将样品的红外光谱图与标准红外光谱图对比，看各官能团对应的特征峰及相关峰是否一致，以此来鉴别真伪或检验纯度。

阿司匹林，化学名称乙酰水杨酸，在2015版《中国药典》中为原料药，其结构式如下：

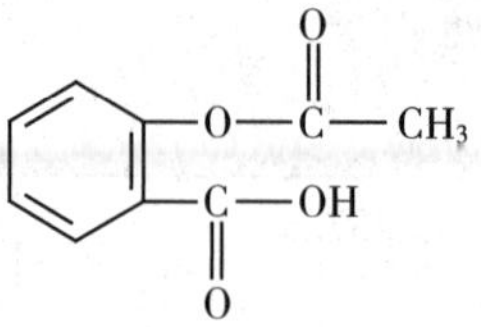

标准谱图如实训图14所示：

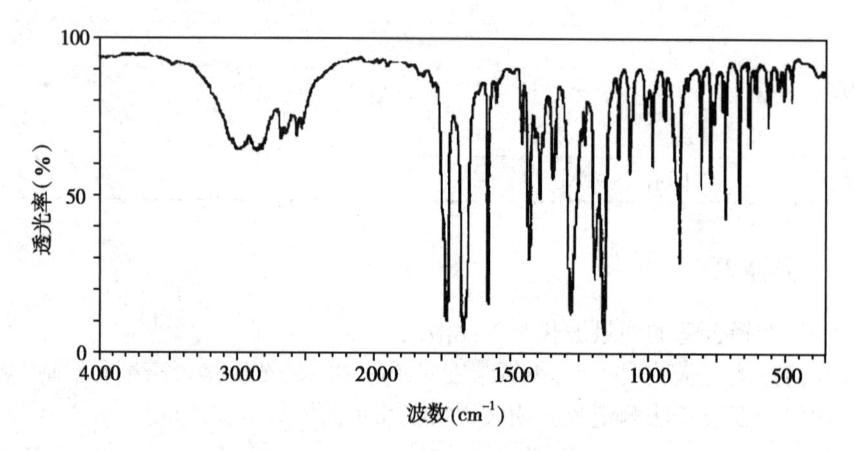


实训图14　阿司匹林红外光谱标准谱图

## 四、实验内容

1. 压片制样

(1) 压制溴化钾空白片：将干燥的溴化钾放在玛瑙研钵中，充分研磨，将已磨细的溴化钾加到压片的模具上，通过抽气加压或手捏加压等方式压制成均匀、透明的窗片。

(2) 压制溴化钾样品片：取干燥的样品约1mg，置玛瑙研钵中，加入干燥的溴化钾细粉约200mg，经充分研磨，使之混合均匀。参照空白片压制方法进行压制，即得样品窗片。

一般来说，磨细的样品粒度在2~5μm，压片的厚度在0.5~1mm，样品与溴化钾的混合比例一般为(0.5~2)：100。

2. 阿司匹林红外吸收光谱的测绘　将空白片置于红外光谱仪的样品光路中，扫描，得参比光谱图（背景光谱图）。

对溴化钾的要求：用溴化钾制成空白片，以空气作为参比，录制光谱图，基线应大于75%透光率，除在3440$cm^{-1}$及1630$cm^{-1}$附近因残留或附着水而呈现一定的吸收峰外，其他区域不应出现大于基线3%透光率的谱带。

再将上述制备的样品片置红外光谱仪光路中，以空白KBr作背景扫描，在4000~400cm$^{-1}$范围进行扫描，得阿司匹林的红外吸收光谱。

3. 与《中药典》中阿司匹林的标准红外光谱图对照看是否一致。

## 五、实验注意事项

1. 对样品的主要要求

(1) 样品纯度需大于98%，以便与纯物质光谱对照。

(2) 样品应不含水（结晶水、游离水），因水对烃基峰有干扰，而且会使吸收池的盐窗受潮起雾，所以样品一定要经过干燥处理。

(3) 供试品研磨应适度，通常以粒数在2~5μm之间为宜。

(4) 压片磨具用过后，应及时擦拭干净，保存在干燥器中。

2. 在3440cm$^{-1}$及1630cm$^{-1}$附近出现水的吸收峰是因为KBr在研磨时吸收空气中的水蒸气造成的，因此，为了尽量减少样品对水分的吸收，整个压片操作过程应尽可能在红外灯下进行。

3. 溴化钾作为稀释剂对绝大多数化合物是适用的，但对于分子式中含有HCl的化合物，如果用溴化钾做稀释剂则会产生阴离子交换的情况，此时应用KCl作为稀释剂。

4. 由于各种型号仪器的分辨率不同，而且不同研磨条件、样品的纯度、吸水情况、晶型变化以及其他外界因素的干扰等均会影响光谱形状，所以在比较供试品的光谱与对照品光谱时，只要求基本一致，不需要求完全相同。

## 六、实验思考

1. 阿司匹林的红外光谱特征吸收峰有哪些？其位置、形状和相对强度如何？

2. 影响红外光谱形状的因素有哪些？

（宋丽丽）

# 实验三十三　荧光光度法测定维生素$B_2$的含量

## 一、实验目的

1. 荧光分光光度计的基本结构和使用方法。

2. 激发光谱和发射光谱的绘制方法。

3. 荧光分析标准曲线定量分析方法。

## 二、实验用品

1. 仪器　岛津RF-5301PC型荧光分光光度计、比色管（10ml）6个、容量瓶（50ml）2个、吸量管（5ml、10ml）2个。

2. 试药　维生素$B_2$标准储备液（10.0μg/ml）、医用维生素$B_2$片。

10.0μg/ml维生素$B_2$标准贮备液的配制方法：准确称取10.0mg维生素$B_2$，溶解于

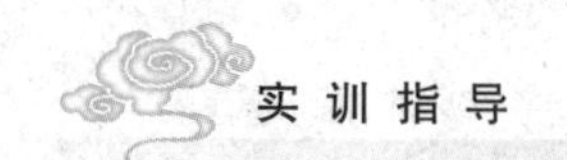


1% 的乙酸溶液中，转移至 1000ml 的容量瓶中，用 1% 的乙酸溶液稀释至刻度，摇匀。配得的溶液保存在棕色瓶中，置于阴凉处或冰箱内。

## 三、实验原理

利用荧光对物质进行定性定量分析的方法称为荧光分析法。维生素 $B_2$ 又称核黄素，在 230~490nm 波长范围的光照射下，可发射出峰值在 526nm 左右的绿色荧光。在 pH=6~7 的溶液中荧光强度最大，当 pH=11 时荧光消失。对于维生素 $B_2$ 的稀溶液，当入射光强度 $I_0$ 一定时，荧光强度与其浓度成正比，表示如下：

$$F=Kc$$

荧光分析法的定量分析常用标准曲线法。该方法和紫外 - 可见分光光度法的标准曲线定量分析方法类似。

## 四、实验内容

1. 系列标准溶液的配制

系列标准溶液的配制　分别准确移取 0.00、1.00、2.00、3.00、4.00、5.00ml 的 10.0μg/ml 维生素 $B_2$ 标准储备液于 6 个 50ml 容量瓶中，用蒸馏水定容，摇匀。得到浓度分别为 0.00、0.20、0.40、0.60、0.80、1.00μg/ml 的系列标准溶液。

2. 维生素 $B_2$ 样品溶液的配制　准确称取维生素 $B_2$ 医用片剂一片，用 1% 的乙酸溶液溶解后转移至 1000ml 容量瓶，用 1% 的乙酸溶液稀释至刻度，摇匀。准确移取 3.00ml 上述溶液于 50ml 容量瓶，用蒸馏水定容，摇匀作为样品溶液。

3. 测定荧光激发光谱和发射光谱　取 0.40μg/ml 的标准溶液，用于测定激发光谱和发射光谱。首先固定发射波长为 525nm，然后在 400~500nm 区间进行激发波长扫描，获得溶液的激发光谱，由激发光谱可知荧光最大激发波长 $\lambda_{ex}$。再固定激发波长为最大激发波长 $\lambda_{ex}$，在 480~600nm 区间进行发射波长扫描，得到样品溶液的发射光谱和荧光最大发射波长 $\lambda_{em}$。

4. 标准曲线的绘制　将激发波长和发射波长分别设定为上述实验得到的最大激发波长 $\lambda_{ex}$ 和最大发射波长 $\lambda_{em}$ 值。用空白溶液(0.00μg/ml 的标准溶液)将荧光强度“调零”，然后分别测定剩余 5 个维生素 $B_2$ 标准溶液和样品溶液的荧光强度。

以浓度为横坐标，荧光强度为纵坐标，依据标准溶液的浓度、荧光强度数据绘制标准曲线。根据样品溶液的荧光强度，在已绘制好的标准曲线上确定样品溶液的浓度，并计算出医用维生素 $B_2$ 片中的维生素 $B_2$ 的含量。

## 五、实验注意事项

1. 测定顺序要从稀到浓，以减少测定误差。
2. 测定时应尽量缩短激发光照射时间，避免光解作用影响。
3. 应在低浓度下进行测定，防止浓度过大引起荧光自灭现象。

## 六、实验数据记录与处理

1. 荧光光度法测定维生素 $B_2$ 的数据记录　　　　年　月　日

| 项目 \ 编号(标准溶液) | 1 | 2 | 3 | 4 | 5 |
|---|---|---|---|---|---|
| 最大激发波长　nm | | | | | |
| 最大发射波长　nm | | | | | |
| 标准溶液荧光强度 | | | | | |
| 样品溶液荧光强度 | | | | | |
| 样品溶液中维生素 $B_2$ 的浓度　μg/ml | | | | | |
| 片剂中维生素 $B_2$ 的含量　% | | | | | |

2. 数据处理　依据公式 $F=Kc$，以荧光强度为纵坐标，相应浓度为横坐标，绘制标准曲线。然后根据样品溶液的荧光强度，在标准曲线上求得样品溶液中维生素 $B_2$ 的含量，进而求得片剂中维生素 $B_2$ 的含量。

## 七、实验思考

1. 荧光分析标准曲线法与紫外-可见分光光度法标准曲线法有什么相同点和不同点？

2. 怎样绘制激发光谱和发射光谱？为什么测定时选择最大激发波长 $\lambda_{ex}$ 和最大发射波长为 $\lambda_{em}$？

（陈　凯）

# 实验三十四　维生素C中铁盐的检查

## 一、实验目的

1. 熟悉原子吸收分光光度计的结构和使用方法。
2. 掌握原子吸收分光光度法的基本操作。
3. 掌握标准加入法用于元素杂质限量检测的分析技术。

## 二、实验用品

1. 仪器　原子吸收分光光度计、电子天平（或分析天平）、烧杯、25ml 容量瓶、10ml 移液管、1ml 移液管。

2. 试剂　维生素 C、0.1mol/L 硝酸溶液、硫酸铁铵、1.0mol/L 硫酸溶液。

## 三、实验原理

供试品在高温下经原子化转化为气态的基态原子，如有一定光辐射作用于基态原子，当辐射频率相应于电子从基态跃迁到激发态所需要的能量时，即引起原子对特

定波长(铁 248.3nm)的吸收。吸收的大小与其基态原子数成正比,通过测量特定波长处的吸光度值进行元素定量分析。

标准加入法是分光光度法中常用的方法之一,该法是在一定仪器条件下,依次测定对照品溶液和供试品溶液的吸光度,通过比较吸光度读数进行维生素 C 中铁盐的限度检查。

## 四、实验内容

1. 标准铁溶液的配制　精密称取硫酸铁铵 863mg,置于 1000ml 量瓶中,加 1.0mol/L 硫酸溶液 25ml,用水稀释至刻度,摇匀,精密量取 10ml,置于 100ml 量瓶中,用水稀释至刻度,摇匀备用。

2. 试样的配制　取维生素 C 5.0g 两份,分别置于 25ml 量瓶中,一份中加 0.1mol/L 硝酸溶液溶解并稀释至刻度,摇匀,作为供试品溶液(B);另一份中加标准铁溶液 1.0ml,加 0.1mol/L 硝酸溶液溶解并稀释至刻度,摇匀,作为对照溶液(A)。

3. 仪器准备　按仪器的操作程序设置测定参数,测试波长为 248.3nm,其他实验条件:狭缝宽度、空心阴极灯电流、空气及乙炔流量、燃烧器高度等均按仪器的使用说明调至最佳状态,预热 30 分钟。

4. 样品测定　将仪器按规定启动后,分别测定供试品溶液(B)与对照溶液(A)的吸光度,重复测定 3 次,取 3 次读数的平均值,记录读数。设对照溶液的读数为 a,供试品溶液的读数为 b,如 b 值小于(a–b),则符合规定;如 b 值大于等于(a–b),则不符合规定。

## 五、实验注意事项

1. 仪器参数选择如空心阴极灯电流、狭缝宽度等对测定的灵敏度、检出限及分析精度等都有很大的影响。仪器一般能提示或自动调节成常用的参数,使用时可按实验情况予以修改。

2. 原子吸收分光光度法实验室要求有合适的环境,室内应保持空气洁净,较少灰尘。应有充足、压力恒定的水源,仪器燃烧器上方应有符合厂房要求的排气罩,应能提供足够恒定的排气量,排气速度应能调节,排气罩以耐腐蚀、不生锈的金属板制造为宜。

3. 原子吸收分光光度法灵敏度很高,极易受实验室各种用品污染,常见的污染源为水、试剂、容量器皿。水应用去离子水或石英蒸馏器蒸馏的超纯水,储藏水的容器一般用聚乙烯塑料等材料制成;制备样品用的试剂应采用高纯试剂;烧杯、容量瓶、移液管等实验室容量器皿尽可能使用耐腐蚀塑料器皿,而不用玻璃器皿。

## 六、实验数据记录与处理

1. 维生素 C 中铁盐的检查记录　　　　年　月　日

| 测定次数 | | 1 | 2 | 3 |
|---|---|---|---|---|
| 对照溶液(A) | 吸光度测量值 a | | | |
| | 吸光度测量均值 $\bar{a}$ | | | |
| | 相对平均偏差($R\bar{d}$) | | | |
| | 相对标准偏差($RSD$) | | | |

续表

| 测定次数 | | 1 | 2 | 3 |
|---|---|---|---|---|
| 供试品溶液(B) | 吸光度测量值 b | | | |
| | 吸光度测量均值 $\bar{b}$ | | | |
| | 相对平均偏差($R\bar{d}$) | | | |
| | 相对标准偏差($RSD$) | | | |

2. 数据处理

$\bar{b}$ =

$\bar{a}-\bar{b}$ =

## 七、实验思考

1. 何种情况适用于采用标准加入法进行分析?
2. 标准曲线法和标准加入法有什么区别?

(袁静静)

# 实验三十五　几种偶氮染料或几种金属离子的吸附柱色谱

## 【几种偶氮染料的吸附柱色谱】

## 一、实验目的

1. 掌握一般液 - 固吸附柱色谱的操作方法。
2. 进一步熟悉物质的极性与柱内保留时间的关系。

## 二、实验用品

1. 仪器　小色谱柱(1cm × 20cm)(也可用酸式滴定管代替)、滴定台架、滴管、锥形瓶、玻棒。

2. 试剂　活性硅胶(80~120 目)、几种混合染料的石油醚溶液(混合染料可由偶氮苯、对甲氧基偶氮苯、苏丹黄、苏丹红、对氨基偶氮苯中任取 2~3 种混合)、石油醚、石油醚∶乙酸乙酯(9∶1)。

## 三、实验原理

不同的染料由于结构不同,极性也不同,故被极性吸附剂吸附的能力也不同。当用洗脱剂洗脱时,不同成分就在两相间(吸附剂和洗脱剂)不断进行吸附与解吸附,由于不同成分其吸附平衡常数 $K$ 不同,$K$ 值越小,在柱内保留时间越短,首先被洗脱下来;而极性越大的物质,吸附平衡常数 $K$ 越大,在柱内保留时间越长,从而后被洗脱下来,最终达到分离与提纯以便进行定性与定量分析。

## 四、实验内容

1. 装柱(湿法) 取色谱柱一根,固定在滴定台上,从广口一端(上端)塞入脱脂棉一小团,用玻棒或细玻璃管推送到色谱柱底部,并轻轻压平。取80~120目色谱用硅胶H约30g左右置于小烧杯中,加石油醚50ml左右,用玻棒不断搅拌以排除气泡。打开色谱柱下端活塞,并备锥形瓶接收流出液。在色谱柱上口放一只玻璃漏斗,将硅胶和石油醚的混悬液从漏斗上倾注到色谱柱内,并不断添加石油醚,使色谱柱内液面保持一定高度,直到柱内硅胶全部显半透明状为止。

2. 加样 将柱内石油醚从下端口放至与硅胶上端齐平,立即关闭活塞。用玻棒将吸附剂上平面拨平,再塞入一小团脱脂棉压紧,然后从色谱柱上口加入混合染料石油醚溶液10滴。

3. 洗脱 从上口不断加入石油醚∶乙酸乙酯(9∶1)洗脱剂,同时打开下端活塞,并控制流量在每分钟1~2ml,连续洗脱半小时后观察现象并记录结果。

## 五、实验注意事项

1. 加试样溶液时应使用滴管加到柱上面的正中间。
2. 加洗脱剂时应避免将上面的脱脂棉冲起。
3. 在整个洗脱过程中应不断添加洗脱剂,保持一定液面。

## 六、实验数据记录与处理

1. 记录几种偶氮染料的洗脱情况。
2. 柱色谱的操作感想。

## 七、实验思考

1. 装好硅胶的色谱柱在上样前为什么要用溶剂洗脱到半透明状?
2. 在洗脱过程中为什么要让柱子保持一定液面?

### 【几种金属离子的吸附柱色谱】

## 一、实验目的

1. 熟悉液相色谱法干法装柱操作方法。
2. 应用柱色谱法进行几种金属离子的分离操作。

## 二、实验用品

1. 仪器 小色谱柱(1cm × 20cm)(也可用酸式滴定管或一端拉细的玻璃管代替)、滴定台架、滴管、锥形瓶、玻棒。

2. 试剂 活性氧化铝(80~120目)、几种金属离子($Fe^{3+}$、$Cu^{2+}$、$Co^{2+}$)的混合水溶液。

## 三、实验原理

不同的金属离子其电子层结构不同,所带电荷不同,被氧化铝吸附的能力也不同，当用适当溶剂洗脱时，它们在柱内保留时间各不相同，从而达到分离的目的。

## 四、实验内容

1. 装柱（干法） 取小色谱柱一根，固定在滴定台架上，从广口一端（上端）塞入脱脂棉一小团，用玻棒或细玻璃管推送到色谱柱下端，并轻轻压平。在色谱柱上口放一只玻璃漏斗，取80~120目色谱用活性氧化铝从漏斗上加入色谱柱中达到10cm高度即可，边装边轻轻拍打色谱柱，使其填装均匀。然后在氧化铝上面塞入一小团脱脂棉，用玻棒压平。

2. 加样 用滴管加入$Fe^{3+}$、$Cu^{2+}$、$Co^{2+}$三种离子的混合液10滴。

3. 洗脱 待溶液全部渗入氧化铝后，不断添加纯化水进行洗脱，同时打开色谱柱下端活塞。当连续洗脱半小时后，由于活性氧化铝对不同离子吸附能力不同而将三种离子分成不同色带，观察现象并记录结果。

## 五、实验注意事项

1. 干法装柱在加样前应尽量将氧化铝装匀拍实，避免一边松一边紧。
2. 加样时滴管不能碰到柱壁，试样液尽量加到柱当中，否则会出现一边多一边少，影响分离效果。
3. 长期存放的氧化铝，在装柱前最好事先活化，以提高吸附活性（170℃，1~2小时）才能达到较好的分离效果。
4. 几种金属离子的浓度尽量高一些，不能太稀。

## 六、实验数据记录与处理

1. 记录几种金属离子的分离结果。
2. 比较两种柱色谱法的异同点。

## 七、实验思考

1. 装柱时氧化铝为什么要装均匀、紧密，上面还要塞入一小团脱脂棉并压平？
2. 用活性氧化铝分离几种无机离子时，能否采用湿法装柱？
3. 离子的电荷与它在柱内的保留时间有何关系？

（张 艳）

# 实验三十六 薄层色谱检测琥珀氯霉素中游离氯霉素

## 一、实验目的

1. 学习薄层硬板的制备。
2. 熟悉薄层色谱法鉴别杂质的操作方法。
3. 进一步掌握$R_f$值的计算方法。

## 二、实验用品

1. 仪器　色谱槽或矮形色谱缸、玻片(5cm×10cm)、乳钵、毛细管、254nm 紫外光灯、电吹风。

2. 试剂　薄层色谱用硅胶 GF(200~400 目)、1%CMC-Na 水溶液、氯仿：甲醇：水(9：1：0.1)、0.15% 碳酸钠溶液、琥珀氯霉素,氯霉素对照品。

## 三、实验原理

2015 版《中国药典》中规定琥珀氯霉素中游离氯霉素的含量不得超过 2%,利用薄层色谱法能快速检出琥珀氯霉素是否符合标准。

该实训是利用吸附薄层色谱原理进行鉴别,其方法是将吸附剂均匀的涂在玻片上形成薄层,然后将试样点在薄板上用展开剂展开。由于氯霉素与琥珀氯霉素极性不同,极性大的组分在极性吸附剂中被吸附的牢固,不易被展开,$R_f$ 值就小;而极性小的组分在极性吸附剂中被吸附的不牢固,易被展开剂展开,$R_f$ 值就大,通过斑点定位后即可用于定性和定量分析。

## 四、实验内容

1. 硅胶 CMC-Na 薄板的制备　取 5g 硅胶 $GF_{254}$(200~400 目)置于乳钵内,加 1%CMC-Na 溶液约 15ml 研成糊状,置于 3 块洁净的玻片上,先用玻棒将糊状物涂遍整个玻片,再在实训台上轻轻振动玻片,使糊状物平铺于玻片上成一均匀薄层,置于水平台上自然晾干后,置烘箱中 110℃活化 1~2 小时,取出后置于干燥器中备用。

2. 供试品及对照品溶液的配制　取琥珀氯霉素约 0.1g,加 0.15% 碳酸钠溶液定容至 10ml 制成每 1ml 中含 10mg 琥珀氯霉素的溶液,作为供试品溶液;另取氯霉素对照品约 0.02g,加水定容至 100ml 制成每 1ml 中含 0.2mg 氯霉素的溶液,作为对照品溶液。

3. 点样　取活化后的薄板(表面平整,无裂痕)、距一端 1.5~2cm 处用铅笔轻轻划一起始线,并在点样处用铅笔作一记号为原点。取平口毛细管两根,分别蘸取相同体积约 10μl 供试品及对照品溶液,点于各原点记号上(注意:点样用毛细管不能混用)。

4. 展开　将已点样后的薄板放入被展开剂饱和的密闭的色谱缸内,展开剂为氯仿：甲醇：水(9：1：0.1)(注意:原点不能浸入展开剂中),等展开到 3/4~4/5 高度后取出,用铅笔划出溶剂前沿,晾干。254nm 紫外光灯下观察。

5. 定性　置 254nm 紫外光灯下观察,供试品溶液如显氯霉素斑点,其颜色与大小不得大于对照溶液主斑点的颜色与大小。用铅笔将各斑点框出,并找出斑点中心,用小尺量出各斑点中心到原点的距离和溶剂前沿到起始线的距离,计算 $R_f$ 和 $R_s$ 值进行定性分析。

## 五、实验注意事项

1. 硅胶置于乳钵中研磨时,应朝同一方向研磨,且须充分研磨均匀,待除去气泡后方可铺板。

2. 点样时,勿使毛细管或微量注射器针头损坏薄层表面,点样量要适中。

3. 展开时,色谱缸必须密闭,且应注意让蒸汽饱和,以免影响分离效果。

## 六、实验数据记录与处理

年　月　日

| 数据记录 | 对照品溶液 | 样品溶液 |
|---|---|---|
| 原点至斑点中心的距离 | | |
| 原点至溶剂前沿的距离 | | |
| $R_f$ 值 | | |

结果判断　比较供试品与对照品斑点的颜色和大小,从而判断出琥珀氯霉素是否合格。

## 七、实验思考

1. $R_f$ 值与 $R_s$(相对比移值)有何不同?
2. 薄层色谱法的操作方法可分为哪几步?每一步应注意什么?
3. 如果色谱结果出现斑点不集中,有拖尾现象可能是什么原因造成的?

(张　艳)

# 实验三十七　几种氨基酸的纸色谱

## 一、实验目的

1. 进行纸色谱法的基本操作。
2. 熟悉纸色谱法分离氨基酸的原理。

## 二、实验用品

1. 仪器　色谱缸(或标本缸)、色谱滤纸(中速)、毛细管、电吹风、显色用喷雾器。

2. 试剂　0.5mg/ml 的甘氨酸、亮氨酸、精氨酸的甲醇溶液、几种氨基酸的甲醇混合溶液、0.2% 的茚三酮醋酸丙酮溶液(0.2g 茚三酮、40ml 冰醋酸、60ml 丙酮)、正丁醇:醋酸:水(4:1:5 上层)。

## 三、实验原理

纸色谱是一种微量分析方法。可用来对微量试样进行分离、鉴定和含量测定。

纸色谱法是以滤纸作为支持剂的分配色谱法,固定相一般为纸纤维上吸附的水,流动相(展开剂)为与水不相混溶的有机溶剂。

由于各种氨基酸在结构上存在差异导致极性各不相同。因此,它们在水相和有机相中溶解性各不相同,极性大的氨基酸在固定相(水)中溶解度大,在有机相中溶解度小,则分配系数大;而极性小的氨基酸则溶解度相反,分配系数小。当各种氨基酸在两相溶剂中不断进行分配时,分配系数大的氨基酸移动的慢,$R_f$ 值小,而分配系数小的氨基酸移动的快,$R_f$ 值大。混合氨基酸分离后,用茚三酮显色,在 60~80℃下烘烤

约 5~10 分钟，就出现有色（紫色）斑点，再将混合溶液中各氨基酸的 $R_f$ 值与对照品的 $R_f$ 值进行比较，从而达到分离鉴定的目的。如果对照品的浓度准确已知，则通过比较它们斑点之间的大小和颜色深浅进行定量分析。

## 四、实验内容

1. 取长约 20~25cm，宽约 5~6cm 的滤纸条，距一端 2cm 处用铅笔划一条起始线，在起始线上均匀的画出四个点样记号“×”作为点样用的原点。

2. 用毛细管分别吸取甘氨酸、亮氨酸、精氨酸的甲醇溶液及几种氨基酸的甲醇混合溶液在四个点样记号处轻轻点样，如果样品浓度较稀时，干后可再点 2~3 次（注意：点样量不能太多，点样后原点扩散直径不要超过 2~3mm，点样用的毛细管不能混用），待干后，将滤纸条悬挂在盛有展开剂的层析缸内饱和半小时。

3. 展开　将点有样品的一端浸入展开剂约 1cm 处（不能将样品原点浸入展开剂中）进行展开，当展开剂扩散上升到距滤纸顶端 2~3cm 时，取出滤纸条，马上用铅笔在展开剂前沿处划一条前沿线，然后在空气中晾干。

4. 显色　用喷雾器将 0.2% 茚三酮醋酸丙酮溶液均匀地喷到滤纸条上，置于烘箱（60~80℃）中烘 10 分钟左右取出即可看见各种氨基酸斑点（也可用电吹风加热显色）。

5. 定性　用铅笔将各斑点框出，并找出斑点中心，用小尺量出各斑点中心到原点的距离和溶剂前沿到起始线的距离，然后计算各种氨基酸的 $R_f$ 和 $R_s$ 值进行定性分析。

## 五、实验注意事项

1. 点样时，一定要吹干后再点第二下、第三下，以防原点直径变大，一般原点直径不要超过 2~3mm，点样用的毛细管不能混用。

2. 展开剂要预先倒入色谱缸让其蒸气饱和。

3. 茚三酮显色剂最好新鲜配制。

4. 茚三酮对氨基酸显色灵敏，对汗液也能显色，在拿取滤纸条时应保持色谱纸清洁，不能用手乱拿。

## 六、实验数据记录与处理

1. 数据记录　　　　年　月　日

| | 对照品溶液 | | | 样品溶液 | | |
|---|---|---|---|---|---|---|
| | 甘氨酸 | 亮氨酸 | 精氨酸 | 斑点 A | 斑点 B | 斑点 C |
| 原点至斑点中心的距离 | | | | | | |
| 原点至溶剂前沿的距离 | | | | | | |
| $R_f$ 值 | | | | | | |

2. 结果判断

斑点 A 为：　　　　$R_s$ 值 =

斑点 B 为：　　　　$R_s$ 值 =

斑点 C 为：　　　　$R_s$ 值 =

## 七、实验思考

1. 在纸色谱定性实训中，为什么要用对照品？
2. 为什么纸色谱用的展开剂多数含有水或预先用水饱和？
3. 下列几种氨基酸在 BAW 系统进行纸色谱分析，试判断它们的 $R_f$ 值大小顺序。

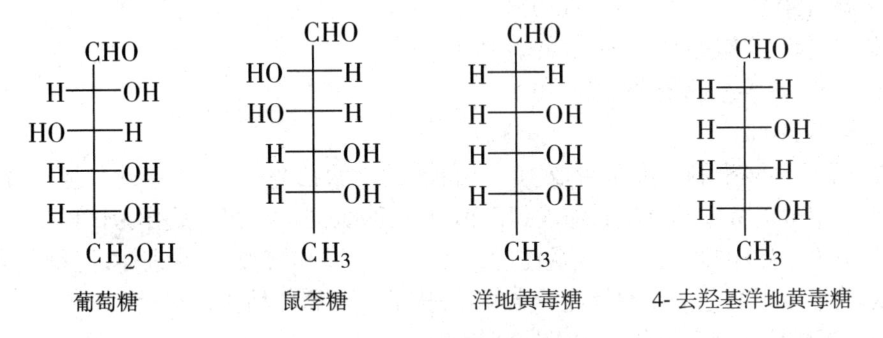


（张　艳）

# 实验三十八　无水乙醇中微量水分的测定（气相色谱法）

## 一、实验目的

1. 学会气相色谱仪的使用方法。
2. 学会内标法测定无水乙醇中微量水分的实训方法。
3. 熟悉气相色谱法的定量分析方法。

## 二、实验用品

1. 仪器　102G 型气相色谱仪（或其他型号气相色谱仪）、微量注射器（10μl）。
2. 试剂　无水乙醇（分析纯或化学纯）、无水甲醇（分析纯）。

## 三、实验原理

在本实训中，由于杂质水分与主成分乙醇含量相差悬殊，无法用归一化法测定，但可以用内标法测定无水乙醇中微量水分的含量。内标法是气相色谱分析中常用的、准确度较高的定量方法，即：向一定质量的样品（$m_i$）中准确加入一定量的内标物（$m_s$），混匀，进行气相色谱分析，根据色谱图上待测组分的峰面积（$A_i$）和内标物的峰面积（$A_s$）与其对应的质量之间的关系，便可求出待测组分的含量。

色谱峰面积与各组分重量之间有如下关系：

$$\frac{m_i}{m_s}=\frac{A_i f_i}{A_s f_s}$$

内标物是一种样品中没有的化学成分，只起对照作用，因此，只要待测组分及内标物出峰，且分离度合乎要求，就可用内标法测定药物中微量有效成分或微量杂质的

含量。

## 四、实验内容

1. 实训条件

色谱柱:401 有机载体,GDX203 固定相,2m×4mm 不锈钢柱。

柱温:120℃。气化室温度:150℃。检测室温度:140℃。

载气:氢气,流速:40~50ml/min。

检测器:热导检测器,桥流:150mA。

进样量:10μl。

2. 样品溶液配制　准确量取 100ml 待测的无水乙醇,精密称定其质量。另精密称定无水甲醇内标物约 0.25g,加入到已称重的无水乙醇中,混匀后作为试样备用。

3. 试样溶液的测定　用微量注射器吸取上述试样溶液 10μl 进样,记录色谱图,准确测量水及甲醇色谱峰的峰高及半峰宽,按下式计算样品中含水量。

(1) 用峰高及其重量较正因子计算含水量

$$H_2O\%=\frac{h_{H_2O}\times 0.224}{h_{CH_3OH}\times 0.340}\times\frac{m_{CH_3OH}}{100}\times 100\%\,(W/V)$$

$$H_2O\%=\frac{h_{H_2O}\times 0.224}{h_{CH_3OH}\times 0.340}\times\frac{m_{CH_3OH}}{m_{C_2H_5OH}}\times 100\%\,(W/V)$$

(2) 用峰面积及其重量较正因子计算含水量

$$H_2O\%=\frac{A_{H_2O}\times 0.55}{A_{CH_3OH}\times 0.58}\times\frac{m_{CH_3OH}}{100}\times 100\%\,(W/V)$$

$$H_2O\%=\frac{A_{H_2O}\times 0.55}{A_{CH_3OH}\times 0.58}\times\frac{m_{CH_3OH}}{m_{C_2H_5OH}}\times 100\%\,(W/V)$$

## 五、实验注意事项

1. 仪器衰减开始可设为 1/1,当甲醇峰流出后可设在 1/8 处。
2. 采用峰高定量时,待测峰的拖尾因子应在 0.95~1.05 之间。
3. 组分流出顺序为空气、水、甲醇、乙醇。

## 六、实验数据记录与处理

数据记录与处理结果:　　　　年　月　日

$m_{CH_3CH_2OH}=$　　　　$m_{CH_3OH}=0.25g$

| 参数 / 组分 | h (cm) | $W_{1/2}$ (cm) | A ($cm^2$) | $f_g$ (h) | $f_g$ (A) | m (g) | $H_2O\%$(h) | | $H_2O\%$(A) | |
|---|---|---|---|---|---|---|---|---|---|---|
| | | | | | | | W/V | W/W | W/V | W/W |
| $H_2O$<br>$CH_3OH$ | | | | 0.224<br>0.340 | 0.55<br>0.58 | | | | | |

## 七、实验思考

1. 试述外标法和内标法的优缺点。
2. 试解释本实验的色谱峰为什么按水、甲醇、乙醇顺序流出。

（张文智）

# 实验三十九　复方乙酰水杨酸片（APC）片剂的含量测定（高效液相色谱法）

## 一、实验目的

1. 了解高效液相色谱仪的使用方法。
2. 熟悉用高效液相色谱法测定药物制剂含量的实验技术。
3. 掌握高效液相色谱法中内标法的应用。

## 二、仪器与试剂

1. 仪器　高效液相色谱仪、反向硅胶 Kromasil-$C_{18}$ 色谱柱（250mm × 4.6mm，5μm）100ml 容量瓶、125ml 具塞锥形瓶。

2. 试剂　甲醇、三乙醇胺、氯仿 - 无水乙醇（1∶1）、APC 片、阿司匹林、非那西汀、咖啡因及对乙酰氨基酚对照品。

## 三、实验原理

APC（复方阿司匹林）是应用比较广泛的解热镇痛药，其有效成分有阿司匹林（乙酰水杨酸）、非那西汀、咖啡因和对乙酰氨基酚。高效液相色谱法是药物分析中常用的一种分析方法，通常采用外标法、内标法进行定量分析。本实验用内标法测定片剂中各组分的含量。

内标法：以一定质量的纯物质作内标物，加到准确称取的试样中，进行色谱分析，根据色谱图上待测组分的峰面积（$A_i$）和内标物的峰面积（$A_s$）与其对应的质量之间的关系，求出待测组分的含量。

色谱峰面积与各组分重量之间有如下关系：

$$\frac{m_i}{m_s}=\frac{A_i f_i}{A_s f_s}$$

1. 每片中各组分含量

$$每片含量=\frac{A_i f_i}{A_s f_s}\times m_s\times\frac{W_n/n}{m}$$

式中，$W_n/n$ 为平均片重（g/ 片），$n$ 为所取片数，$W_n$ 为 $n$ 片的总重量，$m$ 为样品质量。

2. 标示含量　药典规定：制剂中各组分含量用标示含量（相当于标示量的百分含量）表示，因此：

$$标示含量\%=\frac{每片含量}{标示量}\times 100\%$$

各组分的重量校正因子已由实验测定。结果如下(A代表阿司匹林,P代表非那西汀,C代表咖啡因,S代表对乙酰氨基酚):

$f_s$=1.0　　$f_A$=7.01　　$f_P$=1.07　　$f_e$=0.44

## 四、操作步骤

1. 色谱条件

色谱柱:反向硅胶 Kromasil-$C_{18}$ 色谱柱(250mm×4.6mm,5μm)

流动相:甲醇(含1/500三乙醇胺),流速:1.0ml/min

检测器:UV-273nm

进样量:20μl

2. 溶液配制　标准溶液的配制:精密称取阿司匹林对照品约0.220g,非那西汀对照品约0.150g(咖啡因对照品和对乙酰氨基酚对照品分别约为0.035g和0.035g)。将阿司匹林、非那西汀、咖啡因置于100ml容量瓶中,加入氯仿-无水乙醇(1∶1)溶解,并稀释至刻度,摇匀,备用。

样品溶液的配制:取5~10片APC精密称重后置于乳钵中研成细粉。精密称取约平均片重量的粉末,置125ml具塞锥形瓶中,加入40ml氯仿-无水乙醇(1∶1)溶剂,振摇5分钟,放置5分钟,再振摇5分钟,放置5分钟。将上清液注入100ml量瓶中(容量瓶中事先加入内标物对乙酰氨基酚约0.035g)。锥形瓶中沉淀用上述溶剂20ml振摇5分钟,放置5分钟,上清液滤至容量瓶中。锥形瓶中沉淀再用上述溶剂40ml振摇5分钟,放置5分钟,过滤。用上述溶剂洗涤锥形瓶以及漏斗中的滤渣,合并滤液和洗液,用上述溶液滴加至刻度,摇匀,备用。

3. 进样　用微量注射器吸取标准溶液20μl注入色谱柱,记录色谱图。重复进样3次,同样吸取样品液20μl,重复进样3次。

## 五、实验注意事项

1. 高效液相色谱法所用的溶剂纯度需符合要求,否则要进行纯化处理。
2. 流动相需经合适滤膜过滤、脱气后方能使用。
3. 进样器中不能有气泡,且进样量应准确。

## 六、实验数据记录与处理

1. 数据记录

| 组分 | | 峰高 $h$(cm) | | | 半峰宽 $W_{1/2}$ | | | 峰面积 | | | 峰面积平均值 $A$ |
|---|---|---|---|---|---|---|---|---|---|---|---|
| | | 1 | 2 | 3 | 1 | 2 | 3 | 1 | 2 | 3 | |
| 标准溶液 | A | | | | | | | | | | |
| | P | | | | | | | | | | |
| | C | | | | | | | | | | |
| | S | | | | | | | | | | |

续表

| 组分 | | 峰高 $h$(cm) | | | 半峰宽 $W_{1/2}$ | | | 峰面积 | | | 峰面积平均值 $A$ |
|---|---|---|---|---|---|---|---|---|---|---|---|
| | | 1 | 2 | 3 | 1 | 2 | 3 | 1 | 2 | 3 | |
| 样品溶液 | A | | | | | | | | | | |
| | P | | | | | | | | | | |
| | C | | | | | | | | | | |
| | S | | | | | | | | | | |

2. 结果计算　按上述方法提要中给出的计算公式，分别求出每片中阿司匹林、非那西汀、咖啡因的含量及标示含量百分比。

## 七、实验思考

1. 试述高效液相色谱仪的主要部件及其作用。
2. 试述内标法和外标法的异同点。

（李志华）

# 实验四十　复方丹参片中丹参酮Ⅱ$_A$的含量测定(高效液相色谱法)

## 一、实验目的

1. 了解高效液相色谱仪的使用方法。
2. 熟悉用高效液相色谱法测定药物制剂含量的实验技术。
3. 掌握高效液相色谱法中外标法的应用。

## 二、仪器与试剂

1. 仪器　液相色谱仪(国产 YSB-Ⅱ型或 YSB-DZ 型)、超声仪、100ml 容量瓶、50ml 具塞棕色量瓶、25ml 具塞棕色量瓶、5ml 移液管。

2. 试剂　甲醇、水、丹参酮Ⅱ$_A$对照品、复方丹参片。

## 三、实验原理

高效液相色谱法是药物分析中常用的一种分析方法，通常采用外标法、内标法进行定量分析。本实验用外标法测定复方丹参片中丹参酮Ⅱ$_A$的含量。

外标法：以一种纯组分作为外标物，将外标物配制成一定的浓度，与待测溶液在相同条件下进行色谱分析，根据色谱图上试样溶液的峰面积($A_i$)和标准溶液的峰面积($A_s$)以及标准溶液浓度($c_s$)，求出待测组分的含量。

色谱峰面积与外标物浓度有如下关系：

$$c_i=\frac{c_s A_i}{A_s}$$

## 四、操作步骤

1. 色谱条件

色谱柱：反向硅胶 Kromasil-$C_{18}$ 色谱柱（250mm×4.6mm，5μm）

流动相：以甲醇 - 水（73∶27），流速：1.0ml/min

检测器：UV-270nm

进样量：10μl

2. 溶液配制　标准溶液的制备：精密称取丹参酮$Ⅱ_A$对照品 10mg，置 50ml 棕色量瓶中，加甲醇溶解并稀释至刻度，摇匀。精密量取 5ml，置 25ml 棕色量瓶中，加甲醇至刻度，摇匀，即得。

样品溶液的制备：取本品 10 片，糖衣片除去糖衣，精密称定，研细，取约 1g，精密称定，置 25ml 具塞棕色量瓶，精密加入甲醇 25ml，密塞，称定重量，超声处理（功率 250W，频率 33kHz）15 分钟，放冷，再称定重量，用甲醇补足减失的重量，摇匀，滤过，取续滤液，置棕色量瓶中，即得。

3. 进样　分别精密吸取标准溶液 10μl，注入高效液相色谱仪，记录色谱图，重复进样 3 次。吸取样品溶液 10μl，注入高效液相色谱仪，记录色谱图，重复进样 3 次。

## 五、实验注意事项

1. 应去除复方丹参片的包衣，且研细。
2. 流动相应先经滤膜过滤，再进行超声脱气。
3. 进样器中如果出现气泡，用手指轻轻弹动进样器直至气泡排出。

## 六、实验数据记录与处理

1. 数据记录

| | 峰高 $h$(cm) | | | 半峰宽 $W_{1/2}$(cm) | | | 峰面积 $A$($cm^2$) | | | 峰面积平均值 |
|---|---|---|---|---|---|---|---|---|---|---|
| | 1 | 2 | 3 | 1 | 2 | 3 | 1 | 2 | 3 | |
| 标准溶液 | | | | | | | | | | |
| 样品溶液 | | | | | | | | | | |

2. 结果计算　按上述方法提要中给出的计算公式，求出复方丹参片中丹参酮$Ⅱ_A$的含量。

## 七、实验思考

1. 试述外标法和内标法的优缺点。
2. 解释为什么流动相应先经滤膜过滤，再进行超声脱气。

（李志华）

# 实验四十一　毛细管电泳法操作

## 一、实验目的

1. 熟悉毛细管电泳仪器的构成。
2. 掌握毛细管电泳仪的操作方法。

## 二、实验用品

1. 仪器　CL-1030 毛细管电泳仪、分析天平、移液管、容量瓶、塑料样品管、塑料样品管架、滴瓶、洗瓶、洗耳球、试管架等。

2. 试剂　NaOH(1mol/L)、$Na_2B_4O_7$(20mmol/L)、HCl(0.1mol/L)、1.00mg/ml 的丙酮、苯甲酸、对氨基苯甲酸溶液及其混合溶液等。

## 三、实验原理

电解质溶液中的带电离子在外加电场力的作用下向与其所带电荷相反的电极方向发生迁移的现象，称为电泳。毛细管电泳是以毛细管为分离通道、以高压直流电场为驱动力，分离待测物质的技术。在电场作用下带电粒子在缓冲溶液中的定向移动速度取决于其所带电荷及粒子的形状、大小等性质，对于球形离子来说其运动速度可用下式表示：

$$\nu=\frac{q}{6\pi\gamma\eta}E$$

其中：$\nu$ 为球形离子在电场中的迁移速度；$q$ 为离子所带的有效电荷；$E$ 为电场强度；$\gamma$ 为球形离子的表观液态动力学半径；$\eta$ 为介质的黏度。

当固体与液体接触时会在液 - 固界面形成双电层，当在液体两端施加电压时，就会发生液体相对于固体表面的移动这种现象叫电渗。电渗现象中整体移动着的液体叫电渗流。由于电渗流的速度约等于一般离子电泳速度的 5~7 倍，以石英毛细管为例，对于阳离子，由于其运动方向与电渗流一致，因此最先流出毛细管柱，且由于离子之间的电泳速度不同可以产生分离；对于中性离子，只随电渗流而移动，将在阳离子之后流出，如无其他作用机制则不同中性离子无法分离；对于阴离子，其运动方向与电渗流相反，则最后流出毛细管柱，并可以产生分离效果。因此通过毛细管电泳法可一次完成阳离子、阴离子、中性粒子的分离。一般来说，pH 越高，表面硅羟基的解离程度越大，电荷密度越大，电渗流就越大。因此通过调节缓冲溶液 pH 可以调节电渗流的大小和方向(类似高效液相中的流速)用以改变分离效率和选择性。

## 四、实验内容

1. 毛细管的切割，将刀片与桌面以一定角度(45 度左右)，一次性将毛细管切割开，切割时用力不能过大，不可压断毛细管；不可来回切割。

2. 使用明火烧(或电阻丝烧、强酸腐蚀、刀刮)等方式制作毛细管检测窗口。窗口的大小以2~3mm左右最佳,最好不要超过5mm以免导致毛细管折断。

3. 开启稳压电源和继电器,启动仪器,让仪器预热及归位到起始位置,启动电脑,进入仪器操作主界面(32kara),选择检测器。

4. 不加电压,冲洗毛细管,顺序依次是:

1mol/L NaOH溶液 20psi 5分钟;

0.1mol/L HCl溶液 20psi 5分钟;

双蒸水 20psi 5分钟;

20mmol/L $Na_2B_4O_7$ 溶液 20psi 5分钟。

5. 冲洗完毕后,点击"load"使得仪器内托盘退出,将配制好的缓冲溶液、样品(包括三个标样和一个混合样)及双蒸水置于塑料样品管,放入固定托盘位置,关上仪器盖。在软件操作界面上编制所需的"mothod"(方法:进样压力50mbar,进样时间5秒。进样后将进口位置换回缓冲溶液,开始分析,操作电压20kV),存盘设置好数据存储路径开始实验,仪器运行过程中产生高压,严禁打开托盘盖。

6. 完成实验以后,用水冲洗毛细管10分钟。

7. 冲洗完毕在"direct control"控制界面点击灯的图标,关掉灯,点击"load"推出托盘,打开仪器盖让冷却液回流约1分钟后关闭仪器开关,清理实验台,关闭软件、电脑、继电器、稳压电源等。

## 五、实验注意事项

1. 冲洗毛细管时禁止在毛细管上加电压,仪器运行过程中产生高压(操作电压20kV),严禁打开托盘盖。

2. 样品和缓冲溶液之间的切换是手动的,在实验过程中注意是不是放在正确位置;若分析过程中将样品或者洗涤液当做缓冲溶液,请停止分析并重新用相应缓冲溶液冲洗管路10分钟。由于毛细管的冲洗对实验可靠性和重现性至关重要,因此不可缩短冲洗时间或不冲洗。

3. 塑料样品管里面易产生气泡,应轻敲管壁以排出气泡。

4. 毛细管的储存工作非常重要,短时间内或次日使用的毛细管不需吹干处理,应以缓冲液清洁处理为主,长期保存的毛细管则需用水冲洗干净,以免堵塞,并空气吹干,以保持毛细管内壁的干燥。

## 六、实验数据记录与处理

年 月 日

| 组分 \ 参数 | | $t_R$ (min) | h (cm) | $W_{1/2}$ (cm) | A ($cm^2$) | 描述各峰的归属 |
|---|---|---|---|---|---|---|
| 标准溶液 | 丙酮 | | | | | |
| | 苯甲酸 | | | | | |
| | 对氨基苯甲酸 | | | | | |

续表

| 组分 \ 参数 | | $t_R$ (min) | h (cm) | $W_{1/2}$ (cm) | A ($cm^2$) | 描述各峰的归属 |
|---|---|---|---|---|---|---|
| 混合溶液 | 峰 1 | | | | | |
| | 峰 2 | | | | | |
| | 峰 3 | | | | | |

## 七、实验思考

出峰时间依次延后可能是什么原因引起的？怎样解决？

（李　洁）

# 附录一　常用化合物式量表

（以 1991 年公布的原子量计算，并保留五位有效数字）

| 化学式 | 式量 | 化学式 | 式量 |
|---|---|---|---|
| $AgBr$ | 187.77 | $Al_2O_3$ | 101.96 |
| $AgCl$ | 143.32 | $Al(OH)_3$ | 78.004 |
| $AgI$ | 234.77 | $Al_2(SO_4)_3 \cdot 18H_2O$ | 666.43 |
| $AgNO_3$ | 169.87 | $As_2O_3$ | 197.84 |
| $BaCO_3$ | 197.34 | $Ba(OH)_2 \cdot 8H_2O$ | 315.47 |
| $BaCl_2 \cdot 2H_2O$ | 244.26 | $BaSO_4$ | 233.39 |
| $BaO$ | 153.33 | $CaCO_3$ | 100.09 |
| $CaC_2O_4 \cdot H_2O$ | 146.11 | $CuO$ | 79.545 |
| $CaCl_2$ | 110.98 | $Cu(OH)_2$ | 97.561 |
| $CaO$ | 56.077 | $Cu_2O$ | 143.09 |
| $Ca(OH)_2$ | 74.093 | $CuSO_4 \cdot 5H_2O$ | 249.69 |
| $CO_2$ | 44.010 | $FeCl_2$ | 126.75 |
| $FeCl_3$ | 162.20 | $Fe(OH)_3$ | 106.87 |
| $FeO$ | 71.846 | $FeSO_4 \cdot 7H_2O$ | 278.02 |
| $Fe_2O_3$ | 159.69 | $FeSO_4 \cdot (NH_4)_2SO_4 \cdot 6H_2O$ | 392.14 |
| $H_3AsO_4$ | 141.94 | $HBrO_3$ | 128.91 |
| $H_3BO_3$ | 61.833 | $HC_2H_3O_2$（醋酸） | 60.053 |
| $HBr$ | 80.912 | $K_3PO_4$ | 212.27 |
| $KSCN$ | 97.182 | $K(SbO)C_4H_4O_6 \cdot 1/2H_2O$（酒石酸锑钾） | 333.93 |
| $K_2SO_4$ | 174.26 | $MgCO_3$ | 84.314 |
| $MgCl_2$ | 95.211 | $Mg_2P_2O_7$ | 222.55 |
| $MgNH_4PO_4 \cdot 6H_2O$ | 245.41 | $MgSO_4$ | 120.37 |
| $MgO$ | 40.304 | $MgSO_4 \cdot 7H_2O$ | 246.48 |
| $Mg(OH)_2$ | 58.320 | $NH_3$ | 17.031 |
| $NH_4Br$ | 97.948 | $NH_4SCN$ | 76.122 |

续表

| 化学式 | 式量 | 化学式 | 式量 |
| --- | --- | --- | --- |
| $(NH_4)_2CO_3$ | 96.086 | $(NH_4)_2SO_4$ | 132.14 |
| $NH_4Cl$ | 53.492 | $NO_2$ | 45.006 |
| $NH_4F$ | 37.037 | $NO_3$ | 62.005 |
| $NH_4OH$ | 35.046 | $NaB_4O_7 \cdot 10H_2O$ | 381.37 |
| $(NH_4)_3PO_4 \cdot 12MolO_3$ | 1876.4 | NaBr | 102.89 |
| $H_4C_{10}H_{12}O_8N_2$（乙二胺四乙酸） | 292.25 | HCl | 36.461 |
| HCN | 27.026 | $HClO_4$ | 100.46 |
| $H_2CO_3$ | 62.025 | $HNO_3$ | 63.013 |
| $H_2C_2O_4$ | 90.036 | $H_2O$ | 18.015 |
| $H_2C_2O_4 \cdot 2H_2O$ | 126.07 | $H_2O_2$ | 34.015 |
| HF | 20.006 | $H_2S$ | 34.082 |
| HI | 127.91 | $H_2SO_4$ | 98.080 |
| $H_3PO_4$ | 97.995 | $I_2$ | 253.81 |
| $KAl(SO_4)_2 \cdot 12H_2O$ | 474.39 | $KHC_8H_4O_4$（邻苯二甲酸氢钾） | 204.22 |
| KBr | 119.00 | $KH_2PO_4$ | 136.09 |
| $KBrO_3$ | 167.00 | $K_2HPO_4$ | 174.18 |
| $K_2CO_3$ | 138.21 | $KHSO_4$ | 136.17 |
| $K_2C_2O_4 \cdot H_2O$ | 184.23 | KI | 166.00 |
| KCl | 74.551 | $KIO_3$ | 214.00 |
| $KClO_4$ | 138.55 | $KMnO_4$ | 158.03 |
| $K_2CrO_4$ | 194.19 | $KNO_3$ | 101.10 |
| $K_2Cr_2O_7$ | 294.19 | KOH | 56.106 |
| $KHC_4H_4O_6$（酒石酸氢钾） | 188.18 | $Na_2CO_3$ | 105.99 |
| $Na_2CO_3 \cdot 10H_2O$ | 286.14 | $Na_2HPO_4 \cdot 12H_2O$ | 358.14 |
| $Na_2C_2O_4$ | 134.00 | $NaNO_3$ | 84.995 |
| NaCl | 58.443 | $Na_2O$ | 61.979 |
| $Na_2H_2C_{10}H_{12}O_8N_2 \cdot 2H_2O$（EDTA二钠二水合物） | 372.24 | NaOH | 39.997 |
| $NaHCO_3$ | 84.007 | $Na_2SO_4 \cdot 10H_2O$ | 322.20 |
| $NaHC_2O_4 \cdot H_2O$ | 130.03 | $Na_2S_2O_3$ | 158.11 |
| $NaH_2PO_4 \cdot 2H_2O$ | 156.01 | $Na_2S_2O_3 \cdot 5H_2O$ | 248.19 |
| $P_2O_5$ | 141.94 | $PbSO_4$ | 303.26 |
| $PbO_2$ | 239.20 | $SO_2$ | 64.065 |
| $SO_3$ | 80.064 | $SiO_2$ | 60.085 |
| ZnO | 81.390 | $ZnSO_4$ | 161.46 |
| $Zn(OH)_2$ | 99.400 | $ZnSO_4 \cdot 7H_2O$ | 287.56 |

# 附录二　弱酸和弱碱的解离常数

| 化合物 | 分步 | $K_a$(或$K_b$) | $pK_a$(或$pK_b$) |
| --- | --- | --- | --- |
| 无机酸 | | | |
| 砷酸 | 1 | $5.8\times10^{-3}$ | 2.24 |
| | 2 | $1.10\times10^{-7}$ | 6.96 |
| | 3 | $3.2\times10^{-12}$ | 11.50 |
| 亚砷酸 | | $5.1\times10^{-10}$ | 9.29 |
| 硼酸 | 1 | $5.81\times10^{-10}$ | 9.236 |
| | 2 | $1.82\times10^{-13}$ | 12.74(20℃) |
| | 3 | $1.58\times10^{-14}$ | 13.80(20℃) |
| 碳酸 | 1 | $4.30\times10^{-7}$ | 6.37 |
| | 2 | $5.61\times10^{-11}$ | 10.25 |
| 铬酸 | 1 | 1.6 | −0.2(20℃) |
| | 2 | $3.1\times10^{-7}$ | 6.51 |
| 氢氟酸 | | $6.8\times10^{-4}$ | 3.17 |
| 氢氰酸 | | $6.2\times10^{-10}$ | 9.21 |
| 氢硫酸 | 1 | $9.5\times10^{-8}$ | 7.02 |
| | 2 | $1.3\times10^{-14}$ | 13.9 |
| 过氧化氢 | | $2.2\times10^{-12}$ | 11.66 |
| 次溴酸 | | $2.3\times10^{-9}$ | 8.64 |
| 次氯酸 | | $3.0\times10^{-8}$ | 7.53 |
| 次碘酸 | | $2.3\times10^{-11}$ | 10.64 |
| 无机碱 | | | |
| 氨水 | | $1.75\times10^{-5}$ | 4.756 |
| 氢氧化钙 | 1 | $3.98\times10^{-2}$ | 1.4 |
| | 2 | $3.72\times10^{-3}$ | 2.43 |
| 羟胺 | | $9.09\times10^{-9}$ | 8.04 |
| 次磷酸 | | $5.9\times10^{-2}$ | 1.23 |
| 碘酸 | | 0.17 | 0.77 |
| 亚硝酸 | | $7.1\times10^{-4}$ | 3.15 |
| 高碘酸 | | $2.3\times10^{-2}$ | 1.64 |
| 磷酸 | 1 | $7.52\times10^{-3}$ | 2.12 |
| | 2 | $6.23\times10^{-8}$ | 7.21 |
| | 3 | $2.2\times10^{-13}$ | 12.66 |
| 亚磷酸 | 1 | $3\times10^{-2}$ | 1.5 |
| | 2 | $1.62\times10^{-7}$ | 6.79 |
| 焦磷酸 | 1 | 0.16 | 0.8 |
| | 2 | $6\times10^{-3}$ | 2.22 |
| | 3 | $2.0\times10^{-7}$ | 6.70 |
| | 4 | $4.0\times10^{-10}$ | 9.40 |
| 硅酸 | 1 | $2.2\times10^{-10}$ | 9.66(30℃) |
| | 2 | $2\times10^{-12}$ | 11.70(30℃) |
| | 3 | $1\times10^{-12}$ | 12.00(30℃) |
| | 4 | $1.02\times10^{-12}$ | 11.99(30℃) |
| 硫酸 | 2 | $1.02\times10^{-2}$ | 1.99 |
| 亚硫酸 | 1 | $1.23\times10^{-2}$ | 1.91 |
| | 2 | $6.6\times10^{-8}$ | 7.18 |
| 无机碱 | | | |
| 氢氧化锌 | | $9.52\times10^{-4}$ | 3.02 |
| 氢氧化铅 | | $9.52\times10^{-4}$ | 3.02 |
| 氢氧化银 | | $1.10\times10^{-4}$ | 3.96 |

续表

| 化合物 | 分步 | $K_a$（或 $K_b$） | p$K_a$（或 p$K_b$） |
|---|---|---|---|
| 有机酸 | | | |
| 甲酸 | | $1.80\times10^{-4}$ | 3.745 |
| 乙酸 | | $1.75\times10^{-5}$ | 4.757 |
| 丙烯酸 | | $5.52\times10^{-5}$ | 4.258 |
| 苯甲酸 | | $6.28\times10^{-5}$ | 4.202 |
| 一氯醋酸 | | $1.36\times10^{-3}$ | 2.866 |
| 三氯醋酸 | 1 | 0.22 | 0.66 |
| 草酸 | 1 | $5.6\times10^{-2}$ | 1.252 |
| | 2 | $5.42\times10^{-5}$ | 4.266 |
| 己二酸 | 1 | $3.8\times10^{-5}$ | 4.42 |
| | 2 | $3.8\times10^{-6}$ | 5.42 |
| 柠檬酸 | 1 | $7.44\times10^{-4}$ | 3.129 |
| | 2 | $1.73\times10^{-5}$ | 4.762 |
| | 3 | $4.02\times10^{-7}$ | 6.396 |
| 羟基乙酸 | | $1.48\times10^{-4}$ | 3.830 |
| 对羟基苯甲酸 | 1 | $3.3\times10^{-5}$ | 4.48（19℃） |
| | 2 | $4.8\times10^{-10}$ | 9.32（19℃） |
| 酒石酸 | 1 | $9.2\times10^{-4}$ | 3.036 |
| | 2 | $4.31\times10^{-5}$ | 4.366 |
| 水杨酸 | 1 | $1.07\times10^{-3}$ | 2.97 |
| | 2 | $1.82\times10^{-14}$ | 13.74 |
| 五味子酸 | | $4.2\times10^{-1}$ | 0.38 |
| 氨基磺酸 | | $5.86\times10^{-4}$ | 3.232 |
| 有机碱 | | | |
| 正丁胺 | | $5.89\times10^{-4}$ | 3.23（18℃） |
| 二乙胺 | | $3.08\times10^{-4}$ | 3.51（40℃） |
| 二甲胺 | | $5.4\times10^{-4}$ | 3.26 |
| 乙胺 | | $6.41\times10^{-4}$ | 3.19（20℃） |
| 乙二胺 | 1 | $8.47\times10^{-5}$ | 4.07 |
| | 2 | $7.04\times10^{-8}$ | 7.15 |
| 三乙胺 | | $1.02\times10^{-3}$ | 2.99（18℃） |
| 六次甲基四胺 | | $1.4\times10^{-9}$ | 8.85 |

| 化合物 | 分步 | $K_a$（或 $K_b$） | p$K_a$（或 p$K_b$） |
|---|---|---|---|
| 有机酸 | | | |
| 丙二酸 | 1 | $1.42\times10^{-3}$ | 2.848 |
| | 2 | $2.01\times10^{-6}$ | 5.697 |
| 丁二酸 | 1 | $6.21\times10^{-5}$ | 4.207 |
| | 2 | $2.31\times10^{-6}$ | 5.636 |
| 马来酸 | 1 | $1.23\times10^{-2}$ | 1.910 |
| | 2 | $4.66\times10^{-7}$ | 6.332 |
| 富马酸 | 1 | $8.85\times10^{-4}$ | 3.053 |
| | 2 | $3.21\times10^{-5}$ | 4.494 |
| 邻苯二甲酸 | 1 | $1.12\times10^{-3}$ | 2.951 |
| | 2 | $3.90\times10^{-6}$ | 5.409 |
| 甘油磷酸 | 1 | $3.4\times10^{-2}$ | 1.47 |
| | 2 | $6.4\times10^{-7}$ | 6.19 |
| 苹果酸 | 1 | $3.48\times10^{-4}$ | 3.459 |
| | 2 | $8.00\times10^{-6}$ | 5.097 |
| 乙二胺四乙酸 | 1 | 1.0 | 0（$NH^+$） |
| | 2 | 0.032 | 1.5（$NH^+$） |
| | 3 | 0.010 | 2.0 |
| | 4 | 0.0022 | 2.66 |
| | 5 | $6.7\times10^{-7}$ | 6.17 |
| | 6 | $5.8\times10^{-11}$ | 10.24 |
| 苦味酸 | | $6.5\times10^{-4}$ | 3.19 |
| 有机碱 | | | |
| 尿素 | | $1.26\times10^{-14}$ | 13.9（21℃） |
| 吡啶 | | $2.21\times10^{-10}$ | 9.65（20℃） |
| 马钱子碱 | | $1.91\times10^{-6}$ | 5.72 |
| 可待因 | | $1.62\times10^{-6}$ | 5.79 |
| 黄连碱 | | $2.51\times10^{-8}$ | 7.6 |
| 吗啡 | | $1.62\times10^{-6}$ | 5.79 |
| 烟碱 | 1 | $1.05\times10^{-4}$ | 5.98 |
| | 2 | $1.32\times10^{-11}$ | 10.88 |

续表

| 化合物 | 分步 | $K_a$(或 $K_b$) | $pK_a$(或 $pK_b$) | 化合物 | 分步 | $K_a$(或 $K_b$) | $pK_a$(或 $pK_b$) |
|---|---|---|---|---|---|---|---|
| 乙醇胺 | | $2.77\times10^{-5}$ | 4.56 | 毛果云香碱 | | $7.41\times10^{-8}$ | 7.13(30℃) |
| 苯胺 | | $4.26\times10^{-10}$ | 9.37 | 喹啉 | 1 | $7.94\times10^{-10}$ | 4.1(20℃) |
| 联苯胺 | 1 | $9.3\times10^{-10}$ | 9.03 | 奎宁 | 1 | $3.31\times10^{-6}$ | 5.48 |
| | 2 | $5.6\times10^{-11}$ | 10.25 | | 2 | $1.35\times10^{-10}$ | 9.87 |
| α-萘胺 | | $8.32\times10^{-11}$ | 10.08 | 番木鳖碱 | | $1.82\times10^{-6}$ | 5.74 |
| β-萘胺 | | $1.44\times10^{-10}$ | 9.84 | 对乙氧基苯胺 | | $1.58\times10^{-9}$ | 8.80(28℃) |

注:除另有说明外,其他温度均为25℃。

# 附录三　难溶化合物的溶度积($K_{sp}$)[1]

| 化合物 | $K$sp | 化合物 | $K$sp | 化合物 | $K$sp |
|---|---|---|---|---|---|
| $Ag_3AsO_4$ | $1.0\times10^{-22}$ | $Ca(OH)_2$ | $5.5\times10^{-6}$ | $MgCO_3$ | $3.5\times10^{-8}$ |
| $AgBr$ | $5.0\times10^{-13}$ | $Ca_3(PO_4)_2$ | $2.0\times10^{-29}$ | $MgC_2O_4$ | $8.5\times10^{-5}$[3] |
| $AgCl$ | $1.56\times10^{-10}$[3] | $CaSiF_6$ | $8.1\times10^{-4}$ | $MgF_2$ | $6.5\times10^{-9}$ |
| $AgCN$ | $1.2\times10^{-16}$ | $CaSO_4$ | $9.1\times10^{-6}$ | $MgNH_4PO_4$ | $2.5\times10^{-13}$ |
| $Ag_2C_2O_4$ | $2.95\times10^{-11}$ | $Cd[Fe(CN)_6]$ | $3.2\times10^{-17}$ | $Mg(OH)_2$ | $1.9\times10^{-13}$ |
| $AgSCN$ | $1.0\times10^{-12}$ | $Cd(OH)_2$(新) | $2.5\times10^{-14}$ | $Mg_3(PO_4)_3$ | $10^{-28}$~$10^{-27}$ |
| $Ag_2SO_4$ | $1.4\times10^{-5}$ | $Cd_3(PO_4)_2$ | $2.5\times10^{-33}$ | $Mn(OH)_2$ | $1.9\times10^{-13}$ |
| $Ag_2CO_3$ | $8.1\times10^{-12}$ | $CdS$ | $3.6\times10^{-29}$[3] | $MnS$ | $1.4\times10^{-15}$[3] |
| $Ag_3[CO(NO_2)_6]$ | $8.5\times10^{-21}$ | $Co_2[Fe(CN)_5]$ | $1.8\times10^{-15}$ | $Ni(OH)_2$(新) | $2.0\times10^{-15}$ |
| $Ag_2CrO_4$ | $1.1\times10^{-12}$ | $Co[Hg(SCN)_4]$ | $1.5\times10^{-6}$ | $NiS$ | $1.4\times10^{-24}$[3] |
| $Ag_2Cr_2O_7$ | $2.0\times10^{-7}$ | $CoHPO_4$ | $2\times10^{-7}$ | $Pb_3(AsO_4)_2$ | $4.0\times10^{-36}$ |
| $Ag_4[Fe(CN)_6]$ | $1.6\times10^{-41}$ | $Co(OH)_2$(新) | $1.6\times10^{-15}$ | $PbCO_3$ | $7.4\times10^{-14}$ |
| $AgI$ | $1.5\times10^{-16}$[3] | $Co(PO_4)_2$ | $2\times10^{-35}$ | $PbCl_2$ | $1.6\times10^{-5}$ |
| $Ag_3PO_4$ | $1.4\times10^{-16}$ | $CoS$ | $3\times10^{-26}$[3] | $PbCrO_4$ | $1.8\times10^{-14}$[3] |
| $Ag_2S$ | $6.3\times10^{-50}$ | $Cu_3(AsO_4)_2$ | $7.6\times10^{-36}$ | $PbF_2$ | $2.7\times10^{-8}$ |
| $Al(OH)_3$ | $1.3\times10^{-33}$ | $CuCN$ | $3.2\times10^{-20}$ | $Pb_2[(CN)_6]$ | $3.5\times10^{-15}$ |
| $AlPO_4$ | $6.3\times10^{-19}$ | $Cu[Hg(CN)_6]$ | $1.3\times10^{-16}$ | $PbHPO_4$ | $1.3\times10^{-10}$ |
| $As_2S_3$ | $4.0\times10^{-29}$ | $Cu_3(PO_4)_2$ | $1.3\times10^{-37}$ | $PbI_2$ | $7.1\times10^{-9}$ |
| $Ar(OH)_3$ | $6.3\times10^{-31}$ | $Cu_2P_2O_7$ | $8.3\times10^{-16}$ | $Pb(OH)_2$ | $1.2\times10^{-15}$ |
| $Ba_3AsO_4$ | $8.0\times10^{-51}$ | $CuSCN$ | $4.8\times10^{-15}$ | $Pb_3(PO_4)_2$ | $8.0\times10^{-48}$ |
| $BaCO_3$ | $8.1\times10^{-9}$[3] | $CuS$ | $6.3\times10^{-36}$ | $PbS$ | $8.0\times10^{-28}$ |
| $BaC_2O_4$ | $1.6\times10^{-7}$ | $FeCO_3$ | $3.2\times10^{-11}$ | $PbSO_4$ | $1.6\times10^{-8}$ |
| $BaCrO_4$ | $1.2\times10^{-10}$ | $Fe_4[Fe(CN)_6]$ | $3.3\times10^{-41}$ | $Sb(OH)_3$ | $4\times10^{-42}$[2] |
| $BaF_2$ | $1.0\times10^{-9}$ | $Fe(OH)_2$ | $8.0\times10^{-16}$ | $Sb_2S_3$ | $2.9\times10^{-59}$[2] |

续表

| 化合物 | Ksp | 化合物 | Ksp | 化合物 | Ksp |
|---|---|---|---|---|---|
| $BaHPO_4$ | $3.2\times10^{-7}$ | $Fe(OH)_3$ | $1.1\times10^{-36}$③ | $SnS$ | $1.0\times10^{-25}$ |
| $Ba_3(PO_4)_2$ | $3.4\times10^{-23}$ | $FePO_4$ | $1.3\times10^{-22}$ | $SrCO_3$ | $1.6\times10^{-9}$③ |
| $Ba_2P_2O_7$ | $3.2\times10^{-11}$ | $FeS$ | $3.7\times10^{-19}$ | $SrC_2O_4$ | $5.6\times10^{-8}$③ |
| $BaSiF_6$ | $1\times10^{-6}$ | $Hg_2Cl_2$ | $1.3\times10^{-18}$ | $SrCrO_4$ | $2.2\times10^{-5}$ |
| $BaSO_4$ | $1.1\times10^{-10}$ | $Hg_2(CN)_2$ | $5\times10^{-40}$ | $SrF_2$ | $2.5\times10^{-9}$ |
| $Bi(OH)_3$ | $4\times10^{-31}$ | $Hg_2I_2$ | $4.5\times10^{-29}$ | $Sr_3(PO_4)_2$ | $4.0\times10^{-28}$ |
| $Bi_2S_3$ | $1\times10^{-97}$ | $Hg_2S$ | $1\times10^{-47}$ | $SrSO_4$ | $3.2\times10^{-7}$ |
| $BiPO_4$ | $1.3\times10^{-23}$ | HgS(红) | $4\times10^{-53}$ | $Zn_2[Fe(CN)_6]$ | $4.0\times10^{-16}$ |
| $CaCO_3$ | $8.7\times10^{-9}$③ | HgS(黑) | $1.6\times10^{-52}$ | $Zn[Hg(SCN)_4]$ | $2.2\times10^{-7}$ |
| $CaC_2O_4$ | $4\times10^{-9}$ | $Hg_2(SCN)_2$ | $2.0\times10^{-20}$ | $Zn(OH)_2$ | $1.2\times10^{-17}$ |
| $CsCrO_4$ | $7.1\times10^{-4}$ | $K[B(C_6H_5)_4]$ | $2.2\times10^{-8}$ | $Zn_3(PO_4)_2$ | $9.0\times10^{-33}$ |
| $CaF_4$ | $2.7\times10^{-11}$ | $K_2Na[Co(NO_2)_6]H_2O$ | $2.2\times10^{-8}$ | $ZnS$ | $1.2\times10^{-23}$③ |
| $CaHPO_4$ | $1\times10^{-7}$ | $K_2[PtCl_6]$ | $1.1\times10^{-5}$ | | |

① 摘自 J.A.Dean.Lange's Handbook of chemistry.11th ed.Mc Graw-Hill Book Co,1973.

② 摘自余志英．普通化学常用数据表．北京：中国工业出版社，1956.

③ 摘自 R.C.Geart.Handbook of chemistry and physics.55th ed.CRC Press,1974.

# 附录四 标准电极电位表(25℃)

1. 在酸性溶液中

| 电极反应 | | | | $E^{\circ}$(伏特) |
|---|---|---|---|---|
| 氧化型 | 电子数 | | 还原型 | |
| $Li^{+}$ | +e | $\rightleftharpoons$ | Li | −3.045 |
| $K^{+}$ | +e | $\rightleftharpoons$ | K | −2.925 |
| $Ba^{2+}$ | +2e | $\rightleftharpoons$ | Ba | −2.912 |
| $Sr^{2+}$ | +2e | $\rightleftharpoons$ | Sr | −2.89 |
| $Ca^{2+}$ | +2e | $\rightleftharpoons$ | Ca | −2.87 |
| $Na^{+}$ | +e | $\rightleftharpoons$ | Na | −2.714 |
| $Ce^{3+}$ | +3e | $\rightleftharpoons$ | Ce | −2.48 |
| $Mg^{2+}$ | +2e | $\rightleftharpoons$ | Mg | −2.37 |
| $1/2H_2$ | +e | $\rightleftharpoons$ | $H^{-}$ | −2.23 |
| $AlF_6^{3-}$ | +3e | $\rightleftharpoons$ | $Al+6F^{-}$ | −2.07 |
| $Be^{2+}$ | +2e | $\rightleftharpoons$ | Be | −1.85 |
| $Al^{3+}$ | +3e | $\rightleftharpoons$ | Al | −1.66 |
| $Ti^{2+}$ | +2e | $\rightleftharpoons$ | Ti | −1.63 |
| $SiF_6^{3-}$ | +4e | $\rightleftharpoons$ | $Si+6F^{-}$ | −1.24 |
| $Mn^{2+}$ | +2e | $\rightleftharpoons$ | Mn | −1.182 |
| $V^{2+}$ | +2e | $\rightleftharpoons$ | V | −1.18 |
| Te | +2e | $\rightleftharpoons$ | $Te^{2-}$ | −1.14 |
| Se | +2e | $\rightleftharpoons$ | $Se^{2-}$ | −0.92 |
| $Cr^{2+}$ | +2e | $\rightleftharpoons$ | Cr | −0.91 |
| $Bi+3H^{+}$ | +3e | $\rightleftharpoons$ | $BiH_3$ | −0.8 |

续表

| 电极反应 | | | | $E^\circ$(伏特) |
|---|---|---|---|---|
| 氧化型 | 电子数 | | 还原型 | |
| $Zn^{2+}$ | +2e | ⇌ | Zn | −0.763 |
| $Cr^{3+}$ | +3e | ⇌ | Cr | −0.74 |
| $Ag_2S$ | +2e | ⇌ | $2Ag+S^{2-}$ | −0.69 |
| $As+3H^+$ | +3e | ⇌ | $AsH_3$ | −0.608 |
| $Sb+3H^+$ | +3e | ⇌ | $SbH_3$ | −0.51 |
| $H_3PO_3+2H^+$ | +2e | ⇌ | $H_3PO_2+H_2O$ | −0.50 |
| $2CO_2+2H^+$ | +2e | ⇌ | $H_2C_2O_4$ | −0.49 |
| S | +2e | ⇌ | $S^{2-}$ | −0.48 |
| $H_3PO_3+3H^+$ | +2e | ⇌ | $P+3H_2O$ | −0.454 |
| $Fe^{2+}$ | +2e | ⇌ | Fe | −0.440 |
| $Cr^{3+}$ | +e | ⇌ | $Cr^{2+}$ | −0.41 |
| $Cd^{2+}$ | +2e | ⇌ | Cd | −0.403 |
| $PbSO_4$ | +2e | ⇌ | $Pb+SO_4^{2-}$ | −0.3553 |
| $Cd^{2+}$ | +2e | ⇌ | Cd(Hg) | −0.352 |
| $Ag(CN)_2^-$ | +e | ⇌ | $Ag+2CN^-$ | −0.31 |
| $Co^{2+}$ | +2e | ⇌ | Co | −0.277 |
| $H_3PO_4+2H^+$ | +2e | ⇌ | $H_3PO_3+H_2O$ | −0.276 |
| $PbCl_2$ | +2e | ⇌ | $Pb(Hg)+2Cl^-$ | −0.262 |
| $Ni^{2+}$ | +2e | ⇌ | Ni | −0.257 |
| $V^{3+}$ | +e | ⇌ | $V^{2+}$ | −0.255 |
| $SnCl_4^{2-}$ | +2e | ⇌ | $Sn+4Cl^-$(1moll/LHCl) | −0.19 |
| AgI | +e | ⇌ | $Ag+I^-$ | −0.152 |
| $CO_2$(气)$+2H^+$ | +2e | ⇌ | HCOOH | −0.14 |
| $Sn^{2+}$ | +2e | ⇌ | Sn | −0.136 |
| $CH_3COOH+2H^+$ | +2e | ⇌ | $CH_3CHO+H_2O$ | −0.13 |
| $Pb^{2+}$ | +2e | ⇌ | Pb | −0.126 |
| $P+3H^+$ | +3e | ⇌ | $PH_3$(气) | −0.063 |
| $2H_2SO_3+H^+$ | +2e | ⇌ | $HS_2O_4^-+2H_2O$ | −0.056 |
| $Ag_2S+2H^+$ | +2e | ⇌ | $2Ag+H_2S$ | −0.0366 |
| $Fe^{3+}$ | +3e | ⇌ | Fe | −0.036 |

续表

| 电极反应 | | | | $E^\circ$(伏特) |
|---|---|---|---|---|
| 氧化型 | 电子数 | | 还原型 | |
| $2H^+$ | +2e | ⇌ | $H_2$ | 0.0000 |
| AgBr | +e | ⇌ | $Ag+Br^-$ | 0.0713 |
| $S_4O_6^{2-}$ | +2e | ⇌ | $2S_2O_3^{2-}$ | 0.08 |
| $SnCl_6^{2-}$ | +2e | ⇌ | $SnCl_4^{2-}+2Cl^-$(1moll/LHCl) | 0.14 |
| $S+2H^+$ | +2e | ⇌ | $H_2S$(气) | 0.141 |
| $Sb_2O_3+6H^+$ | +6e | ⇌ | $2Sb+3H_2O$ | 0.152 |
| $Sn^{4+}$ | +2e | ⇌ | $Sn^{2+}$ | 0.154 |
| $Cu^{2+}$ | +e | ⇌ | $Cu^+$ | 0.159 |
| $SO_4^{2-}+4H^+$ | +2e | ⇌ | $SO_2$(水溶液)$+2H_2O$ | 0.172 |
| $SbO^++2H^+$ | +3e | ⇌ | $Sb+2H_2O$ | 0.212 |
| AgCl | +e | ⇌ | $Ag+Cl^-$ | 0.2223 |
| $HCHO+2H^+$ | +2e | ⇌ | $CH_3OH$ | 0.24 |
| $HAsO_2+3H^+$ | +3e | ⇌ | $As+2H_2O$ | 0.248 |
| $Hg_2Cl_2$(固) | +2e | ⇌ | $2Hg+2Cl^-$ | 0.2676 |
| $Cu^{2+}$ | +2e | ⇌ | Cu | 0.337 |
| $Fe(CN)_6^{3-}$ | +e | ⇌ | $Fe(CN)_6^{4-}$ | 0.36 |
| $1/2(CN)_2+H^+$ | +e | ⇌ | HCN | 0.37 |
| $Ag(NH_3)_2^+$ | +e | ⇌ | $Ag+2NH_3$ | 0.373 |
| $2SO_2$(水溶液)$+2H^+$ | +4e | ⇌ | $S_2O_3^{2-}+H_2O$ | 0.40 |
| $H_2N_2O_2+6H^+$ | +4e | ⇌ | $2NH_3OH^+$ | 0.44 |
| $Ag_2CrO_4$ | +2e | ⇌ | $2Ag+CrO_4^{2-}$ | 0.447 |
| $H_2SO_3+4H^+$ | +4e | ⇌ | $S+3H_2O$ | 0.45 |
| $4SO_2$(水溶液)$+4H^+$ | +6e | ⇌ | $S_4O_6^{2-}+2H_2O$ | 0.51 |
| $Cu^{2+}$ | +2e | ⇌ | Cu | 0.52 |
| $I_2$(固) | +2e | ⇌ | $2I^-$ | 0.5345 |
| $H_3AsO_4+2H^+$ | +2e | ⇌ | $HAsO_2+2H_2O$ | 0.559 |
| $Sb_2O_5$(固)$+6H^+$ | +4e | ⇌ | $2SbO^++3H_2O$ | 0.58 |
| $CH_3OH+2H^+$ | +2e | ⇌ | $CH_4$(气)$+H_2O$ | 0.58 |
| $2NO+2H^+$ | +2e | ⇌ | $H_2N_2O_2$ | 0.60 |
| $2HgCl_2$ | +2e | ⇌ | $Hg_2Cl_2+2Cl^-$ | 0.63 |

续表

| 电极反应 | | | | $E^\circ$(伏特) |
| --- | --- | --- | --- | --- |
| 氧化型 | 电子数 | | 还原型 | |
| $Ag_2SO_4$ | +2e | ⇌ | $2Ag+SO_4^{2-}$ | 0.653 |
| $PtCl_6^{2-}$ | +2e | ⇌ | $PtCl_4^{2-}+2Cl^-$ | 0.68 |
| $O_2+2H^+$ | +2e | ⇌ | $H_2O_2$ | 0.695 |
| $Fe(CN)_6^{3-}$ | +e | ⇌ | $Fe(CN)_6^{4-}$(1mol/L $H_2SO_4$) | 0.71 |
| $H_2SeO_3+4H^+$ | +4e | ⇌ | $Se+3H_2O$ | 0.740 |
| $PtCl_4^{2-}$ | +2e | ⇌ | $Pt+4Cl^-$ | 0.755 |
| $(CNS)_2$ | +2e | ⇌ | $2CNS^-$ | 0.77 |
| $Fe^{3+}$ | +e | ⇌ | $Fe^{2+}$ | 0.771 |
| $Hg_2^{2+}$ | +2e | ⇌ | 2Hg | 0.793 |
| $Ag^+$ | +e | ⇌ | Ag | 0.7995 |
| $NO_3^-+2H^+$ | +e | ⇌ | $NO_2+H_2O$ | 0.80 |
| $OsO_4+8H^+$ | +8e | ⇌ | $Os+4H_2O$ | 0.85 |
| $Hg^{2+}$ | +2e | ⇌ | Hg | 0.854 |
| $2HNO_2+4H^+$ | +4e | ⇌ | $H_2N_2O_2+2H_2O$ | 0.86 |
| $Cu^{2+}+I^-$ | +e | ⇌ | CuI | 0.86 |
| $2Hg^{2+}$ | +2e | ⇌ | $Hg_2^{2+}$ | 0.920 |
| $NO_3^-+3H^+$ | +2e | ⇌ | $HNO_2+H_2O$ | 0.94 |
| $NO_3^-+4H^+$ | +3e | ⇌ | $NO+2H_2O$ | 0.96 |
| $HNO_2+H^+$ | +e | ⇌ | $NO+H_2O$ | 0.983 |
| $HIO+H^+$ | +2e | ⇌ | $I^-+H_2O$ | 0.99 |
| $NO_2+2H^+$ | +2e | ⇌ | $NO+H_2O$ | 1.03 |
| $ICl_2^-$ | +e | ⇌ | $1/2I_2+2Cl^-$ | 1.06 |
| $Br_2$(液) | +2e | ⇌ | $2Br^-$ | 1.065 |
| $NO_2+H^+$ | +e | ⇌ | $HNO_2$ | 1.07 |
| $IO_3^-+6H^+$ | +6e | ⇌ | $I^-+3H_2O$ | 1.085 |
| $Br_2$(水溶液) | +2e | ⇌ | $2Br^-$ | 1.087 |
| $Cu^{2+}+2CN^-$ | +e | ⇌ | $Cu(CN)_2^-$ | 1.12 |
| $IO_3^-+5H^+$ | +4e | ⇌ | $HIO+2H_2O$ | 1.14 |
| $SeO_4^{2-}+4H^+$ | +2e | ⇌ | $H_2SeO_3+H_2O$ | 1.15 |
| $ClO_3^-+2H^+$ | +e | ⇌ | $ClO_2+H_2O$ | 1.15 |

续表

| 电极反应 | | | | $E^\circ$(伏特) |
| --- | --- | --- | --- | --- |
| 氧化型 | 电子数 | | 还原型 | |
| $ClO_4^-+2H^+$ | +2e | ⇌ | $ClO_3^-+H_2O$ | 1.19 |
| $IO_3^-+6H^+$ | +5e | ⇌ | $1/2I_2+3H_2O$ | 1.20 |
| $ClO_3^-+3H^+$ | +2e | ⇌ | $HClO_2+H_2O$ | 1.21 |
| $O_2+4H^+$ | +4e | ⇌ | $2H_2O$ | 1.229 |
| $MnO_2+4H^+$ | +2e | ⇌ | $Mn^{2+}+2H_2O$ | 1.23 |
| $2HNO_2+4H^+$ | +4e | ⇌ | $N_2O+3H_2O$ | 1.27 |
| $HBrO+H^+$ | +2e | ⇌ | $Br^-+H_2O$ | 1.33 |
| $Cr_2O_7^{2-}+14H^+$ | +6e | ⇌ | $2Cr^{3+}+7H_2O$ | 1.33 |
| $Cl_2$(气) | +2e | ⇌ | $2Cl^-$ | 1.3595 |
| $ClO_4^-+8H^+$ | +8e | ⇌ | $Cl^-+4H_2O$ | 1.389 |
| $ClO_4^-+8H^+$ | +7e | ⇌ | $1/2Cl_2+4H_2O$ | 1.39 |
| $2NH_3OH^++H^+$ | +2e | ⇌ | $N_2H_5^++2H_2O$ | 1.42 |
| $HIO+H^+$ | +e | ⇌ | $1/2I_2+4H_2O$ | 1.439 |
| $BrO_3^-+6H^+$ | +6e | ⇌ | $Br^-+3H_2O$ | 1.44 |
| $Ce^{4+}$ | +e | ⇌ | $Ce^{3+}$(0.5mol/L $H_2SO_4$) | 1.44 |
| $PbO_2+4H^+$ | +2e | ⇌ | $Pb^{2+}+2H_2O$ | 1.455 |
| $ClO_3^-+6H^+$ | +6e | ⇌ | $Cl^-+3H_2O$ | 1.47 |
| $ClO_3^-+6H^+$ | +5e | ⇌ | $1/2Cl_2+3H_2O$ | 1.47 |
| $Mn^{3+}$ | +e | ⇌ | $Mn^{2+}$(7.5mol/L $H_2SO_4$) | 1.488 |
| $HClO+H^+$ | +2e | ⇌ | $Cl^-+H_2O$ | 1.49 |
| $MnO_4^-+8H^+$ | +5e | ⇌ | $Mn^{2+}+4H_2O$ | 1.51 |
| $BrO_3^-+6H^+$ | +5e | ⇌ | $1/2Br_2+3H_2O$ | 1.52 |
| $HClO_2+3H^+$ | +4e | ⇌ | $Cl^-+2H_2O$ | 1.56 |
| $HBrO+H^+$ | +e | ⇌ | $1/2Br_2+H_2O$ | 1.574 |
| $2NO+2H^+$ | +2e | ⇌ | $N_2O+H_2O$ | 1.59 |
| $H_5IO_6+H^+$ | +2e | ⇌ | $IO_3^-+3H_2O$ | 1.60 |
| $HClO_2+3H^+$ | +3e | ⇌ | $1/2Cl_2+2H_2O$ | 1.611 |
| $HClO_2+2H^+$ | +2e | ⇌ | $HClO+H_2O$ | 1.64 |
| $MnO_4^-+4H^+$ | +3e | ⇌ | $MnO_2+2H_2O$ | 1.679 |
| $PbO_2+SO_4^{2-}+4H^+$ | +2e | ⇌ | $PbSO_4+2H_2O$ | 1.685 |

续表

| 电极反应 | | | | $E^\circ$(伏特) |
|---|---|---|---|---|
| 氧化型 | 电子数 | | 还原型 | |
| $N_2O+2H^+$ | +2e | ⇌ | $N_2+H_2O$ | 1.77 |
| $H_2O_2+2H^+$ | +2e | ⇌ | $2H_2O$ | 1.77 |
| $Co^{3+}$ | +e | ⇌ | $Co^{2+}$(3mol/L $HNO_3$) | 1.84 |
| $Ag^{2+}$ | +e | ⇌ | $Ag^+$(4mol/L $HClO_4$) | 1.927 |
| $S_2O_8^{2-}$ | +2e | ⇌ | $2SO_4^{2-}$ | 2.01 |
| $O_3+2H^+$ | +2e | ⇌ | $O_2+H_2O$ | 2.07 |
| $F_2$ | +2e | ⇌ | $2F^-$ | 2.87 |
| $F_2+2H^+$ | +2e | ⇌ | 2HF | 3.06 |

2. 在碱性溶液中

| 电极反应 | | | | $E^\circ$(伏特) |
|---|---|---|---|---|
| 氧化型 | 电子数 | | 还原型 | |
| $Ca(OH)_2$ | +2e | ⇌ | $Ca+2OH^-$ | −3.02 |
| $Ba(OH)_2 \cdot 8H_2O$ | +2e | ⇌ | $Ba+2OH^-+8H_2O$ | −2.99 |
| $Sr(OH)_2 \cdot 8H_2O$ | +2e | ⇌ | $Sr+2OH^-+8H_2O$ | −2.88 |
| $Mg(OH)_2$ | +2e | ⇌ | $Mg+2OH^-$ | −2.69 |
| $H_2AlO_3^-+H_2O$ | +3e | ⇌ | $Al+4OH^-$ | −2.33 |
| $HPO_3^{2-}+2H_2O$ | +2e | ⇌ | $H_2PO_2^-+3OH^-$ | −1.65 |
| $Mn(OH)_2$ | +2e | ⇌ | $Mn+2OH^-$ | −1.55 |
| $Cr(OH)_3$ | +3e | ⇌ | $Cr+3OH^-$ | −1.48 |
| $ZnO_2^{2-}+2H_2O$ | +2e | ⇌ | $Zn+4OH^-$ | −1.216 |
| $As+3H_2O$ | +3e | ⇌ | $AsH_3+3OH^-$ | −1.21 |
| $HCOO^-+2H_2O$ | +2e | ⇌ | HCHO | −1.14 |
| $2SO_3^{2-}+2H_2O$ | +2e | ⇌ | $S_2O_4^{2-}+4OH^-$ | −1.12 |
| $PO_4^{3-}+2H_2O$ | +2e | ⇌ | $HPO_4^{2-}+3OH^-$ | −1.05 |
| $Zn(NH_3)_4^{2+}$ | +2e | ⇌ | $Zn+4NH_3$ | −1.04 |
| $CNO^-+H_2O$ | +2e | ⇌ | $CN^-+2OH^-$ | −0.97 |
| $CO_3^{2-}+2H_2O$ | +2e | ⇌ | $HCOO^-+3OH^-$ | −0.95 |
| $Sn(OH)_6^{2-}$ | +2e | ⇌ | $HSnO_2^-+3OH^-+H_2O$ | −0.93 |
| $SO_4^{2-}+H_2O$ | +2e | ⇌ | $SO_3^{2-}+2OH^-$ | −0.93 |
| $HSnO_2^-+H_2O$ | +2e | ⇌ | $Sn+3OH^-$ | −0.91 |
| $P+3H_2O$ | +3e | ⇌ | $PH_3$(气)$+3OH^-$ | −0.87 |

续表

| 电极反应 | | | | $E°$(伏特) |
|---|---|---|---|---|
| 氧化型 | 电子数 | | 还原型 | |
| $2NO_3^-+2H_2O$ | +2e | ⇌ | $N_2O_4+4OH^-$ | −0.85 |
| $2H_2O$ | +2e | ⇌ | $H_2+2OH^-$ | −0.8277 |
| $N_2O_2^{2-}+6H_2O$ | +4e | ⇌ | $2NH_2OH+6OH^-$ | −0.73 |
| $AsO_4^{3-}+2H_2O$ | +2e | ⇌ | $AsO_2^-+4OH^-$ | −0.71 |
| $Ag_2S$ | +2e | ⇌ | $2Ag+S^{2-}$ | −0.69 |
| $AsO_2^-+2H_2O$ | +3e | ⇌ | $As+4OH^-$ | −0.68 |
| $SbO_2^-+2H_2O$ | +3e | ⇌ | $Sb+4OH^-$(10mol/L KOH) | −0.675 |
| $SO_3^{2-}+3H_2O$ | +4e | ⇌ | $S+6OH^-$ | −0.66 |
| $HCHO+2H_2O$ | +2e | ⇌ | $CH_3OH+2OH^-$ | −0.59 |
| $SbO_3+H_2O$ | +3e | ⇌ | $SbO_2+2OH^-$(10mol/L NaOH) | −0.589 |
| $2SO_3^{2-}+3H_2O$ | +4e | ⇌ | $S_2O_3^{2-}+6OH^-$ | −0.57 |
| $Fe(OH)_3$ | +e | ⇌ | $Fe(OH)_2+2OH^-$ | −0.56 |
| $HPbO_2^-+H_2O$ | +2e | ⇌ | $Pb+3OH^-$ | −0.54 |
| S | +2e | ⇌ | $S^{2-}$ | −0.48 |
| $NO_2^-+H_2O$ | +e | ⇌ | $NO+2OH^-$ | −0.46 |
| $Bi_2O_3+3H_2O$ | +6e | ⇌ | $2Bi+6OH^-$ | −0.46 |
| $CH_3OH+H_2O$ | +2e | ⇌ | $CH_4$(气)$+2OH^-$ | −0.25 |
| $CrO_4^{2-}+2H_2O$ | +3e | ⇌ | $CrO_2^-+4OH^-$(1mol/L NaOH) | −0.12 |
| $CrO_4^{2-}+4H_2O$ | +3e | ⇌ | $Cr(OH)_3+5OH^-$ | −0.13 |
| $2Cu(OH)_2$ | +2e | ⇌ | $Cu_2O+OH^-+H_2O$ | −0.080 |
| $O_2+H_2O$ | +2e | ⇌ | $HO_2^-+OH^-$ | −0.076 |
| AgCN | +e | ⇌ | $Ag+CN^-$ | −0.017 |
| $NO_3^-+H_2O$ | +2e | ⇌ | $NO_2^-+2OH^-$ | −0.01 |
| $SeO_4^{2-}+H_2O$ | +2e | ⇌ | $SeO_3^{2-}+2OH^-$ | 0.05 |
| $HgO+H_2O$ | +2e | ⇌ | $Hg+2OH^-$ | 0.098 |
| $Co(NH_3)_6^{3+}$ | +e | ⇌ | $Co(NH_3)_6^{2+}$ | 0.108 |
| $IO_3^-+2H_2O$ | +4e | ⇌ | $IO^-+4OH^-$ | 0.15 |
| $2NO_2^-+3H_2O$ | +4e | ⇌ | $N_2O+6OH^-$ | 0.15 |
| $Co(OH)_3$ | +e | ⇌ | $Co(OH)_2+OH^-$ | 0.17 |
| $PbO_2+H_2O$ | +2e | ⇌ | $PbO+2OH^-$ | 0.247 |
| $IO_3^-+3H_2O$ | +6e | ⇌ | $I^-+6OH^-$ | 0.26 |
| $ClO_3^-+H_2O$ | +2e | ⇌ | $ClO_2^-+2OH^-$ | 0.33 |

续表

| 电极反应 | | | | $E^\circ$ |
|---|---|---|---|---|
| 氧化型 | 电子数 | | 还原型 | (伏特) |
| $Ag_2O+H_2O$ | +2e | ⇌ | $2Ag+2OH^-$ | 0.342 |
| $ClO_4^-+H_2O$ | +2e | ⇌ | $ClO_3^-+2OH^-$ | 0.36 |
| $O_2+2H_2O$ | +4e | ⇌ | $4OH^-$(1mol/LNaOH) | 0.41 |
| $IO^-+H_2O$ | +2e | ⇌ | $I^-+2OH^-$ | 0.49 |
| $MnO_4^-$ | +e | ⇌ | $MnO_4^{2-}$ | 0.564 |
| $MnO_4^-+2H_2O$ | +3e | ⇌ | $MnO_2+4OH^-$ | 0.588 |
| $BrO_3^-+3H_2O$ | +6e | ⇌ | $Br^-+6OH^-$ | 0.61 |
| $ClO_3^-+3H_2O$ | +6e | ⇌ | $Cl^-+6OH^-$ | 0.62 |
| $ClO_2^-+H_2O$ | +2e | ⇌ | $ClO^-+2OH^-$ | 0.66 |
| $AsO_2^-+2H_2O$ | +3e | ⇌ | $As+4OH^-$ | 0.68 |
| $2NH_2OH$ | +2e | ⇌ | $N_2H_4++2OH^-$ | 0.74 |
| $BrO^-+H_2O$ | +2e | ⇌ | $Br^-+2OH^-$ | 0.76 |
| $ClO_2^-+2H_2O$ | +4e | ⇌ | $Cl^-+4OH^-$ | 0.76 |
| $ClO^-+H_2O$ | +2e | ⇌ | $Cl^-+2OH^-$ | 0.81 |
| $H_2O_2$ | +2e | ⇌ | $2OH^-$ | 0.88 |
| $O_3+H_2O$ | +2e | ⇌ | $O_2+2OH^-$ | 1.24 |
| $C_7H_8O_4O_2+2H^+$ | +2e | ⇌ | $C_7H_8O_4(OH)_2$(抗坏血酸) | 0.136 |
| O=⟨⟩(=O) + $2H^+$ | +2e | ⇌ | HO-⟨⟩-HO (邻苯二酚) | −0.792 |
| O=⟨⟩(=O)$-CH_2CH(NH_2)-COOH+2H^+$ | +2e | ⇌ | HO-⟨⟩(-HO)$-CH_2CH(NH_2)-COOH$ (多巴) | −0.800 |
| O=⟨⟩(=O)$-CH(OH)-CH_2-NH-CH_3+2H^+$ | +2e | ⇌ | HO-⟨⟩(-HO)$-CH(OH)-CH_2-NH-CH_3$ (肾上腺素) | −0.809 |

# 附录五　氧化还原电对的条件电位表

| 电极反应 | | | φ'/V | 溶液成分 |
|---|---|---|---|---|
| $Ag^{+}+e^{-}$ | ⇌ | Ag | +0.792 | 1mol/L $HClO_4$ |
| | | | +0.77 | 1mol/L $H_2SO_4$ |
| $AgI+e^{-}$ | ⇌ | $Ag+I^{-}$ | −1.37 | 1mol/L KI |
| $H_3AsO_4+2H^{+}+2e^{-}$ | ⇌ | $HAsO_2+2H_2O$ | +0.577 | 1mol/L HCl 或 $HClO_4$ |
| $Ce^{4+}+e^{-}$ | ⇌ | $Ce^{3+}$ | +0.06 | 2.5mol/L $K_2CO_3$ |
| | | | +1.28 | 1mol/L HCl |
| | | | +1.70 | 1mol/L $HClO_4$ |
| | | | +1.6 | 1mol/L $HNO_3$ |
| | | | +1.44 | 1mol/L $H_2SO_4$ |
| $Cr^{3+}+e^{-}$ | ⇌ | $Cr^{2+}$ | −0.26 | 饱和 $CaCl_2$ |
| | | | −0.40 | 5mol/L HCl |
| | | | −0.37 | 0.1~0.5mol/L$H_2SO_4$ |
| $CrO_4^{2-}+2H_2O+3e^{-}$ | ⇌ | $CrO_2^{-}+4OH^{-}$ | −0.12 | 1mol/L NaOH |
| $Cr_2O_7^{2-}+14H^{+}+6e^{-}$ | ⇌ | $2Cr^{3+}+7H_2O$ | +0.93 | 0.1mol/L HCl |
| | | | +1.00 | 1mol/L HCl |
| | | | +1.08 | 3mol/L HCl |
| | | | +0.84 | 0.1mol/L $HClO_4$ |
| | | | +1.025 | 1mol/L $HClO_4$ |
| | | | +0.92 | 0.1mol/L $H_2SO_4$ |
| | | | +1.15 | 4mol/L $H_2SO_4$ |
| Fe(Ⅲ)+$e^{-}$ | ⇌ | Fe(Ⅱ) | +0.71 | 0.5mo/L HCl |
| | | | +0.68 | 1mol/L HCl |
| | | | +0.64 | 5mol/L HCl |
| | | | +0.53 | 10mol/L HCl |

续表

| 电极反应 | | | φ'/V | 溶液成分 |
|---|---|---|---|---|
| | | | −0.68 | 10mol/L NaOH |
| | | | +0.735 | 1mol/L $HClO_4$ |
| | | | +0.01 | 1mol/L $K_2C_2O_4$，pH5.0 |
| | | | +0.46 | 2mol/L $H_3PO_4$ |
| | | | +0.68 | 1mol/L $H_2SO_4$ |
| | | | +0.07 | 0.5mol/L 酒石酸钠，pH5.0~8.0 |
| $Fe(CN)_6^{3-}+e^-$ | ⇌ | $Fe(CN)_6^{2-}$ | +0.56 | 0.1mol/L HCl |
| | | | +0.71 | 1mol/L HCl |
| $I_3^-+e^-$ | ⇌ | $3I^-$ | +0.545 | 0.5mol/L $H_2SO_4$ |
| $MnO_4^-+8H^++5e^-$ | ⇌ | $Mn^{2+}+4H_2O$ | +1.45 | 1mol/L $HClO_4$ |
| Pb(Ⅱ)$+2e^-$ | ⇌ | Pb | −0.32 | 1mol/L NaAc |
| $SO_4^{2-}+4H^++2e^-$ | ⇌ | $SO_2+2H_2O$ | +0.07 | 1mol/L $H_2SO_4$ |
| Sb(Ⅴ)$+2e^-$ | ⇌ | Sb(Ⅲ) | +0.75 | 3.5mol/L HCl |
| | | | +0.82 | 6mol/L HCl |
| Sn(Ⅵ)$+2e^-$ | ⇌ | Sb(Ⅱ) | +0.14 | 1mol/L HCl |
| | | | −0.63 | 1mol/L $HClO_4$ |

# 附录六 常用溶剂的物理性质表

| 溶剂名称 | 介电常数 $\varepsilon$ | 沸点（℃） | 闪点（℃） | 相对密度（$D_4^{20}$） |
| --- | --- | --- | --- | --- |
| 石油醚 | 1.80 | 36~60 | 约 −40 | 0.625~0.660 |
| 正己烷 | 1.89 | 69 | −21 | 0.659 |
| 环己烷 | 2.02 | 81 | −17 | 0.779 |
| 二氧六环 | 2.21 | 101 | 12 | 1.033 |
| 四氯化碳 | 2.24 | 77 | 不燃 | 1.595 |
| 苯 | 2.29 | 80 | −10 | 0.879 |
| 甲苯 | 2.37 | 111 | 6 | 0.867 |
| 间二甲苯 | 2.38 | 139 | 27 | 0.868 |
| 二硫化碳 | 2.64 | 46 | −30 | 1.264 |
| 乙醚 | 4.34 | 35 | 12 | 0.714 |
| 醋酸戊酯 | 4.75 | 149 | 34.5 | 0.876 |
| 氯仿 | 4.81 | 61 | 不燃 | 1.480 |
| 乙酸乙酯 | 6.02 | 77 | 7 | 0.901 |
| 醋酸 | 6.15 | 118 | 42 | 1.049 |
| 苯胺 | 6.89 | 184 | 71 | 1.022 |
| 四氢呋喃 | 7.58 | 66 | −17.5 | 0.887 |
| 苯酚 | 9.78（60℃） | 182 | 79 | 1.071 |
| 1,1- 二氯乙烷 | 10 | 57 |  | 1.176 |
| 1,2- 二氯乙烷 | 10.4 | 84 | 15 | 1.257 |
| 吡啶 | 12.3 | 115 | 20 | 0.982 |
| 异丁醇 |  | 108 | 28~29 | 0.803 |
| 叔丁醇 | 12.47 | 82 | 10 | 0.789 |
| 正戊醇 | 13.9 | 138 | 37.7 | 0.815 |
| 异戊醇 | 14.7 | 132 | 45.5 | 0.813 |

续表

| 溶剂名称 | 介电常数 $\varepsilon$ | 沸点（℃） | 闪点（℃） | 相对密度（$D_4^{20}$） |
|---|---|---|---|---|
| 仲丁醇 | 16.56 | 100 | 24 | 0.806 |
| 正丁醇 | 17.5 | 118 | 35~36 | 0.810 |
| 环己酮 | 18.3 | 156 | 63 | 0.948 |
| 甲乙酮 | 18.5 | 80 | 2 | 0.806 |
| 异丙醇 | 19.92 | 82 | 15 | 0.787 |
| 正丙醇 | 20.3 | 97 | 22 | 0.804 |
| 醋酐 | 20.7 | 139 | 54 | 1.083 |
| 丙酮 | 20.7 | 56 | −18 | 0.791 |
| 乙醇 | 24.6 | 78 | 12 | 0.791 |
| 甲醇 | 32.7 | 65 | 11 | 0.792 |
| 二甲基甲酰胺 | 36.7 | 153 | 62 | 0.950 |
| 乙腈 | 37.5 | 82 | 12.8 | 0.783 |
| 乙二醇 | 37.7 | 197 | 111 | 1.113 |
| 甘油 | 42.5 | 290 | 160 | 1.260 |
| 甲酸 | 58.5 | 100.5 |  | 1.220 |
| 水 | 80.4 | 100 | 不燃 | 1.000 |
| 甲酰胺 | 111 | 210.5 |  | 1.133 |

注：* 溶剂极性的大小，及其在色谱中洗脱力的大小，在大多数情况下可用介电常数来比较

| 溶剂名称 | 折光率（$n^{20}$） | 溶解度（20~25℃） |  | 可选用的干燥剂 |
|---|---|---|---|---|
|  |  | 溶剂在水中 | 水在溶剂中 |  |
| 石油醚 |  | 不溶 | 不溶 | $CaCl_2$ |
| 正己烷 | 1.375 | 0.00095% | 0.0111% | Na |
| 环己烷 | 1.426 | 0.010% | 0.0055% | Na |
| 二氧六环 | 1.422 | 任意混溶 | 任意混溶 | $CaCl_2$、Na |
| 四氯化碳 | 1.460 | 0.077% | 0.010% | 蒸馏、$CaCl_2$ |
| 苯 | 1.501 | 0.1780% | 0.063% | 蒸馏、$CaCl_2$、Na |
| 甲苯 | 1.497 | 0.1515% | 0.0334% | 蒸馏、$CaCl_2$、Na |
| 间二甲苯 | 1.498 | 0.0196% | 0.0402% | 蒸馏、$CaCl_2$、Na |
| 二硫化碳 | 1.623 | 0.294% | <0.005% | $CaCl_2$、$P_2O_5$ |
| 乙醚 | 1.350 | 6.04% | 1.468% | $CaCl_2$、Na |
| 醋酸戊酯 | 1.400 | 0.17% | 1.15% | $CaCl_2$、$P_2O_5$ |
| 氯仿 | 1.445 | 0.815% | 0.072% | $CaCl_2$、$P_2O_5$、$K_2CO_3$ |
| 乙酸乙酯 | 1.372 | 8.08% | 2.94% | $P_2O_5$、$K_2CO_3$、$CaSO_4$ |

续表

| 溶剂名称 | 折光率($n^{20}$) | 溶解度(20~25℃) | | 可选用的干燥剂 |
|---|---|---|---|---|
| | | 溶剂在水中 | 水在溶剂中 | |
| 醋酸 | 1.372 | 任意混溶 | 任意混溶 | $P_2O_5$、$Mg(ClO_4)_2$、$CUSO_4$ |
| 苯胺 | 1.585 | 3.38% | 4.76% | NOH、BaO |
| 四氢呋喃 | 1.407 | 任意混溶 | 任意混溶 | KOH、Na |
| 苯酚 | 1.543 | 8.66% | 28.72% | |
| 1,1-二氯乙烷 | 1.417 | 5.03% | <0.2% | $CaCl_2$、$P_2O_5$ |
| 1,2-二氯乙烷 | 1.444 | 0.81% | 0.15% | $CaCl_2$、$P_2O_5$ |
| 吡啶 | 1.510 | 任意混溶 | 任意混溶 | KOH、BaO |
| 异丁醇 | 1.396 | 4.76% | | $K_2CO_3$、CaO、Mg |
| 叔丁醇 | 1.388 | 任意混溶 | 任意混溶 | $K_2CO_3$、CaO、Mg |
| 正戊醇 | 1.410 | 2.19% | 7.41% | $K_2CO_3$、CaO、Mg |
| 异戊醇 | 1.408 | 2.67% | 9.61% | $K_2CO_3$、CaO、Mg |
| 仲丁醇 | 1.398 | 12.5% | 44.1% | $K_2CO_3$、蒸馏 |
| 正丁醇 | 1.397 | 7.45% | 20.5% | $K_2CO_3$、蒸馏 |
| 环已酮 | 1.451 | 2.3% | 8.0% | $K_2CO_3$、蒸馏 |
| 甲乙酮 | 1.380 | 24% | 10.0% | $K_2CO_3$、$CaCl_2$ |
| 异丙醇 | 1.378 | 任意混溶 | 任意混溶 | CaO、Mg |
| 正丙醇 | 1.386 | 任意混溶 | 任意混溶 | CaO、Mg |
| 醋酐 | 1.390 | 缓慢溶解生成醋酸 | 缓慢溶解生成醋酸 | $CaCl_2$ |
| 丙酮 | 1.359 | 任意混溶 | 任意混溶 | $K_2CO_3$、$CaCl_2$、$Na_2SO_4$ |
| 乙醇 | 1.361 | 任意混溶 | 任意混溶 | CaO、Mg |
| 甲醇 | 1.329 | 任意混溶 | 任意混溶 | CaO、Mg、$CaCl_2$ |
| 二甲基甲酰胺 | 1.430 | 任意混溶 | 任意混溶 | 蒸馏 |
| 乙腈 | 1.344 | 任意混溶 | 任意混溶 | 硅胶、分子筛 |
| 乙二醇 | 1.432 | 任意混溶 | 任意混溶 | 蒸馏、$NaSO_4$ |
| 甘油 | 1.473 | 任意混溶 | 任意混溶 | 蒸馏 |
| 甲酸 | 1.371 | 任意混溶 | 任意混溶 | |
| 水 | 1.333 | 任意混溶 | 任意混溶 | |
| 甲酰胺 | 1.448 | 任意混溶 | 任意混溶 | $NaSO_4$、CaO |

# 主要参考书目

[1] 国家药典委员会 . 中华人民共和国药典 .2015 年版 . 北京:中国医药科技出版社,2015.
[2] 潘国石 . 分析化学 . 第 2 版 . 北京:人民卫生出版社,2010.
[3] 谢庆娟,李维斌 . 分析化学 . 北京:人民卫生出版社,2013.
[4] 穆华荣 . 分析仪器维护 . 第 2 版 . 北京:化工工业出版社,2006.
[5] 柴逸峰,邸欣 . 分析化学 . 第 8 版 . 北京:人民卫生出版社,2016.
[6] 李发美 . 分析化学 . 第 7 版 . 北京:人民卫生出版社,2011.
[7] 曾元儿,张凌 . 仪器分析 . 北京:科学出版社,2007.
[8] 闫冬良 . 药品仪器分析技术 . 北京:中国中医药出版社,2013.

# 复习思考题答案要点和模拟试卷

# 《分析化学》教学大纲

56检